中 国 国 家 标 准 汇 编

2012 年修订-25

中国标准出版社　编

中国标准出版社

北　京

图书在版编目（CIP）数据

中国国家标准汇编：2012年修订.25/中国标准出版社编.—北京：中国标准出版社，2013.9
ISBN 978-7-5066-7257-3

Ⅰ.①中…　Ⅱ.①中…　Ⅲ.①国家标准-汇编-中国-2012　Ⅳ.①T-652.1

中国版本图书馆CIP数据核字(2013)第186459号

中国标准出版社出版发行
北京市朝阳区和平里西街甲2号(100013)
北京市西城区三里河北街16号(100045)

网址 www.spc.net.cn
总编室:(010)64275323　发行中心:(010)51780235
读者服务部:(010)68523946
中国标准出版社秦皇岛印刷厂印刷
各地新华书店经销
*
开本 880×1230 1/16　印张 34.25　字数 1 040 千字
2013年9月第一版　2013年9月第一次印刷
*
定价 220.00 元

出 版 说 明

1.《中国国家标准汇编》是一部大型综合性国家标准全集。自1983年起,按国家标准顺序号以精装本、平装本两种装帧形式陆续分册汇编出版。它在一定程度上反映了我国建国以来标准化事业发展的基本情况和主要成就,是各级标准化管理机构,工矿企事业单位,农林牧副渔系统,科研、设计、教学等部门必不可少的工具书。

2.《中国国家标准汇编》收入我国每年正式发布的全部国家标准,分为"制定"卷和"修订"卷两种编辑版本。

"制定"卷收入上一年度我国发布的、新制定的国家标准,顺延前年度标准编号分成若干分册,封面和书脊上注明"20××年制定"字样及分册号,分册号一直连续。各分册中的标准是按照标准编号顺序连续排列的,如有标准顺序号缺号的,除特殊情况注明外,暂为空号。

"修订"卷收入上一年度我国发布的、被修订的国家标准,视篇幅分设若干分册,但与"制定"卷分册号无关联,仅在封面和书脊上注明"20××年修订-1,-2,-3,……"字样。"修订"卷各分册中的标准,仍按标准编号顺序排列(但不连续);如有遗漏的,均在当年最后一分册中补齐。需提请读者注意的是,个别非顺延前年度标准编号的新制定的国家标准没有收入在"制定"卷中,而是收入在"修订"卷中。

读者配套购买《中国国家标准汇编》"制定"卷和"修订"卷则可收齐由我社出版的上一年度我国制定和修订的全部国家标准。

3. 由于读者需求的变化,自1996年起,《中国国家标准汇编》仅出版精装本。

4. 2012年我国制修订国家标准共2 101项。本分册为"2012年修订-25",收入新制修订的国家标准28项。

中国标准出版社

2013年7月

目　　录

ICS 29.160.30
K 26

中华人民共和国国家标准

GB/T 21972.2—2012

起重及冶金用变频调速三相异步电动机技术条件 第2部分:YZP系列起重及冶金用变频调速三相异步电动机(轴流风机冷却)

Specification for variable-frequency adjustable-speed three-phase induction motors for crane and metallurgical applications—Part 2:YZP series variable-frequency adjustable-speed three-phase induction motors for crane and metallurgical applications(cooled with axial fan)

2012-12-31 发布 2013-06-01 实施

中华人民共和国国家质量监督检验检疫总局
中国国家标准化管理委员会 发布

前　言

GB/T 21972《起重及冶金用变频调速三相异步电动机技术条件》分为3个部分：

第1部分：YZP系列起重及冶金用变频调速三相异步电动机；

第2部分：YZP系列起重及冶金用变频调速三相异步电动机(轴流风机冷却)；

第3部分：YZP系列起重及冶金用变频调速三相异步电动机(离心风机冷却)。

本部分为GB/T 21972的第2部分。

本部分按照GB/T 1.1—2009给出的规则起草。

请注意本文件的某些内容可能涉及专利。本文件的发布机构不承担识别这些专利的责任。

本部分由中国电器工业协会提出。

本部分由全国旋转电机标准化技术委员会(SAC/TC 26)归口。

本部分负责起草单位：佳木斯防爆电机研究所、中国长江航运集团电机厂、无锡天宝电机有限公司、上海光陆电机有限公司、无锡市亨达电机有限公司、无锡新大力电机有限公司、天津神川电机有限公司、无锡市宏泰起重电机股份有限公司、大连布鲁克电机有限公司、江西特种电机股份有限公司、湖南特种电机有限责任公司、大连天元电机股份有限公司、奔宇电机集团有限公司。

本部分主要起草人：尚志奎、唐庆华、刘裕康、黄先锋、王明兴、徐敏、李春艳、薛荣辉、王旭辉、吴冬英、汤松青、孙磊道、赵文明、苗峰。

起重及冶金用变频调速三相异步电动机技术条件 第2部分:YZP系列起重及冶金用变频调速三相异步电动机(轴流风机冷却)

1 范围

本部分规定了YZP系列起重及冶金用变频调速三相异步电动机(轴流风机冷却)的型式、基本参数与尺寸,技术要求,检验规则,试验方法以及标志、包装及保用期的要求。

本部分适用于变频器供电的各种起重机械及冶金辅助设备电力传动用轴流风机冷却型三相异步电动机(以下简称电动机)。

2 规范性引用文件

下列文件对于本文件的应用是必不可少的。凡是注日期的引用文件,仅注日期的版本适用于本文件。凡是不注日期的引用文件,其最新版本(包括所有的修改单)适用于本文件。

GB/T 191—2008 包装储运图示标志(ISO 780:1997,MOD)

GB 755—2008 旋转电机 定额和性能(IEC 60034-1:2004,IDT)

GB/T 757—2010 旋转电机 圆锥形轴伸

GB/T 997—2008 旋转电机结构型式、安装型式及接线盒位置的分类(IM代码)(IEC 60034-7:2001,IDT)

GB/T 1032—2005 三相异步电动机试验方法

GB 1971—2006 旋转电机 线端标志与旋转方向(IEC 60034-8:2002,IDT)

GB/T 1993—1993 旋转电机冷却方法(eqv IEC 60034-6:1991)

GB/T 4772.1—1999 旋转电机尺寸和输出功率等级 第1部分:机座号56～400和凸缘号55～1 080(idt IEC 60072-1:1991)

GB/T 4942.1—2006 旋转电机整体结构的防护等级(IP代码)分级(IEC 60034-5:2000,IDT)

GB 10068—2008 轴中心高为56 mm及以上电机的机械振动 振动的测量、评定及限值(IEC 60034-14:2007,IDT)

GB/T 10069.1—2006 旋转电机噪声测定方法及限值 第1部分:旋转电机噪声测定方法(ISO 1680:1999,MOD)

GB 10069.3—2008 旋转电机噪声测定方法及限值 第3部分:噪声限值(IEC 60034-9:2007,IDT)

GB/T 12351—2008 热带型旋转电机环境技术条件

GB/T 12665—2008 电机在一般环境条件下使用的湿热试验要求

GB/T 13306—2011 标牌

GB 20237—2006 起重冶金和屏蔽电机安全要求

GB/T 22670—2008 变频器供电三相笼型感应电动机试验方法

GB/T 22719.1—2008 交流低压电机散嵌绕组匝间绝缘 第1部分:试验方法

GB/T 22719.2—2008 交流低压电机散嵌绕组匝间绝缘 第2部分:试验限值

3 型式、基本参数与尺寸

3.1 电动机的外壳与接线盒的防护等级均为 IP 54(按 GB/T 4942.1—2006 的规定)。

3.2 电动机的冷却方法为IC416(按 GB/T 1993—1993 的规定)。

3.3 电动机的结构及安装型式为 IM1001、IM1003、IM3001、IM3003、IM3011、IM3013(按 GB/T 997—2008 的规定),并按表1的规定制造。

表 1

结构安装型式	代 号	制造范围(机座号)
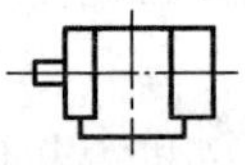	IM1001	100~160
	IM1003	180~400
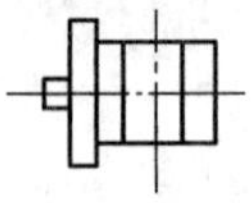	IM3001	100~160
	IM3003	180~225
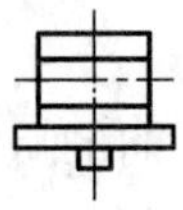	IM3011	100~160
	IM3013	180~315

3.4 电动机的工作制分为 S2、S3、S4、S5、S6、S7、S8 及 S9 八种类型,按 S6、S7、S8、S9 订货时须与制造商协商。电动机的定额是以断续周期工作制 S3 40%为基准的断续周期工作定额(即基准工作制为 S3,基准负载持续率为 40%,每一工作周期为 10 min)。电动机按基准工作制出厂,也可按合同特指的工作制及功率出厂。

3.5 电动机的额定电压为 380 V,额定频率为 50 Hz。

注:额定电压和额定频率是指电动机输出恒转矩和恒功率特性间的转折点相对应的电动机工作电压及频率。

3.6 电动机的定子绕组接法一般为 Y 形接法,根据需要也可以为△形接法。

3.7 电动机的极数为 4 极、6 极、8 极和 10 极。

3.8 电动机在基准工作制时应按下列标称功率制造:1.5 kW,2.2 kW,3 kW,4 kW,5.5 kW,6.3 kW,7.5 kW,11 kW,15 kW,22 kW,30 kW,37 kW,45 kW,55 kW,63 kW,75 kW,90 kW,110 kW,132 kW,160 kW,200 kW,250 kW,300 kW(按 GB/T 4772.1—1999 的规定)。

3.9 电动机的机座号、基准工作制时的标称功率、额定转矩、转子转动惯量及变频调速范围的对应关系应按表2的规定。

注:额定转矩值按额定频率下的标称功率和同步转速折算。

3.10 转动惯量的容差为+10%。

3.11 电动机的尺寸及公差(按 GB/T 4772.1—1999 的规定)。

3.11.1 电动机的安装尺寸及公差应符合图1~图3、表3~表5的规定,外形尺寸应不大于图1~图3、表3~表5的规定。

表 2

机座号	同步转速 r/min												恒转矩调频范围 Hz	恒功率调频范围 Hz
	1 500			1 000			750			600				
	标称功率 kW	额定转矩 N·m	转动惯量 kg·m²	标称功率 kW	额定转矩 N·m	转动惯量 kg·m²	标称功率 kW	额定转矩 N·m	转动惯量 kg·m²	标称功率 kW	额定转矩 N·m	转动惯量 kg·m²		
100L	2.2	14.0	0.0 165	—	—	—	—	—	—	—	—	—	2.5～50	50～100（对于 355 机座号 4 极时电动机恒功率调频范围为：50～75）
112M1	3.0	19.1	0.025	1.5	14.0	0.023	—	—	—	—	—	—		
112M2	4.0	25.5	0.028	2.2	21.0	0.026								
132M1	5.5	35.0	0.048	3.0	28.6	0.0 525	2.2	28.0	0.0 525	—	—	—		
132M2	6.3	40.0	0.056	4.0	38.0	0.0 562	3.0	38.2	0.0 562					
160M1	7.5	47.8	0.11	5.5	52.5	0.120	4.0	51.0	0.120	—	—	—		
160M2	11	70.0	0.13	7.5	71.5	0.149	5.5	70.0	0.149					
160L	15	95.5	0.15	11	105	0.190	7.5	95.5	0.190					
180L	22	140.0	0.31	15	143	0.370	11	140	0.370	—	—	—		
200L	30	191.0	0.56	22	210	0.630	15	190	0.630	—	—	—		
225M	37	235.5	0.74	30	286	0.780	22	280	0.770	—	—	—		
250M1	45	286.5	1.28	37	353	1.41	30	380	1.39	—	—	—		
250M2	55	350.0	1.53	45	429	1.63	37	471	1.61					
280S1	63	401.1	1.94	55	525	2.20	45	573	2.30	37	588	3.20		
280S2	75	477.5	2.19	63	600	2.40	—	—	—	—	—	—		
280M	90	573	2.42	75	715	2.80	55	700	2.80	45	716	3.70		
315S1	110	700	4.20	90	859	5.40	63	802	5.40	55	875	6.80		
315S2	—	—	—	—	—	—	75	955	5.80	63	1 002	7.30		
315M	132	840	4.90	110	1 050	6.40	90	1 146	6.40	75	1 193	8.10		
355M	160	1 019	6.40	132	1 260	14.1	110	1 400	14.1	90	1 432	14.2		
355L1	200	1 274	12.0	160	1 528	15.8	132	1 680	15.8	110	1 750	16.4		
355L2	250	1 592	13.0	200	1 910	17.3	160	2 037	17.3	132	2 100	18.0		
400L1	—	—	—	250	2 388	22.8	200	2 547	22.8	160	2 550	23.6		
400L2				300	2 865	25.8	250	3 183	25.8	200	3 183	25.8		

注：S、M、L 后面的数字 1、2 分别代表同一机座号和转速下的不同功率。

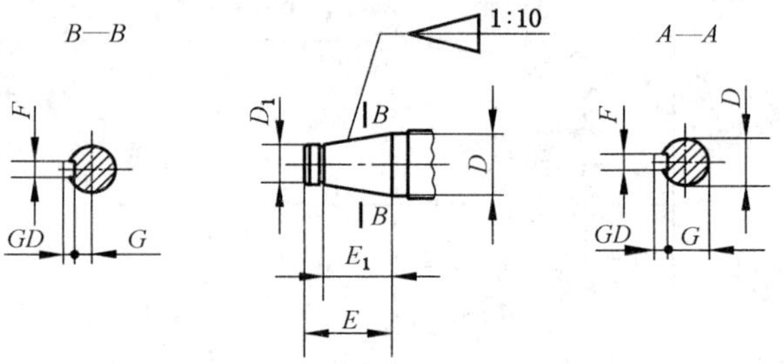

图 1 IM1001、IM1003

表

机座号	安装尺寸											
	A	A/2	B	C[a]		D[b]		D_1	E		E_1	
				基本尺寸	极取偏差	基本尺寸	极取偏差		基本尺寸	极限偏差	基本尺寸	极限偏差
100L	160	80	140	63	±2.0	28	+0.009 −0.004	—	60	±0.37	—	—
112M	190	95		70		32	+0.018 +0.002		80			
132M	216	108	178	89		38						
160M	254	127	210	108	±3.0	48			110	±0.43		
160L			254									
180L	279	139.5	279	121		55	+0.030 +0.011	M36×3			82	0 −0.54
200L	318	159	305	133		60		M42×3	140	±0.50	105	
225M	356	178	311	149	±4.0	65						
250M	406	203	349	168		70		M48×3				
280S	457	228.5	368	190		85	+0.035 +0.013	M56×4	170		130	0 −0.63
280M			419									
315S	508	254	406	216		95		M64×4				
315M			457									
355M	610	305	560	254		110		M80×4	210	±0.58	165	
355L			630									
400L	686	343	710	280		130	+0.040 +0.015	M100×4	250		200	0 −0.72

[a] C 尺寸的极限偏差包括轴的窜动量。

[b] 圆锥形轴伸按 GB/T 757—2010 的规定。

[c] K 孔的位置度公差以轴伸的轴线为基准。

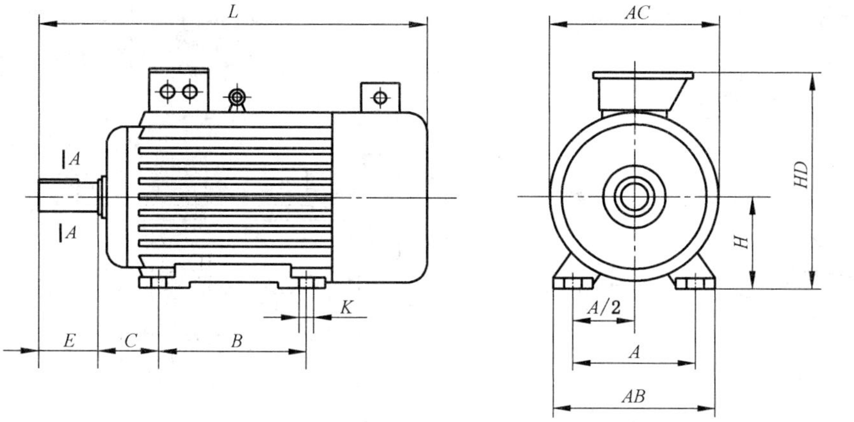

卧式安装的电动机

3

单位为毫米

及公差										外形尺寸			
F		*G*		*H*		*K*[c]			螺栓直径	*AB*	*AC*	*HD*	*L*
基本尺寸	极限偏差	基本尺寸	极限偏差	基本尺寸	极限偏差	基本尺寸	极限偏差	位置度					
8	$^{0}_{-0.036}$	24	$^{0}_{-0.20}$	100	$^{0}_{-0.5}$	12	$^{+0.43}_{0}$	$\phi 1.0$Ⓜ	M10	206	215	285	510
10		27		112						250	245	335	550
		33		132						275	285	365	645
14	$^{0}_{-0.043}$	42.5		160		15		$\phi 1.5$Ⓜ	M12	320	325	425	758
													800
		19.9		180						360	360	470	870
16		21.4		200		19	$^{+0.52}_{0}$		M16	406	405	520	975
		23.9		225						455	430	560	1 050
18		25.4		250		24		$\phi 2.0$Ⓜ	M20	515	480	625	1 195
20	$^{0}_{-0.052}$	31.7		280	$^{0}_{-1.0}$					575	535	735	1 265
													1 315
22		35.2		315		28			M24	640	620	835	1 390
													1 440
25		41.9		355						740	710	990	1 650
													1 720
28		50		400		35	$^{+0.62}_{0}$	$\phi 2.5$Ⓜ	M30	855	800	1 090	1 965

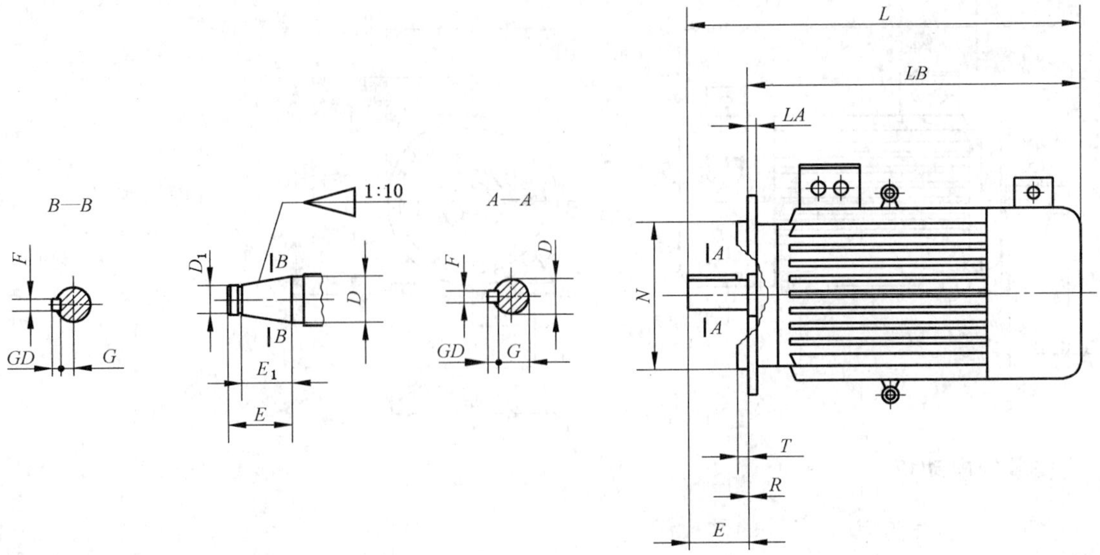

图 2　IM3001、IM3003

表

<table>
<tr><td rowspan="3">机座号</td><td colspan="13">安　装　尺　寸</td></tr>
<tr><td rowspan="2">凸缘号</td><td colspan="2">D^{a}</td><td rowspan="2">D_1</td><td colspan="2">E</td><td colspan="2">E_1</td><td colspan="2">F</td><td colspan="2">G</td><td rowspan="2">M</td></tr>
<tr><td>基本尺寸</td><td>极限偏差</td><td>基本尺寸</td><td>极限偏差</td><td>基本尺寸</td><td>极限偏差</td><td>基本尺寸</td><td>极限偏差</td><td>基本尺寸</td><td>极限偏差</td></tr>
<tr><td>100L</td><td rowspan="2">FF215</td><td>28</td><td>+0.009
−0.004</td><td rowspan="5">—</td><td>60</td><td rowspan="3">±0.37</td><td rowspan="5">—</td><td rowspan="5">—</td><td>8</td><td rowspan="3">0
−0.036</td><td>24</td><td rowspan="8">0
−0.20</td><td rowspan="2">215</td></tr>
<tr><td>112M</td><td>32</td><td rowspan="4">+0.018
+0.002</td><td rowspan="2">80</td><td rowspan="2">10</td><td>27</td></tr>
<tr><td>132M</td><td>FF265</td><td>38</td><td>33</td><td>265</td></tr>
<tr><td>160M</td><td rowspan="3">FF300</td><td rowspan="2">48</td><td rowspan="3">110</td><td rowspan="3">±0.43</td><td rowspan="3">14</td><td rowspan="5">0
−0.043</td><td rowspan="2">42.5</td><td rowspan="3">300</td></tr>
<tr><td>160L</td></tr>
<tr><td>180L</td><td>55</td><td rowspan="3">+0.030
+0.011</td><td>M36×3</td><td>82</td><td rowspan="3">0
−0.54</td><td>19.9</td></tr>
<tr><td>200L</td><td rowspan="2">FF400</td><td>60</td><td rowspan="2">M42×3</td><td rowspan="2">140</td><td rowspan="2">±0.50</td><td rowspan="2">105</td><td rowspan="2">16</td><td>21.4</td><td rowspan="2">400</td></tr>
<tr><td>225M</td><td>65</td><td>23.9</td></tr>
<tr><td colspan="14">a 圆锥形轴伸按 GB/T 757—2010 的规定。
b P 为最大极限尺寸。
c R 为凸缘配合面至轴肩的距离，其极限偏差包括轴的窜动量。
d S 孔的位置度公差以轴伸的轴线为基准。</td></tr>
</table>

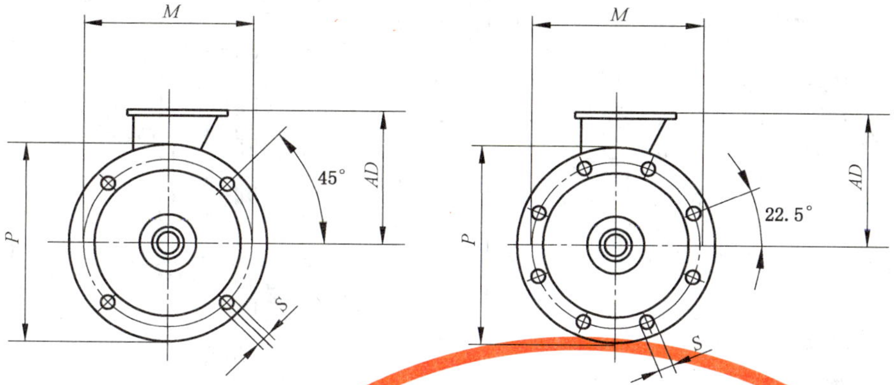

机座号 100～180　　　　机座号 200～225

卧式安装的电动机

4

单位为毫米

及公差											外形尺寸			
N		P^b	R^c		S^d			螺栓直径	T 最大	孔数(个)	AD	L	LA	LB
基本尺寸	极限偏差		基本尺寸	极限偏差	基本尺寸	极限偏差	位置度							
180	+0.014 −0.011	250	0	±2.0	15	+0.43 0	ϕ1.5Ⓜ	M12	4	4	180	510	14	450
											220	655		575
230	+0.016 −0.013	300									230	685		605
250		350		±3.0	19	+0.52 0		M16	5		260	818	18	708
												862		752
											280	930		820
350	±0.018	450		±4.0						8	320	1 050	20	910
											335	1 160		1 020

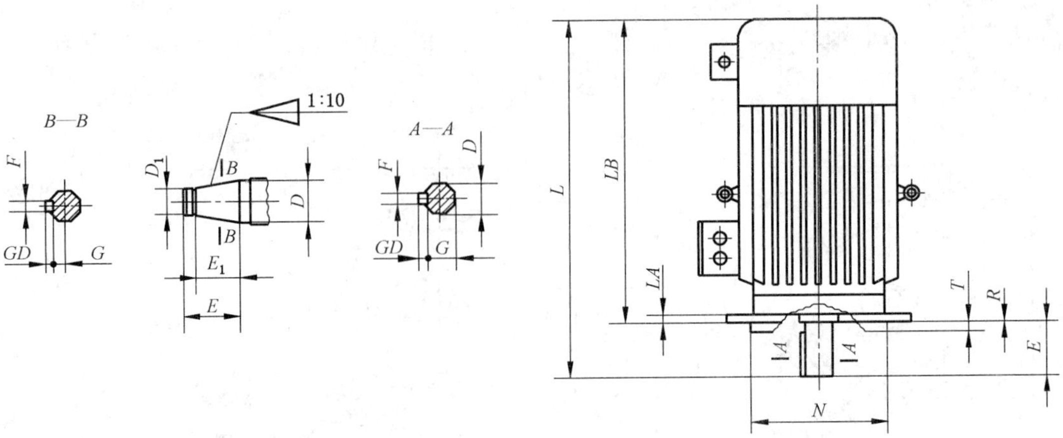

图 3　IM3011、IM3013

表

<table>
<tr><th rowspan="3">机座号</th><th colspan="13">安　装　尺　寸</th></tr>
<tr><th rowspan="2">凸缘号</th><th colspan="2">D[a]</th><th rowspan="2">D_1</th><th colspan="2">E</th><th colspan="2">E_1</th><th colspan="2">F</th><th colspan="2">G</th><th rowspan="2">M</th></tr>
<tr><th>基本尺寸</th><th>极限偏差</th><th>基本尺寸</th><th>极限偏差</th><th>基本尺寸</th><th>极限偏差</th><th>基本尺寸</th><th>极限偏差</th><th>基本尺寸</th><th>极限偏差</th></tr>
<tr><td>100L</td><td rowspan="2">FF215</td><td>28</td><td>+0.009
−0.004</td><td rowspan="5">—</td><td>60</td><td rowspan="3">±0.37</td><td rowspan="5">—</td><td rowspan="5">—</td><td>8</td><td rowspan="3">0
−0.036</td><td>24</td><td rowspan="13">0
−0.20</td><td rowspan="2">215</td></tr>
<tr><td>112M</td><td>32</td><td rowspan="4">+0.018
+0.002</td><td rowspan="2">80</td><td rowspan="2">10</td><td>27</td></tr>
<tr><td>132M</td><td>FF265</td><td>38</td><td>33</td><td>265</td></tr>
<tr><td>160M</td><td rowspan="3">FF300</td><td rowspan="2">48</td><td rowspan="3">110</td><td rowspan="3">±0.43</td><td rowspan="3">14</td><td rowspan="5">0
−0.043</td><td rowspan="2">42.5</td><td rowspan="3">300</td></tr>
<tr><td>160L</td></tr>
<tr><td>180L</td><td>55</td><td rowspan="4">+0.030
+0.011</td><td>M36×3</td><td>82</td><td rowspan="4">0
−0.54</td><td>19.9</td></tr>
<tr><td>200L</td><td rowspan="2">FF400</td><td>60</td><td rowspan="2">M42×3</td><td rowspan="3">140</td><td rowspan="7">±0.50</td><td rowspan="3">105</td><td rowspan="2">16</td><td>21.4</td><td rowspan="2">400</td></tr>
<tr><td>225M</td><td>65</td><td>23.9</td></tr>
<tr><td>250M</td><td rowspan="3">FF500</td><td>70</td><td>M48×3</td><td>18</td><td>25.4</td><td rowspan="3">500</td></tr>
<tr><td>280S</td><td rowspan="2">85</td><td rowspan="4">+0.035
+0.013</td><td rowspan="2">M56×4</td><td rowspan="4">170</td><td rowspan="4">130</td><td rowspan="4">0
−0.63</td><td rowspan="2">20</td><td rowspan="4">0
−0.052</td><td rowspan="2">31.7</td></tr>
<tr><td>280M</td></tr>
<tr><td>315S</td><td rowspan="2">FF600</td><td rowspan="2">95</td><td rowspan="2">M64×4</td><td rowspan="2">22</td><td rowspan="2">35.2</td><td rowspan="2">600</td></tr>
<tr><td>315M</td></tr>
</table>

[a] 圆锥形轴伸按 GB/T 757—2010 的规定。

[b] P 为最大极限尺寸。

[c] R 为凸缘配合面至轴肩的距离，其极限偏差包括轴的窜动量。

[d] S 孔的位置度公差以轴伸的轴线为基准。

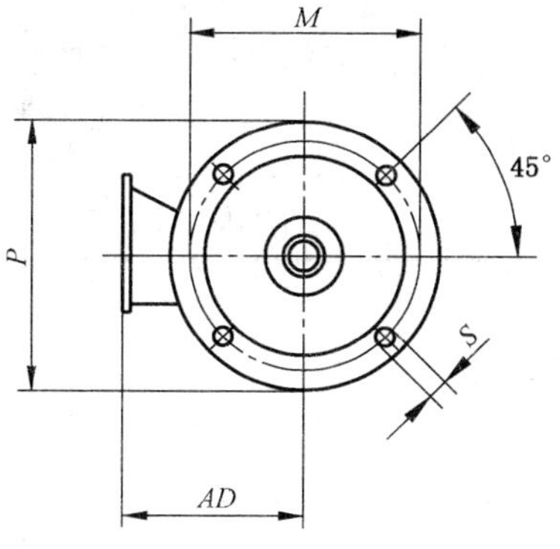

机座号 100～180

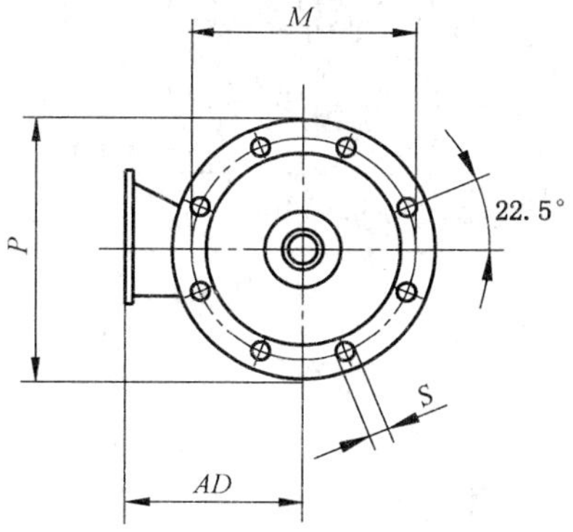

机座号 200～315

立式安装的电动机

5

单位为毫米

及公差											外形尺寸			
N		P^{b}	R^{c}		S^{d}			螺栓直径	T 最大	孔数（个）	AD	L	LA	LB
基本尺寸	极限偏差		基本尺寸	极限偏差	基本尺寸	极限偏差	位置度							
180	+0.014 −0.011	250	0	±2.0	15	+0.43 0	φ1.5Ⓜ	M12	4	4	180	570	14	510
											220	715		635
230	+0.016 −0.013	300									230	745		665
250		350		±3.0	19	+0.52 0		M16	5		260	878	18	768
												922		812
											280	990		880
350	±0.018	450		±4.0						8	320	1 110	20	970
											335	1 220		1 080
450	±0.020	550									385	1 315	22	1 175
											435	1 450		1 280
												1 500		1 330
550	±0.022	660			24		φ2.0Ⓜ	M20	6		520	1 590	25	1 420
												1 642		1 472

3.11.2 电动机轴伸键的尺寸及公差应符合表 6 的规定。

表 6

单位为毫米

轴伸直径 D	键宽 F	键高 GD
28	$8_{-0.036}^{0}$	$7_{-0.090}^{0}$
32	$10_{-0.036}^{0}$	$8_{-0.090}^{0}$
38		
48	$14_{-0.043}^{0}$	$9_{-0.090}^{0}$
55		
60	$16_{-0.043}^{0}$	$10_{-0.090}^{0}$
65		
70	$18_{-0.043}^{0}$	$11_{-0.110}^{0}$
85	$20_{-0.052}^{0}$	$12_{-0.110}^{0}$
95	$22_{-0.052}^{0}$	$14_{-0.110}^{0}$
110	$25_{-0.052}^{0}$	
130	$28_{-0.052}^{0}$	$16_{-0.110}^{0}$

3.11.3 电动机轴伸长度一半处的径向圆跳动公差应不大于表 7 的规定。

表 7

单位为毫米

轴伸直径 D	径向圆跳动公差
＞18～30	0.04
＞30～50	0.05
＞50～80	0.06
＞80～120	0.07
＞120～130	0.08

3.11.4 凸缘止口对电动机轴线的径向圆跳动公差及凸缘配合面对电动机轴线的端面圆跳动公差应不大于表 8 的规定。

表 8

单位为毫米

凸 缘 代 号	径向及端面圆跳动公差
FF215～FF265	0.100
FF300～FF500	0.125
FF600	0.160

3.11.5 电动机轴线对底脚支承平面的平行度公差应不大于表9的规定。

表9

单位为毫米

轴中心高	平行度公差
100～250	0.5
280～400	1.0

3.11.6 电动机底脚支承平面的平面度公差应不大于表10的规定。

表10

单位为毫米

底脚外边缘距离的最大尺寸 AB	平面度公差
＞160～250	0.15
＞250～400	0.20
＞400～630	0.25
＞630～1 000	0.30

3.11.7 电动机轴伸键槽的对称度公差应不大于表11的规定。

表11

单位为毫米

键槽宽 F	对称度公差
8	0.03
10	
14	0.04
16	
18	
20	0.05
22	
25	
28	

4 技术要求

4.1 电动机应符合本部分的规定，并按照经规定程序批准的图样及技术文件制造。

4.2 在下列海拔高度和环境空气温度条件下，电动机应能在表2规定的频率范围内额定运行。

4.2.1 海拔高度不超过1 000 m。

4.2.2 最高环境空气温度随季节变化，但一般环境空气温度不超过40 ℃，冶金环境空气温度不超过60 ℃。

如电动机指定在海拔高度超过1 000 m或最高环境空气温度高于或低于40 ℃及60 ℃的条件下使用时，应按GB 755—2008的规定。

4.2.3 最低环境空气温度为−15 ℃。

4.2.4 户内使用。

4.2.5 按不同工作制的规定，频繁地起动、制动（电气的或机械的）及逆转。

4.2.6 经常地机械振动及冲击。

4.3 电动机采用联轴器或正齿轮传动，若采用正齿轮传动时，其齿轮节圆直径应不小于轴伸直径的2倍。

4.4 电动机运行期间电源电压和频率与额定值的偏差应符合GB 755—2008的规定。

4.5 在额定电压和额定频率下、基准工作制时，电动机堵转转矩对额定转矩之比的保证值为2.0倍，容差允许−15%。

4.6 在额定电压和额定频率下、基准工作制时，电动机最大转矩对额定转矩之比的保证值应不低于表12的规定，容差允许−10%。

表 12

标称功率 kW	最大转矩/额定转矩
≤5.5	2.4
>5.5～7.5	2.6
>7.5	2.8

4.7 在额定电压和额定频率下，电动机堵转电流对额定电流之比的保证值允许9倍，容差允许+20%。

4.8 电动机采用热分级为155(F)级和180(H)级两种。155(F)级电动机适用于环境空气温度不超过40 ℃的场所；180(H)级电动机适用于环境空气温度不超过60 ℃的场所。当海拔和环境空气温度符合4.2的规定时，电动机各发热部位的温升限值或允许温度应不超过表13的规定。数值修约间隔为1。

如果试验地点的海拔或环境空气温度与4.2的规定不同时，温升限值应按GB 755—2008的规定修正。

表 13

电动机的发热部位	热分级	
	155(F)	180(H)
绕组温升(电阻法)	105 K	105 K
轴承允许温度[a](温度计法)	95 ℃	115 ℃

[a] 轴承允许温度是指在4.2所规定的环境空气温度下的数值，当在低于规定的环境空气温度下测量时，轴承温度应为实测温度加规定的环境空气温度与实际环境空气温度之差。

4.9 当电动机三相输入电源平衡时，电动机三相空载电流中任何一相与三相平均值的偏差应不大于三相平均值的10%。

4.10 电动机定子绕组绝缘电阻，在热态时或温升试验后，应不低于0.69 MΩ。

4.11 电动机在热试验后，在额定电压、额定频率并逐渐增加转矩的情况下，应能承受4.6所规定的最大转矩值（允许计及容差）的短时过转矩试验，历时15 s而无转速突变、停转及发生有害变形。

4.12 电动机在380 V、120 Hz(355机座号4极为90 Hz)电源供电空载运行状态下，应能承受历时2 min的超速试验，试验后转子不应发生任何有害变形。

4.13 电动机的定子绕组应能承受历时1 min的耐电压试验而不发生击穿，试验电压的频率为50 Hz，并尽可能为正弦波形，电压的有效值为 2 380 V。

4.14 电动机定子绕组应能承受匝间冲击耐电压试验而不击穿，其试验冲击电压峰值：100 机座号为 3 300 V，100 以上机座号为 3 670 V，容差为±3%，波前时间为 0.5 μs（按 GB/T 22719.2—2008 的规定）。

4.15 电动机在空载运行状态下，在整个变频范围内其转速应平稳无停滞、无共振现象。

4.16 电动机的定子绕组在按 GB/T 12665—2008 所规定的 40 ℃交变湿热试验方法进行 6 周期试验后，绝缘电阻应不低于 0.69 MΩ，并应能承受 4.13 所规定的耐电压试验而不发生击穿，但试验电压有效值为 2 000 V，试验时间为 1 min。

4.17 电动机的机械振动

4.17.1 电动机在空载时测得的振动强度应不超过表 14 的规定。在测得振动速度、加速度有效值的数值时，数值修约间隔为 0.1，在测得振动位移有效值的数值时，数值修约间隔为 1。

4.17.2 电动机在检查试验时，只需测量振动的速度。型式试验时，所有三种振动量值都应测量。当检查试验是在自由悬置安装条件下做时，型式试验则应包括在刚性安装情况下的试验。

表 14

轴中心高 H mm	≤132			>132～280			>280		
安装方式	位移 μm	速度 mm/s	加速度 m/s^2	位移 μm	速度 mm/s	加速度 m/s^2	位移 μm	速度 mm/s	加速度 m/s^2
自由悬置	25	1.6	2.5	35	2.2	3.5	45	2.8	4.4
刚性安装	21	1.3	2.0	29	1.8	2.8	37	2.3	3.6

4.18 电动机在采用变频器供电条件下，空载时测得的 A 计权声功率级的噪声数值应不超过表 15 所规定的数值（按 GB 10069.3—2008 的规定）。噪声数值的容差为+3 dB(A)。数值修约相隔为 1。

表 15

机座号	同步转速 r/min		
	1 500	1 000	750 及 600
	声功率级 dB(A)		
100	82	—	—
112	86	78	—
132	90	82	78
160	92	85	82
180	94	88	82
200	98	88	86
225	98	91	86
250	100	94	90
280	103	98	93
315	106	98	96
355	108	102	99
400	—	105	102

4.19 电动机与风机的接线盒应置于机座顶部或右侧(从主轴伸端视之),可按两个方向出线。电动机的接线盒内应有接地端子,对额定功率超过 100 kW 的电动机,应在机座上另设一个接地端子,并应在接地端子附近设置接地标志,此标志应保证在电动机的整个使用期内不易磨灭,并且不可拆卸。

4.20 在出线端标志的字母顺序与三相电源的电压相序方向相同时,从主轴伸端视之,电动机应为顺时针方向旋转(按 GB 1971—2006 的规定)。

4.21 电动机上各紧固件应有防松措施。

4.22 电动机可按 GB/T 12351—2008 的规定制成湿热带型。

4.23 电动机的安全性能应符合 GB 20237—2006 的规定。

5 检验规则

5.1 每台电动机应经检验合格后方能出厂,并应附有产品合格证。

5.2 每台电动机应经过检查试验,检查试验项目包括:

a) 机械检查(按 5.5、5.6 的规定);
b) 定子绕组对机壳及绕组相互间绝缘电阻的测定(检查试验时可测量冷态绝缘电阻,但应保证热态绝缘电阻不低于 0.69 MΩ);
c) 定子绕组在实际冷却状态下直流电阻的测定;
d) 耐电压试验;
e) 匝间绝缘试验;
f) 空载电流和损耗的测定;
g) 堵转电流和损耗的测定;
h) 噪声的测定;
i) 振动的测定;
j) 旋转方向的检查。

5.3 凡遇下列情况之一者,应进行型式试验:

a) 经鉴定定型后制造商第一次试制或小批试生产时;
b) 电动机设计或工艺上的变更足以引起某些性能和参数发生变化时;
c) 当检查试验结果与以前的型式试验结果发生不可允许的偏差时;
d) 成批生产的电动机应定期抽试,每年抽试一次。当需要抽试的数量过多时,抽试时间间隔可适当延长,但至少每两年抽试一次。

5.4 电动机的型式试验项目包括:

a) 检查试验的全部项目;
b) 热试验;
c) 负载特性的测定;
d) 短时过转矩试验;
e) 最大转矩的测定;
f) 超速试验;
g) 转动惯量的测定;
h) 额定转速的测定;
i) 电动机从 0 Hz～100 Hz(355 机座号 4 极为 0 Hz～75 Hz)空载运行,观察是否有异常振动与噪声的频点。

5.5 电动机的机械检查项目包括:

a) 转动检查:电动机转动时,应平稳轻快、无停滞现象;

b) 外观检查：检查电动机的装配是否完整正确，电动机表面油漆应干燥完整、均匀、无污损、碰坏、裂痕等缺陷；

c) 安装尺寸、外形尺寸及键的尺寸检查：安装尺寸及外形尺寸应符合3.11.1的规定；键的尺寸应符合3.11.2的规定；

d) 圆跳动、底脚支承平面的平行度和平面度及键槽对称度的检查：圆跳动应符合3.11.3和3.11.4的规定；底脚支承平面的平行度和平面度应分别符合3.11.5和3.11.6的规定；键槽对称度应符合3.11.7的规定。底脚支承面的平面度和键槽对称度允许在零部件上进行检查。

5.6 5.5的a)和b)必须每台检查；5.2的h)、i)及5.5的c)和d)可以抽查，抽查办法由制造商制定。

6 试验方法

6.1 5.2和5.4的试验

5.2[其中的e)、h)、i)和j)除外]和5.4[其中的b)和c)除外]所规定的各项试验，其试验方法按GB/T 1032—2005进行。5.2的e)按GB/T 22719.1—2008进行；5.2的j)按GB 1971—2006进行。5.5所规定的安装尺寸及公差的检查按GB/T 4772.1—1999进行。

6.2 电动机外壳防护等级试验和40 ℃交变湿热试验

电动机外壳防护等级的试验，40 ℃交变湿热试验，可在产品结构定型或当结构和工艺有较大改变时进行。外壳防护等级的试验方法按GB/T 4942.1—2006进行；40 ℃交变湿热试验方法按GB/T 12665—2008进行。

6.3 5.2的h)电动机噪声的测定

先启动冷却风机，在变频器供电下，分别在20 Hz、50 Hz和100 Hz(355机座号4极为75 Hz)三点频率处，测取电动机空载时的最大噪声，即为电动机的噪声值，试验方法按GB/T 10069.1—2006进行。

6.4 5.2的i)电动机振动的测定

先启动冷却风机，在变频器供电下，分别在20 Hz、50 Hz和100 Hz(355机座号4极为75 Hz)三点频率处，测取电动机空载时的最大振动速度有效值，即为电动机的振动值，试验方法按GB 10068—2008进行。

6.5 5.4的b)电动机绕组热试验

6.5.1 50 Hz时电动机的热试验

先启动冷却风机，将变频器频率调至50 Hz，电动机在额定转矩下运行，并用温度计定期测定电动机机座温度，待其温升稳定后，立即停机，测取其定子绕组电阻，其温升计算方法按GB/T 1032—2005进行。

6.5.2 2.5 Hz时电动机的热试验

在6.5.1的试验后立即重新起动电动机，将变频器频率调至2.5 Hz，使电动机在额定转矩下运行，并用温度计定期测定电动机机座温度，待其温升稳定后，立即停机(但风机应继续运行)，测取其定子绕组电阻，其温升计算方法按GB/T 1032—2005进行。

6.6 5.4的c)电动机的负载特性测定

在6.5.2的试验后，重新起动电动机，将变频器频率分别调至2.5 Hz、15 Hz、30 Hz、50 Hz的频率下测取电动机的额定转矩、110%额定转矩、80%额定转矩，随后分别在 60 Hz、80 Hz、100 Hz 的频率下测取电动机在标称功率、110%标称功率、80%标称功率各点处的转矩值(此时的标称功率应折算为转矩)，然后绘出电动机的负载特性曲线(见图 4)。在测试过程中，电动机应平稳运转，无明显转矩脉动现象(按 GB/T 22670—2008 的规定)。

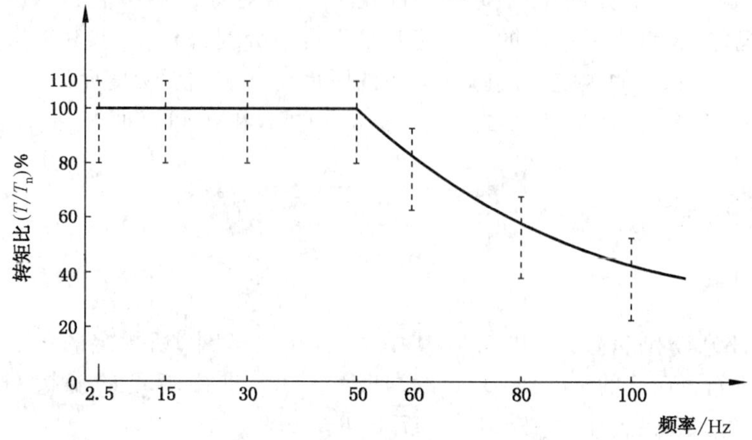

图 4　电动机的负载特性曲线

7　标志、包装及保用期

7.1　铭牌材料及铭牌上数据的刻划方法，应保证其字迹在电动机整个使用时期内不易磨灭(按 GB/T 13306—1991 的规定)。

7.2　铭牌应固定在电动机机座的上半部，应标明项目如下：

a)　制造商名称；
b)　电动机名称(起重及冶金用变频调速三相异步电动机)；
c)　电动机型号；
d)　外壳防护等级；
e)　工作制；
f)　标称功率，单位为 kW；
g)　额定电流，单位为 A；
h)　额定电压，单位为 V；
i)　额定频率，单位为 Hz；
j)　额定转矩，单位为 N·m；
k)　额定转速，单位为 r/min；
l)　恒转矩频率范围，恒功率频率范围，单位为 Hz；
m)　噪声限值，单位为 dB(A)；
n)　热分级；
o)　转动惯量，单位为 kg·m^2；
p)　环境空气温度，单位为℃；
q)　接线方法；
r)　制造商出品年月和出品编号；
s)　质量，单位为 kg；
t)　标准编号。

7.3 电动机定子绕组的6个或3个出线端及在接线板的接线位置上均应有相应的标志，并应保证其字迹在电动机整个使用期内不易磨灭。其标志按表16的规定。

表 16

定子绕组名称	出线端标志		
	6个出线端		3个出线端
	始端	末端	
第一相	U1	U2	U
第二相	V1	V2	V
第三相	W1	W2	W

7.4 电动机的轴伸平键须绑扎在轴上，轴伸及平键表面应有防锈及保护措施。

7.5 电动机的轴伸平键、使用说明书(同一采购商，同一型式的一批电动机至少供应一份)及产品合格证应随同每台电动机供给采购商。

7.6 电动机的包装应能保证在正常的储运条件下，自发货之日起的一年时间内不至因包装不善而导致受潮与损坏。

7.7 箱子外壁的文字和标志应清楚整齐，内容如下：

a) 发货站及制造商名称；

b) 收货站及收货单位名称；

c) 电动机型号及出品编号；

d) 电动机净重及连同箱子的毛重；

e) 箱子尺寸；

f) 在箱外的适当位置标有“向上”、“怕雨”、“重心”等字样及符号，其图形应符合GB/T 191—2008的规定。

7.8 采购商在按照使用说明书的规定，正确地使用与存放电动机的情况下，制造商应保证电动机在开始使用一年内，但自制造商起运的日期不超过两年的时间内能良好地运行。如在此规定时间内电动机因制造质量不良而发生损坏或不能正常工作时，制造商应无偿地为采购商修理或更换零件或电动机。

ICS 13.220.10
C 85

中华人民共和国国家标准

GB 21976.2—2012

建筑火灾逃生避难器材 第2部分:逃生缓降器

Escape apparatus for building fire—Part 2: Automatic and repetitive rescue controlled descent device

2012-11-05 发布 2013-06-01 实施

中华人民共和国国家质量监督检验检疫总局
中国国家标准化管理委员会 发布

前　言

本部分的第4章、第6章和7.1为强制性的，其余为推荐性的。

GB 21976《建筑火灾逃生避难器材》分为以下部分：

——第1部分：配备指南；

——第2部分：逃生缓降器；

——第3部分：逃生梯；

——第4部分：逃生滑道；

——第5部分：应急逃生器；

——第6部分：逃生绳；

——第7部分：过滤式消防自救呼吸器；

——第8部分：化学氧消防自救呼吸器；

……。

本部分为GB 21976的第2部分。

本部分按照GB/T 1.1—2009给出的规则起草。

本部分由中华人民共和国公安部提出。

本部分由全国消防标准化技术委员会消防器具配件分技术委员会(SAC/TC 113/SC 5)归口。

本部分起草单位：公安部上海消防研究所。

本部分主要起草人：李宝忠、周维全、金犨、马伟光、韩翔、李申、孙卫东。

本部分为首次发布。

建筑火灾逃生避难器材 第2部分:逃生缓降器

1 范围

GB 21976的本部分规定了逃生缓降器(以下简称缓降器)的型号、技术要求、试验方法、检验规则、标志、包装、运输和贮存。

本部分适用于由调速器、绳索、安全带、安全钩、金属连接件和绳索卷盘组成,依靠使用者自重安全下降并能往复使用的缓降器。

2 规范性引用文件

下列文件对于本文件的应用是必不可少的。凡是注日期的引用文件,仅注日期的版本适用于本文件。凡是不注日期的引用文件,其最新版本(包括所有的修改单)适用于本文件。

GB/T 191 包装储运图示标志

GB/T 9969 工业产品使用说明书 总则

YB/T 5197 航空用钢丝绳

3 型号

缓降器产品型号由类组代号与主参数组成,其形式如下:

```
T  H - □
|  |   |
|  |   └──────── 绳索长度,单位为米(m)
|  └──────────── 缓降器
└─────────────── 逃生避难器材
```

示例:

绳索长度为30 m的缓降器,其型号为TH-30。

4 技术要求

4.1 外观质量

缓降器各部件应无变形、损伤等异常现象。金属件的外表面应光滑,无锈蚀、斑点、毛刺并进行防腐蚀处理。绳索端头应采用保护物包扎。

4.2 主要部件结构、尺寸及材质要求

4.2.1 绳索

4.2.1.1 钢丝绳索

应采用航空用钢丝绳,直径应不小于3 mm,材质应符合YB/T 5197的要求。

4.2.1.2 有芯绳索

绳芯应采用航空用钢丝绳，直径应不小于 3 mm，材质应符合 YB/T 5197 的要求。外层材质应为棉纱或合成纤维材料。全绳应结构一致，编织紧密，粗细均匀并无扭曲现象。

4.2.2 安全带

安全带材质应为棉纱或合成纤维材料。带宽 40 mm～80 mm，带厚 1 mm～3 mm，带长 1 000 mm～1 800 mm，并带有能按使用者胸围大小调整长度的扣环。

4.2.3 安全钩

安全钩应由金属材料制成并设有防止误开启的保险装置，保险装置应锁止可靠。

4.2.4 绳索卷盘

绳索卷盘应由橡胶、塑料等非金属材料制成，且无尖锐的棱角和凸起。

4.3 强度

4.3.1 整机强度

缓降器经整机强度试验后，绳索、调速器等受力部件均应无明显变形、破损、脱卸等异常现象。

4.3.2 安全带及金属连接件强度

安全带及金属连接件经强度试验后，安全带的织带、扣环及金属连接件均不得发生破断现象。

4.3.3 安全钩强度

安全钩经强度试验后，安全钩钩体及其保险装置不得发生明显变形、断裂、脱落等异常现象。

4.3.4 绳索强度

绳索经强度试验后，不得发生明显变形、断裂现象，有芯绳索不得发生外层与绳芯脱离现象。

4.4 下降速度

4.4.1 不同负荷的下降速度

在表 1 规定的最小负荷、标准负荷和最大负荷状态下，缓降器的下降速度应为 0.16 m/s～1.5 m/s。

4.4.2 重复下降速度

在标准负荷状态下，缓降器每次下降速度相对于 20 次重复下降速度平均值的偏差不应大于 ±20%。

4.4.3 绳索浸泡后的下降速度

缓降器绳索经清水浸泡后进行标准负荷下降速度试验，其下降速度应为 0.16 m/s～1.5 m/s。

表 1

单位为牛顿

负荷种类	负荷数值
最小负荷	343±5
标准负荷	687±5
最大负荷	981±5

4.4.4 经低温处理后的下降速度

缓降器经低温处理后进行标准负荷下降速度试验，其下降速度应为 0.16 m/s～1.5 m/s。

4.4.5 经高温处理后的下降速度

缓降器经高温处理后进行标准负荷下降速度试验，其下降速度应为 0.16 m/s～1.5 m/s。

4.5 抗跌落性能

缓降器经跌落试验后，调速器、安全钩、安全带、绳索及绳索卷盘等部件应无断裂、破损等异常现象。然后进行标准负荷下降速度试验，其下降速度应为 0.16 m/s～1.5 m/s。

4.6 抗冲击性能

缓降器经冲击试验后，调速器、安全钩、安全带、绳索等部件应无明显变形、破损等异常现象。然后进行标准负荷下降速度试验，其下降速度应为 0.16 m/s～1.5 m/s。

4.7 可靠性

缓降器经可靠性试验后进行最小负荷、标准负荷、最大负荷下降速度试验，其下降速度应为 0.16 m/s～1.5 m/s。试验中调速器、安全钩、绳索应无变形、破损等异常现象。

4.8 耐腐蚀性能

缓降器经盐雾试验后，其金属部件应无明显的腐蚀现象。然后进行标准负荷下降速度试验，其下降速度应为 0.16 m/s～1.5 m/s。

5 试验方法

5.1 试验条件

5.1.1 下降速度试验应在风速不大于 2 m/s 的条件下进行。

5.1.2 当缓降器试样的绳索长度小于 15 m 时，下降速度试验的试验高度为绳索长度；当试样的绳索长度不小于 15 m 时，下降速度试验的试验高度为 15 m。

5.2 外观质量检查

用目测法对缓降器进行外观质量检查。

5.3 主要部件结构、尺寸及材质检查

5.3.1 绳索

采用目测和查看材质检验报告的方法对绳索的结构和材质进行检查。然后用通用量具测量绳索直径，测量任意三点，取三点的算术平均值。

5.3.2 **安全带**

采用目测和查看材质检验报告的方法对安全带的结构和材质进行检查。然后用通用量具测量安全带长度、宽度及厚度，测量任意三点，取三点的算术平均值。

5.3.3 **安全钩**

采用目测和查看材质检验报告的方法对安全钩的结构、材质和保险装置进行检查。

5.3.4 **绳索卷盘**

采用目测和查看材质检验报告的方法对绳索卷盘的结构和材质进行检查。

5.4 **强度试验**

5.4.1 **整机强度试验**

将缓降器的绳索用卡箍相连，制成套环，试验用挂钩分别套在缓降器悬挂吊耳和绳索套环上，并和拉力机上下夹具相连，如图1所示。将拉力机拉伸速度调定在100 mm/min，然后对缓降器施加4倍最大负荷的拉伸负荷，保持5 min。

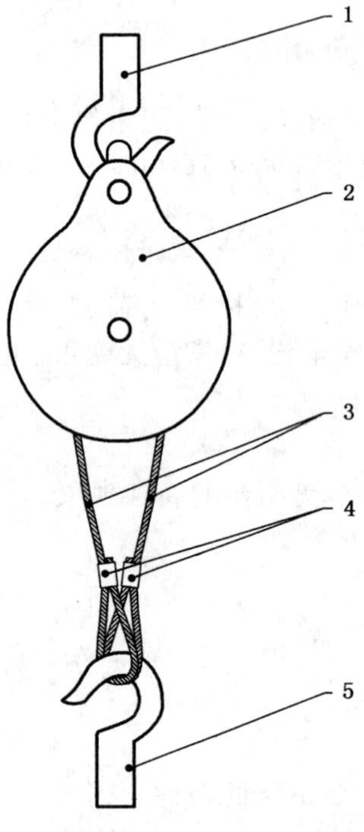

说明：

1、5——挂钩；

2 ——缓降器；

3 ——绳索；

4 ——套环。

图1 整机强度试验示意图

5.4.2 **安全带及金属连接件强度试验**

将安全带的一端和金属连接件分别用拉力机上下夹具夹紧。拉力机拉伸速度调定在

100 mm/min,然后对试样施加 6.5 倍最大负荷的拉伸负荷,保持 5 min。

5.4.3 安全钩强度试验

将安全钩长轴方向的两端分别和拉力机上下夹具相连,保险装置处于锁止状态,拉力机拉伸速度调定在 30 mm/min,然后对安全钩施加 10 000 N 的拉伸负荷,保持 5 min。

5.4.4 绳索强度试验

绳索试样的长度应不小于 300 mm,将其两端和拉力机上下夹具相连,拉力机拉伸速度调定在 100 mm/min,然后对试样施加 4 倍最大负荷的拉伸负荷,保持 5 min。

5.5 下降速度试验

5.5.1 不同负荷的下降速度试验

将缓降器悬挂于试验高度,在缓降器绳索下降端按表 1 规定施加各种负荷,使其降至地面。每种负载均连续进行 2 次下降试验,用缓降器下降速度测试装置测量下降时间并按式(1)计算出下降速度。

$$v=\frac{H}{t} \qquad \cdots\cdots (1)$$

式中:

v ——下降速度,单位为米每秒(m/s);

H ——试验高度,单位为米(m);

t ——下降时间,单位为秒(s)。

5.5.2 重复下降速度试验

按 5.5.1 的方法,在缓降器绳索下降端施加标准负荷,使其降至地面,重复进行下降试验 20 次,计算每次下降速度与 20 次重复下降速度平均值。

5.5.3 清水浸湿绳索后的下降速度试验

将缓降器绳索在清水中浸泡 1 h,然后按 5.5.1 的方法,在缓降器绳索下降端施加标准负荷,使其降至地面。下降试验应连续进行 2 次,在缓降器绳索从清水中取出后 5 min 内完成。计算每次下降速度。

5.5.4 经低温处理后的下降速度试验

缓降器在−30 ℃±2 ℃的低温试验箱内放置 4 h,然后按 5.5.1 的方法,在缓降器绳索下降端施加标准负荷,使其降至地面。下降试验应连续进行 2 次,在缓降器从低温试验箱取出后 5 min 内完成。计算每次下降速度。

5.5.5 经高温处理后的下降速度试验

缓降器在 50 ℃±2 ℃的高温试验箱内放置 4 h,然后按 5.5.1 的方法,在缓降器绳索下降端施加标准负荷,使其降至地面。下降试验应连续进行 2 次,在缓降器从高温试验箱取出后 5 min 内完成。计算每次下降速度。

5.6 抗坠落性能试验

将缓降器置于水平状态,然后从距地面 1.50 m±0.01 m 高度自由下落至水泥地面上(水泥地面为厚度 10 cm、强度等级 C 30 的钢筋混凝土板或基座),连续进行 5 次。然后按 5.5.1 的方法,在缓降器绳索下降端施加标准负荷,使其降至地面。下降试验应连续进行 2 次,计算每次下降速度。

5.7 抗冲击性能试验

在缓降器绳索下降端拉出 1 m 长度的绳索，并在安全带上施加最大负荷，然后将负荷垂直向上提升 1 m，并使其自由下落，连续进行 2 次。然后按 5.5.1 的方法，在缓降器绳索下降端施加标准负荷，使其降至地面。下降试验应连续进行 2 次，计算每次下降速度。

5.8 可靠性试验

按 5.5.1 的方法，在缓降器绳索下降端施加最大负荷，使其降至地面。连续进行 100 次下降试验。当绳索长度超过 15 m 时，试验次数按绳索实际长度除以 15 再乘以 100 计算(非整数时向上取整，每满 100 次时允许更换试验绳索，继续试验)，每次试验时间间隔不超过 5 min。然后在缓降器绳索下降端施加表 1 规定的负荷，使其降至地面。下降试验应连续进行 2 次，计算每次下降速度。

5.9 耐腐蚀性能试验

缓降器按使用状态放置在盐雾试验箱内，将箱内温度保持在 35 ℃±2 ℃，将浓度为 5%的氯化钠水溶液以 0.07 MPa～0.17 MPa 的喷射压力连续喷雾 8 h 后停止喷雾并关闭加温控制器，让其自然冷却 16 h，以 24 h 为一周期，共试验 5 个周期。然后用清水冲洗沉积的盐分，让其自然干燥 24 h。按 5.5.1 的方法，在缓降器绳索下降端施加标准负荷，使其降至地面。下降试验应连续进行 2 次，计算每次下降速度。

6 检验规则

6.1 型式检验

6.1.1 型式检验应按本部分的要求进行全部项目的检验。

6.1.2 有下列情况之一时，应进行型式检验：

a) 新产品鉴定；
b) 正式生产后，产品结构、材料、生产工艺有较大改变时；
c) 产品停产一年以上，恢复生产时；
d) 连续生产满三年时；
e) 国家质量监督机构提出进行型式检验的要求时。

6.2 出厂检验

6.2.1 产品应由生产厂质检部门检验合格并附有合格证，方可出厂。

6.2.2 出厂检验的项目为本部分的 4.1、4.2、4.4.1～4.4.3。其中，4.1、4.2 为必检项目，4.4.1～4.4.3 为抽检项目。

6.3 抽样

6.3.1 型式检验应从出厂检验合格的产品中随机抽取 5 具。

6.3.2 出厂检验以 100 具为一批，抽检项目的样品不应少于 10%；不足 100 具为一批时，抽检项目的样品不应少于 3 具。

6.4 判定规则

6.4.1 型式检验

型式检验项目的结果全部符合本部分要求的，判为合格。

6.4.2 出厂检验

必检项目的检验结果应全部符合本部分要求。如出现不合格时，该产品应经返工后方可重新提交检验。抽检项目的检验结果如有一项不符合要求时，则该批产品应全数提交该项检验，合格后方可出厂。

7 标志、包装、运输、贮存

7.1 标志

7.1.1 每具产品应附有铭牌，标明以下内容：

a) 产品名称、型号；
b) 执行标准代号；
c) 配置高度；
d) 负荷范围；
e) 生产厂名称、商标；
f) 生产日期或出厂编号；
g) 安全警示(包括“不得注油”字样)。

7.1.2 包装箱上应标明以下内容：

a) 产品名称、型号；
b) 生产厂名称、商标、厂址；
c) 生产日期或出厂编号；
d) 产品数量；
e) 包装箱外形尺寸：长×宽×高(单位为 cm)；
f) 标有“防止油污”和“防潮”等标志，标志应符合 GB/T 191 的规定。

7.2 包装

7.2.1 产品应装入塑料袋进行整具包装。为防止部件间摩擦碰撞，应用泡沫塑料或纸板隔护，外用木箱或纸箱包装。

7.2.2 包装箱内应随带文件：

a) 产品合格证；
b) 产品说明书；
c) 装箱单。

7.2.3 产品说明书的内容应符合 GB/T 9969 的规定，并对产品的安装、使用、安全注意事项、维护保养以及寿命周期等做出说明。

7.3 运输

产品在装卸和运输过程中不可抛卸，应避免接触腐蚀性物质，不得受到油、水沾污。

7.4 贮存

产品应贮存在室内干燥通风处，避免日光直射，禁止与油脂、酸类及腐蚀性物品混放。

ICS 13.220.10
C 85

中华人民共和国国家标准

GB 21976.3—2012

建筑火灾逃生避难器材 第3部分：逃生梯

Escape apparatus for building fire—Part 3: Escape ladder

2012-11-05 发布　　2013-06-01 实施

中华人民共和国国家质量监督检验检疫总局
中国国家标准化管理委员会　发布

前　言

本部分的第5章、第7章和8.1为强制性的，其余为推荐性的。

GB 21976《建筑火灾逃生避难器材》分为以下部分：

——第1部分：配备指南；

——第2部分：逃生缓降器；

——第3部分：逃生梯；

——第4部分：逃生滑道；

——第5部分：应急逃生器；

——第6部分：逃生绳；

——第7部分：过滤式消防自救呼吸器；

——第8部分：化学氧消防自救呼吸器；

……。

本部分为GB 21976的第3部分。

本部分按照GB/T 1.1—2009给出的规则起草。

本部分由中华人民共和国公安部提出。

本部分由全国消防标准化技术委员会消防器具配件分技术委员会(SAC/TC 113/SC 5)归口。

本部分起草单位：公安部上海消防研究所。

本部分主要起草人：李宝忠、万明、金韡、蒋旭东、韩翔、顾文杰、李景海。

本部分为首次发布。

建筑火灾逃生避难器材 第3部分:逃生梯

1 范围

GB 21976 的本部分规定了逃生梯的术语和定义、分类和型号、技术要求、试验方法、检验规则以及标志、包装、运输和贮存。

本部分适用于建筑火灾发生时,供被困人员逃生使用的专用固定式逃生梯和悬挂式逃生梯。

2 规范性引用文件

下列文件对于本文件的应用是必不可少的。凡是注日期的引用文件,仅注日期的版本适用于本文件。凡是不注日期的引用文件,其最新版本(包括所有的修改单)适用于本文件。

GB/T 191 包装储运图示标志

GB/T 9969 工业产品使用说明书 总则

GB/T 10125 人造气氛腐蚀试验 盐雾试验

3 术语和定义

下列术语和定义适用于本文件。

3.1

固定式逃生梯 fixure escape ladder

采用固定框架和传动链踏板结构,建筑火灾时依靠使用者自重使踏板垂直下降的逃生梯。

3.2

悬挂式逃生梯 pensile escape ladder

采用上端悬挂和边索梯档结构,建筑火灾时供使用者徒手攀爬的逃生梯。

3.3

踏板 tread

固定式逃生梯供使用者脚踏的横档构件。

3.4

传动链 transmission chain

固定式逃生梯两侧连接各级踏板的构件。

3.5

梯档 stirrup

悬挂式逃生梯供使用者脚踏的横档构件。

3.6

边索 side rope

悬挂式逃生梯两侧连接各级梯档的构件。

3.7

撑脚 brace

使悬挂式逃生梯与墙体保持一定距离的支撑用构件。

3.8

梯宽　width of ladder

逃生梯传动链(或边索)之间的内边距。

3.9

最大工作高度　maximum working height

固定式逃生梯为可供逃生人员使用的最高位置的踏板至地面的垂直距离。悬挂式逃生梯为挂钩顶端至梯身底部最后一级梯档的垂直距离。

4　分类和型号

4.1　分类

逃生梯按结构形式分为固定式逃生梯(以下简称固定梯)和悬挂式逃生梯(以下简称悬挂梯)。

4.2　型号

逃生梯的型号由大类、小类、主参数、结构形式代号、边索材料代号组成,其形式如下:

```
T T - □ □ □
│ │   │ │ └── 边索材料代号:S— 钢丝绳,L— 钢质链条,
│ │   │ │     Z— 纤维织物(织带或绳索),固定梯省略
│ │   │ └──── 结构形式代号:D— 固定式,G— 悬挂式
│ │   └────── 最大工作高度,单位为米(m)
│ └────────── 逃生梯
└──────────── 逃生避难器材
```

示例:TT-40D:表示最大工作高度为 40 m 的钢质固定式逃生梯;TT-15GL:表示最大工作高度为 15 m、边索为钢质链条的悬挂式逃生梯。

5　技术要求

5.1　结构和外观要求

5.1.1　逃生梯的金属件应进行防腐蚀处理,无锈蚀、斑点、毛刺等缺陷。

5.1.2　逃生梯梯档或踏板的踏脚面应进行防滑处理。

5.1.3　逃生梯的传动链或边索应结构一致、粗细均匀、无扭曲及磨损现象。

5.1.4　固定梯的两侧应设置防护栏,踏板上方应设置扶手。

5.1.5　固定梯的传动系统应运转灵活,传动部件的外部应有防护措施。

5.1.6　固定梯的涂层应表面光洁、色泽均匀。

5.1.7　悬挂梯使用的钢丝绳外表面应无磨损现象。

5.1.8　悬挂梯使用的钢质链条各环间应转动灵活,链环形状应一致,链条应顺直,无尖角或锋利边缘。

5.1.9　悬挂梯使用的织带应加锁边线,末端应折缝且不留散丝;绳索绳头应不留散丝,末端编花前应经燎烫处理,编花后不得进行燎烫处理,编花部分应加保护套。

5.2　固定梯

5.2.1　固定梯的基本参数应符合表 1 的规定。

表 1

基本参数	技术指标
梯宽/mm	≥500
踏板间距/mm	3 000±50
踏板宽度/mm	≥200
最大承载人数/个	整梯踏板数量除以 2 后的整数值
整梯最小负荷/N	343±5
单块踏板最大负荷/N	981±5
整梯最大负荷/N	(981±5)×最大承载人数

5.2.2 固定梯的踏板应能承受 3 倍于单块踏板最大负荷的载荷，经强度试验后，踏板不应出现断裂或明显变形现象。

5.2.3 固定梯的踏板和传动链应能承受 3 倍于单块踏板最大负荷的剪切载荷，经踏板对传动链的剪切试验后，踏板、传动链以及两者的连接处均不应出现断裂或明显变形现象。

5.2.4 固定梯的扶手应能承受 1.5 倍于单块踏板最大负荷的载荷，经强度试验后，扶手最大弯曲变形不应大于 2 mm。

5.2.5 固定梯的主轴应能承受整梯最大负荷与运转部件总重量之和 3 倍的载荷，经强度试验后，主轴不应出现断裂或明显变形现象。

5.2.6 固定梯的传动链应能承受整梯最大负荷与运转部件总重量之和 3 倍的载荷，经强度试验后，传动链不应出现断裂或明显变形现象。

5.2.7 固定梯的传动链经耐腐蚀性能试验后，应无起层、剥落或肉眼可见的点蚀凹坑。然后进行强度试验，传动链不应出现断裂或明显变形现象。

5.2.8 固定梯的踏板在整梯最小负荷、单块踏板最大负荷以及整梯最大负荷状态下的下降速度应为 0.1 m/s～0.4 m/s。

5.2.9 固定梯应设置应急制动机构。当踏板的下降速度大于 0.5 m/s 时，应急制动机构应能自动停止固定梯的运行，且能通过手动操作将有负载的踏板缓慢安全降至地面。

5.2.10 固定梯经可靠性试验后，不应出现卡阻或影响其正常运行的故障，踏板的下降速度仍应符合 5.2.8 的规定。

5.3 悬挂梯

5.3.1 悬挂梯的基本参数应符合表 2 的规定。

表 2

基本参数	技术指标
梯宽/mm	≥300
梯档间距/mm	300±5
梯档截面尺寸/mm	直径不小于 20 的圆管或边长不小于 20 的方管
撑脚长度/mm	≥100
最大承载人数/个	最大工作高度除以 1.5 后的整数值
单节梯档最大负荷/N	981±5
整梯最大负荷/N	(981±5)×最大承载人数

5.3.2 悬挂梯的上端应能可靠固定在建筑物上。梯身展开时应灵活可靠，不应出现缠绕、打结或卡阻现象，撑脚应能全部张开并支撑在墙面上。

5.3.3 悬挂梯的梯档应能承受3倍于单节梯档最大负荷的载荷，经强度试验后，梯档不应出现断裂或明显变形现象。

5.3.4 悬挂梯的梯档和边索应能承受3倍于单节梯档最大负荷的剪切载荷，经梯档对边索的剪切试验后，梯档、边索以及两者的连接处均不应出现断裂或明显变形现象。

5.3.5 悬挂梯应能承受3倍于整梯最大负荷的载荷，经整体强度试验后，挂钩不得发生脱落或明显滑移，所有零部件不应出现断裂或明显变形现象。

5.3.6 悬挂梯经耐腐蚀性能试验后，其金属部件应无起层、剥落或肉眼可见的点蚀凹坑。然后进行整体强度试验，挂钩不得发生脱落或明显滑移，所有零部件均不应出现断裂或明显变形现象。

5.3.7 梯档与边索的连接采用摩擦力紧固(例如利用螺栓顶部与钢丝绳外表的摩擦力)方式的悬挂梯，应进行梯档与边索连接可靠性试验。试验后，梯档和边索的连接处不应有松脱和滑移现象，并满足5.3.4要求。

6 试验方法

6.1 结构和外观检查

用目测法进行检查。

6.2 固定梯试验

6.2.1 基本参数测量

用通用量具进行测量。

6.2.2 踏板强度试验

固定梯处于锁止状态。任选2个踏板，在受试踏板上分别施加单块踏板最大负荷3倍的载荷，载荷应垂直于地面并均匀地分布在梯档中间100 mm宽度的区域上，持续2 min后卸载。观察并记录试验结果。

6.2.3 踏板对传动链的剪切试验

固定梯处于锁止状态。任选2个踏板，在受试踏板上分别施加单块踏板最大负荷3倍的载荷，载荷应垂直于地面并均匀地分布在紧靠传动链100 mm范围内的踏板上，持续2 min后卸载。观察并记录试验结果。

6.2.4 扶手强度试验

在固定梯扶手中间100 mm宽度的区域上均匀施加单块踏板最大负荷1.5倍的载荷，持续2 min后卸载。观察并记录试验结果。

6.2.5 主轴强度试验

将固定梯主轴拆下，或抽取同批次尚未安装的主轴，将主轴两端、主轴中点分别和拉力机上、下夹具相连，拉力机拉伸速度调定在100 mm/min，然后对主轴施加整梯最大负荷与运转部件总重量之和3倍的载荷，载荷应垂直于主轴并均匀地分布在主轴中间100 mm宽度的区域上，持续2 min后卸载。观察并记录试验结果。

6.2.6　传动链强度试验

取长度不小于10节的一段传动链，将传动链两端分别和拉力机上、下夹具相连，拉力机拉伸速度调定在100 mm/min，然后对传动链施加整梯最大负荷与运转部件总重量之和3倍的载荷，持续2 min后卸载。观察并记录试验结果。

6.2.7　传动链耐腐蚀性能试验

将长度不小于10节的一段传动链放置在盐雾试验箱内，将箱内温度保持在35 ℃±2 ℃，将浓度为5%的氯化钠水溶液以0.07 MPa～0.17 MPa的喷射压力连续喷雾8 h后停止喷雾并关闭加温控制器，让其自然冷却16 h，以24 h为一周期，共试验5个周期。然后用清水冲洗沉积盐分，让其自然干燥24 h。观察并记录试验结果。然后按6.2.6进行试验

6.2.8　踏板下降速度试验

用固定梯专用试验装置对固定梯分别施加表1规定的整梯最小负荷、单块踏板最大负荷以及整梯最大负荷，各进行两次下降速度试验。记录下降距离和时间，并计算出下降速度。

6.2.9　应急制动机构试验

用固定梯专用试验装置使固定梯下降速度大于0.5 m/s，观察应急制动机构的动作情况。然后进行手动操作，观察踏板的下降情况。记录试验结果。

6.2.10　运行可靠性试验

用固定梯专用试验装置对固定梯施加表1规定的整梯最大负荷，使其循环工作，连续运行100次。观察并记录试验结果。然后按6.2.8进行试验。

6.3　悬挂梯试验

6.3.1　基本参数测量

用通用量具进行测量。

6.3.2　展开性能试验

将悬挂梯的顶部固定在不低于最大工作高度的建筑物上，然后将梯身自由展开。连续进行两次。观察并记录试验结果。

6.3.3　梯档强度试验

将展开的悬挂梯按使用状态垂直挂放，任选2个梯档，在受试梯档上分别施加单节梯档最大负荷3倍的载荷，载荷应垂直地面并均匀地分布在梯档中间100 mm宽度的区域上，持续2 min后卸载。观察并记录试验结果。

6.3.4　梯档对边索的剪切强度试验

将展开的悬挂梯按使用状态垂直挂放，任选2个梯档，在受试梯档上施加单节梯档最大负荷3倍的载荷，载荷应垂直地面并均匀地分布在紧靠边索100 mm范围内的梯档上，持续2 min后卸载。观察并记录试验结果。

6.3.5 整体强度试验

将展开的悬挂梯按使用状态垂直挂放，在两边索的下端均匀施加总和为表 2 规定的整梯最大负荷 3 倍的载荷，持续 2 min 后卸载。观察并记录试验结果。

6.3.6 耐腐蚀性能试验

将悬挂梯放置在盐雾试验箱内，按照 GB/T 10125 的要求，将箱内温度保持在 35 ℃±2 ℃，将浓度为 5%的氯化钠水溶液以 0.07 MPa～0.17 MPa 的喷射压力连续喷雾 8 h 后停止喷雾并关闭加温控制器，让其自然冷却 16 h，以 24 h 为一周期，共试验 5 个周期。然后用清水冲洗沉积盐分，让其自然干燥 24 h。观察并记录试验结果。然后按 6.3.5 进行试验。

6.3.7 连接可靠性试验

将展开的悬挂梯按使用状态垂直挂放，任选 2 个梯档，分别施加单节梯档最大负荷 1.5 倍的载荷，载荷应垂直地面并均匀地分布在梯档中间 100 mm 宽度的区域上，保持 1 min 后卸载，再停留 1 min 为一个循环。往复 50 次循环后对梯档和边索进行检查。观察并记录试验结果。然后按 6.3.4 进行试验。

7 检验规则

7.1 型式检验

7.1.1 产品型式检验应按本部分的要求进行全部项目的检验。

7.1.2 有下列情况之一时，应进行型式检验：

a) 新产品鉴定；
b) 正式生产后，产品结构、材料、生产工艺有较大改变时；
c) 产品停产一年以上，恢复生产时；
d) 连续生产满三年时；
e) 国家质量监督机构提出进行型式检验的要求时。

7.2 出厂检验

7.2.1 产品应由生产厂质检部门检验合格并附有合格证，方可出厂。

7.2.2 固定梯出厂检验的项目为本部分的 5.1.1～5.1.6、5.2.1、5.2.8、5.2.9。悬挂梯出厂检验的项目为本部分的 5.1.1～5.1.3、5.1.7～5.1.9、5.3.1、5.3.2。

7.3 抽样

7.3.1 产品出厂检验应为全数检验。

7.3.2 型式检验的样本数：固定梯为 1 部，悬挂梯为 2 部，从出厂检验合格的产品中随机抽取。

7.4 判定规则

7.4.1 型式检验

型式检验项目的检验结果全部符合本部分要求的，判为合格。

7.4.2 出厂检验

出厂检验项目的检验结果全部符合本部分要求的，判为合格。如出现不合格时，该产品须经返工后方可重新提交检验。

8 标志、包装、运输、贮存

8.1 标志

8.1.1 在每部逃生梯的明显位置上应设置永久性的铭牌。

8.1.2 产品的铭牌应标明：

a) 产品名称、型号；
b) 执行标准代号；
c) 最大工作高度；
d) 最大承载人数；
e) 设备运转部件总重量；
f) 生产厂名称、商标；
g) 生产日期或出厂编号；
h) 安全警示(包括“单个踏板(或梯档)限立 1 人”字样)。

8.1.3 包装箱上应印有：

a) 产品名称、型号；
b) 生产厂名称、商标、厂址；
c) 生产日期或出厂编号；
d) 产品数量；
e) 包装箱外形尺寸：长×宽×高(单位为 cm)；
f) 标有“防止油污”和“防潮”等标志，标志应符合 GB/T 191 的规定。

8.2 包装

8.2.1 产品应装入塑料袋进行整具包装。为防止部件间摩擦碰撞，应用泡沫塑料或纸板隔护，外用木箱或纸箱包装。

8.2.2 包装箱内应随带文件：

a) 产品合格证；
b) 产品说明书；
c) 装箱单。

8.2.3 产品说明书的内容应符合 GB/T 9969 的规定，并对产品的安装、使用、安全注意事项、维护保养以及寿命周期等做出说明。

8.3 运输

产品在装卸和运输过程中不可抛卸，应避免接触腐蚀性物质和受到油、水沾污。

8.4 贮存

产品应贮存在室内干燥通风处，避免日光直射，禁止与油脂、酸类及腐蚀性物品混放。

ICS 13.220.10
C 85

中华人民共和国国家标准

GB 21976.4—2012

建筑火灾逃生避难器材
第4部分:逃生滑道

Escape apparatus for building fire—Part 4:Escape slide

2012-06-29 发布　　　　2012-12-01 实施

中华人民共和国国家质量监督检验检疫总局
中国国家标准化管理委员会　发布

前　言

本部分的第 4 章、第 6 章、第 7.1 条为强制性的，其余为推荐性的。

GB 21976《建筑火灾逃生避难器材》分为以下部分：

——第 1 部分：配备指南；

——第 2 部分：逃生缓降器；

——第 3 部分：逃生梯；

——第 4 部分：逃生滑道；

——第 5 部分：应急逃生器；

——第 6 部分：逃生绳；

——第 7 部分：过滤式消防自救呼吸器；

——第 8 部分：化学氧消防自救呼吸器；

……

本部分为 GB 21976 的第 4 部分。

本部分按照 GB/T 1.1—2009 给出的规则起草。

本部分由中华人民共和国公安部提出。

本部分由全国消防标准化委员会消防器具配件分技术委员会(SAC/TC 113/SC 5)归口。

本部分起草单位：公安部上海消防研究所。

本部分主要起草人：马伟光、李宝忠、韩翔、金韡、顾文杰、朱凤林。

建筑火灾逃生避难器材 第4部分:逃生滑道

1 范围

GB 21976的本部分规定了逃生滑道(以下简称滑道)的型号、技术要求、试验方法、检验规则以及标志、包装、运输和贮存。

本部分适用于建筑火灾发生时,使用者依靠自重以一定的速度在其内部滑降逃生,配置高度不高于60 m并能反复使用的柔性滑道。

2 规范性引用文件

下列文件对于本文件的应用是必不可少的。凡是注日期的引用文件,仅注日期的版本适用于本文件。凡是不注日期的引用文件,其最新版本(包括所有的修改单)适用于本文件。

GB/T 191 包装储运图示标志

GB/T 528 硫化橡胶或热塑性橡胶 拉伸应力应变性能的测定

GB/T 3512 硫化橡胶或热塑性橡胶 热空气加速老化和耐热试验

GB/T 3917.3 纺织品 织物撕破性能 第3部分:梯形试样撕破强力的测定

GB/T 3923.1 纺织品 织物拉伸性能 第1部分:断裂强力和断裂伸长的测定 条样法

GB/T 5455 纺织品 燃烧性能试验 垂直法

GB/T 9969 工业产品使用说明书 总则

GB/T 10125—1997 人造气氛腐蚀试验 盐雾试验

GB/T 13773.1 纺织品 织物及其制品的接缝拉伸性能 第1部分:条样法接缝强力的测定

FZ/T 01034—2008 纺织品 机织物拉伸弹性试验方法

3 型号

滑道产品型号由类组代号与主参数组成,其形式如下:

T D-□

- □——逃生滑道长度,单位为米(m)
- D——逃生滑道
- T——逃生避难器材

示例:

长度为20 m的滑道,其型号为TD-20。

4 技术要求

4.1 结构要求

4.1.1 滑道应由入口金属框架、金属连接件、滑道主体等构成。

4.1.2　滑道主体应由外层防护层、中间阻尼层和内层导滑层等三层材料组合制成，也可由外层防护层、内层阻尼导滑复合层二层材料组合制成。

4.1.3　滑道展开后，防护层的延伸长度应不超出阻尼层、导滑层或阻尼导滑复合层的延伸长度。

4.1.4　滑道主体与入口金属框架的连接应牢固、可靠。

4.1.5　滑道出口端可设置保护垫或其他缓冲装置。

4.1.6　滑道出口末端可配置适当重量的沙袋，以防止使用时滑道出口端产生飞扬、缠绕和卷曲等，并在滑道出口末端设置在其360°方位均可见的夜间识别和警示标志。

4.2　外观质量

滑道外观质量应符合以下要求：

a)　滑道主体组成材料在长度方向应匀质、连续；

b)　滑道各部位缝制线路应顺直、整齐、平服、牢固、松紧适宜，缝线每30 mm应不小于7针；

c)　滑道金属部件外表面应光滑，无锈蚀、斑点、毛刺。

4.3　材质要求

4.3.1　阻燃性能

滑道防护层应按5.2.1规定的方法进行阻燃性能试验，其损毁长度不应大于100 mm，续燃时间和阴燃时间均应不大于2.0 s，且不应有熔融、滴落现象。

4.3.2　断裂强力

滑道防护层、导滑层或阻尼导滑复合层应按5.2.2规定的方法进行断裂强力试验，防护层的经、纬向断裂强力应不小于785 N。导滑层或阻尼导滑复合层的经、纬向断裂强力应不小于981 N。

4.3.3　撕破强力

滑道防护层、导滑层或阻尼导滑复合层应按5.2.3规定的方法进行撕破强力试验，防护层的经、纬向撕破强力应不小于79 N。导滑层或阻尼导滑复合层的经、纬向撕破强力应不小于118 N。

4.3.4　接缝强力

滑道导滑层或阻尼导滑复合层应按5.2.4规定的方法进行接缝强力试验，其接缝强力应不小于650 N。

4.3.5　拉伸弹性

对于弹性机织物制成的滑道阻尼层或阻尼导滑复合层应按5.2.5规定的方法进行拉伸弹性试验，其纬向伸长率应不小于25%、纬向变形率应不小于2%。

4.3.6　橡胶物理机械性能

对于含橡胶材料的滑道阻尼层或阻尼导滑复合层，应按表1规定的试验项目和5.2.6规定的试验方法进行橡胶物理机械性能试验。各项性能应符合表1的规定。

表 1

拉伸强度/ MPa	拉断伸长率/ %	300%定伸应力/ MPa	耐热老化后(96 h、90 ℃)		
			性能变化率/%		邵尔 A 硬度变化
			拉伸强度	拉断伸长率	
≥15	≥500	≥5	±14	±20	±8

4.4 性能要求

4.4.1 延长率

滑道主体应能经受 5.3.1 规定的延长率试验，其延长率应不大于 1.5%。

4.4.2 整体抗拉强度

滑道整体(包括入口金属框架、金属连接件、滑道主体等)应能经受 5.3.2 规定的整体抗拉强度试验，试验中滑道不应出现裂纹、断裂、永久变形，各连接处不应出现松动、滑丝与损坏。

4.4.3 下滑速度

在表 2 规定的最小负荷、标准负荷和最大负荷状态下，滑道内负荷的下滑速度应不大于 4.0 m/s。

4.4.4 着地速度

在表 2 规定的最小负荷、标准负荷和最大负荷状态下，滑道内负荷的着地速度应不大于 1.0 m/s。

4.4.5 可靠性

在表 2 规定的最大负荷状态下，滑道应按 5.3.5 规定的方法进行可靠性试验，试验中滑道不应出现裂纹、断裂、永久变形，各连接处不应出现松动、滑丝与损坏。可靠性试验后，滑道还应进行最小负荷、标准负荷和最大负荷的下滑速度及着地速度试验，其下滑速度应不大于 4.0 m/s、着地速度应不大于 1.0 m/s。

表 2

负 荷 种 类	负荷直径/mm	负荷数值/N
最小负荷	200±10	343±5
标准负荷	300±10	687±5
最大负荷	400±10	981±5

4.4.6 耐腐蚀性能

滑道所有金属部件应按 5.3.6 规定的方法进行盐雾试验，试验后其外观应无明显的腐蚀现象。

5 试验方法

5.1 结构和外观质量检查

用目测和通用量具检查滑道的结构、材料、缝制线和金属部件等情况。

5.2 材质试验

5.2.1 阻燃性能试验

阻燃试验方法按 GB/T 5455 进行。

5.2.2 断裂强力试验

断裂强力试验方法按 GB/T 3923.1 进行。

5.2.3 撕破强力试验

撕破强力试验方法按 GB/T 3917.3 进行。

5.2.4 接缝强力试验

接缝强力试验方法按 GB/T 13773.1 进行。

5.2.5 拉伸弹性试验

5.2.5.1 纬向伸长率的测定按 FZ/T 01034—2008 中 8.3.1 进行，定力值为 25 N。

5.2.5.2 纬向变形率的测定按 FZ/T 01034—2008 中 8.3.6 进行，循环次数为 10 次。

5.2.6 橡胶物理机械性能试验

5.2.6.1 拉伸强度的测定按 GB/T 528 进行。

5.2.6.2 拉断伸长率的测定按 GB/T 528 进行。

5.2.6.3 300%定伸应力的测定按 GB/T 528 进行。

5.2.6.4 耐热老化试验方法按 GB/T 3512 进行。

5.3 性能试验

5.3.1 延长率试验

从试验样品上截取 1 m 滑道主体部分（除外层防护层外），一端用专用夹具夹持，并垂直悬挂于固定支架上。按公式(1)计算拉力 F。在滑道主体上三个不同位置标注并测量不小于 300 mm 的初始长度值 L_0，然后在滑道另一端用专用夹具夹持并施加 25%F 的拉力，再次测量滑道主体上三个不同位置的长度值 L_1，按公式(2)计算延长率，取其算术平均值作为滑道延长率。

$$F = 3 \times (687L/5 + 9.8m) \qquad \cdots\cdots(1)$$

式中：

F ——拉力，单位为牛顿(N)；

L ——滑道主体长度，单位为米(m)；

m ——滑道主体质量，单位为千克(kg)。

$$L = \frac{L_1 - L_0}{L_0} \times 100\% \qquad \cdots\cdots(2)$$

式中：

L ——延长率，%；

L_0 ——滑道初始长度，单位为米(m)；

L_1 ——加载后的滑道长度，单位为米(m)。

5.3.2 整体抗拉强度试验

从试验样品上截取 2 m 滑道(其中应包含入口部分、连接件、滑道主体),将该滑道按正常使用状态安装于固定支架上并展开,滑道(除防护层外)的出口端用夹具夹持并施加拉力 F,持续 2 min 后释放,感官观察滑道整体(包括入口金属框架、金属连接件、滑道主体等)情况。

5.3.3 下滑速度试验

将滑道安装于试验高度上,滑道出口末端距地面 1 m,在滑道入口处按表 2 的规定放入用沙袋制成的各种负荷,使其滑至滑道出口端,用两个计时器同时测量其在滑道内的下滑时间。按公式(3)计算下滑速度。下滑试验应连续进行 2 次。

$$v_1 = \frac{H}{(t_1 + t_2)/2} \qquad \cdots\cdots(3)$$

式中:

v_1 ——下滑速度,单位为米每秒(m/s);

H ——试验高度,单位为米(m);

t_1、t_2——下滑时间,单位为秒(s)。

5.3.4 着地速度试验

将滑道安装于试验高度上,滑道出口端距地面 1 m,在滑道入口处按表 2 的规定放入用沙袋制成的各种负荷,使其滑至地面,用触发精度达到 1%s 的计时器测量其下滑至地面最后 0.5 m 行程的时间。按公式(4)计算着地速度。下滑试验应连续进行 2 次。

$$v_2 = \frac{0.5}{t} \qquad \cdots\cdots(4)$$

式中:

v_2——着地速度,单位为米每秒(m/s);

t ——下滑时间,单位为秒(s)。

5.3.5 可靠性试验

按 5.3.3 的方法,在滑道入口处放入最大负荷的沙袋,使其滑降至地面。应连续进行 100 次下降试验,每次试验过程中观察滑道是否出现裂纹、断裂、永久变形、连接处松动、滑丝与损坏等情况。然后进行最小负荷、标准负荷和最大负荷的下滑速度及着地速度试验。

5.3.6 耐腐蚀性能试验

滑道金属部件的耐腐蚀试验按 GB/T 10125—1997 中中性盐雾试验规定的方法进行,试验周期为 120 h。试验后感官观察试样受腐蚀情况。

6 检验规则

6.1 检验分类

滑道的检验分为材料检验、出厂检验和型式检验。检验项目见表 3。

6.2 材料检验

材料检验应包含滑道主体每层材料。各层材料检验按每批进厂数量抽检,每 1 000 m 为一批次。不足 1 000 m 的按实际长度作为一个批次,随机抽取 1 m^2,经检验合格后方可接收。

6.3 出厂检验

每套滑道产品应由生产厂质检部门检验合格并附有合格证，方可出厂。

6.4 型式检验

6.4.1 有下列情况之一时，应进行型式检验：

a) 新产品鉴定；

b) 正式生产后，若产品结构、材料、生产工艺有较大改变时；

c) 产品长期停产后，恢复生产时；

d) 连续生产满三年时；

e) 国家质量监督机构提出进行型式检验的要求时。

表 3

序号	标准条号	检验项目	材料检验	出厂检验	型式检验
1	4.1	结构要求	—	√	√
2	4.2	外观质量	—	√	√
3	7.1	标志	—	√	√
4	4.4.1	延长率	—	—	√
5	4.4.2	整体抗拉强度	—	—	√
6	4.4.3	下滑速度	—	√	√
7	4.4.4	着地速度	—	—	√
8	4.4.5	可靠性	—	—	√
9	4.4.6	耐腐蚀性能	—	—	√
10	4.3.1	阻燃性能	√	—	√
11	4.3.2	断裂强力	√	—	√
12	4.3.3	撕破强力	√	—	√
13	4.3.4	接缝强力	√	—	√
14	4.3.5	拉伸弹性	√	—	√
15	4.3.6	橡胶物理机械性能	—	—	√

6.4.2 型式检验的检验样品，应从每批出厂检验合格的产品中随机抽取，抽样数量为1套。

6.4.3 材料检验的试样应从抽样的滑道上截取。

6.5 判定规则

6.5.1 出厂检验

出厂检验项目的检验结果应全部符合本部分要求。如出现不合格时，该产品应经返工后方可重新提交检验。

6.5.2 型式检验

型式检验项目的结果全部符合本部分要求的，判为合格。

7 标志、包装、运输和贮存

7.1 标志

7.1.1 每套滑道应在滑道主体及其内包装的明显处,采用不易消失的方法,清晰标明以下内容:

a) 产品名称、型号;
b) 产品依据标准编号;
c) 生产日期;
d) 制造商或授权代表的名称、商标;
e) 设置高度;
f) 使用说明(包括安装方法);
g) 安全警示[包括滑道内同时使用人数的限定值(本部分建议该值为≤1 人 / 5 m)、使用时应取下尖锐物品等内容]。

7.1.2 包装箱上应标明以下内容:

a) 产品名称、型号;
b) 数量及总质量;
c) 包装箱的外形尺寸;
d) 生产日期或生产批号;
e) 标有防雨、防晒、防钩挂等标志,标志应符合 GB/T 191 的规定;
f) 批准文件编号;
g) 制造商名称、商标。

7.2 包装

7.2.1 每套滑道应有内包装,每 1 套滑道为一个包装箱,外用木箱或纸箱包装。

7.2.2 包装箱内应随带以下文件:

a) 产品合格证;
b) 产品说明书;
c) 装箱单。

7.2.3 产品说明书的内容应符合 GB/T 9969 的规定。产品说明书应至少包括以下内容:

a) 制造商或授权代表的名称、商标和地址;
b) 产品名称、型号;
c) 使用指南(包括安装和使用方法、操作程序);
d) 安全注意事项;
e) 自行检查方法;
f) 清洗和维护保养的说明;
g) 寿命周期及报废条件;
h) 保修信息(包括保修期限、保修内容、保修方法等);
i) 储藏条件;
j) 法律法规要求的其他内容。

7.3 运输和贮存

7.3.1 产品在装卸和运输过程中不可抛卸,应避免接触腐蚀性物质,不得受到油、水玷污。

7.3.2 产品应贮存在室内干燥通风处,避免日光直射,禁止与油脂、酸类及腐蚀性物品混放。

ICS 13.220.10
C 85

中华人民共和国国家标准

GB 21976.5—2012

建筑火灾逃生避难器材 第5部分：应急逃生器

Escape apparatus for building fire—Part 5: Escape device

2012-06-29 发布　　2012-12-01 实施

中华人民共和国国家质量监督检验检疫总局
中国国家标准化管理委员会　发布

前　言

本部分的第 5 章、第 7 章和第 8.1 条为强制性的，其余为推荐性的。

GB 21976《建筑火灾逃生避难器材》分为以下部分：

——第 1 部分：配备指南；

——第 2 部分：逃生缓降器；

——第 3 部分：逃生梯；

——第 4 部分：逃生滑道；

——第 5 部分：应急逃生器；

——第 6 部分：逃生绳；

——第 7 部分：过滤式消防自救呼吸器；

——第 8 部分：化学氧消防自救呼吸器。

……

本部分为 GB 21976 的第 5 部分。

本部分按照 GB/T 1.1—2009 给出的规则起草。

本部分由中华人民共和国公安部提出。

本部分由全国消防标准化技术委员会消防器具配件分技术委员会(SAC/TC 113/SC 5)归口。

本部分起草单位：公安部上海消防研究所。

本部分主要起草人：韩翔、朱青、李宝忠、金韡、王怡、朱赟、李长林。

建筑火灾逃生避难器材
第5部分：应急逃生器

1 范围

GB 21976的本部分规定了应急逃生器的术语和定义、型号、技术要求、试验方法、检验规则以及标志、包装、运输和贮存。

本部分适用于建筑火灾发生时，供被困人员一次性使用的专用应急逃生器。

2 规范性引用文件

下列文件对于本文件的应用是必不可少的。凡是注日期的引用文件，仅注日期的版本适用于本文件。凡是不注日期的引用文件，其最新版本(包括所有的修改单)适用于本文件。

GB/T 191 包装储运图示标志

GB/T 9969 工业产品使用说明书 总则

YB/T 5197 航空用钢丝绳

3 术语和定义

下列术语和定义适用于本文件。

3.1

应急逃生器 escape device

由调速器、绳索、安全带、安全钩和金属连接件组成，调速器和使用者一同下降的一次性使用的应急逃生器。

4 型号

应急逃生器产品型号由类组代号与主参数组成，其形式如下：

T Y -□

□——绳索长度，以阿拉伯数字标记，单位为米(m)

Y——应急逃生器

T——逃生避难器材

示例：绳索长度为15 m的应急逃生器，其型号为TY-15。

5 技术要求

5.1 外观质量

应急逃生器金属件的外表面应光滑，无锈蚀、斑点或毛刺。绳索端部应采用保护物包扎。各部件应无变形、损伤等异常现象。

5.2 主要部件结构、尺寸及材质

5.2.1 绳索

5.2.1.1 钢丝绳索

应采用航空用钢丝绳,直径应不小于 3 mm,材质应符合 YB/T 5197 的要求。

5.2.1.2 有芯绳索

有芯绳索的绳芯应采用航空用钢丝绳,直径应不小于 3 mm,材质应符合 YB/T 5197 的要求。外层材质应为棉纱或合成纤维材料。全绳应结构一致,编织紧密,粗细均匀,无扭曲现象。

5.2.2 安全带

安全带材质应为棉纱或合成纤维材料。带宽 40 mm~80 mm,带厚 1 mm~3 mm,带长 1 000 mm~1 800 mm,并带有能按使用者胸围大小调整长度的扣环。

5.2.3 安全钩

安全钩应由金属材料制成并设有防止误开启的保险装置,保险装置应锁止可靠。

5.3 负荷

应急逃生器的最小负荷、标准负荷和最大负荷应符合表 1 规定。

表 1

单位为牛顿

负荷种类	负荷数值
最小负荷	343±5
标准负荷	687±5
最大负荷	981±5

5.4 强度

5.4.1 整机强度

应急逃生器应能经受 4 倍最大负荷的拉伸荷载,经整机强度试验后,绳索、调速器等受力部件均应无明显变形、破损、脱卸等异常现象。

5.4.2 安全带及金属连接件强度

安全带及金属连接件应能经受 6.5 倍最大负荷的拉伸荷载,经强度试验后,安全带的织带、扣环及金属连接件均不得发生破损、断裂和脱落等异常现象。

5.4.3 安全钩强度

安全钩应能经受 10 000 N 的拉伸荷载,经强度试验后,安全钩钩体及其保险装置不得发生明显变形、断裂、脱落等异常现象。

5.4.4 绳索强度

绳索应能经受4倍最大负荷的拉伸荷载，经强度试验后，不得发生明显变形、断裂现象，有芯绳索不得发生外层与绳芯脱离现象。

5.5 下降速度

在表1规定的最小负荷、标准负荷和最大负荷状态下，缓降器的下降速度应为0.16 m/s～1.5 m/s。

5.6 手动调速功能

5.6.1 应急逃生器可带有手动调速功能。

5.6.2 带有手动调速功能的应急逃生器，在使用者不进行任何调速操作时，其下降速度应为0.16 m/s～1.5 m/s。

5.6.3 当调速器置于调速状态时，应急逃生器的下降速度应能在0 m/s～1.5 m/s之间进行调节。

5.7 可靠性

应急逃生器经可靠性试验后进行下降速度试验，其下降速度应为0.16 m/s～1.5 m/s。在试验中调速器、安全钩、绳索等部件应无变形、破损等异常现象。

5.8 耐腐蚀性能

应急逃生器的金属部件应由耐腐蚀材料制造或经防腐蚀处理。经盐雾试验后，应急逃生器的金属部件应无明显的腐蚀现象。然后进行下降速度试验，其下降速度应为0.16 m/s～1.5 m/s。

6 试验方法

6.1 试验条件

6.1.1 下降速度试验应在风速不大于2 m/s的条件下进行。

6.1.2 当试样的绳索长度小于15 m时，下降速度试验的试验高度为绳索长度；当试样的绳索长度不小于15 m时，下降速度试验的试验高度为15 m。

6.2 外观质量检查

用目测法对应急逃生器进行外观质量检查。

6.3 主要部件结构、尺寸及材质检查

6.3.1 绳索

采用目测和查看材质检验报告的方法对绳索的结构和材质进行检查。然后用通用量具测量绳索直径，测量任意3点，取3点的算术平均值。

6.3.2 安全带

采用目测和查看材质检验报告的方法对安全带的结构和材质进行检查。然后用通用量具测量安全带长度、宽度及厚度，测量任意3点，取3点的算术平均值。

6.3.3 安全钩

采用目测和查看材质检验报告的方法对安全钩的结构、材质和保险装置进行检查。

6.4 强度试验

6.4.1 整机强度试验

将应急逃生器的绳索用卡箍相连，制成套环，试验用拉钩分别套在应急逃生器承载吊耳和绳索套环上，并和拉力机上下夹具相连。将拉力机拉伸速度调定在 100 mm/min，然后对应急逃生器施加 4 倍最大负荷的拉伸荷载，保持 5 min。

6.4.2 安全带及金属连接件强度试验

将安全带的一端和金属连接件分别由拉力机上下夹具夹紧，拉力机拉伸速度调定在 100 mm/min，然后对试样施加 6.5 倍最大负荷的拉伸荷载，保持 5 min。

6.4.3 安全钩强度试验

将安全钩长轴方向的两端分别和拉力机上下夹具相连，保险装置处于锁止状态，拉力机拉伸速度调定在 30 mm/min，然后对安全钩施加 10 000 N 的拉伸荷载，保持 5 min。

6.4.4 绳索强度试验

绳索试样的长度应不小于 300 mm，将其两端和拉力机上下夹具相连，拉力机拉伸速度调定在 100 mm/min，然后对试样施加 4 倍最大负荷的拉伸荷载，保持 5 min。

6.5 下降速度试验

将应急逃生器悬挂至试验高度，在绳索下降端按表 1 规定施加各种负荷，使其降至地面。用计时器测量下降时间并按式(1)计算出下降速度。

$$v=\frac{H}{t} \qquad \cdots\cdots(1)$$

式中：

v ——下降速度，单位为米每秒(m/s)；

H——试验高度，单位为米(m)；

t ——下降时间，单位为秒(s)。

6.6 手动调速功能试验

将应急逃生器悬挂至试验高度，在绳索下降端按表 1 规定施加各种负荷，使其降至地面，试验过程中任意调节应急逃生器的调速器。

6.7 可靠性试验

按 6.5 的方法，在应急逃生器绳索下降端施加最大负荷，使其降至地面。连续进行 20 次下降试验。每次试验时间间隔不超过 5 min。然后在应急逃生器绳索下降端施加表 1 规定的负荷，使其降至地面。每种负载均连续进行 2 次下降试验，计算每次下降速度。

6.8 耐腐蚀性能试验

应急逃生器按使用状态放置在盐雾试验箱内，将箱内温度保持在 35 ℃±2 ℃，将浓度为 5%的氯化钠水溶液以0.07 MPa～0.17 MPa的喷射压力连续喷雾8 h后停止喷雾并关闭加温控制器，让其自然冷却16 h，以24 h为一周期，共试验5个周期。然后用清水冲洗沉积的盐分，让其自然干燥24 h。按6.5的方法，在应急逃生器绳索下降端施加标准负荷，使其降至地面。下降试验应连续进行2次，计算每次下降速度。

7 检验规则

7.1 型式检验

7.1.1 型式检验应按本部分的要求进行全部项目的检验。

7.1.2 有下列情况之一时，应进行型式检验：

a) 新产品投产鉴定时；

b) 正式生产后，产品结构、材料、生产工艺有较大改变时；

c) 产品停产一年以上，恢复生产时；

d) 连续生产满三年时；

e) 国家质量监督机构提出进行型式检验的要求时。

7.2 出厂检验

7.2.1 产品应由生产厂质检部门检验合格并附有合格证，方可出厂。

7.2.2 出厂检验的项目为本部分的5.1～5.6。其中，5.1、5.2为必检项目，5.3～5.6为抽检项目。

7.3 抽样

7.3.1 型式检验应从出厂检验合格的产品中随机抽取5具。

7.3.2 出厂检验以100具为一批，抽检项目的样品不应少于10%；不足100具为一批时，抽检项目的样品不应少于3具。

7.4 判定规则

7.4.1 型式检验

型式检验项目的结果全部符合本部分要求的，判为合格。

7.4.2 出厂检验

必检项目的检验结果应全部符合本部分要求。如有不符合项，该产品应经返工后方可重新提交检验。

抽检项目的检验结果应全部符合本部分要求。如有不符合项，应加倍抽样后进行复检；如仍有不符合项，则该批产品判为不合格。

8 标志、包装、运输、贮存

8.1 标志

8.1.1 每具产品应附有铭牌，标明以下内容：

a) 产品名称、型号；

b) 执行标准代号；

c) 绳索长度；

d) 负荷范围；

e) 生产厂名称、商标；

f) 生产日期或出厂编号；

g) 安全警示(包括“不得注油”、“一次性使用”字样)。

8.1.2 包装箱上应标明以下内容：

a) 产品名称、型号；

b) 生产厂名称、商标、厂址；

c) 生产日期或出厂编号；

d) 产品数量；

e) 包装箱外形尺寸：长(cm)×宽(cm)×高(cm)；

f) 标有“防止油污”和“防潮”等标志，标志应符合 GB/T 191 的规定。

8.2 包装

8.2.1 产品应装入塑料袋进行整具包装。为防止部件间摩擦碰撞，应用泡沫塑料或纸板隔护，外用木箱或纸箱包装。

8.2.2 包装箱内应随带文件：

a) 产品合格证；

b) 产品说明书；

c) 装箱单。

8.2.3 产品说明书的内容应符合 GB/T 9969 的规定，并对产品的安装、使用、安全注意事项、维护保养以及寿命周期等做出说明。

8.3 运输

产品在装卸和运输过程中不应抛卸，应避免接触腐蚀性物质，避免受到油、水玷污。

8.4 贮存

产品应贮存在室内干燥通风处，避免日光直射，不应与油脂、酸类及腐蚀性物品混放。

ICS 13.220.10
C 85

中华人民共和国国家标准

GB 21976.6—2012

建筑火灾逃生避难器材 第6部分：逃生绳

Escape apparatus for building fire—Part 6: Escape rope

2012-11-05 发布　　　　2013-06-01 实施

中华人民共和国国家质量监督检验检疫总局
中国国家标准化管理委员会　发布

前　言

本部分的第4章、第6章和7.1为强制性的，其余为推荐性的。

GB 21976《建筑火灾逃生避难器材》包括以下部分：

——第1部分：配备指南；

——第2部分：逃生缓降器；

——第3部分：逃生梯；

——第4部分：逃生滑道；

——第5部分：应急逃生器；

——第6部分：逃生绳；

——第7部分：过滤式消防自救呼吸器；

——第8部分：化学氧消防自救呼吸器；

……。

本部分为GB 21976的第6部分。

本部分按照GB/T 1.1—2009给出的规则起草。

本部分由中华人民共和国公安部提出。

本部分由全国消防标准化技术委员会消防器具配件分技术委员会(SAC/TC 113/SC 5)归口。

本部分起草单位：公安部上海消防研究所。

本部分主要起草人：金韡、李宝忠、顾文杰、王怡、朱赟、彭嫔嫔。

本部分为首次发布。

建筑火灾逃生避难器材
第6部分:逃生绳

1 范围

GB 21976的本部分规定了逃生绳的型号、技术要求、试验方法、检验规则、标志、包装、运输和贮存。

本部分适用于由绳索、安全钩和安全带(选配)组成,供发生建筑火灾时单人使用的逃生绳。

2 规范性引用文件

下列文件对于本文件的应用是必不可少的。凡是注日期的引用文件,仅注日期的版本适用于本文件。凡是不注日期的引用文件,其最新版本(包括所有的修改单)适用于本文件。

GB/T 191 包装储运图示标志

GB/T 9969 工业产品使用说明书 总则

GA 494 消防用防坠落装备

3 型号

逃生绳的型号编制方法如下:

T S-□/□

- □(第二个)——绳索直径:以整数标记,单位为毫米(mm)
- □(第一个)——绳索长度:以整数标记,单位为米(m)
- S——逃生绳
- T——逃生避难器材

示例:

长度为6 m、直径为9 mm的逃生绳,其型号为TS-6/9。

4 技术要求

4.1 结构

逃生绳应为绳芯外紧裹绳皮的包芯绳结构。绳索的一端应为绳环结构并连有安全钩,另一端可选配安全带。

4.2 外观质量

逃生绳表面应无任何机械损伤现象,整绳粗细均匀,结构一致。

4.3 长度和直径

逃生绳直径不得小于8 mm。与厂方标称值对照,长度允差为±0.2 m,直径允差为±0.5 mm。

4.4 破断强度

逃生绳的最小破断强度应不小于10 kN。

4.5 延伸率

当承重达到最小破断强度的10%时，安全绳的延伸率应不小于1%且不大于10%。

4.6 安全钩

4.6.1 安全钩应由金属材料制成并设有防止误开启的保险装置，保险装置应锁止可靠。

4.6.2 安全钩经强度试验后，安全钩钩体及其保险装置不得发生明显变形、断裂、脱落等异常现象。

4.7 安全带

4.7.1 安全带材质应为棉纱或合成纤维材料。带宽40 mm～80 mm，带厚1 mm～3 mm，带长1 000 mm～1 800 mm，并带有能按使用者胸围大小调整长度的扣环。

4.7.2 安全带经强度试验后，织带和扣环等部件均不得发生破断现象。

5 试验方法

5.1 结构和外观质量检查

用目测法对逃生绳的结构和外观质量进行检查。

5.2 长度和直径测量

用通用量具测量绳索的长度(逃生绳两端的收尾部分不计入整绳长度)和直径。同一绳索的长度和直径均需测量3次，取三次的算术平均值。

5.3 破断强度和延伸率测试

按GA 494规定的方法进行逃生绳的破断强度和延伸率测试。

5.4 安全钩试验

5.4.1 采用目测和查看材质检验报告的方法对安全钩的结构和材质进行检查。

5.4.2 将安全钩两端分别和拉力机上下夹具相连，保险装置处于锁止状态。拉力机拉伸速度调定在30 mm/min，然后对安全钩施加10 000 N的拉伸负荷，保持5 min。

5.5 安全带试验

5.5.1 采用目测和查看材质检验报告的方法对安全带的结构和材质进行检查。然后用通用量具测量安全带长度、宽度及厚度，测量任意3点，取3点的算术平均值。

5.5.2 将安全带的两端用拉力机上下夹具夹紧。拉力机拉伸速度调定在100 mm/min，然后对试样施加6 376.5 N的拉伸负荷，保持5 min。

6 检验规则

6.1 型式检验

6.1.1 型式检验应按本部分的要求进行全部项目的检验。

6.1.2 有下列情况之一时，应进行型式检验：

a) 新产品投产鉴定时；

b) 正式生产后，产品结构、材料、生产工艺有较大改变时；

c) 产品停产一年以上，恢复生产时；

d) 连续生产满三年时；

e) 国家质量监督机构提出进行型式检验的要求时。

6.2 出厂检验

6.2.1 产品应由生产厂质检部门检验合格并附有合格证，方可出厂。

6.2.2 出厂检验的项目为本部分的4.1～4.7。其中，4.1～4.3为必检项目，4.4～4.7为抽检项目。

6.3 抽样

6.3.1 型式检验应从出厂检验合格的产品中随机抽取5套。

6.3.2 出厂检验以500套为一批，抽检项目的样品不应少于5套；不足100套为一批时，抽检项目的样品不应少于2套。

6.4 判定规则

6.4.1 型式检验

型式检验项目的结果全部符合本部分要求的，判为合格。

6.4.2 出厂检验

必检项目的检验结果应全部符合本部分要求。如有不符合项，该产品应经返工后方可重新提交检验。

抽检项目的检验结果应全部符合本部分要求。如有不符合项，应加倍抽样后进行复检；如仍有不符合项，则该批产品判为不合格。

7 标志、包装、运输和贮存

7.1 标志

7.1.1 每条逃生绳连接安全钩的绳环下方绳体上应有长度不少于50 mm的护套及永久性标签，标签应至少包括以下内容：

a) 产品名称、型号；

b) 执行标准代号；

c) 绳索长度；

d) 负荷范围；

e) 生产厂名称、商标；

f) 生产日期或出厂编号；

g) 法律法规要求标注的其他内容。

7.1.2 包装箱上应标明以下内容：

a) 产品名称、型号；

b) 生产厂名称、商标、厂址；

c) 生产日期或出厂编号；

d) 产品数量；

e) 包装箱外形尺寸：长×宽×高（单位为 cm）；

f) 标有“防止油污”和“防潮”等标志，标志应符合 GB/T 191 的规定。

7.2 包装

7.2.1 逃生绳及安全钩等附件宜放置在不透明的纺织物绳包内，外用木箱或纸箱包装。

7.2.2 包装箱内应随带文件：

a) 产品合格证；

b) 产品说明书；

c) 装箱单。

7.2.3 产品说明书的内容应符合 GB/T 9969 的规定。产品说明书应至少包括以下内容：

a) 逃生绳的适用对象；

b) 制造厂名及联系方式；

c) 安装、使用、检查方法；

d) 安全注意事项，可能影响产品使用性能的说明，如温度、锐利边缘、化学试剂、磨损及紫外线照射等；

e) 维护保养、贮藏以及清洁或洗涤说明；

f) 寿命周期及报废条件；

g) 法律法规要求标注的其他内容。

7.3 运输

逃生绳在运输过程中应轻装轻卸，避免雨淋、受潮及曝晒；应避免与油、酸、碱等易燃、易爆物品或化学药品混装；搬运时，不准使用有钩刺的工具。

7.4 贮存

逃生绳应贮存在干燥、通风的房间内，不得接触高温、明火、强酸和尖锐的坚硬物体，不得曝晒。

ICS 13.220.10
C 85

中华人民共和国国家标准

GB 21976.7—2012

建筑火灾逃生避难器材 第7部分:过滤式消防自救呼吸器

Escape apparatus for building fire—Part 7:Filtering respiratory protective devices for self-rescue from fire

2012-11-05 发布　　　　2013-06-01 实施

中华人民共和国国家质量监督检验检疫总局
中国国家标准化管理委员会　发布

前　言

本部分的5.1～5.8、第7章、8.1.1为强制性的，其余为推荐性的。

GB 21976《建筑火灾逃生避难器材》分为以下部分：

——第1部分：配备指南；

——第2部分：逃生缓降器；

——第3部分：逃生梯；

——第4部分：逃生滑道；

——第5部分：应急逃生器；

——第6部分：逃生绳；

——第7部分：过滤式消防自救呼吸器；

——第8部分：化学氧消防自救呼吸器；

……

本部分为GB 21976的第7部分。

本部分按照GB/T 1.1—2009给出的规则起草。

本部分参考了EN 403:2004《自救用呼吸保护器　火灾用带面罩的过滤装置　要求、试验和标志》（英文版）。

本部分由中华人民共和国公安部提出。

本部分由全国消防标准化技术委员会消防器具配件分技术委员会(SAC/TC 113/SC 5)归口。

本部分起草单位：公安部上海消防研究所。

本部分主要起草人：凌新亮、戴国定、杨小时、汪礼苗、曾悦雷、杨晓华。

本部分为首次发布。

建筑火灾逃生避难器材 第7部分:过滤式消防自救呼吸器

1 范围

GB 21976的本部分规定了过滤式消防自救呼吸器的型式、型号、技术要求、试验方法、检验规则、标志、包装、运输、贮存等要求。

本部分适用于发生火灾时空气中氧气浓度不低于17%的场所中,供人员逃生时佩戴的一次性使用的过滤式消防自救呼吸器。

2 规范性引用文件

下列文件对于本文件的应用是必不可少的。凡是注日期的引用文件,仅注日期的版本适用于本文件。凡是不注日期的引用文件,其最新版本(包括所有的修改单)适用于本文件。

GB 2626—2006 呼吸防护用品 自吸过滤式防颗粒物呼吸器

GB 2890—2009 呼吸防护 自吸过滤式防毒面具

GB 14866—2006 个人用眼护具技术要求

3 术语和定义

下列术语和定义适用于本文件。

3.1

过滤式消防自救呼吸器 filtering respiratory protective devices for self-rescue from fire

一种通过过滤装置吸附、吸收、催化及直接过滤等作用去除一氧化碳、烟雾等有害气体,供人员在发生火灾时逃生用的呼吸器。

3.2

半面罩 half mask

与面部密合,能遮盖口和鼻,或覆盖口、鼻和下颌的面罩。

3.3

透过浓度 penetrating concentration

介质气体通过过滤装置后测出的浓度。

3.4

防护时间 protective time

在规定测试条件下,介质气体自开始通入过滤装置至透过的介质气体浓度达到限定值时的时间。

3.5

吸气温度 inhalation temperature

在规定测试条件下,距离试样的过滤装置40 mm处测得的吸气气流的温度。

3.6

吸气阻力 inhalation resistance

在规定测试条件下,试验装置的吸气口与环境大气之间的吸气瞬时压力差。

3.7

呼气阻力　exhalation resistance

在规定测试条件下，试验装置的呼气口与环境大气之间的呼气瞬时压力差。

4　型式、型号

4.1　型式

按呼吸器的备用状态分为：存放型和携带型。存放型省略表示，携带型用D表示。

按呼吸器的额定防护时间分为：15 min、20 min、25 min 和 30 min。

4.2　型号

呼吸器型号的编制应符合下列规定。

T Z L □ □

- □（第二个）——备用状态
- □（第一个）——额定防护时间，min
- L——过滤式
- Z——自救呼吸器
- T——逃生避难器材

示例：TZL 15 表示额定防护时间为 15 min 的存放型过滤式消防自救呼吸器。

5　技术要求

5.1　结构

5.1.1　过滤式消防自救呼吸器（以下简称“呼吸器”）应由防护头罩、过滤装置和半面罩组成，或由防护头罩和过滤装置组成。

5.1.2　呼吸器的基本设计尺寸应为成人使用。

5.1.3　呼吸器应在防护头罩的额部设置环绕头部一周的反光标志。只有采用具有反光特性材料制造的防护头罩，才允许不设置反光标志。

5.1.4　过滤装置与防护头罩间的连接应牢固可靠。

5.1.5　呼吸器的密封一经打开，应无法恢复原样。

5.2　佩戴质量

呼吸器的佩戴质量不应大于 1 000 g。

5.3　材料

5.3.1　金属材料表面质量

呼吸器的所有金属零部件应经过耐腐蚀处理，其表面应无龟裂、皱折、毛刺等缺陷。

5.3.2 橡塑材料老化性能

呼吸器使用的橡塑材料在高、低温试验后，不应出现明显的变形、破损、粘附、龟裂、硬化以及其他异常现象。

5.3.3 材料阻燃性能

呼吸器在阻燃试验后，所有可能接触到火焰的材料均不应出现持续燃烧、熔融等现象，不应对人体产生附加的伤害。

5.3.4 包装材料强度

呼吸器应密封包装，包装材料应有足够的牢度，在进行抗跌落、抗穿孔、撕裂性能试验后，不应出现损坏现象。

5.4 抗机械碰撞及环境变化性能

呼吸器对于规定的机械负荷、环境温度和湿度变化，应具有足够的稳定性，不应有裂纹、爆开、破碎等导致失效的损坏，且应符合5.5～5.8的要求。

5.5 防护性能

5.5.1 一氧化碳防护性能

在额定防护时间内，任何单个5 min过程中，一氧化碳透过浓度的时间加权平均值不应大于200 mL/m^3，吸气温度不应大于65 ℃，吸气阻力不应大于800 Pa，呼气阻力不应大于300 Pa。

5.5.2 滤烟性能

滤烟效率不应小于95%。

5.6 防护头罩

5.6.1 漏气系数

防护头罩眼区的漏气系数不应大于20%，呼吸区的漏气系数不应大于5%。若呼吸器中不设半面罩，则防护头罩的漏气系数不应大于5%。

5.6.2 视野

防护头罩的总视野不应小于70%，双目视野不应小于55%，下方视野不应小于35°。

5.6.3 吸入气体中的二氧化碳含量

吸入气体中的二氧化碳的含量按体积计算不应大于2%。

5.6.4 透光率

视窗的透光率不应小于85%。

5.7 高浓度一氧化碳时呼吸器的机械结构完整性

在高浓度一氧化碳条件下，呼吸器应保持其机械结构完整性，不对佩戴者形成危害。

5.8 连接强度

过滤装置与防护头罩间的连接能承受的轴向拉力不应小于 50 N。

5.9 人员佩戴适用性

在不借助工具的情况下应能快速打开呼吸器过滤装置的密封;佩戴应迅速、简便;系带应能快速拉紧且脱卸方便;若设有半面罩,则半面罩与人员的脸部贴合应紧密、舒适。

人员佩戴呼吸器后,应对行动无明显影响;接触佩戴者皮肤的材料不应刺激皮肤,不应造成对健康不利的影响;接触佩戴者的部件均应无锐边、毛刺等缺陷;视窗不应因上雾而影响视觉,且视觉不应模糊不清。

6 试验方法

6.1 结构检查

用目测法和主观感受测定。

6.2 佩戴质量测定

用量程为 0 g～3 000 g、准确度为Ⅲ级的电子秤测定呼吸器的佩戴质量。

6.3 材料试验

6.3.1 金属材料表面质量

用目测法测定。

6.3.2 橡塑材料老化性能试验

橡塑材料经过下列试验后,用目测法测定:

a) 在 70 ℃±3 ℃环境中放置 72 h;

b) 在－30 ℃±3 ℃环境中放置 24 h。

6.3.3 材料阻燃性能试验

按 GB 2626—2006 中 6.15.2、6.15.3 的规定进行。

6.3.4 包装材料强度试验

6.3.4.1 抗跌落性能试验

将带包装的携带型呼吸器(存放型呼吸器不做此项试验)以不同方位角度从 1.5 m 的高度坠落到平整的混凝土地面 6 次。

6.3.4.2 包装材料抗穿孔、撕裂性能试验

试验装置如图 1 所示,安装臂和撞击针水平自由释放时的有效质量为 100 g。将单个包装的呼吸器放在试验装置上,使撞击针释放后能击中呼吸器。调整撞击针针尖至包装表面距离为 100 mm,释放撞击针,让撞击针保持和包装表面的接触;按图 1 中箭头所示方向,把呼吸器轻快地拉出。再重复上述过程两次,使撞击针击中包装表面不同的部位。

单位为毫米

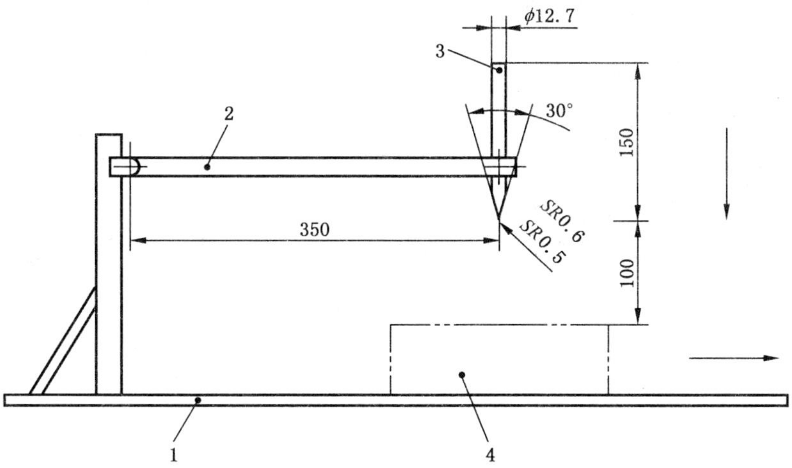

1——钢质底板；

2——撞针安装臂；

3——撞针(45# 钢)；

4——试样。

图 1 包装材料抗穿孔、撕裂试验装置原理图

6.4 抗机械碰撞及环境变化性能试验

6.4.1 抗机械碰撞性能试验

按 GB 2626—2006 中 6.2.2.2、6.2.2.3 的规定进行，存放型呼吸器的试验时间为 20 min，携带型呼吸器的试验时间为 100 min。

6.4.2 抗环境变化性能试验

单个密封包装的呼吸器应经过下列试验：

a) 在 70 ℃±3 ℃环境中放置 72 h；

b) 在 70 ℃±3 ℃、相对湿度为 95%～100%环境中放置 72 h；

c) 在－30 ℃±3 ℃环境中放置 24 h。

6.5 防护性能试验

6.5.1 一氧化碳防护性能试验

6.5.1.1 试验条件

试验条件如表 1 所示。

表1 一氧化碳防护性能试验条件

项　　目	数　　值	项　　目	数　　值
试验气体中一氧化碳浓度/%	0.25,1.0	呼出气体温度/℃	37±1
试验气体流量/(L/min)	>100	呼吸频率/(次/min)	20
试验气体温度/℃	25±1	呼吸量/(L/min)	30±0.6
试验气体湿度/(g/m³)	20.7	呼吸比	1∶1
呼出气体相对湿度/%	95～100		

注：0.25%为一氧化碳防护性能试验时的浓度。1.0%为高浓度一氧化碳时呼吸器的机械结构完整性试验时的浓度。

6.5.1.2　试验装置

试验装置原理如图2所示。

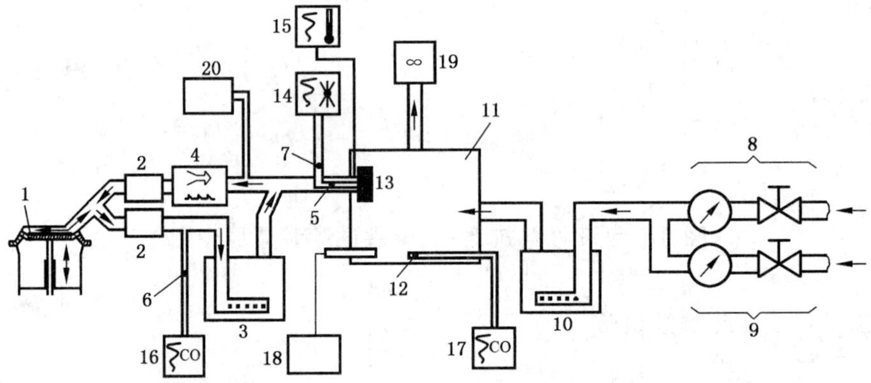

1——呼吸机；
2——单向阀；
3——增湿器(呼出空气)；
4——冷却器；
5——联接器；
6——一氧化碳采样进口(吸入空气)；
7——压力探针小孔；
8——试验空气流量计；
9——一氧化碳流量计；
10——增湿器(试验空气)；
11——试验箱(尺寸大约为30 cm×30 cm×26 cm)；
12——采样口,在过滤装置进口试验空气的一氧化碳含量；
13——试验样品(试验箱周围对过滤装置进口的最大压差±5 Pa)；
14——压力计；
15——温度计；
16——一氧化碳气体分析仪(吸入空气)；
17——一氧化碳气体分析仪(试验空气)；
18——湿度计(试验空气)；
19——排气口；
20——湿度计(吸入空气)。

图2　一氧化碳防护性能试验装置原理图

6.5.1.3 试验准备

试验准备按以下步骤进行：

a) 用标准气标定一氧化碳气体分析仪；

b) 对试验装置进行气密性检查：在 1.96 kPa 压力下，保持 1 min，试验装置压力下降值不应大于 29 Pa；

c) 标定呼吸机的呼吸频率和呼吸量；

d) 检查恒温增湿箱内的水量；

e) 标定试验气体流量；

f) 将试验用呼吸器在 20 ℃±5 ℃环境内放置 2 h 以上。

6.5.1.4 试验步骤

试验按以下步骤进行：

a) 将呼吸器的过滤装置及半面罩(设有呼气阀的呼吸器，应包括呼气阀)连接到试验箱内的试验接口上；

b) 当试验箱内的一氧化碳浓度上升至试验条件所规定的数值时，立即启动呼吸机并计时，连续检测过滤后的一氧化碳浓度。

6.5.1.5 记录

记录应包括以下内容：

a) 试验气体中一氧化碳浓度；

b) 过滤后气体中一氧化碳浓度；

c) 进入试验箱的气体温度；

d) 进入试验箱的气体湿度；

e) 呼气湿度；

f) 吸气温度；

g) 呼气阻力；

h) 吸气阻力。

6.5.2 滤烟性能试验

滤烟性能试验按 GB 2890—2009 中 7.9.2～7.9.5 的规定进行。

6.6 防护头罩性能试验

6.6.1 漏气系数试验

防护头罩漏气系数试验按 GB 2890—2009 中 6.6.2～6.6.5 的规定进行。

6.6.2 视野试验

视野试验按 GB 2890—2009 中 6.8.2～6.8.5 的规定进行。

6.6.3 吸入气体中的二氧化碳含量试验

6.6.3.1 试验条件

试验条件如表 2 所示。

表 2 吸入气体中的二氧化碳含量试验条件

项 目	数 值
呼出气体中二氧化碳含量/%	4.5±0.1
呼吸频率/(次/min)	20
呼吸量/(L/min)	30±0.6

6.6.3.2 试验装置

试验装置原理如图 3 所示。

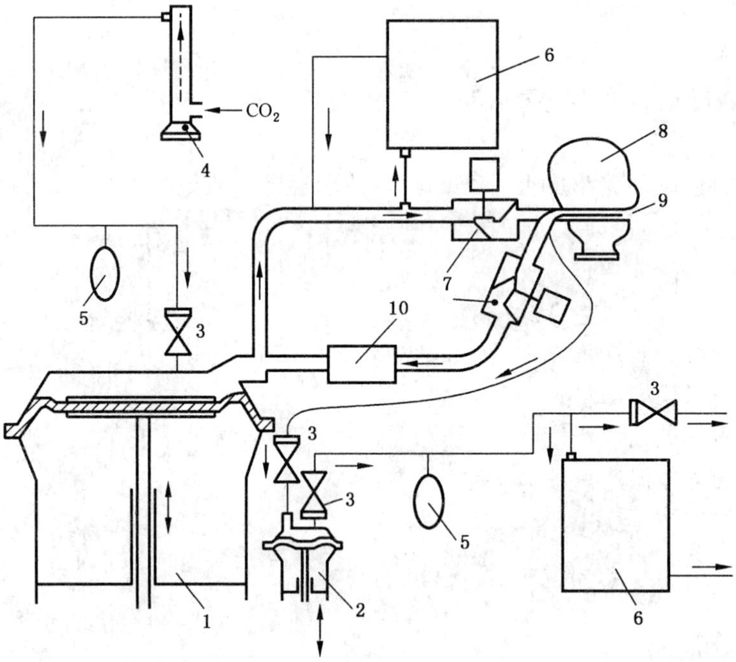

1——呼吸机；
2——采样泵；
3——逆止阀；
4——流量计；
5——缓冲气囊；
6——二氧化碳气体分析仪；
7——单向阀；
8——试验头模；
9——吸入二氧化碳采样管；
10——二氧化碳吸收器。

图 3 吸入气体中的二氧化碳含量试验装置原理图

6.6.3.3 试验准备

试验准备按以下步骤进行：

a) 用标准气标定二氧化碳气体分析仪；

b) 对试验装置进行气密性检查：在 1.96 kPa 压力下，保持 1 min，试验装置压力下降值不应大于 29 Pa；

c) 标定呼吸机的呼吸频率和呼吸量；

d) 将试验用呼吸器在 20 ℃±5 ℃环境内放置 2 h 以上。

6.6.3.4 试验步骤

试验按以下步骤进行：

a) 将呼吸器佩戴在标准头模上，使半面罩与头模密合，必要时可以使用密封胶；

b) 调整呼出气体中二氧化碳含量至规定值，开启呼吸机，连续进行试验并记录，至吸入气体中二氧化碳含量达到稳定时停止试验，稳定时的二氧化碳浓度即为吸入气体中二氧化碳含量。

6.6.4 透光率试验

透光率试验按 GB 14866—2006 中 6.1.3 的规定进行。

6.7 高浓度一氧化碳时呼吸器的机械结构完整性试验

试验条件、试验装置、试验准备及试验步骤同 6.5.1.1～6.5.1.4；试验完毕，解剖过滤装置并进行检查。

6.8 连接强度试验

用测力计按图 4 所示方向测定拉力。

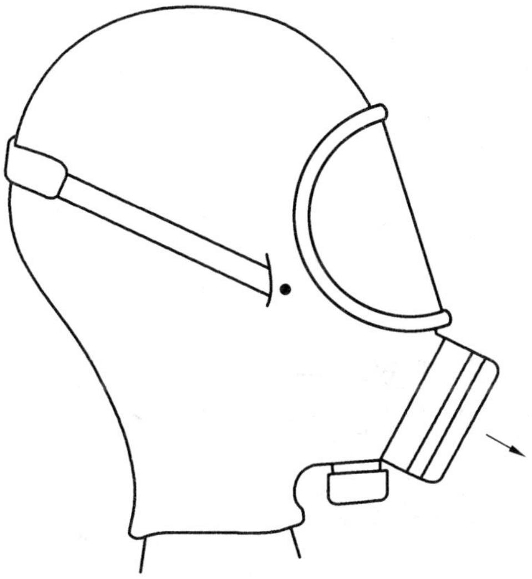

图 4 连接强度试验原理图

6.9 人员佩戴适用性试验

只有已通过 5.1～5.8 检验合格的呼吸器才可用于人员佩戴适用性试验。

参加试验人员应身体健康，能熟练使用呼吸器，在发现呼吸器使用不正常时应能及时脱下呼吸器以保证自身安全。

在试验开始前应检查试验用的呼吸器，确保其处于良好的工作状态，不会对参加试验人员造成危险。

参加此项试验的人员为5人。

参加试验人员佩戴呼吸器后应完成下列试验项目：

a) 在平地上行走5 min；

b) 在平地上爬行5 min；

c) 准备一只容积约为8 L的篮子；一只高度为1.5 m、底部和顶上有口，可以把内中物品从底口铲出并从顶口倒入的料斗(图5)；适量的橡皮屑或其他适当物品。参加试验人员可俯身或下跪，从料斗中铲出物品装满篮子，然后举起篮子，把篮内物品倒回料斗。在5 min内重复上述过程15次；

d) 对于未达到额定防护时间的，剩余时间在平地上行走。

试验结束后，参加试验人员应按下列要求对呼吸器作出主观评价：

a) 呼吸器佩戴的方便性、舒适性；

b) 佩戴呼吸器后视觉的清晰度、真实性；

c) 对距离6 m处高度为100 mm，宽度为50 mm的字母的辨认；

d) 佩戴呼吸器后，行动是否自如。

单位为米

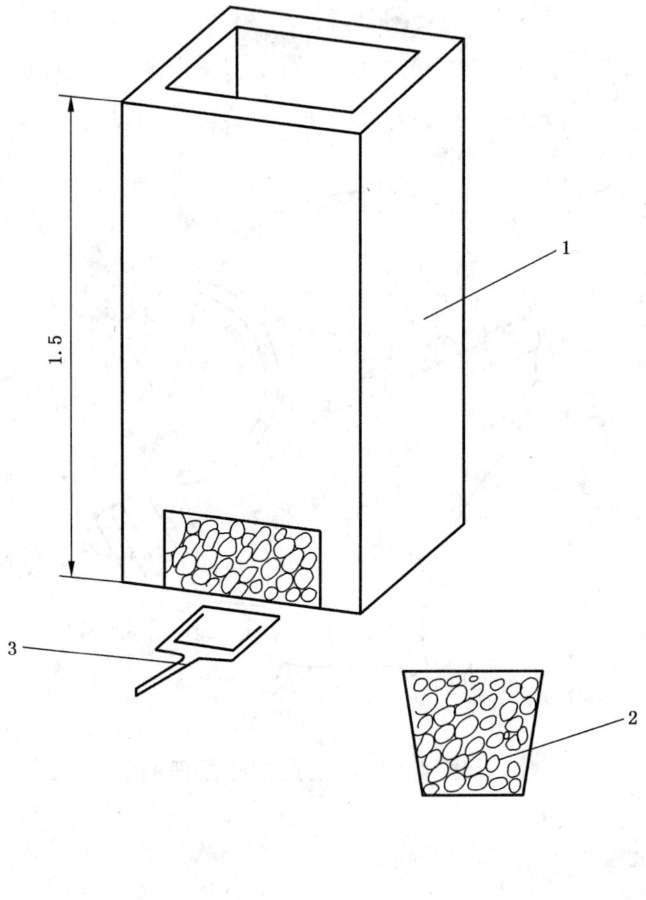

1——料斗；

2——篮子；

3——铲子。

图5 人员佩戴试验装置

7 检验规则

7.1 出厂检验

7.1.1 产品应经制造厂质量检验部门检验合格并附有产品合格证方准出厂。

7.1.2 出厂检验按表3进行,其结果应符合本部分相应的规定。

表3 出厂检验项目及样本数

检验项目	样本数 具
抗机械碰撞及环境变化性能,佩戴质量,标志,结构,连接强度,一氧化碳防护性能	3
抗机械碰撞及环境变化性能,滤烟性能	3
抗机械碰撞及环境变化性能,高浓度一氧化碳时呼吸器的机械结构完整性	3

7.2 型式检验

7.2.1 有下列情况之一时,产品应进行型式检验:

a) 新产品鉴定;

b) 正式生产后,产品结构、材料、生产工艺有较大改变时;

c) 产品停产一年以上,恢复生产时;

d) 连续生产满三年时;

e) 国家质量监督机构提出进行型式检验的要求时。

7.2.2 提供型式检验的产品批量不应小于200具,型式检验按表4进行。

表4 型式检验项目及样本数

检验项目	样本数 具
包装材料强度,佩戴质量,标志,结构,金属材料表面质量,橡塑材料老化性能,材料阻燃性能	2
抗机械碰撞及环境变化性能,连接强度,一氧化碳防护性能	2
抗机械碰撞及环境变化性能,视野,透光率,吸入气体中的二氧化碳含量,漏气系数,滤烟性能	2
抗机械碰撞及环境变化性能,高浓度一氧化碳时呼吸器的机械结构完整性	2
人员佩戴适用性	5

7.2.3 型式检验项目应全部符合本部分的要求方为合格。

8 标志、包装、运输、贮存

8.1 标志

8.1.1 单个呼吸器包装的明显处应包括以下内容：

a) 应有“本产品仅供一次性逃生使用，不能用于工作保护”字样；
b) 制造厂名称和注册商标；
c) 产品名称及型号；
d) 产品使用说明或使用方法简图；
e) 产品备用状态时的环境要求；
f) 存放型呼吸器备用状态时不得随意搬动、敲击、拆装等警示；
g) 生产日期和批号；
h) 执行标准号；
i) 产品有效期。

8.1.2 包装箱表面应有下列内容：

a) 制造厂名称；
b) 产品名称和型号；
c) 生产日期和批号；
d) 数量；
e) “怕湿”、“怕热”、“小心轻放”等文字或符号；
f) 执行标准号。

8.1.3 产品使用说明书应至少包含下列内容：

a) 应有“本产品仅供一次性逃生使用，不能用于工作保护”字样；
b) 制造厂名称和注册商标；
c) 产品名称及型号；
d) 生产日期和批号；
e) 产品有效期；
f) 产品使用方法；
g) 产品存放或携带时的注意事项。

8.2 包装

8.2.1 产品包装时应有防止搬运过程中因碰撞造成损伤的措施。

8.2.2 包装箱内应有装箱单、产品合格证和产品使用说明书等文件。

8.3 运输

运输时不应和油类、腐蚀性化学药品混装；应有防日晒和防雨淋措施。

8.4 贮存

产品应贮存在温度为 0 ℃～40 ℃，通风良好的库房内；应远离热源，不得与易燃品、腐蚀物品存放在一起。

8.5 产品有效期

产品有效期一般为3年。

ICS 17.140
A 59

中华人民共和国国家标准

GB/T 22159.1—2012/ISO 10846-1:2008

声学与振动 弹性元件振动-声传递特性实验室测量方法 第1部分:原理与指南

Acoustics and vibration—Laboratory measurement of vibro-acoustic transfer properties of resilient elements—Part 1:Principles and guidelines

(ISO 10846-1:2008,IDT)

2012-12-31 发布　　2013-06-01 实施

中华人民共和国国家质量监督检验检疫总局
中国国家标准化管理委员会　发布

前　言

GB/T 22159《声学与振动　弹性元件振动-声传递特性实验室测量方法》分为以下5个部分：

——第1部分：原理与指南；

——第2部分：弹性支撑件平动动刚度的直接测量方法；

——第3部分：弹性支撑件平动动刚度的间接测量方法；

——第4部分：弹性支撑件之外的元件平动动刚度；

——第5部分：测定弹性支撑件低频平动动刚度的驱动点法。

本部分为GB/T 22159的第1部分。

本部分按照GB/T 1.1—2009给出的规则起草。

本部分等同采用ISO 10846-1:2008《声学与振动　弹性元件振动-声传递特性实验室测量方法　第1部分：原理与指南》。

本部分由中国科学院提出。

本部分由全国声学标准化技术委员会(SAC/TC 17)归口。

本部分主要起草单位：中国科学院声学研究所、南京大学、西北工业大学、合肥工业大学、同济大学、北京市劳动保护科学研究所、长沙奥邦环保实业有限公司。

本部分主要起草人：程明昆、田静、吕亚东、邱小军、陈克安、李志远、毛东兴、俞悟周、李孝宽、吴瑞、莫建炎、尹铫。

引　言

各种被动隔振器用来降低振动的传递，例如汽车发动机悬置、建筑物的弹性支撑、船用机器的弹性支撑和弹性(柔性)联轴器以及家用电器中的小型隔振器。

本部分是 GB/T 22159 其他部分的应用指南，它们描述了支配线性弹性元件振动传递最重要的量，即与频率有关的动刚度的实验室测量方法。本部分提供了理论背景、方法原理、方法的局限性以及如何选择本系列标准中最恰当的部分。

在 GB/T 22159 标准中的所有部分对实验条件的描述包括了静态预载的运用。

这些方法得到的结果适用于防止低频振动和降低结构声的弹性元件。但是，这些方法没有提供能完整描述弹性元件用于衰减低频振动或冲击偏移的进一步信息，需要附加的资料加以阐述。

声学与振动　弹性元件振动-声传递特性实验室测量方法　第1部分:原理与指南

1　范围

GB/T 22159的本部分规定了应用GB/T 22159.2、GB/T 22159.3、GB/T 22159.4和GB/T 22159.5在实验室测量弹性元件传递特性的原理,并为选择合适的标准提供帮助。

本部分适用于用来降低下列振动传递的弹性元件:

a) 音频振动(20 Hz ～20 kHz的结构声)向结构的传递,它可能导致结构辐射流体声(如空气声、水声或其他媒质的声音);

b) 低频振动的传递(通常在1 Hz～ 80 Hz)。比如它会对人体产生影响,或当振动过于严重时可能对结构造成损害。

本部分对测试方法作了简介,而在GB/T 22159.2、GB/T 22159.3、GB/T 22159.4和GB/T 22159.5中作了进一步的阐述。采用这些试验方法所获得的测量数据可用于:

——生产厂商和供应商提供的产品信息;

——产品研发过程中所需信息;

——产品质量控制;

——计算通过弹性元件的振动传递。

保证测试方法有效的条件为:

a) 弹性元件振动特性为线性(包括静态的载荷变形特性为非线性的弹性元件,但在给定的静态预载荷下,该元件需具有近似线性振动特性);

b) 隔振器与相邻的振源及接收结构之间的接触界面可以简化为点接触。

2　规范性引用文件

下列文件对于本文件的应用是必不可少的。凡是注日期的引用文件,仅注日期的版本适用于本文件,凡是不注日期的引用文件,其最新版本(包括所有的修改单)适用于本文件。

GB/T 2298　机械振动、冲击与状态监测　词汇(ISO 2041:2009,IDT)

ISO/IEC Guide 98-3　测量的不确定度　第3部分:测量中不确定度的描述指南[Uncertainty of measurement—Part 3: Guide to the expression of uncertainty in measurement(GUM 1995)]。

3　术语和定义

下列术语和定义适用于本文件。

3.1

隔振器　vibration isolator

弹性元件　resilient element

用于减弱一定频率范围内的振动传递而专门设计的隔振元件。

3.2

弹性支撑件　resilient support

可支撑起机器、建筑物或其他类型结构的隔振器。

3.3

测试元件　test element

被测弹性元件,包括法兰和必要的辅助固定夹具。

3.4

阻滞力　blocking force

$\boldsymbol{F}_{\mathrm{b}}$

外加于隔振器输出端的动态约束力,可使隔振器产生零位移输出。

3.5

驱动点动刚度　dynamic driving point stiffness

$\boldsymbol{k}_{1,1}$

输出端被阻滞的条件下,作用在隔振器输入端的力相量 $\underline{F}_1$ 与输入端位移相量 $\underline{u}_1$ 之比,和频率有关。

$$k_{1,1}=\underline{F}_1/\underline{u}_1$$

注1:下标“1”表示在输入端测量的力和位移。

注2:$k_{1,1}$ 的值会与静态预载荷、温度、相对湿度及其他条件有关。

注3:在低频,主要由弹力和阻尼力决定 $k_{1,1}$,在高频时,还会受到弹性元件惯性力的影响。

3.6

隔振器逆向驱动点动刚度　dynamic driving point stiffness of inverted vibration isolator

$\boldsymbol{k}_{2,2}$

将隔振器的物理输入端和输出端互换后得到的驱动点动刚度。

注:在低频段,驱动点刚度仅由弹力和阻尼决定,此时 $k_{1,1}=k_{2,2}$,在高频段,还受到惯性力的影响,因此 $k_{1,1}$ 和 $k_{2,2}$ 在不对称的情况下是不相同的。

3.7

动[态传递]刚度　dynamic transfer stiffness

$\boldsymbol{k}_{2,1}$

与频率有关的复数;为弹性元件输出端阻滞力相量 $\underline{F}_{2,\mathrm{b}}$ 与其输入端的位移相量 $\underline{u}_1$ 之比:

$$k_{2,1}=\underline{F}_{2,\mathrm{b}}/\underline{u}_1$$

注1:下标1、2分别代表弹性元件的输入端和输出端。

注2:$k_{2,1}$ 的值可能和静态预载荷、温度、相对湿度及其他条件相关。

注3:低频时,$k_{2,1}$ 仅取决于弹性力和阻尼力,且 $k_{1,1}\approx k_{2,1}$。($k_{1,1}$ 表示隔振器输入端的作用力与位移之比)。高频时,$k_{2,1}$ 还会受到弹性元件内部惯性力的影响,$k_{1,1}\neq k_{2,1}$。

3.8

弹性元件损耗因子　loss factor of resilient element

$\boldsymbol{\eta}$

$k_{2,1}$ 的虚部与实部之比,即 $k_{2,1}$ 相位角的正切值。低频条件下,弹性元件惯性力的影响可忽略不计。

3.9

点接触　point contact

如同一刚性物体表面振动的接触面。

3.10

线性　linearity

满足叠加原理的弹性元件动态特性。

注 1：叠加原理可表述为：系统输入为 $x_1(t)$时，输出为 $y_1(t)$；输入为 $x_2(t)$时，输出为 $y_2(t)$。对于任意常数 a、b，以及 $x_1(t)$和 $x_2(t)$，当输入为 $ax_1(t)+bx_2(t)$，输出为 $ay_1(t)+by_2(t)$时，则系统满足叠加原理。

注 2：在实践中，采用上述方法进行系统线性特性的检验是不实际的，一种有限度地检验线性特性的方法是通过测量一输入级范围内的动刚度来实现的。对一给定的预载荷，如果动刚度基本不变，则可认为该系统是线性的。事实上，该方法检验的是系统响应与激励之间的比例关系。

3.11

直接法　direct method

测量隔振器输入端位移(速度或加速度)及输出端阻滞力的方法。

3.12

间接法　indirect method

当隔振器输出端载有一质量已知的刚体时，测量弹性元件振动的位移(速度或加速度)传递率的方法。

注：除了类似质量阻抗的情况，术语“间接法”可能包括任何已知其阻抗的负载。然而，GB/T 22159 中并未涉及此类方法。

3.13

驱动点法　driving point method

隔振器输出端受阻滞时，测量其输入位移(或者速度或者加速度)及输入端作用力的方法。

3.14

侧向传递　flanking transmission

隔振器输入端激励产生的振动，经由待测弹性元件以外的其他路径传至输出端，使隔振器输出端产生的力和加速度。

3.15

上限频率　upper limiting frequency

f_{UL}

根据 GB/T 22159 各部分所给出的准则，对 $k_{1,2}$的结果有效的最高频率。

4　适用标准的选择

表 1 给出了选择 GB/T 22159 系列标准中适用部分的指南。

表 1　选择指南

	GB/T 22159.2 直接法	GB/T 22159.3 间接法	GB/T 22159.4 直接或间接法	GB/T 22159.5 点驱动法
弹性元件类型	支撑件	支撑件	非支撑件	支撑件
示例	仪器、设备、机械和建筑物的弹性台座		波纹管、软管、弹性联轴节、输电线	见 GB/T 22159.2 和 GB/T 22159.3

表 1（续）

	GB/T 22159.2 直接法	GB/T 22159.3 间接法	GB/T 22159.4 直接或间接法	GB/T 22159.5 点驱动法
有效频率范围	1 Hz～f_{UL} f_{UL} 取决于测试装置；通常（但不局限于） 300 Hz ＜ f_{UL} ＜ 500 Hz	f_2～f_3 f_2 通常（但不限于）在 20 Hz～50 Hz 之间。对于非常坚硬的台座 f_2＞100 Hz。 f_3 通常为 2 kHz～5 kHz，但和测试装置有关	直接法：见 GB/T 22159.2； 间接法：见 GB/T 22159.3	1 Hz～f_{UL} f_{UL}通常（但不限于）＜200 H_Z； f_{UL}取决于测试装置和测试元件特性
平移分量	1、2 或 3	1、2 或 3	1、2 或 3	1、2 或 3
转动分量	无	资料性附录	资料性附录	无
95%置信概率条件下的扩展测量不确定度	可按照 GUM 来估算	4 dB（作为上限）	4 dB（作为上限）	可按 GUM 来估算
注：在有效频率范围，并在各方法的测量不确定度范围内，直接法、间接法和点驱动法会得出一致的结果。				

第 5、6 章中将给出更进一步的指南。

5 理论背景

5.1 动刚度

本章阐明了为什么在很多实际应用中，动刚度是最适宜描述弹性元件振动-声传递特性的原因。同时也介绍了其他一些振动-声特性的特殊情况，这些特性虽然在 GB/T 22159 其他部分中没有涉及到，但同样也是必要的。

正如 3.7 所定义的，动刚度取决于弹性元件的弹性、惯性和阻尼特性。用刚度特性表述测试结果和通常使用的静态和/或低频动刚度的数据相符合。惯性力的另一重要作用（即隔振器内的弹性波效应）使得高频的动刚度比低频更复杂。在低频时，只有弹性力和阻尼力起主要作用。因为通常情况下弹性模量和阻尼特性在这个频段与频率关系不大，因此，这同样适用于低频动刚度。

注：对许多弹性元件而言，静刚度不同于低频动刚度。

原则上，振动-声弹性元件的动刚度取决于静态预载、温度和相对湿度。以下的理论中，假设弹性元件具有 3.10 所定义的线性特性，更多资料见附录 D。

附录 A 中列出了动刚度与其他参数间的关系。这些关系意味着在实际测试操作中，只有根据实际情况才能决定是测量位移、速度还是加速度，但要使结果表述与 GB/T 22159 的其他部分相一致，还需要进行适当的转换。

5.2 弹性元件的动刚度矩阵

5.2.1 概述

分析复杂振动系统的常用方法是采用刚度矩阵、柔度矩阵、传递矩阵概念。矩阵元素基本上是频率响应函数的特殊形式，这些函数描述机械系统或声学系统的线性特性。在单个子系统特性的基础上，可以计算出子系统组合的对应特性。上述的3个矩阵形式相互关联，可以相互转换[5]。但GB/T 22159仅针对静载荷下弹性元件实验特性中的刚度类型的量做了规定。

弹性元件传递特征的通用概念框图见图1。

图1 振源、隔振器、接收系统方框图

系统由振源、n个隔振器和接收结构3个部分构成，假设其相互之间为点接触。对于每一个接触点，力矢量$\vec{F}$含有3个相互垂直的分力和3个相互垂直的力矩，位移矢量$\vec{u}$含有3个相互垂直的位移分量和3个相互垂直的转动分量。图1中，只表示了矢量F_1、u_1、F_2和u_2的一个分量。这些矢量都含有$6n$个元素，其中n表示隔振器的个数。

为说明在多数场合下阻滞传递刚度(即3.7定义的动刚度)适用于描述隔振器的性能，应从最简单的一个隔振器的单方向振动开始到多方向振动来讨论。

5.2.2 单个隔振器，单一振动方向

对于单个隔振器的单一方向振动，隔振器的平衡可以用下述方程表示：

$$\underline{F}_1 = k_{1,1}\,\underline{u}_1 + k_{1,2}\,\underline{u}_2 \qquad \cdots\cdots(1)$$

$$\underline{F}_2 = k_{2,1}\,\underline{u}_1 + k_{2,2}\,\underline{u}_2 \qquad \cdots\cdots(2)$$

式中：

$k_{1,1}$和$k_{2,2}$——当隔振器在相反方向被阻滞时(即$\underline{u}_1=0$，$\underline{u}_2=0$)的驱动点刚度；

$k_{1,2}$和$k_{2,1}$——阻滞传递刚度，即代表阻滞端的力与驱动端的位移之比。对于被动隔振器，因为被动线性隔振器具有互易性，则有$k_{1,2}=k_{2,1}$。

随着惯性力的增加，$k_{1,1}$和$k_{2,2}$在较高频率变得不同。在低频率时，只有弹性和阻尼力起作用，使得所有$k_{i,j}$相等。

注：这些方程只对单一频率而言。$\underline{F}_i$和$\underline{u}_i$是相量，$k_{i,j}$是复数。

公式(1)和(2)的矩阵形式为

$$\vec{F} = K\,\vec{u} \qquad \cdots\cdots(3)$$

动刚度矩阵

$$K = \begin{bmatrix} k_{1,1} & k_{1,2} \\ k_{2,1} & k_{2,2} \end{bmatrix} \qquad \cdots\cdots(4)$$

在经由隔振器对接收结构激励时，有

$$k_t = -\frac{\underline{F}_2}{\underline{u}_2} \qquad \cdots\cdots(5)$$

式中：

k_t——表示终端的驱动点动刚度，负号表示与图1中的传递方向相反。

从公式(2)和(5)可以得到

$$\underline{F}_2 = \frac{k_{2,1}}{1+\dfrac{k_{2,2}}{k_t}}\,\underline{u}_1 \qquad \cdots\cdots(6)$$

因此,对于给定的源位移$\underline{u}_1$,力$\underline{F}_2$取决于隔振器上和接收器上的两个驱动点动刚度,但如果$|k_{2,2}|<0.1|k_t|$,则$\underline{F}_2$约在阻滞力的10%以内,即

$$\underline{F}_2 \approx \underline{F}_{2,b} = k_{2,1}\ \underline{u}_1 \qquad \cdots\cdots(7)$$

由于隔振器仅在其两边具有相对较大动刚度的结构间有效,公式(7)表示了这种情形下接收端的输出力。这就形成了GB/T 22159测试方法的基础。在静态预载荷下,隔振器阻滞传递刚度(或直接相关的函数)的测量要比完整的刚度矩阵(或完整传递矩阵)测量要容易得多,而且,这也形成了在这种情形下隔振器的典型特性的表征方法。

注:在条件$|k_{2,2}|<<|k_t|$不能满足时,公式(6)中也表明,为了在给定的源位移$\underline{u}_1$时预测$\underline{F}_2$,需要知道$k_{2,2}$和k_t。

5.2.3 单一隔振器,6个振动方向

如果在每个界面上力和运动都可以由6个相互垂直的分量(3个平动分量,3个转动分量)来表征,则隔振器可以描述成12维向量[11]。12个动力方程的矩阵形式与公式(3)相同,此时

$$u = \begin{Bmatrix} u_1 \\ u_2 \end{Bmatrix},\ F = \begin{Bmatrix} F_1 \\ F_2 \end{Bmatrix} \qquad \cdots\cdots(8)$$

是具有6个位移、6个转角、6个力及6个力矩的矢量。12×12的动刚度矩阵可以分解成4个6×6的子矩阵

$$K = \begin{bmatrix} K_{1,1} & K_{1,2} \\ K_{2,1} & K_{2,2} \end{bmatrix} \qquad \cdots\cdots(9)$$

式中:

$K_{1,1}$和$K_{2,2}$——驱动点刚度(对称的)矩阵。

$K_{1,2}$和$K_{2,1}$——阻滞传递刚度矩阵。

公式(3)中动刚度矩阵的对称性意味着这些传递矩阵与转置矩阵相等。

同样,如果对于隔振器来说接收装置具有相对较大的驱动点动刚度,作用在接收装置的力约等于阻滞力。

$$\boldsymbol{F}_2 \approx \boldsymbol{F}_{2,b} = K_{2,1} u_1 \qquad \cdots\cdots(10)$$

因此,阻滞传递刚度是描述隔振器振动-声传递性质的恰当参数,同样也适用于多方向振动传递情况。

5.3 相关阻滞传递刚度的数目

一般情况下,单个隔振器的阻滞传递刚度矩阵$\boldsymbol{K}_{2,1}$含有36个元素,但在结构对称的情况下,大多数元素为零。对圆柱或正方体等最对称形状下,仅有10个非零元素,即5对不同的元素(参见附录B和参考文献[11])。

在实际情况中,描述振动-声传输特性的元素数目通常比非零元素数目还要少。多数情况下,对于平移振动,只要考虑1个、2个或3个对角元素就可以了,即仅有一个振动方向(常为垂直竖向)或2个到3个正交方向(进一步讨论见附录C),对于这些平移方向的振动,测量方法将在GB/T 22159.2、GB/T 22159.3、GB/T 22159.4和GB/T 22159.5中规定。

对于一些特殊情形,转动自由度也起到很重要的作用(见附录C)。虽然在GB/T 22159标准中并没有作为重点来考虑,但6.3.5的文献叙述了如何用与平动元素一样的方法来处理转动元素。GB/T 22159.3中有与这一主题相关的资料性附录。

5.4 侧向传递

当弹性元件是构成振动源与接收结构之间的唯一传输途径的假设条件下,图1及公式(1)至(10)所示的模型才是正确的。但实际上,会存在导致侧向传递的力或声的平行传递路径。对隔振器性能的任

何测试方法,必须采用适当的措施,把这种侧向传递的干扰降到最小。

5.5 损耗因子

制定 GB/T 22159 的目的是使与频率有关的弹性元件动刚度 $k_{2,1}$ 的测量标准化。本部分的一些使用者同时也对隔振器的阻尼特性感兴趣,但由于测量复杂,GB/T 22159 没有把阻尼特性的测量标准化。然而在 GB/T 22159.2、GB/T 22159.3、GB/T 22159.4 和 GB/T 22159.5 中,针对如何选择性地应用动刚度 $k_{2,1}$ 的矢量数据来获取有关阻尼特性的信息都有所描述。本条的讨论给出了这些过程的背景资料。

为便于讨论,只需考虑 5.2.2 的情况,即单个隔振器和单一振动方向的情形。因为 GB/T 22159 只考虑了带有阻滞输出端的测量,所以矢量公式(1)和(2)简化为

$$\underline{F_1} = k_{1,1}\ \underline{u_1} \qquad (11)$$

$$\underline{F_2} = k_{2,1}\ \underline{u_1} \qquad (12)$$

在低频,惯性力不起作用,动刚度的相位角和弹性元件的阻尼特性存在着简单的关系。在这些低频段,与频率有关的动刚度可以近似为:

$$k \approx k_{1,1} \approx k_{2,1} \qquad (13)$$

复数低频动刚度可以写成

$$k = k_0(1 + \mathrm{j}\eta) \qquad (14)$$

这里 k_0 表示实数部分。公式(14)中与频率相关的损耗因子 η 表征低频段弹性元件的阻尼(参见 3.8)。

损耗因子与 k 的相位角 φ 的关系为

$$\eta = \tan\varphi \qquad (15)$$

因此弹性元件的损耗因子可按式(16)估算

$$\eta = \tan\varphi_{2,1} \qquad (16)$$

式中:

$\varphi_{2,1}$——动刚度 $k_{2,1}$ 的相位角。

必须注意:

a) 用公式(16)测量损耗因子对于阻滞输出是否完全满足 $u_2 = 0$ 非常敏感。参考文献[18]介绍了修正方法。小损耗因子的测量对相位测量的不确定度也是很敏感的(文献[12]PP. 216—218);

b) 在较高频率,公式(13)不再有效,用公式(16)表征弹性元件的阻尼特性也不再正确。这些情况虽然没有简单和严格的准则,但随着频率的增加,η 的斜率出现相当大的突变,意味着公式(16)不能再使用。

6 测量原理

6.1 动刚度

动刚度取决于频率。此外,它还取决于静态预载荷。在很多情形下还取决于温度和相对湿度。有三种方法可以获得合理的测试数据,因为它们的优缺点互补,所以这三种方法在 GB/T 22159 中都有介绍。

直接法需要测量输入端的位移(速度、加速度)和阻滞输出力。

间接法是用测量振动(位移、速度或加速度)的传递率来实现。为了获得阻滞输出力,在隔振器的末端要有一块大的刚性质量块。在规定的频率范围内,测量的位移和末端已知点的动刚度乘积应当很好

地近似等于阻滞力。

在测试装备中用驱动点法确定传递刚度时,具有阻滞输出端的弹性元件上的动态力只能在输入端测量。测量输入端位移(速度、加速度)和输入力而得出的刚度就是驱动点动刚度。只有在低频段,驱动点刚度与传递刚度是相等的,这种方法可以用来确定动刚度。尽管直接法在测定动刚度方面比驱动点方法具有更宽的频率范围,包括在低频率段的情形,但是 GB/T 22159 还是将驱动点法包含在内。使用驱动点动刚度测试用的设备(通常很昂贵)也能用来确定低频传递刚度。

本部分介绍了这三种方法的基本特征及正确使用的一般要求。GB/T 22159.2、GB/T 22159.3、GB/T 22159.4 和 GB/T 22159.5 则给出了更详细的规定要求。

6.2 直接法

6.2.1 基本测试系统

测量动刚度的基本原理见图 2。

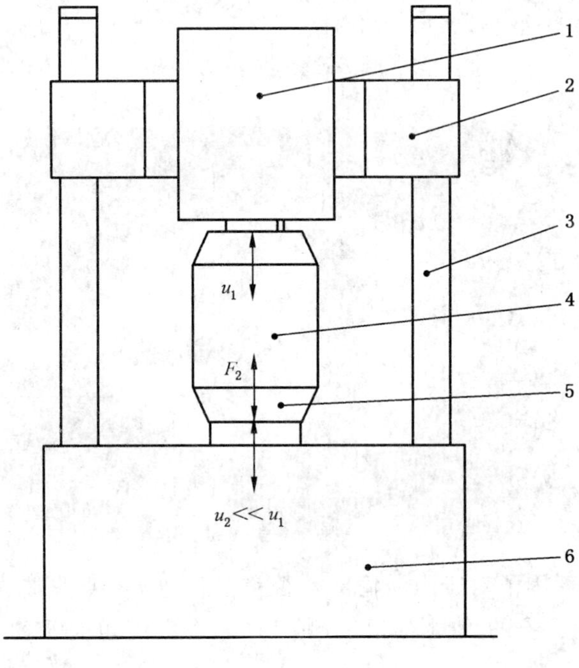

说明:

1——液压作动器(静态预载荷和动态激励);

2——移动臂;

3——柱子;

4——测试元件;

5——力测量系统;

6——刚性基座。

图 2 直接法典型测量装置示例

被测隔振器在安装时,其输入端与激振器相连,输出端与刚性基座相连。一动力传感器置于隔振器和刚性基座之间。通常,还需要插入一块力均布板,使被测系统能近似于点接触情况并具有单向运动。比如只用一个小的力传感器来支撑一个大的隔振器法兰的情况下,法兰的振动和动刚度会和实际值产生显著的偏差。对于具有大静态预载荷的大型隔振器,出于稳定性的需要,力的测量会需要用多个力传感器。

动刚度由公式(17)确定：

$$k_{2,1}=\frac{\underline{F}_2}{\underline{u}_1}\qquad 当\ \underline{u}_2\ll\underline{u}_1 \quad\cdots\cdots(17)$$

6.2.2 测试量

测量的动态参数应包括力，及位移、速度或者加速度。

6.2.3 静态预载荷下的测量

由于动刚度可能与静态载荷有着密切的关系，因此测量应在规定的静态预载荷条件下进行。通常需要采用特殊的测量装置施加这样的负载。典型的方法是在顶部使用液压传动装置形成静态预载和振动的组合。在GB/T 22159中也讨论了预载与激励振动分别施加的测量系统。

6.2.4 直接法的频率限制

直接法的有效频率范围主要取决于测量装置的频率特性。频率范围一方面是由作动器的频带宽度决定。另一方面则常由施加了静态预载荷的框架在高频段出现侧向传声时的频率决定。基础框架(通常会引起严重的问题)的模态基频，是由横梁的质量和立柱的径向刚度决定的。典型的频率上限为300 Hz$<f_{UL}<$500 Hz，这在表1中已说明。这些数据是由静负载能力可达100 kN的装置的所有者提供(见文献[10])。当然对于较小或更紧凑的测试装置，这一上限频率可能会更高。如：对于小预载的小型尺寸弹性元件，可以使用很简单的测量装置测到几千赫兹的有效测试频率。

总体来说，间接法(见6.3)对于高频测量能得到较好的预期效果。由于被测隔振器与加载框架不易产生动态耦合，因此间接法只有极少的侧向传递。

6.2.5 振动方向

虽然图2提供了法向负载方向上刚度测量的例子，但是直接法能够应用于各个方向上的平动振动和转动振动。在GB/T 22159.2中，3个垂直平动方向刚度的测量都已形成了标准，但在GB/T 22159中并没有考虑转动振动的直接测量方法。

6.3 间接法

6.3.1 基本测试系统

图3给出了测量阻滞刚度的基本原理示例。

被测弹性元件置于两个刚性质量块中间。

被测元件输入端的质量块具有双重功能：

——其刚性用以提供点接触条件；

——它还能用以获得在不同方向上的单向激励(见GB/T 22159.3、GB/T 22159.4和GB/T 22159.5)。

输出端的质量块也具有双重功能：

——其刚性用以提供隔振器接收端的点接触条件。

——其质量和转动惯量应足够大，使得隔振器的所有激励部分都成为具有很高动刚度的端点。因此，由被测元件和质量块m_2组成的质量-弹簧振动系统的6个固有频率应远低于测试的频率范围(见以下讨论)。由隔振器施加到质量块的力近似等于阻滞力。这可以由输出端质量块的加速度推导出来。

质量块的位移分别记为u_1和u_2。u_2/u_1比值通常称为(位移)传递率。它等于相应的速度的比值以及加速度的比值。

动刚度和位移传递率间的关系可以从牛顿定律中表述,因此

$$k_{2,1} \approx \frac{F_2}{u_1} \approx -(2\pi f)^2 m_2 \frac{u_2}{u_1} \qquad \text{当 } f \gg f_0 \text{ 时} \quad \cdots\cdots\cdots\cdots\cdots\cdots (18)$$

式中:

f_0——由 m_2 和被测弹性元件(图 3 中还包括辅助隔振器)形成的质量/弹簧系统的固有频率。

公式(18)应用了公式(7)的假设,即 $\boldsymbol{F}_2$ 约等于阻滞力。

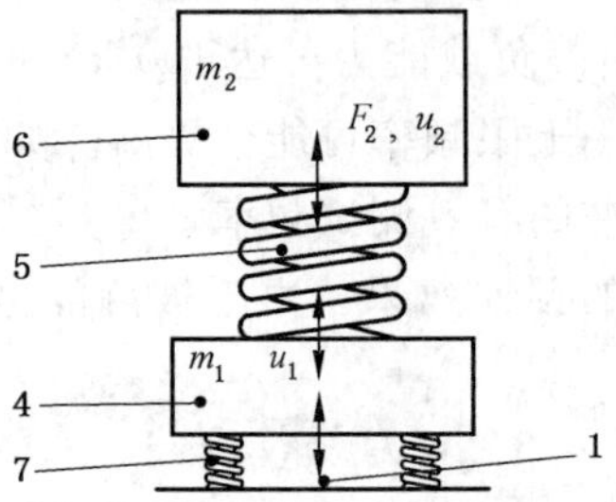

a) 利用重力施加预载荷

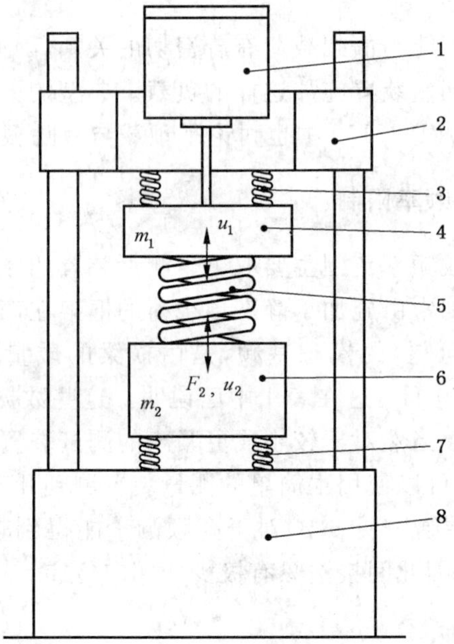

b) 利用框架施加预载荷

说明:

1——激振器;

2——移动臂;

3——动态去耦弹簧、静态预载;

4——力均布板;

5——测试元件;

6——阻滞质量块;

7——隔振器;

8——刚性基座。

图 3 间接法典型测试装置示例

6.3.2 测量参数

测量的动态参数应是位移或速度或加速度中的任一量。

6.3.3 静态预载荷下的测量

6.3.3.1 施加预载荷的原理

图 3 表示了应用静态预载测量装置的基本原理。

图 3 a)中,输出端质量块的重力作为静态预载。这套装置既需要一个能支撑静负载的激励器,又需

要一个能承受静负荷的辅助结构(如隔振器)。这种测试装置会带来不稳定的危害,特别是对于大型隔振器并有大预载荷的情形。

在图3 b)中,采用一套框架和一个作动器(如液压)来施加静态预载荷,在隔振器输出端的质量块 m_2 通过附加的隔振器与框架振动进行动态解耦,输入端的质量块也用这样的附加隔振器与测试框架进行动态解耦。与直接法相比,使用这些辅助的附加隔振器能使间接法不易受到侧向传动的影响,在GB/T 22159.3有更多的介绍。

注:实际上辅助隔振器的总刚度和被测隔振器的刚度可以是同一量级。

6.3.3.2 其他情况的预载

除弹性支架之外的隔振器也需要在额定的静负载中测试。如,对于一个柔性联轴节,需要施加静扭矩。对于充满水的波纹管或柔性管,内部压力需有代表性。

6.3.4 间接法的频率范围

对于有效的频率范围存在着相互矛盾的制约。

根据公式(18),把有效测量范围扩展到更低频率的一种方法就是加大 m_2 的质量,这可以得到足够低的 f_0 值,但是根据 m_2 非刚性体的特性,质量越大上限频率极限就会越低。

在许多应用场合,感兴趣的是声频段的动刚度测量数据,此时有别于无质量的弹簧。这些情况下,可按下述途径予以综合考虑。

用下述近似公式估算隔振器内部最低共振频率 f_e(在刚度最大的平移方向)。

$$f_e \approx 0.5\sqrt{\frac{k_0}{m_{el}}} \qquad \cdots\cdots(19)$$

式中:

k_0 ——隔振器低频动刚度;

m_{el}——隔振器弹性部件的质量。

低频时,动刚度接近于 k_0,对多数隔振器,这种"类似弹簧"的特性在 $f<f_e/3$ 时都正确。通常,选择合适的质量使得 $f_0\leqslant 0.1f_e$,这样才会在 $f\geqslant f_e/3$ 的条件下得出可靠的动刚度测试结果;低频时,无需测量即可认为,当隔振器主要用在 $f\geqslant f_e/3$ 范围时,动刚度约等于 $f=f_e/3$ 时的动刚度。

为获得测量的宽频范围,希望具有较低的 f_0,同时直到高频 m_2 都能保持刚性的特性。使用钢块可以很好地满足这些要求。

如果使用单独一块质量块无法达到测量频宽的要求,则需要在低频段和高频段分别采用不同的质量块进行测量。

6.3.5 振动方向

虽然图3只提供了法向负载方向下刚度测量的示例,但间接法可以应用到各个方向的平动振动和转动振动。GB/T 22159.3对3个相互垂直方向上平动分量的刚度测量形成了标准。

测量原理可以进一步延伸到在输入端的转动激励/或在输出端质量块的转动响应,见参考文献[11],[13],但这并没有形成标准,仅在GB/T 22159.3和GB/T 22159.4的资料性附录中作了讨论。

6.4 驱动点法

6.4.1 基本测试安排

图4给出了驱动点法的基本测量系统示例。

图4的示例与图2的直接法非常相似,但不是测量输出端的阻滞力,而是测量输入端的力。因此,

采用驱动点方法确定动刚度的假设前提是在低频段。由于惯性力与弹性相比可以忽略,使得动刚度近似于驱动点动刚度,即

$$k_{2,1} \approx k_{1,1} = \frac{\underline{F}_1}{\underline{u}_1}\bigg|_{u_2=0} \qquad (20)$$

静态载荷的施加形式和直接法一样,可以在3个相互垂直的平移运动中进行测量,应测的动态参数有力和位移或速度或加速度。

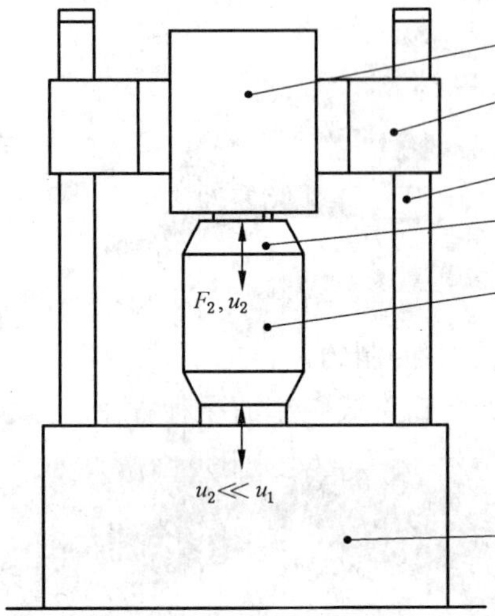

说明:

1——液压作动器(静态预载荷和动态激励);

2——移动横梁;

3——立柱;

4——力测量系统;

5——测试元件;

6——刚性基座。

图4 驱动点法典型测试装置示例

6.4.2 驱动点法的频率范围

近似公式(20)只有在低频时(一般 $f < 200$ Hz)有效,这时惯性力要小于弹性力和阻尼力。GB/T 22159.5 给出了在测试结果基础上估算频率上限的定量标准。

6.4.3 振动方向

虽然图4只提供了在法向负载方向上刚度测试的例子,但驱动点法可以应用到各个方向的平动和转动振动。GB/T 22159.5 对3个相互垂直方向上的平动刚度测量形成了标准,对转动振动未予以考虑。

附 录 A
（资料性附录）
与动刚度有关的函数

对于线性隔振器，与动刚度有直接关联的参数是机械阻抗和有效质量，其倒数又称动柔度、导纳、惯性。

表 A.1 给出了动刚度和相关参数的名称和符号。

表 A.1 动刚度及其相关量的名称和符号

符号	名称	倒数	名称
k	动刚度	$1/k$	动柔度
Z	机械阻抗	$1/Z$	机械导纳
m_{eff}	有效质量	$1/m_{\text{eff}}$	惯性

表 A.2 给出了动刚度等参数转换为不同表达形式的系数，即 $k=-\omega^2 m_{\text{eff}}=\text{j}\omega Z$ 等。乘数 $\text{j}\omega$ 表示，在频率为 f 时，振幅要乘上 $\omega=2\pi f$，相位增加 $\pi/2$ 弧度。

表 A.2 动刚度与其他量相互转换的系数

名称	符号	定义[a]	k	Z	m_{eff}
动刚度	k	$\underline{F}/\underline{u}$	1	$\text{j}\omega$	$-\omega^2$
机械阻抗	Z	$\underline{F}/\underline{v}$	$1/\text{j}\omega$	1	$\text{j}\omega$
有效质量	m_{eff}	$\underline{F}/\underline{a}$	$-1/\omega^2$	$1/\text{j}\omega$	1
[a] 相位复数矢量：$\underline{F}$＝力；$\underline{u}$＝位移；$\underline{v}$＝速度；$\underline{a}$＝加速度。					

附 录 B
（资料性附录）
传递刚度矩阵对称性的作用

公式(9)显示，对于单一隔振器而言，其 12×12 的动刚度矩阵可以分解为 4 个 6×6 的子矩阵。GB/T 22159 提供了 6×6 的动刚度矩阵 $K_{2,1}$ 中每个元素的测量方法，它们是弹性元件输出端阻滞力与输入端位移之比。

设直角坐标系(图 B.1)的 3 个坐标轴分别为 x、y 和 z，则输入端的 6 个平动和转动位移矢量可以写成

$$u_1 = \{\underline{u}_{1x}, \underline{u}_{1y}, \underline{u}_{1z}, \underline{\gamma}_{1x}, \underline{\gamma}_{1y}, \underline{\gamma}_{1z}\}$$

输出端的 6 个阻滞力和力矩矢量可以写成

$$F_{2,\mathrm{b}} = \{\underline{F}_{2x}, \underline{F}_{2y}, \underline{F}_{2z}, \underline{M}_{2x}, \underline{M}_{2y}, \underline{M}_{2z}\}$$

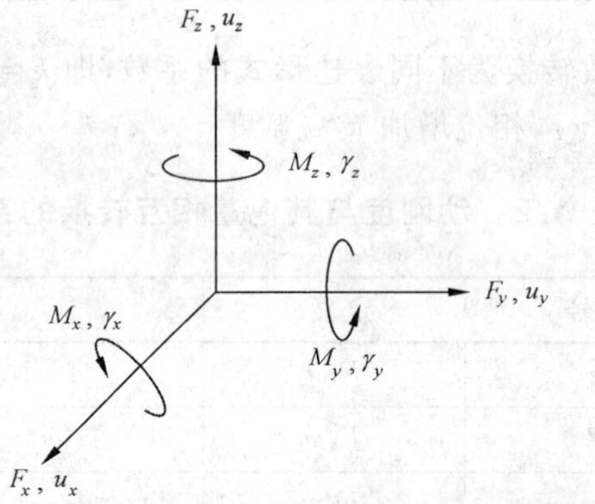

图 B.1　直角坐标系中的力与位移符号

这样公式(10)可以展开为：

$$\begin{Bmatrix} \underline{F}_{2x} \\ \underline{F}_{2y} \\ \underline{F}_{2z} \\ \underline{M}_{2x} \\ \underline{M}_{2y} \\ \underline{M}_{2z} \end{Bmatrix} = \begin{bmatrix} k_{7,1} & k_{7,2} & k_{7,3} & k_{7,4} & k_{7,5} & k_{7,6} \\ k_{8,1} & k_{8,2} & k_{8,3} & k_{8,4} & k_{8,5} & k_{8,6} \\ k_{9,1} & k_{9,2} & k_{9,3} & k_{9,4} & k_{9,5} & k_{9,6} \\ k_{10,1} & k_{10,2} & k_{10,3} & k_{10,4} & k_{10,5} & k_{10,6} \\ k_{11,1} & k_{11,2} & k_{11,3} & k_{11,4} & k_{11,5} & k_{11,6} \\ k_{12,1} & k_{12,2} & k_{12,3} & k_{12,4} & k_{12,5} & k_{12,6} \end{bmatrix} \begin{Bmatrix} \underline{u}_{1x} \\ \underline{u}_{1y} \\ \underline{u}_{1z} \\ \underline{\gamma}_{1x} \\ \underline{\gamma}_{1y} \\ \underline{\gamma}_{1z} \end{Bmatrix}$$

矩阵元素的简化符号意义如下：

$$k_{7,1} = \frac{\underline{F}_{2x,\mathrm{b}}}{\underline{u}_{1x}} \quad \text{和} \quad k_{10,4} = \frac{\underline{M}_{2x,\mathrm{b}}}{\underline{\gamma}_{1x}} \quad \text{等。}$$

由于对称性，矩阵中的大量元素都等于零，有些非零元素可能在数值上也相等。下面 4 个例子列举了具有对称性的四种典型隔振器的矩阵(见图 B.1 坐标轴指向)。

2 个相互垂直平面对称(10 个不同非零元素)

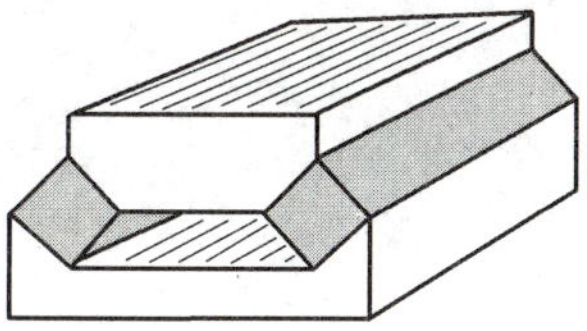

	$\underline{u}_{1x}$	$\underline{u}_{1y}$	$\underline{u}_{1z}$	$\underline{\gamma}_{1x}$	$\underline{\gamma}_{1y}$	$\underline{\gamma}_{1z}$
$\underline{F}_{2x}$	$k_{7,1}$	0	0	0	$k_{7,5}$	0
$\underline{F}_{2y}$	0	$k_{8,2}$	0	$k_{8,4}$	0	0
$\underline{F}_{2z}$	0	0	$k_{9,3}$	0	0	0
$\underline{M}_{2x}$	0	$k_{10,2}$	0	$k_{10,4}$	0	0
$\underline{M}_{2y}$	$k_{11,1}$	0	0	0	$k_{11,5}$	0
$\underline{M}_{2z}$	0	0	0	0	0	$k_{12,6}$

3 个相互垂直平面对称(10 个非零元素、8 个不同元素)

	$\underline{u}_{1x}$	$\underline{u}_{1y}$	$\underline{u}_{1z}$	$\underline{\gamma}_{1x}$	$\underline{\gamma}_{1y}$	$\underline{\gamma}_{1z}$
$\underline{F}_{2x}$	$k_{7,1}$	0	0	0	$k_{7,5}$	0
$\underline{F}_{2y}$	0	$k_{8,2}$	0	$k_{8,4}$	0	0
$\underline{F}_{2z}$	0	0	$k_{9,3}$	0	0	0
$\underline{M}_{2x}$	0	$-k_{8,4}$	0	$k_{10,4}$	0	0
$\underline{M}_{2y}$	$-k_{7,5}$	0	0	0	$k_{11,5}$	0
$\underline{M}_{2z}$	0	0	0	0	0	$k_{12,6}$

具有对称平面的轴对称(10 个非零元素,6 个不同元素)

	$\underline{u}_{1x}$	$\underline{u}_{1y}$	$\underline{u}_{1z}$	$\underline{\gamma}_{1x}$	$\underline{\gamma}_{1y}$	$\underline{\gamma}_{1z}$
$\underline{F}_{2x}$	$k_{7,1}$	0	0	0	$k_{7,5}$	0
$\underline{F}_{2y}$	0	$k_{7,1}$	0	$k_{7,5}$	0	0
$\underline{F}_{2z}$	0	0	$k_{9,3}$	0	0	0
$\underline{M}_{2x}$	0	$k_{10,2}$	0	$k_{10,4}$	0	0
$\underline{M}_{2y}$	$k_{10,2}$	0	0	0	$k_{10,4}$	0
$\underline{M}_{2z}$	0	0	0	0	0	$k_{12,6}$

正方形四棱柱或圆柱体的对称(10 个非零元素,5 个不同元素)

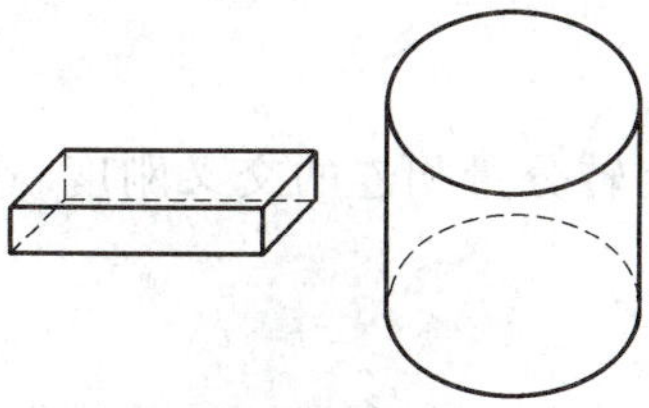

	$\underline{u}_{1x}$	$\underline{u}_{1y}$	$\underline{u}_{1z}$	$\underline{\gamma}_{1x}$	$\underline{\gamma}_{1y}$	$\underline{\gamma}_{1z}$
$\underline{F}_{2x}$	$k_{7,1}$	0	0	0	$k_{7,5}$	0
$\underline{F}_{2y}$	0	$k_{7,1}$	0	$k_{7,5}$	0	0
$\underline{F}_{2z}$	0	0	$k_{9,3}$	0	0	0
$\underline{M}_{2x}$	0	$-k_{7,5}$	0	$k_{10,4}$	0	0
$\underline{M}_{2y}$	$-k_{7,5}$	0	0	0	$k_{10,4}$	0
$\underline{M}_{2z}$	0	0	0	0	0	$k_{12,6}$

附　录　C
（资料性附录）
简化的传递刚度矩阵

C.1　概述

在5.3中认为，很多实际情况，对于平动，只考虑1、2或3个对角元素即可表征传递刚度矩阵，本附录将针对几个实例进行说明。

C.2　平动

在图1中由“振源/隔振器/接收结构”组成的模型表明：通过隔振器的振动-声传递取决于振源振动、隔振器传递刚度和接收器驱动点刚度。通常，振源并非在一个方向上必须振动，因此实际关注的是正交方向上的隔振器刚度测量。

现在考虑具有代表性的情形，即振源在3个正交方向上的平动幅度具有相同的数量级。因而，可以推断至少有3个传递刚度，即传递刚度矩阵中对角线上的平动元素，对表征隔振器的特性具有重要意义。当然，依据对称性，这也可以减少到2个传递刚度，即一个垂向，一个横向。

是否可以忽略横向振动取决于两个因素：

——隔振器的横向刚度与垂向刚度之比；

——接收结构的横向刚度与垂向刚度之比。

例如，设备通常会安装在横向刚度等于或小于垂向刚度的隔振器之上的厚混凝土地板上，而且地板的垂直点刚度小于其横向值。这种情况下，足以证明可以只分析垂直振动的振动-声传递。因此，只需要隔振器的垂直传递刚度。

另一例子是，隔振器是考虑了热膨胀的结构的一部分（如排气系统）。使用了锥形配件，此时其横向的刚度或许比主要负载方向的强10倍，而且接收器结构在各个方向上很柔软。对于这种情形，显然对横向振动的分析至少变得与主静载方向同等重要。

总之，需要正确判断隔振器的类型以及典型的安装环境以决定隔振器所必需的传递刚度数量。

C.3　扭转

GB/T 22159未包含旋转刚度和把隔振器一端的平动分量与另一端旋转分量相连的交叉刚度。其主要原因是相关测量的复杂性，特别是没有可用的标准化传感器。

问题是在何种情况下，可能会导致对隔振器振动-声传递不确切的表征。

对于源和接收结构，一般来说，弯曲波长决定平动和旋转响应两者之比，对于较短的波长，旋转振动或旋转激发灵敏度相对增加，这意味着薄板梁结构以及相对高的激励频率表现更强的旋转，另一方面，在上述的安放在沉重混凝土地板上的机器实例中，旋转的影响通常可以忽略不计。

力矩激励重要性相对增加的一个案例就是T形或工字形梁顶部的隔振器，点力 F 的驱动点动刚度可能会很大，而力矩 M 激励则不是这样（见图C.1）。

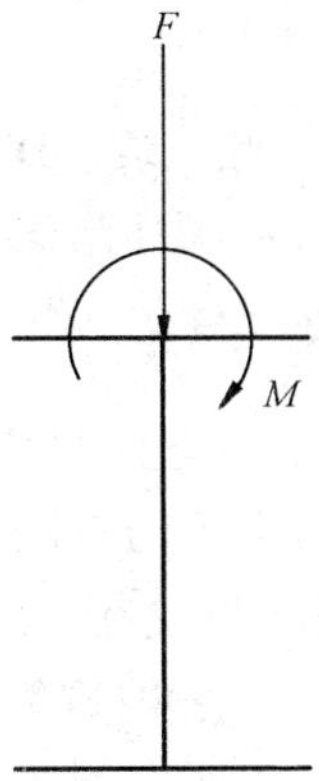

图 C.1　点力 F 和力矩 M 在工字梁顶部激励

对于隔振器的特性，具有较大横向刚度的几何形状也可能会有较大的旋转刚度。当这种形状的隔振器被用到薄壁结构和对较高频率的隔振，包括旋转分量的传递刚度可能会变得相当重要。这种情况下，上述的只考虑一个、两个或三个平移刚度的简化对于分析振动-声传递而言可能是不准确的。

附　录　D
（资料性附录）
弹性元件的线性特性

原则上，隔振器的振动-声动态特性取决于静态预载荷、振幅、频率和温度。

线性假设意味着叠加原理成立，在给定频率下的动刚度和振幅无关。对大多数隔振器，当在适宜的静态预载荷下动态变形比静态变形小时，该假设基本满足。但要注意，这取决于组成隔振器的材料，并且应当通过比较一定输入级范围的动刚度特性来进行简单地验证。如果没有多大变化，则线性假设成立。

对于丁基橡胶(IIR)，文献[14]以剪切应变幅值和碳黑百分比的函数形式给出了动态剪切模量同相分量及相位角的数据。当剪切应变幅值约小于 10^{-3} 时，同相分量和相位角几乎与振动幅值无关；但是，若剪切应变幅值约大于 2×10^{-3} 时，动刚度明显降低，特别是对于碳黑百分率高的橡胶。

因此，考虑实际中出现的应变幅值并检查测试条件是否适于橡胶隔振器测试是非常重要的。当应力幅值小于 10^{-3} 时，似乎满足线性假设(例如：这意味着刚度与幅值无关，反之则线性假设不满足)。

液压装置的使用越来越多，特别是在汽车行业，这类隔振器也会具有特别明显的非线性特性，即刚度与振幅密切相关。基于它们的双重目的，即降低道路激励引起的发动机低频振动和隔离由发动机产生的较高频率的结构声，在整个测量频率范围内必须进行相应的振幅测量[15]、[16]。

有时线性条件明显不满足。在此情况下，GB/T 22159 所述的许多方法仍然可以应用。不过测试时一般需要对预载、信号幅度和测量参数进行特别的设定。

参 考 文 献

[1] GB/T 22159.2—2012 声学与振动 弹性元件振动-声传递特性实验室测量方法 第2部分:弹性支撑件平动动刚度的直接测量方法

[2] GB/T 22159.3—2008 声学与振动 弹性元件振动-声传递特性实验室测量方法 第3部分:弹性支撑件平动动刚度的间接测量方法

[3] GB/T 22159.4—×××× 声学与振动 弹性元件振动-声传递特性实验室测量方法 第4部分:弹性支撑件之外的元件平动动刚度

[4] GB/T 22159.5—×××× 声学与振动 弹性元件振动-声传递特性实验室测量方法 第5部分:测定弹性支撑件低频平动动刚度的驱动点法

[5] RUBIN,S. Mechanical Immittance and Transmission-Matrix Concepts. *Journal of the Acoustical Society of America*,Vol. 41(1967),pp. 1171-1179

[6] SNOWDON,J. C. Vibration isolation: use and characterization. *Journal of the Acoustical Society of America*,Vol. 66(1979),pp. 1245-1274

[7] KLYUKIN,I. I. Vibration attenuation of resilient mounts and dampers underneath actively vibrating machines (review). *Soviet Physics Acoustics*,Vol. 25(1979),pp. 181-191

[8] MELTZER, G. and MELZIG-THIEL, R. Experimental determination and practical application of the fourpole parameters of structure-borne sound isolators. *Archives of Acoustics*,Vol. 5 (1980),pp. 315-336

[9] CREDE,C. E. Theory of vibration isolation. *Harris' Shock and Vibration Handbook* (5th edition). Edited by C. M. Harris and A. G. Piersol,McGraw-Hill,New York,2002

[10] WEBER, F. M. *Beschreibung des Körperschall-Prüfstands (Structure-bound sound test rig) 100/50 kN, Schenck PMC 0027, B-9080-88*. Technical document no. 151. Berlin: GERB Gesellschaft für Isolierung mbH & Co. KG,16 September 1991/wb(in German)

[11] VERHEIJ, J. W. *Multipath sound transfer from resiliently mounted shipboard machinery*. Doctoral thesis, Delft University of Technology, TNO Institute of Applied Physics, Delft,1982

[12] CREMER,L.,HECKL,M. and UNGAR,E. E. *Structure-borne sound*. 2nd edn. Berlin; Heidelberg;New York:Springer-Verlag,1988

[13] VERHEIJ,J. W. *Measuring sound transfer through resilient mountings for separate excitation with orthogonal translations and rotations*. Proceedings Inter Noise 1980,Miami,pp. 723-726

[14] FREAKLEY,P. K. and PAYNE,A. R. *Theory and practice of engineering with rubber*. London,Applied Science Publishers,1978

[15] HÄRTEL,V.,and HOFMANN,M. *Latest design for engine mountings*. VDI-Berichte 499. Düsseldorf:VDI-Verlag,1983(in German)

[16] FLOWER,W. C. *Understanding hydraulic mounts for improved vehicle noise,vibration and ride qualities*. SAE paper 8509075. Soc. Autom. Eng.,Inc.,Warrendale,PA 15096,May 1985

[17] POPKOV,V. I. *Vibroacoustic diagnostics and the reduction of the vibration of shipboard machinery* (translated from the Russian),Joint Research Service,Arlington,Virginia,1975

[18] DIEHL,R. J.,KURZE,U. J.,HOFMANN,P. *Laboratory testing of elastic layers for railway application*,Proceedings of the Eleventh International Congress on Sound and Vibration, 2004,St. Petersburg,pp. 3071-3078

ICS 17.140
A 59

中华人民共和国国家标准

GB/T 22159.2—2012/ISO 10846-2:2008

声学与振动　弹性元件振动-声传递特性实验室测量方法　第2部分:弹性支撑件平动动刚度的直接测量方法

Acoustics and vibration—Laboratory measurement of vibro-acoustic transfer properties of resilient elements—Part 2:Direct method for determination of the dynamic stiffness of resilient supports for translatory motion

(ISO 10846-2:2008,IDT)

2012-12-31 发布　　2013-06-01 实施

中华人民共和国国家质量监督检验检疫总局
中国国家标准化管理委员会　发布

前　言

GB/T 22159 在《声学与振动　弹性元件振动-声传递特性实验室测量方法》分为以下 5 个部分：

——第 1 部分：原理与指南；

——第 2 部分：弹性支撑件平动动刚度的直接测量方法；

——第 3 部分：弹性支撑件平动动刚度的间接测量方法；

——第 4 部分：弹性支撑件之外的元件平动动刚度；

——第 5 部分：测定弹性支撑件低频平动动刚度的驱动点法。

本部分为 GB/T 22159 的第 2 部分。

本部分按照 GB/T 1.1—2009 给出的规则起草。

本部分等同采用 ISO 10846-2:2008《声学与振动　弹性元件振动-声传递特性实验室测量方法　第 2 部分：弹性支撑件平动动刚度的直接测量方法》。

与本部分中规范性引用的国际文件有一致性对应关系的我国文件如下：

——GB/T 3240　声学测量中的常用频率(ISO 226:1975,NEQ)

本部分由中国科学院提出。

本部分由全国声学标准化技术委员会(SAC/TC 17)归口。

本部分主要起草单位：中国科学院声学研究所、合肥工业大学、南京大学、北京市劳动保护科学研究所、西北工业大学、同济大学、长沙奥邦环保实业有限公司。

本部分主要起草人：吕亚东、李志远、邱小军、杨军、程明昆、张斌、任文堂、陈克安、俞悟周、毛东兴、莫建炎、徐欣、尹铫。

引　言

各种被动弹性支撑元件被用于降低振动的传递，例如汽车发动机悬置、建筑物的弹性支撑、船用机器的弹性基座和柔性联轴器以及家用电器中的小型隔振器。

本部分规定了线性弹性支撑元件动刚度函数的直接测量方法。只要其在给定的静态预载荷下表现出近似的线性振动特性，则具有非线性静态预载荷-位移特性的弹性支撑件也可以用本方法测量。本部分为弹性元件振动-声传递特性实验室测量方法的系列标准之一，该系列标准还包括测量原理、间接测量方法和驱动点法的有关内容。标准的第1部分提供了选择本系列标准适用部分的指南。

本部分所描述的实验室条件包含静态预载荷的使用。

本部分介绍方法得到的结果适用于防止低频振动和降低低频结构声的弹性支撑件。然而，该方法没有提供能完整描述弹性元件用于衰减低频振动和冲击偏移的进一步信息，需要附加的资料加以阐述。

声学与振动　弹性元件振动-声传递特性实验室测量方法　第2部分:弹性支撑件平动动刚度的直接测量方法

1　范围

GB/T 22159 的本部分规定了给定预负载下弹性支撑件平动动刚度的测定方法。该方法涉及输入端振动和阻滞输出力的实验室测量,被称为“直接测量方法”。

本部分的方法适用于具有平行法兰的测试元件(见图1)。

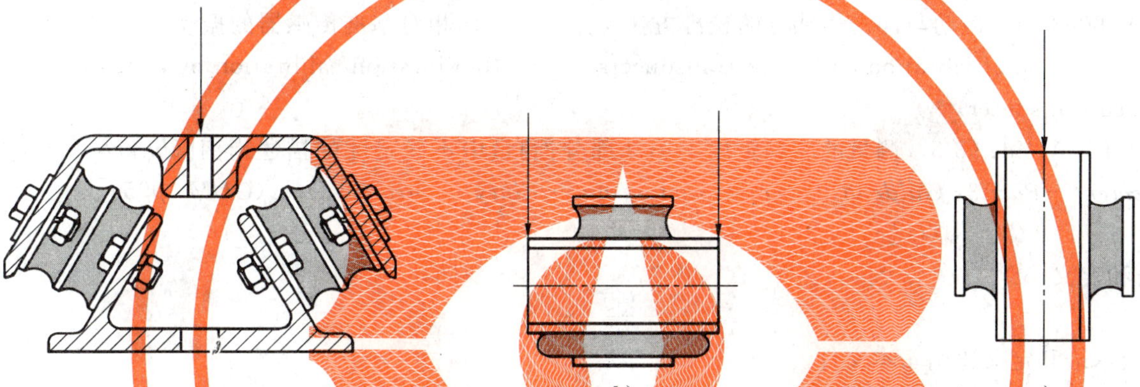

a)　　b)　　c)

注1:若弹性支撑件不具有平行的法兰时,需采用一个具有平行法兰的辅助固定夹具并将之作为待测元件的一部分,以满足测量所需的条件。

注2:图中箭头所示为负载方向。

图1　具有平行法兰的弹性支撑件示例

本部分所针对的弹性元件主要用于降低:

a)　可听声低频段(典型值位于 20 Hz ～500 Hz 之间)的振动向结构传播,它可导致结构有时辐射不希望有的流体声(如空气声、水声或者其他媒质的声音)。

b)　低频振动(典型值位于 1 Hz ～ 80 Hz 间)的传播可作用于人体,或当这种振动非常严重时,可对任何尺寸的构件造成危害。

注1:实际上由于测试装置尺寸的限制,该方法不能用于太大或太小的弹性支撑件。

注2:该方法也可用于用簧片条和垫子构成的连续支撑件的样品。这些样品能否充分描述复杂系统的特性是本部分使用者的责任。

本部分涵盖了与待测元件法兰垂直及平行的平动测量。

直接测量法所适用的频率变化范围为 1 Hz～f_{UL},f_{UL}通常取决于测试系统。

注3:由于测试系统和测试元件的种类繁多,故 f_{UL}通常是变化的。在本部分中,没有对测试系统限定一个固定的频率范围,而以实际测试数据为准,如 6.1～6.4 所述。

采用本部分方法所获得的测量数据可用于:

——生产厂商和供销商提供的产品信息;

——产品研发过程中所需信息;

——产品质量控制;

——计算通过隔振器的振动能量传递。

2 规范性引用文件

下列文件对于本文件的应用是必不可少的。凡是注日期的引用文件,仅注日期的版本适用于本文件。凡是不注日期的引用文件,其最新版本(包括所有的修改单)适用于本文件。

GB/T 2298 机械振动、冲击与状态监测 词汇(—2010,ISO 2041:2009,IDT)

GB/T 11349.1 振动与冲击 机械导纳的试验确定 第1部分:基本定义与传感器(—2006,ISO 7626-1:1986,IDT)

GB/T 14412 机械振动与冲击 加速度计的机械安装(—2005,ISO 5348:1998,IDT)

GB/T 22159.1—2012 声学与振动 弹性元件振动-声传递特性实验室测量方法 第1部分:原理与指南(ISO 10846-1:2008,IDT)

ISO 226 声学测量中的常用频率(Acoustics-preferred frequencies)

ISO 16063-21 振动与冲击传感器的校准方法 第21部分:相对基准传感器的振动校准(Methods for the calibration of vibration and sjock transducers—Part 21:Vibration calibration by comparison to a reference transducer)

ISO/IEC Guide 98-3 测量的不确定度 第3部分:测量中不确定度的描述指南[*Uncertainty of measurement—Part 3: Guide to the expression of uncertainty in measurement*(*GUM* 1995)]

3 术语和定义

下列术语和定义适用于本文件。

3.1

隔振器 vibration isolator

弹性元件 resilient element

用于减弱一定频率范围内的振动传递而专门设计的隔振元件。

3.2

弹性支撑件 resilient support

可支撑起机器、建筑物或其他类型结构的隔振器。

3.3

测试元件 test element

待测弹性支撑件,包括法兰和必要的辅助固定夹具。

3.4

阻滞力 blocking force

$\boldsymbol{F}_b$

外加于隔振器输出端的动态约束力,可使隔振器产生零位移输出。

3.5

动[态传递]刚度 dynamic transfer stiffness

$\boldsymbol{k}_{2,1}$

与频率有关的复数;为弹性元件输出端阻滞力相量$\underline{F}_{2,b}$与其输入端的位移相量$\underline{u}_1$之比:

$$k_{2,1}=\underline{F}_{2,b}/\underline{u}_1$$

注1:下标1、2分别代表弹性元件的输入端和输出端。

注2:$k_{2,1}$的值可能和静态预载荷、温度、相对湿度及其他条件相关。

注 3：低频时，$k_{2,1}$仅取决于弹性力和阻尼力，且 $k_{1,1} \approx k_{2,1}$。（$k_{1,1}$表示隔振器输入端的作用力与位移之比）。高频时，$k_{2,1}$还会受到弹性元件内部惯性力的影响，$k_{1,1} \neq k_{2,1}$。

3.6

弹性元件损耗因子　loss factor of resilient element

$\boldsymbol{\eta}$

$k_{2,1}$的虚部与实部之比，即 $k_{2,1}$相位角的正切值。低频条件下，弹性元件惯性力的影响可忽略不计。

3.7

频率平均动[态传递]刚度　frequency-averaged dynamic transfer stiffness

$\boldsymbol{k}_{\mathrm{av}}$

动刚度在 Δf 频带内的平均值，是频率的函数。

注：见 8.2。

3.8

点接触　point contact

如同一刚性物体表面振动的接触面。

3.9

法向平动　normal translation

与弹性元件法兰方向相垂直的平移振动。

3.10

横向平动　transverse translation

垂直于法向平动方向的平移振动。

3.11

线性　linearity

满足叠加原理的弹性元件动态特性。

注 1：叠加原理可表述为：输入为 $x_1(t)$时，输出为 $y_1(t)$；输入为 $x_2(t)$时，输出为 $y_2(t)$。对于任何的 a,b 值和 $x_1(t)$和 $x_2(t)$，若输入为 $ax_1(t)+bx_2(t)$，输出为 $ay_1(t)+by_2(t)$，则系统满足叠加原理。

注 2：在实践中，采用上述方法进行系统线性特性的检验是不实际的，一种有限度地检验线性特性的方法是通过测量一输入级范围内的动刚度来实现的。对一给定的预负载，如果动刚度基本不变，则可认为该系统是线性的。事实上，该方法检验的是系统响应与激励之间的比例关系（见 7.7）。

3.12

直接法　direct method

测量隔振器输入端位移（速度或加速度）及输出端阻滞力的方法。

3.13

间接法　indirect method

当隔振器输出端载有一质量已知的刚体时，测量弹性元件振动的位移（速度或加速度）传递率的方法。

注：除了类似质量阻抗的情况，术语“间接法”可能包括任何已知其阻抗的负载。然而，GB/T 22159 中并未涉及此类方法。

3.14

驱动点法　driving point method

隔振器输出端受阻滞时，测量其输入位移（或者速度或者加速度）及输入端作用力的方法。

3.15

力级　force level

$\boldsymbol{L_F}$

采用下式定义：

$$L_F = 10\lg \frac{F^2}{F_0^2}$$

单位:dB,

式中:

F^2——某一指定频带范围内作用力的均方值;

F_0——基准力($F_0 = 10^{-6}$ N)。

3.16

加速度级　acceleration level

$\boldsymbol{L_a}$

采用下式定义:

$$L_a = 10\lg \frac{a^2}{a_0^2}$$

单位:dB,

式中:

a^2——某一指定频带范围内的加速度均方值;

a_0——基准加速度($a_0 = 10^{-6}$ m/s^2)。

3.17

动[态传递]刚度级　level of dynamic transfer stiffness

$\boldsymbol{L_{k_{2,1}}}$

采用下式定义:

$$L_{k_{2,1}} = 10\lg \frac{|k_{2,1}|^2}{k_0^2}$$

单位:dB,

式中:

$|k_{2,1}|^2$——某一给定频率处的动刚度幅值的平方(见3.5);

k_0——基准刚度($k_0 = 1$ N/m)。

3.18

频带平均动[态传递]刚度级　level of frequency band averaged dynamic transfer stiffness

$L_{k_{av}}$

采用下式定义:

$$L_{k_{av}} = 10\lg \frac{k_{av}^2}{k_0^2}$$

单位:dB,

式中:

k_{av}——频率平均动刚度(见3.7);

k_0——基准刚度($k_0 = 1$ N/m)。

3.19

侧向传递　flanking transmission

隔振器输入端激励产生的振动,经由待测弹性元件以外的其他路径传至输出端,使隔振器输出端产生的力和加速度。

3.20

频率上限　upper limiting frequency

f_{UL}

本部分规定的测量结果有效的最大频率。

注：见 6.1～6.4。

4 原理

在 GB/T 22159.1 中介绍了直接法测量动刚度的原理。该方法的特点是在弹性支撑件的输出端与基座之间测量输出端阻滞力。与输入端振动相比，基座必须使待测元件输出端的振动远小于输入端的振动。

5 对仪器设备的要求

5.1 法向平动

5.1.1 概述

图 2 为测试装置示意图。图示测试元件受到来自法向负载方向平动的作用。测试时，待测元件的安装方式应能代表实际使用情况。

注：图 2 仅是一个试验装置的示例，实际试验装置的配备可以不局限于此。

为了能根据本部分得到合适的测量，在测试装置中应包含如 5.1.2 至 5.1.7 中所述的各部件。

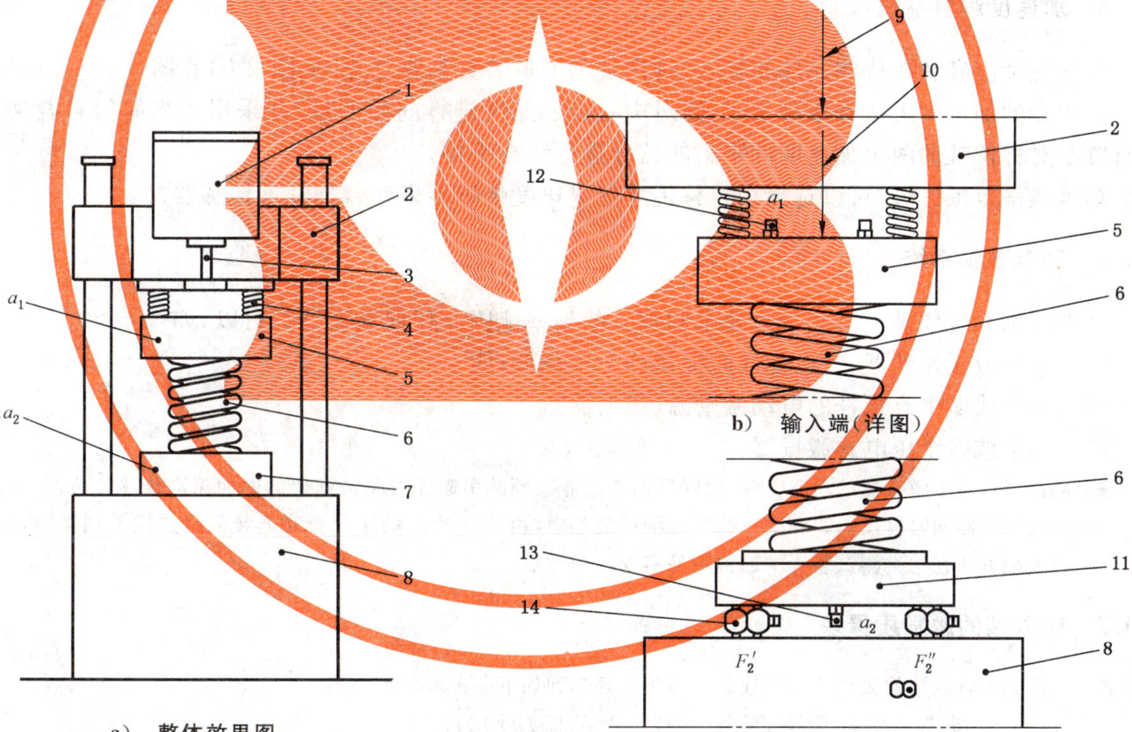

a) 整体效果图

c) 输出端(详图)

说明：

1——激振器；
2——横梁；
3——连杆；
4——动态去耦弹簧，静态预载；
5——激励质量块；
6——待测元件；
7——输出端力与加速度测量；
8 ——刚性基座；
9 ——静态预载荷；
10——动态激励；
11——输出力均布板；
12——输入加速度测量(a_1)；
13——输出加速度测量(a_2)；
14——法向输出力测量($F_2=F'_2+F''_2$)。

图 2 法向平动动刚度实验室测试装置示例

5.1.2 基座

通过力测量系统将待测元件安装在重型的刚性基座上[见 5.1.4 和图 2c)]。

5.1.3 静态预载荷系统

应在测试部件承受典型的特定静态预载荷条件下进行测量。施加静态预载荷方法的示例如下：

a) 采用液压作动器,它也可作为激振源,与待测元件和基础,一起被安装在同一负载框架上。

b) 如图 2a),使用框架,它仅提供静态预载荷。若采用此种结构,应在待测元件的输入端使用辅助隔振器,进行待测元件与框架之间的动态去耦。

c) 在待测元件顶端(有或没有支撑框架)直接放置质量块作为重力负载。

5.1.4 输出端的力测量系统

力测量系统是由一个或多个力传感器(载荷单元)安装在测试元件输出端组成;见图 2c)。

注:可能需要在待测元件与力传感器之间放置一块力均布板。力均布板除了能够起到分配重力负载的作用外,同时提供给力传感器较高的接触刚度。另外,它还能使输出端法兰均匀地振动。

5.1.5 加速度测量系统

加速度计应安装在待测元件的输入、输出端和测量装置基座之上[见图 2 b)和图 2 c)]。当位于待测元件中心的加速度无法直接测量时,需对中心点加速度进行间接测量,并采用适当的信号叠加处理,如对置于对称位置的两个加速度计采集的信号进行线性平均。

如果频率范围许可,可以选择用位移传感器或速度传感器来代替加速度传感器。

5.1.6 动态激励系统

动态激励系统要满足激励量级要求和测试的频率范围。任何激振器都可以,如:

a) 一个液压作动器,它也能同时提供静态预载荷;或

b) 一个或多个有顶杆的电动激励源(激振器);

c) 一个或多个压电式激振器。

注:隔振器可用于激振器的动态去耦,以降低因使用静态预载引起通过测试框架的侧向振动传递。然而,在采用液压式作动器同时提供静态和动态载荷的测试装置中,由于这种去耦通常会对低频测量造成不利影响,因此,这种去耦方法在这类测试装置中通常不易实现。

5.1.7 输入端的激励质量块

注:待测元件输入端的激励质量块或力均布板主要起到如下一种或两种作用:

a) 在动态力的作用下,使输入端法兰的振动均匀;

b) 增强输入端法兰的单向振动。

若待测元件含有能提供上述功能的刚性质量型输入连接件,可不采用专门的激振质量块。

5.2 横向平动

5.2.1 概述

图 3 至图 5 为受到垂直于法向负载方向横向振动的弹性支撑件的测试装置示意图。在图 3a)和 3c)中,采用滚动轴承来抑制输出力均布板上不希望的输入振动和横向力。关于如何正确使用这种轴承的进一步讨论见 5.2.7 和 6.1。图 4 和图 5 则采用对称安装两个标称值相同的弹性元件来抑制不希望的输入振动。

该测试装置应包括 5.2.2 至 5.2.7 中所述的各部件。

5.2.2 基座

待测元件通过力测量系统安装在重型的刚性工作台上(见图 3 和图 4),或安装在两个刚性立柱之间(见图 5)。

5.2.3 静态预载荷系统

测试应在待测元件承受典型的和指定的静态预载荷条件下进行,如图 3 至图 5 所示。

5.2.4 输出端的力测量系统

力测量系统由一个或多个安装在测试元件输出端的力传感器(载荷单元)组成。它有两种基本形式:

a) 一个或多个用于测量剪切力的力传感器,见图 3d),图 4 和图 5。有时需在待测元件与力传感器之间安装力均布板(见 5.1.4 注)。

b) 一个或多个用于测量法向力的力传感器,见图 3c),有时需在待测元件与力传感器之间安装力均布板,见 5.1.4 注。

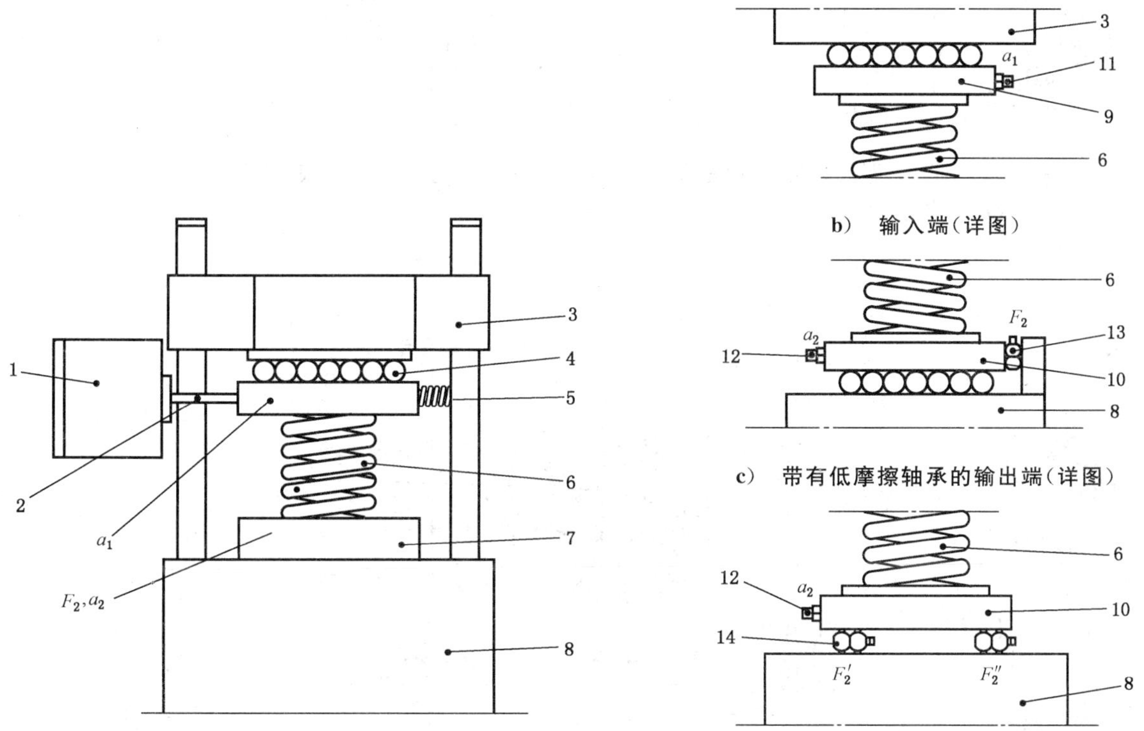

a) 整体效果图

d) 安装有剪切力传感器的输出端(详图)

说明:

1——激振器;
2——顶杆;
3——横梁;
4——低摩擦轴承;
5——防止晃动的辅助弹簧;
6——待测元件;
7——输出力与加速度测量;
8 ——刚性基座;
9 ——输入力均布板(激励质量块);
10——输出力均布板;
11——输入加速度测量(a_1);
12——输出加速度测量(a_2);
13——输出横向力测量(F_2);
14——输出剪切力测量($F_2=F_2'+F_2''$)。

图 3 横向平动动刚度实验室测试装置示例 1

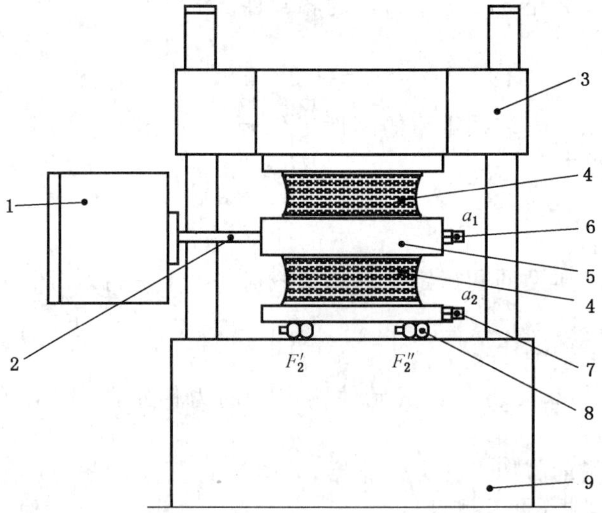

说明：

1——激振器；

2——顶杆；

3——横梁；

4——弹性元件；

5——输入力均布板；

6——输入加速度测量（a_1）；

7——输出加速度测量（a_2）；

8——输出剪切力测量（$F_2=F_2'+F_2''$）；

9——刚性基础。

图 4　横向平动动刚度实验室测试装置示例 2（下方弹性元件是被测元件）

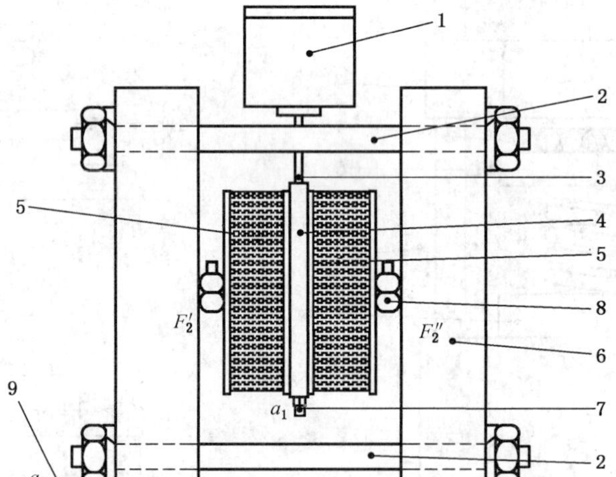

说明：

1——激振器；

2——预载荷装置；

3——顶杆；

4——输入力均布板；

5——标称相同的待测元件；

6——刚性立柱；

7——输入加速度测量（a_1）；

8——输出剪切力测量[$F_2=(F_2'+F_2'')/2$]；

9——输出加速度测量（a_2）。

图 5　横向平动动刚度实验室测试装置示例 3

（测试结果为两个相同弹性元件刚度的平均值）

5.2.5 输入、输出端的加速度测量系统

加速度计应安装在待测元件的输入、输出两端。

在待测元件端面上或力均布板上安装的加速度计应位于它们的水平对称轴上，当这个位置不便安装时，可采用适当的信号叠加方法在对称轴两侧间接测量加速度。例如，取两对称位置加速度的线性平均。

如果位移传感器或速度传感器具有相应的频率响应，它们可以用来代替加速度计。

5.2.6 动态激励系统

动态激励系统既要满足激励量级要求又要求能覆盖待测的频率范围。在5.1.6中给出了不同类型的激振器。

5.2.7 输入端的激励质量块

输入力均布板(质量块)，具有下列作用：

a) 在动态力的作用下，能向输入端法兰提供均匀的振动；

b) 增强输入法兰的单向振动。

若待测元件带有能提供上述功能的刚性质量型输入端法兰，则可不用专门的激振质量块。

根据本部分(见6.4)，测量待测元件动刚度的基本要求是，元件输入端应以单一方向的平动为主。对输入的平移振动而言，所要求的单向平动会受到下列因素影响：

a) 激振器的对称性和激振质量块的边界条件(见图4和图5)；

b) 激励质量块的惯性。

某些情况下，有必要采取一些外部约束，如使用低摩擦轴承或其他导向系统，以阻止其他非期望方向上的振动，见图3a)和3b)。

注：在图3a)和3b)示例中，当在测试框架与待测元件之间加装滚动轴承提供静态预载荷时，必须选用合适的轴承。轴承的任何弹性变形都会导致轴承系统产生不希望的横向力。这种现象应避免。否则，会产生通过框架结构传递的侧向振动，从而因频率范围限制而导致测量无效。

5.3 非期望振动的抑制

5.3.1 概述

本部分的测量方法涵盖了法向和横向逐次单向激振时动刚度的测量。

然而，由于激励装置、边界条件以及测试部件都存在着不对称性，在某些特定频率处，非输入方向之外的振动分量会引发强烈的非期望的响应。5.3.2和5.3.3将讨论输入端非期望振动抑制的定性方法。一种特殊的测试安装方法是将两个标称值相同的弹性元件按对称配置方式进行测试，见图4和图5。这会有助于抑制非期望的输入振动。6.4对测试过程提出了明确的定量要求。

5.3.2 法向

对于法向激振，一个或一对激振器的对称安装，将有利于输入端横向振动和旋转振动的抑制。

然而，测试元件本身特性可能会引起法向与其他振动方向的耦合。使用对称布置的2个或4个参数完全相同的测试元件，或在激励质量块上采用“导向”系统，如滚动轴承，可以抑制非期望的输入振动。这些测试系统未用图给出。

5.3.3 横向

对横向激振，横向振动与旋转振动的耦合总会发生。

图3至图5给出了增强输入端单向振动措施的示例。图3显示的是如何利用导向系统来抑制输入旋转振动,图4和图5则是采用两个标称值相同的测试元件进行对称安装。

图4所示的测试系统中,下方的弹性元件是待测元件。

图5所示的测试装置中,两弹性元件的平均动刚度是由平均阻滞力 $F_b=(F'_b+F''_b)/2$ 的测量来确定的。本部分使用者需要保证所使用的两个测试元件标称值相同。

使用有源振动控制可以替代传统方法的应用。采用多个作动器与传感器组合的控制系统,能够改善期望的与非期望的输入振动级之间的比值[6]。

6 测试装置的适用性准则

6.1 频率范围

每台测试装置都有其有限的工作频率范围,只有在这一范围内才能进行有效测试。其中一个限制是激振器的工作频带宽度,另一个限制来源于阻滞输出力测量的要求。图2、图3和图4给出了以下各动态测量量:

F_b:阻滞输出力;

a_1:输入端法兰和输入端力均布板的加速度;

a_2:输出端法兰和输出端力均布板的加速度。

按本部分测量的动刚度仅对满足以下条件的频率有效:

$$\Delta L_{12}=L_{a_1}-L_{a_2}\geqslant 20 \qquad \cdots\cdots(1)$$

单位:dB。

注:级差值 ΔL_{12} 太小的原因可以用测试元件和基础之间刚度失配不够,或者通过横梁和立柱或空气到测试元件输出端的侧向传递来解释。使用隔振器对负载框架(见图2)与测试元件顶端之间以及框架与激振器之间进行去耦,可有效降低侧向传递。5.2.7的注指出了在测试元件输入端不恰当使用滚动轴承所带来的风险。

6.2 阻滞力的测量

处于隔振器与输出端力传感器之间的质量块,会引起阻滞力测量中的系统误差。用图6中的符号表示,阻滞力的近似值 F'_b 与测量值 F_b 之差等于惯性力 m_2a_2。

注1:在ISO原文的式(2)和图6都没出现 F'_b 和 F_b,出现的是97版的符号 F'_2 和 F_2。所以下面式(2)和图6都按原意进行了修改;

质量 m_2 是输出力均布板质量与所有力传感器质量一半的和,m_2 应满足:

$$m_2\leqslant 0.06\times\frac{10^{L_{F_b}/20}}{10^{L_{a_2}/20}} \qquad \cdots\cdots(2)$$

单位:kg。

注2:式(2)等价于 $L_{F'_b}-L_{F_b}\leqslant 0.5$,单位:dB。

注3:若式(2)不满足,则需要减小 m_2 或增加力传感器的刚度。后者意味着在测量时会使用数量更多或更大的传感器。

注4:如图3c)中的示例,当待测元件的输出端使用滚动轴承时,滚动轴承应能承受所施加的静态预载荷。需要避免轴承弹性变形导致不必要的横向力。

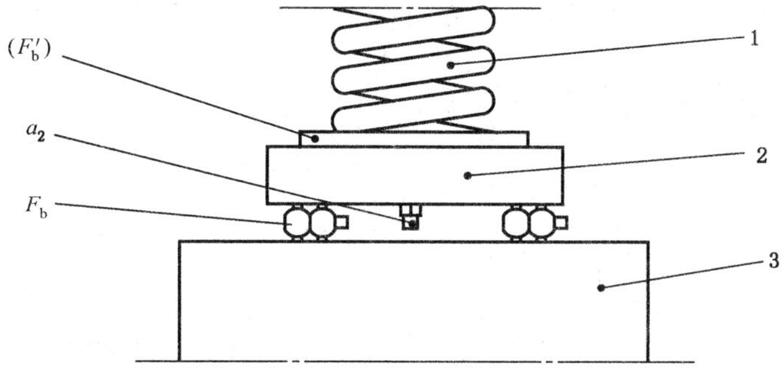

说明：

1——待测元件；

2——输出力均布板；

3——刚性基座。

图 6　隔振器输出端的力与加速度的测量

6.3　侧向传递

在许多测试装置中，侧向振动传递可能会限制测试方法的适用性和准确性。空气声和结构声都能引起侧向传递。可选择的测量装置很多，本部分使用者关注的是所用装置对避免侧向传递而造成的无效测量的鲁棒性。然而，即使出现侧向传递，只要遵循式(2)，就足以保证测量结果有效。

6.4　非期望的输入振动

根据 5.3 中的要求，除了沿激励方向，其他方向的输入加速度都应该被抑制。本部分进行的测量只有在激励方向上的输入加速度级至少超过与之相垂直的其他方向上的值 15 dB 时，测量才有效。即：

$$L_a(\text{激励}) - L_a(\text{非期望的}) \geqslant 15, \text{单位:dB} \quad \cdots\cdots(3)$$

能满足上述要求的测点位置见图 7。

对法向激振，激振方向上的输入振动 a_{1z} 是沿着激振方向，作用在激振质量块与输入端面的接触面上。非期望的横向输入 a'_{1x}、a'_{1y} 应在激振质量块或力均布板的边缘，以及激振质量块与输入端面的接触面上进行测量；见图 7。

对横向激振(x-或 y-方向)，激振方向上的输入振动(a_{1x} 或 a_{1y})是沿着激振质量块的水平对称轴来进行测量。非期望的输入 a'_{1z} 和 a'_{1y} 或 a'_{1x} 应在激励质量块的边缘和激励质量块与输入端法兰的接触面上来进行测量。

当用具有质量类型的待测试件输入端法兰替代激振质量块时(见 5.2.7)，要定义一个类似于图 7 的结构，根据不等式(3)来检测非期望的输入抑制是否足够。

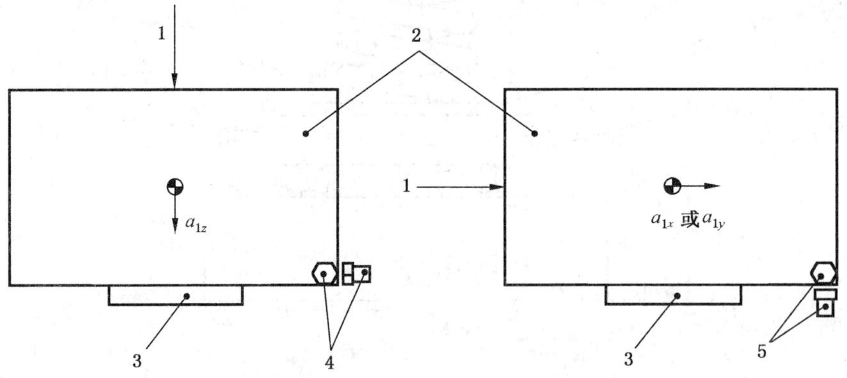

说明:

1——激振器;

2——激振质量块;

3——测试元件的输入端;

4——非期望的振动 a'_{1x} 和 a'_{1y};

5——非期望的振动 a'_{1z} 和 a'_{1y}(或 a'_{1x})。

图 7 抑制非期望输入振动的检测位置

6.5 加速度计

要在测试频率范围内和试验室温度下对加速度计进行校准,并且灵敏度随频率的变化偏差应在 0.5 dB 范围内。校准应根据 GB/T 13823.3 进行。

加速度计应不易受到诸如相对湿度、磁场、电场、声场以及应变等外界环境的影响,且其横轴方向的加速度灵敏度应小于主轴方向灵敏度的 5%。

若采用位移传感器或速度传感器,其要求与对加速度计的要求相同。

6.6 力传感器

要在测试频率范围内和试验室温度下对力传感器进行校准。并且灵敏度随频率的变化偏差应在 0.5 dB 范围内。校准应根据 GB/T 11349.1 中描述的质量-负载技术进行。

若采用适当的补偿步骤,如应用适当的数字化传递函数,可使最终的灵敏度偏差达到 0.5 dB 的要求。

力传感器应不易受到诸如相对湿度、磁场、电场、声场以及应变等外界环境的影响,且其横轴方向力的灵敏度应小于主轴方向灵敏度的 5%。

6.7 信号叠加

若对来自力传感器或加速度计的信号进行叠加,则其最大允许偏差应为 5%。达到这个允差的一种方法是使用同类型的传感器,其灵敏度差别应在 5%的范围之内。另一种方法是借助多通道分析仪进行信号叠加。此时,应对各传感器灵敏度及各通道增益系数的差异进行校正(见 6.8)。

6.8 分析仪

应使用满足下列要求的窄带分析仪。

a) 在测量频率范围内,频谱分辨率至少应达到每个 1/3 倍频带有 5 个离散频率。

b) 对于与测量弹性支撑件时有相同频率分辨率的测量,输入端加速度测量通道(包括信号调节装置)和输出端力的测量通道之间的频率响应差异应小于 0.5 dB。否则,就要对各通道增益系数的差异进行补偿。

一种比较通道增益的方法如下:将同一个宽带信号(如白噪声)输入到两个通道中,其输出窄带谱的幅值之比应小于 0.5 dB。否则,需将测得的增益比作为所测动刚度的修正因子。

7 测试步骤

7.1 待测元件的安装

待测元件安装在激振质量块(或输入力均布板)和输出力均布板(如果有的话)上,要确保与整个法兰接触良好。对实际应用中不属于弹性元件组成部分的装置,应防止其被激励并应将其移开。

注:为改善弹性试件与相邻测试装置部件之间的接触效果,可在其中加入油脂或双面胶带。然而,采用后一种方法时,在高频段可能出现问题。对具有大法兰的待测元件,为了获得没有争议的测试结果,或许需要对法兰进行打平。

含橡胶类成分的待测元件,由于存在蠕变特性,其负载或偏移会发生一定的变化。对此类待测元件,静态预载应加到容许负载的 100%。在正式测量进行之前,由蠕变效应引发的负载或偏移的变化,每天应小于 10%。

7.2 力测量系统及输出力均布板的选择

在测量时可根据待测隔振器的尺寸和对称性及其最大容许负载,选择一个或多个力传感器。

输出力均布板应尽量小而轻,但其刚度应在测量频率范围内足以避免发生系统共振。板的最小横向尺寸由待测元件的尺寸决定。

为了检验力测量系统的刚体特性,在其中心以点力来激振该系统。该激振点力(此力可用已校准的力传感器测量)与力测量系统的输出信号间的系统传递函数在测量频率范围内应为常量。

7.3 加速度计的安装与连接

加速度计被安放于待测元件的输入端与输出端,分别用于测量 a_1 和 a_2(见图 2 至图 5)。应采用刚性连接方式。实际安装时,应根据 GB/T 14412 的要求进行。

加速度计安装在力均布板和待测元件法兰的位置应仔细选择。若振动主要集中在垂直方向或水平方向上,通常可在靠近对称轴的位置放置一个加速度计。此时,要检验旋转振动引起的偏差不应大于 0.5 dB。

注:通过测量距对称轴不同距离处的加速度信号,可检验因旋转振动引起的测量误差。

为了避免由待测元件法兰的旋转振动引起的测量误差,可将两个对称放置在垂直对称轴两侧的加速度计的信号进行平均。

7.4 激振器的安装与连接

在振源与待测元件输入端之间,需要时可使用如文献[3]中描述的顶杆来连接。设计顶杆时,应避免因其共振而引起强烈的横向振动与声辐射。

7.5 信号源

可使用下列信号之一作为信号源:

——离散步进频率正弦信号;

——正弦扫频信号;

——周期性正弦扫频信号;

——有限带宽噪声信号。

为使测量结果准确,应对测试结果进行时间平均处理。源信号的作用时间应足够长,以使平均时间加倍后的结果差异小于 0.1 dB。当使用离散步进频率正弦信号或周期性正弦扫频信号作为信号源时,源信号的频率间距应保证在刚度数据测定的每个 1/3 倍频带至少包含源信号的 5 个频率。

7.6 测量

7.6.1 概述

应在一个或多个规定的负载条件下测量,以反映实际使用的负载范围。

应在一个或多个规定的环境温度条件下测量,以反映实际的环境温度范围。测量过程中,还需要对环境温度进行监控。待测弹性元件在接受测试之前,至少要在允许 3 ℃变化的适当环境温度下暴露 24 h。

若已知或能够合理预见到待测元件的动刚度对温度和湿度的变化非常敏感,则要规定温度和湿度的允许范围,使得在此范围内的测量结果有效。

预运行时,应分别测定振源开启和关闭时的力级 L_{F_2} 和加速度级 L_{a_1}。除非另有规定,如有可能,应调整信号源的输出,以保证在所有测试频带范围内测得的力级 L_{F_2} 和加速度级 L_{a_1} 比信号源关闭时之差大于 15 dB。

预运行时还要确保激励方向上的加速度应超过其他方向上的加速度。对不能满足 6.1 中不等式(1) 的测试结果,应在计算动刚度函数时予以剔除。

当仅使用一个加速度计测量 a_1 和 a_2 时,还需要做进一步的预运行以检验加速度计的安装位置是否合适。

测量的主要量是待测元件输入端加速度 a_{1x},a_{1y} 和 a_{1z},以及输出端作用力 F_2 和输出端的加速度 a_{2x},a_{2y} 和 a_{2z}。z 方向代表法向,x 和 y 代表垂直于法向的横向。对不能满足 6.1 和 6.4 要求的测试结果应在计算动刚度函数时予以剔除。

7.6.2 测量的有效性

测量方法有效的条件如下:

a) 隔振器的振动特性应近似呈线性(见 7.7);

b) 隔振器与相邻振源及受振结构的接触面可被认为是点接触。

注:观测输入、输出信号之间的相干函数是有用的。因其数值大小可反映低信噪比、非线性或其他导致测量精度降低的因素。

7.6.3 测量的不确定度

应根据本部分,最好是按照 ISO/IEC 指南 98-3 来估算测量结果的不确定度。编写报告时,应给出 ISO/IEC 指南 98-3 中定义的置信度为 95%的扩展不确定度以及相应的覆盖因子。

在附录 B 中,给出了扩展不确定度的确定和不确定度计算的指南。

注:目前除了少数专业实验室外,作为测定扩展不确定度的标准 ISO/IEC 指南 98-3 还不可能完全应用。有关主要不确定度的贡献和数据再现性的现有知识目前还不完善。附录 B 所描述的各种不确定度来源的系统研究对改善这种情况是必要的。然而,由于所给的待测元件和实验设备种类繁多以及该项研究的经费有限,预计该研究的进展较缓慢。

7.7 线性检验

在 GB/T 22159 系列标准中,所有与动刚度有关的概念及其测量方法,均建立在弹性元件的振动特性为线性的模型基础之上。然而,实际使用的隔振器,一般仅仅满足近似的线性振动要求。因此,为了准确确定本部分要求的可接受的近似线性条件，需考虑与输入振动级有关的动刚度数据的有效性。

由于对系统进行完全线性的测试并不实际，因此按本部分测得的数据应按照输出力与输入加速度（或速度，或位移）之比的办法根据输入输出的比例程度来检验。见3.11的注1、注2。

按照本部分测得的动刚度数据的有效性，仅是针对等于或小于测试中使用的输入振幅和经过检验的输出输入近似线性比而言。测试报告中应指出测量数据具备有效性的输入级上限。

应采用如下方法来测试比例度：

a) 设定 A 为一1/3倍频带谱的输入级。

b) 设定 B 为该1/3倍频带谱的另一输入级且至少比 A 低10 dB。

c) 若激励谱 A 和 B 的传递刚度级之差不大于1.5 dB，则在输入级（或对应输入振幅）等于或小于 A 的范围内，可认为传递刚度数据有效。

d) 若测试装置可能的最大输入级 A 低于被测元件实际应用中的典型输入级，则为了获得实际应用中的有效测量数据，需要修改原测试装置或采用新装置进行测试。

e) 如测试结果不满足c)条件，则需降低输入级进行重复测试，直至输出与输入振幅比成线性。

有效输入级范围应是：在测试中等于或小于能产生有效输出的较高输入级的1/3倍频带输入加速度级（若测量的是位移，则采用输入位移级）。

注：在输入级上限的基础上，可导出能用不同量表示的简化信息，如，输入位移均方根的最大值。

若某一待测元件不满足前文所说的输入输出振动幅度的线性准则，则应认为该元件是非线性的。本部分没有给出非线性元件的测量方法。但从实际应用角度出发，仍可参照标准中的大部分内容来确定相应的测量方法（如，具有特定振幅的正弦激振）。

8 测试结果计算

8.1 动刚度的计算

若已测得阻滞力 F_2 和加速度 a_1，需将加速度转化为位移来计算动态传递刚度。

对于简谐振动并采用相量符号，

$$k_{2,1}(f)=\frac{\underline{F_2}}{\underline{u_1}}=-(2\pi f)^2\frac{\underline{F_2}}{\underline{a_1}} \qquad \cdots\cdots(4)$$

动刚度为复数量，其模为 $|k_{2,1}|$，相角为 $\phi_{2,1}(f)$。

在与振动传输率 $k_{2,1}$ 的测量精确度有相同的限制和附加要求范围内，根据3.6定义，待测元件的损耗因子 η 可由下式求得：

$$\eta(f)=\tan\varphi_{2,1}=\mathrm{Im}\{k_{2,1}(f)\}/\mathrm{Re}\{k_{2,1}(f)\} \qquad \cdots\cdots(5)$$

注1：损耗因子的计算是可选择的。高频时，待测元件不再是无质量弹簧，此时就不能再使用公式(5)来描述弹性元件阻尼特性（见GB/T 22159.2）。

注2：如果损耗因子非常小，公式(5)的计算结果对误差非常敏感。如某损耗因子 $\eta=0.01$，与其对应的相位角 $\varphi_{2,1}=\arctan\eta=0.57°$。为此，建议采用半功率带宽的方法测试损耗因子。

8.2 动刚度1/3倍频带平均值

$k_{2,1}$ 的1/3倍频带平均值，可由下式计算：

$$k_{\mathrm{av}}=\left\{\frac{1}{n}\sum_{i=1}^{n}|k_{2,1}(f_i)|^2\right\}^{\frac{1}{2}} \qquad \cdots\cdots(6)$$

式中，n 的最小值为5，即在每个1/3倍频程带宽范围内至少要有5个谱线值。

注1：选择对幅值的平方求平均是为了强调所有刚度值中的最大值。该值通常最重要。

注2：当输入位移 u_1 的功率谱密度函数为平直时，采用等式(6)的计算结果与采用实时1/3倍频程分析仪直接测得

的频率平均值结果一致。

注3：显然，用1/3倍频带形式表达刚度实际上可减少数据量，但会丢失相位信息。

计算结果按3.18定义的频带平均动刚度级表示。

所用的1/3倍频带中心频率 f_m 应符合GB/T 3240的定义。

8.3 1/3倍频带结果的表示

可采用表格和(或)图形表示1/3倍频带动刚度级。表格应包含1/3倍频带中心频率、以分贝形式表示的动刚度级和规定的参考值(即：1 N/m)。

图形表示时的格式要求如下：

——纵坐标尺度：每20 mm代表刚度级10 dB，相当于幅值系数 $10^{1/2}$；

——横坐标尺度：每5 mm代表一个1/3倍频程带。

打印时，在保证固定比例的条件下，可适当放大或缩小图形尺寸。为能更加清晰地表示，可采用网格线。

注：图8是一种作图格式示例。除了分贝标度(左侧纵轴)，右侧纵轴给出了以N/m为刻度单位的对数标度。

图形应对有关的刚度信息，即法向或哪一个横向，给予清楚的描述，并且对温度、静态预载荷以及其他有关特定测试条件也要加以描述。

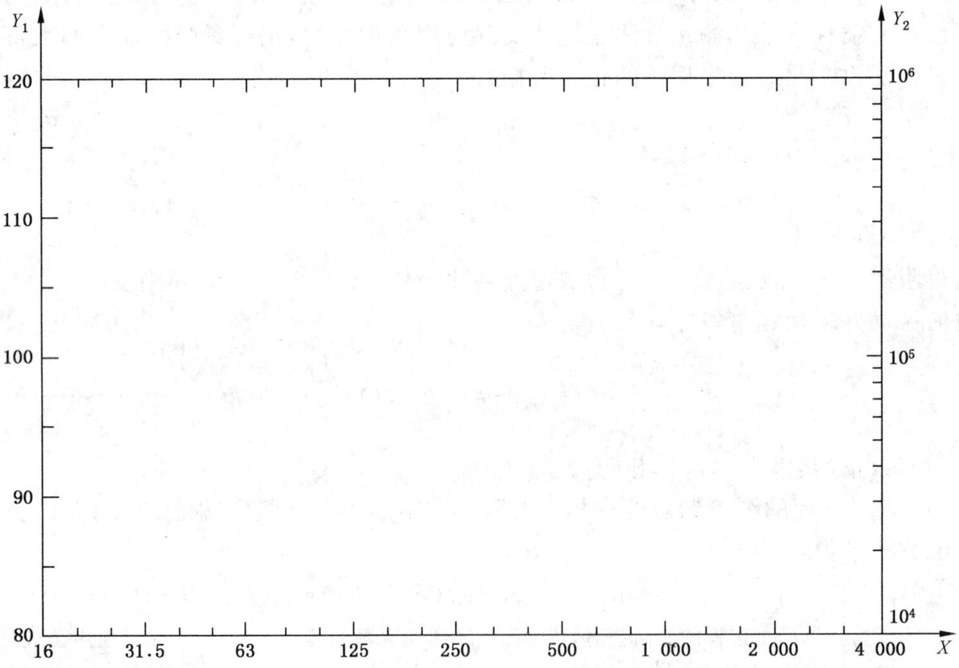

$F_{静态}$ =…N，　T =…℃

X　　频率，Hz

Y_1　　$L_{k_{av}}$，dB(参考值：1 N/m)

Y_2　　k_{av}，N/m

图8　某指定测试条件下测得的1/3倍频带动刚度级图形表示格式及刻度值示例

8.4 窄带数据的表示

作为选项，可报告动态传递刚度的振幅谱、相位谱及损耗因子谱。此时，应使用窄带频谱分析的频率分辨率。

以图形表示动刚度幅度级，应规定基准值（即 1 N/m）。建议采用下面格式作图：

——纵坐标尺度：每 20 mm 代表刚度级 10 dB，相当于刚度幅值系数 $10^{1/2}$；

——横坐标尺度：每 15 mm 代表一个倍频程。

相位数据应以图形表示。建议采用下面格式作图：

——纵坐标尺度：40 mm 代表 −180°～180°角度范围；

——横坐标尺度：每 15 mm 代表一个倍频程。

损耗因子应以图形表示。建议采用下面格式作图：

——纵坐标尺度：每 20 mm 代表损耗因子 η 变化 10 倍；

——横坐标尺度：每 15 mm 代表一个倍频程。

对 0 Hz 到 20 Hz 范围内的窄带数据，允许采用频率和刚度线性标度。

注：详细内容见 8.3。

9 记录内容

记录如下所有相关信息内容：

a) 测试机构名称；

b) 与待测元件有关的信息，包括：

——制造商，型号，序列号；

——对待测元件的描述；应明确区分待测元件和各种非测试元件（各辅助元件不在测试对象范围之内）；

——由制造商提供的，与待测元件作为隔振器应用时有关的数据资料；

c) 弹性元件与测试装置的照片或图片；用于提供静态预载的辅助结构的描述；

d) 如采用了激振块，激振块（尺寸、材料、质量）和待测元件之间的接触方式；

e) 用来检验不等式（1）和不等式（3）的加速度频谱的差（见 6.1 和 6.4）；

f) 使不等式（1）、（2）、（3）成立的频率上限 f_{UL}；

g) 静态预载荷，以 N 或 Pa 表示；

h) 测试期间的环境温度及其变化情况，以℃表示；

i) 其他测试条件：

——相对湿度，以百分比表示；

——待测元件的预调节；

——其他相关的特殊条件（如静态偏差和超强的低频振动：振幅、频率）；

j) 测试信号的描述；

k) 待测元件输入端的加速度级谱 L_{a_1}（若测量的是位移，则采用位移级）；

l) 所采用的测量和分析仪器，包括其型号，布置位置、序号、校准方法和制造商；

m) 1/3 倍频带频率平均动刚度级的结果（上限频率到 f_{UL}）；

n) 对线性测试过程的描述（见 7.7），包括认为测试数据有效的加速度 a_1 或位移 u_1 的级值或幅值变化范围；

o) 背景噪声对测量可能造成影响的描述；

p) 侧向传递对测量可能造成影响的描述（见 6.3）；

q) 对于那些已知或能合理预测其传递刚度对环境条件非常敏感的弹性元件，认为测量数据有效的环境温度和湿度的公差范围；

可根据需要选择记录下列各项：

r) 动刚度窄带幅度谱；

s) 动刚度窄带相位谱;

t) 损耗因子窄带谱,包括一个说明(参见 GB/T 22159.1),即 η 仅直接代表低频时的耗散损失,此时,测试元件内的惯性力可忽略不计;

u) 动刚度的实部和虚部;

v) 测试数据有效时,输入级上限的简要信息(如:位移均方根的最大值);

w) 静态负载-变形曲线(见附录 A)。

10 测试报告

应参考本部分内容编写测试报告,报告中至少应包含第 9 章中的 a),b),g),h),l) 和 m)项。测试报告还应包括不确定度的估计(见 7.6.3)。

附 录 A
（资料性附录）
静态负载变形曲线

如果需要，在测试报告中可以加入变化范围从 0％到 100％最大允许负载的静态负载变形曲线，包括对测试过程的描述或者参考。示例见参考文献[6]与[7]。

附 录 B
(资料性附录)
测量不确定度

B.1 概述

本部分平动动刚度的不确定度有几个来源，每个来源都对总的不确定度有贡献。有些贡献是可以预测的，而有些则是不可预测的，尤其是对偶尔使用本部分的使用者来说。

平动动刚度测量是由输入加速度(或速度、位移)与输出阻滞力的比值决定的，可定义为频率响应函数，由此不确定度和频率相关的。

众所周知，频率响应函数测量的不确定度源于测试设备，尤其是加速度计、力传感器、信号分析仪和信号处理参数。这些不确定度的来源可以得到很好的控制，因为对于所关心的测量量和频率范围而言，有广为应用的高质量的传感器以及信号分析仪。此外，有关传感器、分析仪校准和相关信号处理的知识已有大量的文献论述。

不确定度中了解不充分或难以控制的分量来源于各种允许的试验设备和依本部分待测的种类繁多的弹性元件。由于缺乏系统研究和实验室的相互对比，致使有关不确定度的信息十分缺乏。然而，一般来说，不确定度由弹性元件和试验设备组合决定。因此，对于本部分的众多使用者来说，不可能得到不确定度的准确值。尤其是对大刚度和大尺寸的测试元件，这些不确定度的影响要比传感器、分析仪和信号处理大得多。

由于本部分中的多项要求限制了特定不确定度的贡献，因此对多种不确定度的有用估计仍然是可行的。本附录将逐一对不确定度的来源进行讨论，并提出一种估计部分不确定度和总的不确定度的框架。

B.2 频带平均动刚度级

1/3 倍频程频带平均动刚度级 $L_{k_{av}}$ 的计算见下式：

$$L_{k_{av}}=\overline{L_{k_{av}}}+\delta_{ins}+\delta_{rep}+\delta_{rig}+\delta_{lin} \quad\cdots\cdots\cdots\cdots(B.1)$$

式中：

$\overline{L_{k_{av}}}$——根据测得的频率平均动刚度的 1/3 倍频带值按 3.18 确定的输入量(见 8.2)；

δ_{ins}——考虑由于加速度计、力传感器(测压元件)和分析仪的使用、校准以及信号处理而产生的各种不确定度贡献的输入量；

δ_{rep}——考虑在特定的实验室试验设备上重复安装测试元件引起的不确定度贡献的输入量；

δ_{rig}——考虑试验设备性能引起的不确定度贡献的输入量；

δ_{lin}——考虑在线性测试中的近似线性，而不是理想线性引起的不确定度贡献的输入量(见 7.7)。

注：公式 B.1 中的各项不确定度贡献输入量在准备制定本部分标准的当前技术状态下是适用的，但将来更深入的研究也许会引入其他的不确定度贡献。

动刚度的测量不确定度由各部分误差组成，和每个输入量都有关系，在 B.3 和 B.4 将进行简要分析。

B.3 标准不确定度

B.3.1 信号处理和背景噪声

如果满足信号平均(见7.5)和信噪比(见7.6.1)的要求,标准不确定度 u_L 不超过 0.3 dB。因此,鼓励本部分的使用者在计算合成不确定度时采用这个值。信号处理和背景噪声对不确定度的贡献可假定为符合正态分布的随机变量。

B.3.2 仪器

系统性及随机性的影响造成测量装置的不确定度。

随机影响可能来自于传感器校准。系统性的影响可能来自于传感器频率响应(见6.5到6.7)与频率相关的变化、分析仪通道增益误差(见6.8)以及加速度计的安装位置(见7.3)。

测量设备对总的不确定度的贡献可假设为一个均值为 0 dB 的正态分布随机变量和一个标准不确定度。经验表明,在合理的选择和细心操作下,标准不确定度 u_{ins} 不会超过 0.3 dB。但是,如仅满足本部分对仪器的最基本要求,在没有特别地对使用的传感器和分析仪的频率响应进行校准的情况下,标准不确定度较好的估计值 u_{ins} 是 0.5 dB。因此,建议本部分的使用者在编写报告时要给出标准不确定度 u_{ins} 的合理估计或者假定 u_{ins}=0.5 dB。

表 B.1 确定频带平均动态传递刚度级的不确定度估算

输入量	估计值 dB	标准不确定度 u_i dB	概率分布特征	灵敏度系数 c_i	不确定度贡献 $c_i u_i$ dB
频率平均动刚度级	$\overline{L_{k_{av}}}$	0.3	正态	1	0.3
δ_{ins}	0	0.5	正态	1	0.5
δ_{rep}	0	$p/\sqrt{3}$ [a]	矩形	1	$p/\sqrt{3}$
δ_{rig}	0	0.5	矩形	1	0.5
δ_{lin}	0	0.5	矩形	1	0.5

[a] $2p$ 是再现性测试中最大和最小值的差值。

B.3.3 测试元件的安装

在确定的实验室试验台上安装测试元件所引起的不确定度来自于测试元件和试验台或辅助装置之间有限的连接刚度。尤其是大型测试元件或辅助装置,如力均布板。连接质量直接影响连接刚度不确定度,从而影响测量不确定度;见7.1。

原则上,标准不确定度 u_{rep} 可由一系列重复安装试验来确定。然而,由于需要大量工作,该方法通常是不经济的。基于这个原因,在本部分中没有规定通用的测试步骤来确定这种不确定度。然而,测试试验室可以为标准不确定度和恰当的概率分布的估计而进行重复性试验或做其他工作。

如果上述工作无法进行,本部分建议使用者至少根据经验用最大分贝来表示差值。后者是在有限次重复测试的基础上进行的。不进行具体的概率分布分析,频率平均动刚度级测试的最大与最小值的差值等于 $2p$ dB,由重复性安装引起的标准不确定度可由 $u_{rep}=p/\sqrt{3}$ 确定。

B.3.4 实验室测试装置

由实验室测试装置引起的不确定度主要取决于被测的输出力与输出阻滞力的误度。该偏差的一个主要原因是无法满足测试元件输出端零振动的要求，因为实际测试时 a_2 总是不等于零。满足本部分标准规定的不等式(1)和(2)时，由于测试装置性能引起的输出阻滞力最大偏差预期在 1.5 dB 以内。

为量化测试试验装置相关的不确定度对合成不确定度的贡献，本部分建议使用者假定其服从矩形概率分布规律以及标准不确定度 $u_{\mathrm{rig}}=\frac{1.5}{2\sqrt{3}}\approx 0.5\,\mathrm{dB}$。但某种情况下可以通过使用特殊分析程序来减少不确定度，如文献[8]中所述。因此，在 u_{rig} 有更好的估计值可用的情况下，建议使用者使用更好的那个值。

B.3.5 线性特性测试

为保证结果有效而对测量线性度的限制，使得由于近似线性而不是理想线性的测试元件造成的对不确定度的影响控制在给定的限制范围之内。根据 7.7，对有效测量结果，由非线性特性造成的最大动刚度误差估计值是 1.5 dB。

与线性度相关联的不确定度对总的不确定度的贡献，建议使用者假定它服从矩形概率分布以及标准不确定度 $u_{\mathrm{lin}}=\frac{1.5}{2\sqrt{3}}\approx 0.5\ \mathrm{dB}$。

B.4 合成不确定度的影响因素

合成不确定度的贡献取决于公式(B.1)中各输入量、它们各自的概率分布和灵敏度系数 c_i。计算合成不确定度的系数和相关量见表 B.1。

B.5 置信概率 95%时的扩展不确定度计算

频率平均动刚度级的合成标准不确定度 $u(L_{k_{\mathrm{av}}})$，由下式给出

$$u(L_{k_{\mathrm{av}}})=\sqrt{\sum_{i=1}^{5}(c_i u_i)^2} \qquad \text{(B.2)}$$

扩展不确定度 U 的置信概率被规定为 95%，也就是说，95% 的 $L_{k_{\mathrm{av}}}$ 测量值分布在 $[\hat{L}_{k_{\mathrm{av}}}-U,\ \hat{L}_{k_{\mathrm{av}}}+U]$ 区间内。由于上述 5 个输入的合成被假设为服从正态概率分布，故扩展不确定度的值为

$$U=2u(L_{k_{\mathrm{av}}}) \qquad \text{(B.3)}$$

注：因为一些标准不确定度的值与频率有关，对已知各个频带的输入数据，其不确定度可用(B.3)式分别计算。

参 考 文 献

[1] ISO 1683,Acoustics—Preferred reference quantities for acoustical levels

[2] ISO 2017-1,Mechanical vibration and shock—Resilient mounting systems —Part 1:Technical information to be exchanged for the application of isolation systems

[3] ISO 7626-2,Vibration and shock—Experimental determination of mechanical mobility—Part 2:Measurements using single-point translation excitation with an attached vibration exciter

[4] GB/T 22159.3—2008 声学与振动 弹性元件振动-声传递特性实验室测量方法 第3部分:弹性支撑件平动动刚度的间接测量方法

[5] GB/T 22159.4—×××× 声学与振动 弹性元件振动-声传递特性实验室测量方法 第4部分:弹性支撑件之外平动动刚度

[6] DIN 2096-1,Zylindrische Schraubendruckfedern aus runden Drähten und Stäben —Güteanforderungen bei warmgeformten Druckfedern(Helical compression springs made of round wire and rod—Quality requirements for hot formed compression springs)

[7] DIN 2096-2,Zylindrische Schraubendruckfedern aus runden Stäben—Güteanforderungen für Großserienfertigung (Cylindrical coil compression springs made from round rods—Quality requirements for mass production)

[8] DIEHL,R.J.,KURZE, U.J.,HOFMANN,P.,Laboratory testing of elastic layers for railway application. Proceedings of the Eleventh International Congress on Sound and Vibration,St. Petersburg, Russia, 2004,pp. 3071-3078

[9] VERMEULEN,R.C.N.,LEMMEN,R.L.C.,BERKHOFF,A.P.,VERHEIJ,J.W.,Active cancellation of unwanted excitation when measuring dynamic stiffness of resilient elements,Proceedings of Inter. Noise 2001,The Hague,The Netherlands,2001,pp. 953-956

ICS 31.120
L 47

中华人民共和国国家标准

GB/T 22181.23—2012

等离子体显示器件
第2-3部分：模块显示质量测量方法

Plasma display panels—
Part 2-3: Measuring methods for module quality

2012-12-31 发布 2013-06-01 实施

中华人民共和国国家质量监督检验检疫总局
中国国家标准化管理委员会 发布

前　言

GB/T 22181《等离子体显示器件》分为以下几个部分：

——第1部分：术语与文字符号(GB/T 22181.1—2008,IEC 61988-1:2003,IDT)

——第2-1部分：光学参数测量方法(GB/T 22181.21—2008,IEC 61988-2-1:2002,IDT)

——第2-2部分：光电参数测量方法(GB/T 22181.22—2008,IEC 61988-2-2:2003,IDT)

——第2-3部分：模块显示质量测量方法；

——第2-4部分：视觉质量测量方法；

——第3-1部分：机械接口；

——第3-2部分：电子接口；

——第4部分：气候和机械试验方法；

——第5部分：总规范；

——第6部分：数字电视机用等离子体显示模块空白详细规范；

——第6-1部分：高清数字电视机用等离子体显示模块详细规范；

——第6-2部分：标清数字电视机用等离子体显示模块详细规范。

本部分为GB/T 22181的第2-3部分。

本部分按照GB/T 1.1—2009给出的规则起草。

本部分由中华人民共和国工业和信息化部提出。

本部分由中国电子技术标准化研究所归口。

本部分起草单位：TCL集团股份有限公司。

本部分主要起草人：闫晓林、黄卫东、房艳荣。

等离子体显示器件
第2-3部分:模块显示质量测量方法

1 范围

GB/T 22181的本部分给出了在下列领域内确定表征等离子体显示模块的性能的测量方法:

a) 缺陷;

b) 图像残留;

c) 寿命。

本部分适用于等离子体显示模块的显示质量测量。

2 规范性引用文件

下列文件对于本文件的应用是必不可少的,凡是注日期的引用文件,仅注日期的版本适用于本文件。凡是不注日期的引用文件,其最新版本(包括所有的修改单)适用于文件。

GB/T 2421.1—2008 电工电子产品环境试验 概本和指南(IEC 60068-1:1988,IDT)

GB/T 17309.1—1998 电视广播接收机测量方法 第1部分:一般考虑 射频和视频电性能测量及显示性能的测量(idt IEC 60107-1:1995)

GB/T 22181.1—2008 等离子体显示器件 第1部分:术语与文字符号(IEC 61988-1:2003,IDT)

GB/T 22181.21—2008 等离子体显示器件 第2-1部分:光学参数测量方法(IEC 61988-2-1:2002,IDT)

IEC 61966-5:2000 多媒体系统与设备 色彩测量和管理 第5部分:使用等离子显示屏的设备(Multimedia systems and equipment—Colour measurement and management—Part 5: Equipment using plasma)

CIE 15:2004 色度学(Colorimetry)

3 术语和定义

GB/T 22181.1—2008,GB/T 2421.1—2008和GB/T 17309.1—1998界定的以及下列术语和定义适用于本文件。

3.1

缺陷单元 cell defect

暗缺陷单元,亮缺陷单元或不稳定的单元。

3.2

缺陷亮度比 defect luminance ratio

某种颜色的单元亮度和该颜色全屏亮度差别的比例。

3.3

不稳定单元 unstable cell

亮度不规则地变化的单元。

4 标准测量条件

4.1 环境条件

测量之前,需在标准环境条件下经过足够时间(用亮度计连续测量其中心亮度,当在 5 min 内连续测量 6 个点,其测量值的最大偏差不超过 2%时)的预热。所有测量应在下述的标准环境条件下进行:

a) 温度:25 ℃±3 ℃;

b) 相对湿度:25%~85%;

c) 大气压力:86 kPa~106 kPa。

如果采用与推荐的不相同的环境条件则应在报告中注明。

4.2 照明条件

测量中应使用如下暗室条件:

等离子体显示模块屏幕上任何位置的照度都应低于 1 lx。如果这个照度显著地影响黑电平的测量,则应使用背景减法。如果采用与推荐的不相同的照度或采用背景减法,则应在报告中注明。

4.3 标准设置条件

4.3.1 等离子体显示模块的调整

对于对比度可调的等离子体显示模块,在标准测量环境(见 4.1)下,把对比度调节到最大值。测量将在等离子体显示模块稳定后开始。

4.3.2 等离子体显示模块的预热条件

测量需在等离子体显示模块经预热达到稳定后开始。预热时间应大于 30 min,使用信号为全屏幕 15%灰度电平,无伽马校正。如果采用与推荐的不相同的预热方法则应在报告中注明。

4.3.3 测量与驱动设备的条件

测量与驱动设备的条件应符合下列规定:

a) 光测量设备应与等离子体显示模块上的测量区域垂直对齐。

b) 标准测量距离 l_{X0} 应为屏幕高度或短边长 V 的 2.5 倍,实际测量距离应在 1.6 V~2.8 V 之间,测量距离应在报告中注明(见图 1)。

c) 光测量设备需取一个适当的孔径角,其值不大于 2°,并且测量区域至少包含 500 个像素,且小于屏幕高度的 10%。若这种区域对应到一个圆形测量区域且显示屏像素是包含 3 个子像素的方形像素时,则该区域直径上至少包含 26 条线。如果上述的孔径角设定有困难,可以调整测量距离和孔径角,以使视区内包含 500 个以上像素,且小于屏幕高度的 10%。应在报告中注明与标准测量条件的偏差。

d) 驱动设备的标准场频应为 60 Hz,除非需使用一种明显不同的场频。任何情况下都应在测量报告中注明驱动信号的频率。

e) 在视觉检验的时候,检验者应与光测量设备处在相同的位置观看测量区域。

4.3.4 不同于标准设置条件

如果进行测量的条件不同于标准设置条件,则应在每份规格单上注明每个条件。

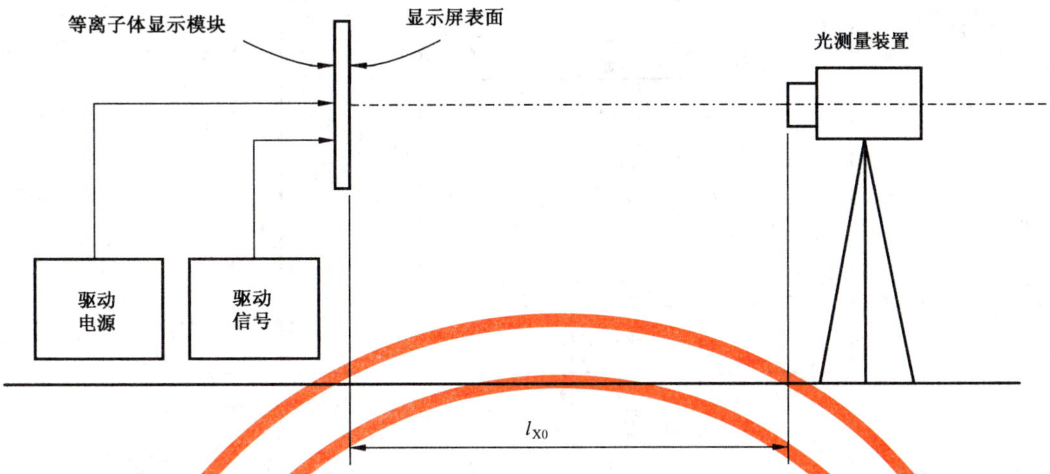

图 1 测量系统布局

5 测量方法

5.1 缺陷单元的测量方法

5.1.1 目的

测量等离子体显示模块的显示单元缺陷。

5.1.2 测量设备

使用下列设备：

a) 驱动电源；

b) 驱动信号设备；

c) 光测量设备；

d) 自动检测设备(需要时)；

e) 光学放大系统(需要时)。

5.1.3 测量布局

应在图 1 所示的标准测量布局下进行测量，不同的测量布局应在报告中说明。

5.1.4 显示区域划分

整个显示区域在测量中通常划分为两个区域，见图 2。

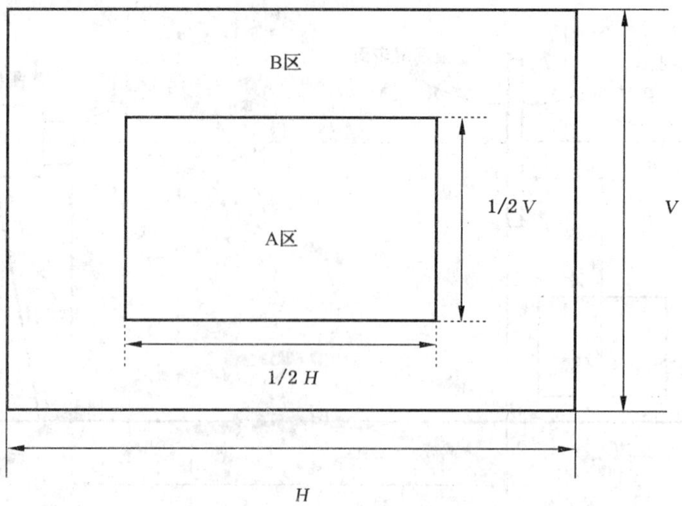

说明：
内框25%为A区，外部75%为B区。

图2 显示区域的定义及示例

图2中A区中心为屏幕中心，A区相对全屏的比例大小需要说明。图2的例子中，水平垂直比均为0.5，面积比为25%。

5.1.5 缺陷单元的分类

缺陷单元分为亮点、暗点和不稳定点。

5.1.6 缺陷单元的亮度水平

每种信号的每个缺陷点的亮度水平定义如下：

一个红、绿或蓝色暗点是其亮度分别小于红、绿或蓝全屏亮度的 X%的点（见图3）；

一个在白场或同色场下的红、绿或蓝色亮点是其亮度分别大于红、绿或蓝全屏亮度的 Y%的点（见图4）；

一个在暗场下的红、绿或蓝色亮点是其亮度分别大于红、绿或蓝全屏亮度的 Z%的点（见图5）；

一个在其他色场下的红、绿或蓝色亮点（如绿场中的红色亮点）是其亮度分别大于红、绿或蓝全屏亮度的 V%的点（见图6）；

X、Y、Z 和 V 的值可以不同，但应在报告中注明。

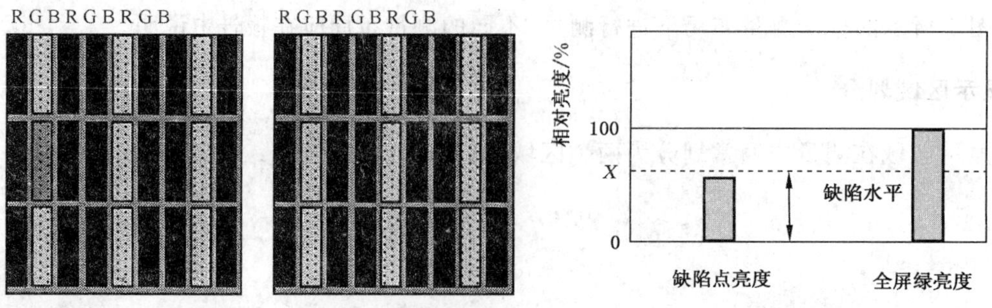

a) 绿屏上的绿色暗点　b) 全屏绿色　c) 缺陷点的亮度水平

图3 绿屏的暗缺陷及其亮度水平

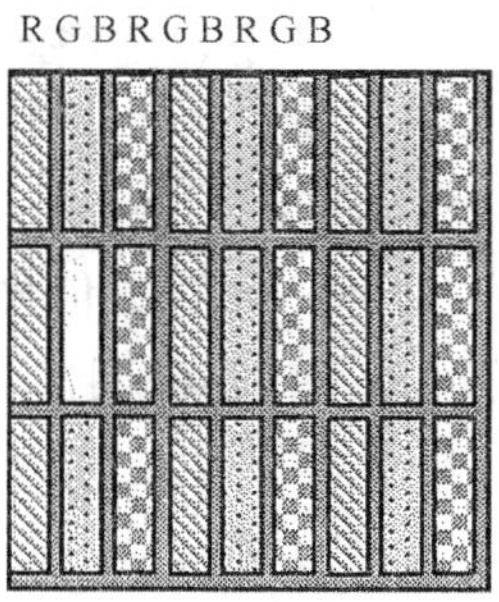

a） 白屏上的绿色亮点

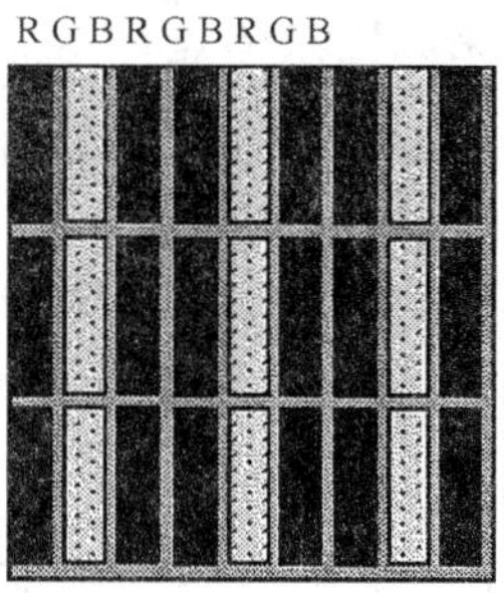

b） 全屏绿色

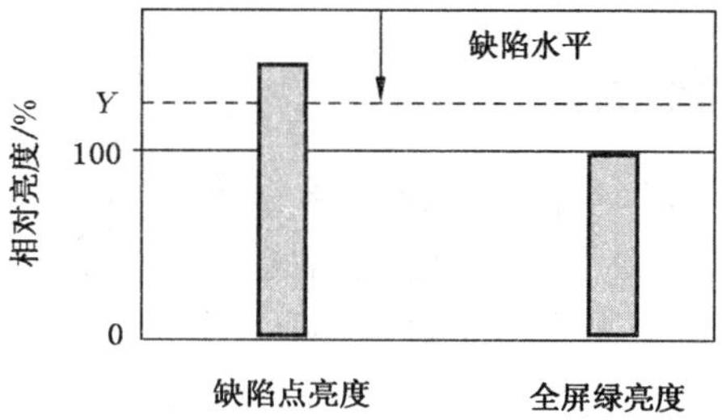

c） 缺陷点的亮度水平

图 4　白屏的亮缺陷及其亮度水平

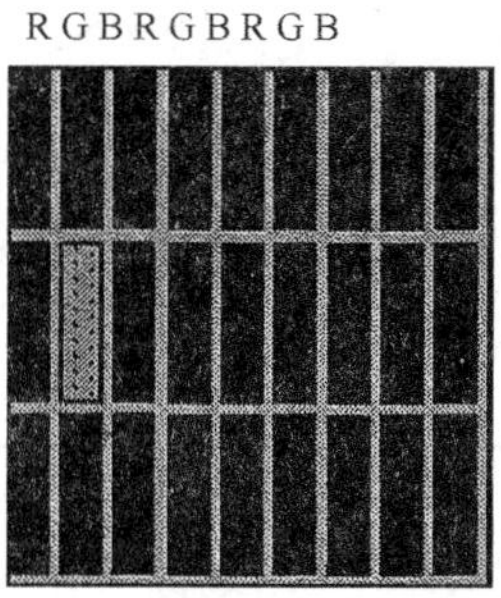

a） 黑屏上的绿色亮点

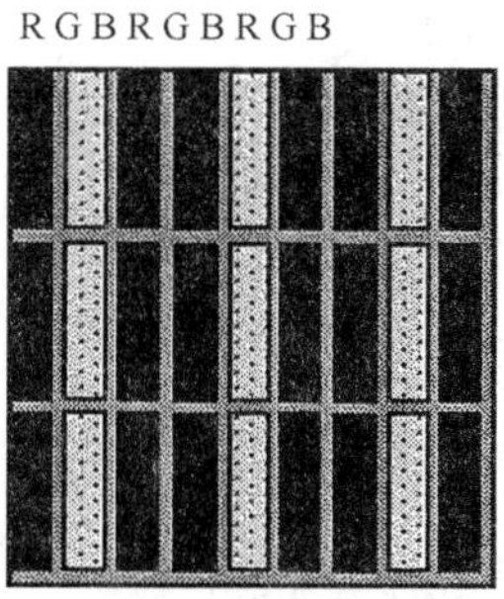

b） 全屏绿色

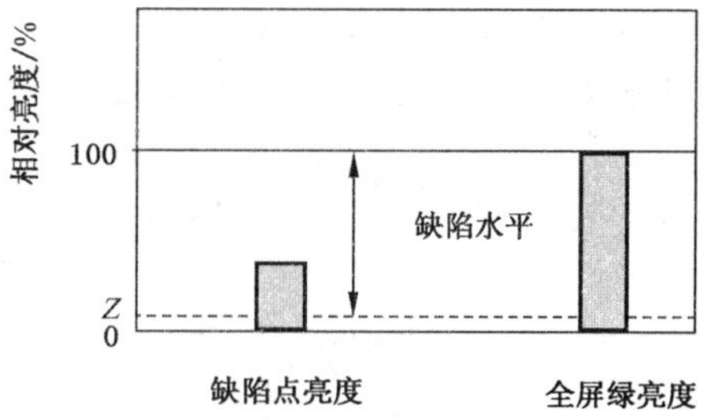

c） 缺陷点的亮度水平

图 5　黑屏的亮缺陷及其亮度水平

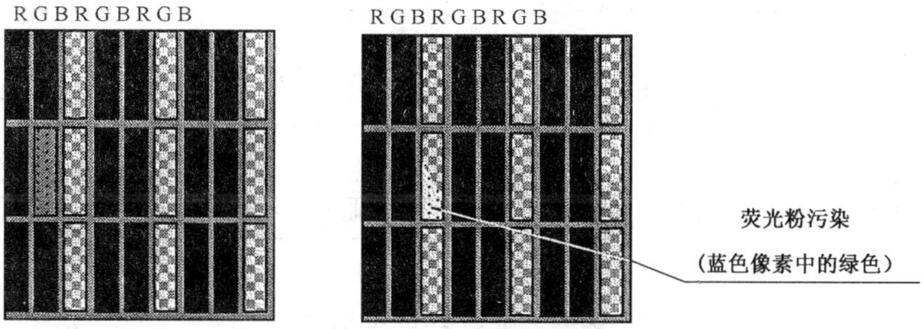

蓝屏上的绿色亮点　　荧光粉污染造成的蓝屏上的绿色亮点

a） 绿色亮点

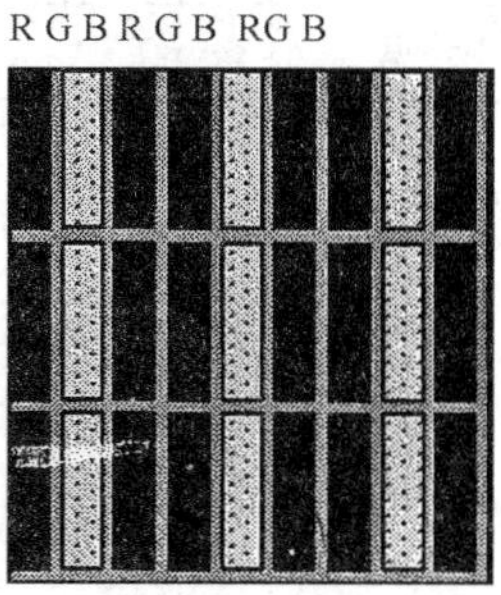

b） 全屏绿色

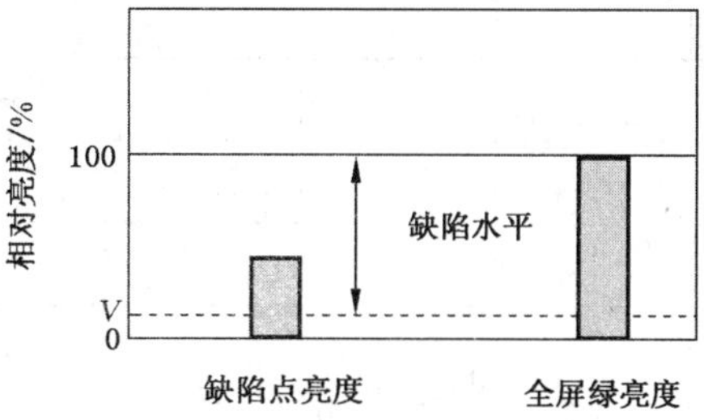

c） 缺陷点的亮度水平

图 6　其他颜色的亮缺陷及其亮度水平

不稳定点的峰值亮度差别率 $W_R W_G W_B$：是指不稳定点的峰值亮度差别分别大于红、绿或蓝全屏亮度的 $W\%$。

在相关产品规范中可使用标准样本作为参考来判断缺陷点。

5.1.7 测量方法

根据 4.3.2 描述的过程来预热等离子体显示模块，在暗室条件下（见 4.2），测量信号分别采用 100％电平全红色、全绿色、全蓝色、全白色和全黑色信号。如采用不同的屏幕条件需注明。

按以下类型来观察每个屏幕的缺陷点：

——全屏白下的暗点、亮点和不稳定点；

——全屏黑下的亮点和不稳定点；

——全屏红下的亮点、红色暗点和不稳定点；

——全屏绿下的亮点、绿色暗点和不稳定点；

——全屏蓝下的亮点、蓝色暗点和不稳定点。

信号条件和观测结果见表 1。

依此使用表 1 所描述的信号，观察并记录三类缺陷点。所有信号测量完毕后，记录缺陷点总数，归纳在表 2 中。

表 1 缺陷点观测的输入信号

信号	输入信号 %			观察到的缺陷(R,G,B)[a]			显示区域
	红	绿	蓝	亮缺陷	暗缺陷	不稳定单元	
全屏黑	0	0	0	R,G,B	—	R,G,B	全屏
全屏白	100	100	100	R,G,B	R,G,B	R,G,B	全屏
全屏红	100	0	0	R,G,B	R	R,G,B	全屏
全屏绿	0	100	0	R,G,B	G	R,G,B	全屏
全屏蓝	0	0	100	R,G,B	B	R,G,B	全屏

[a] 黑屏观测不到暗点，在其他颜色（如蓝，绿）也观测不到红色暗点。

表 2 缺陷点记录举例

信号	亮缺陷			暗缺陷			不稳定单元		
	红	绿	蓝	红	绿	蓝	红	绿	蓝
全屏黑	1	0	2	—	—	—	0	0	1
全屏白	0	0	0	2	1	3	2	2	(1)
全屏红	0	1	0	(2)	—	—	0	0	1+(1)
全屏绿	0	0	0	—	2+(1)	—	(1)	(1)	(2)
全屏蓝	1	(1)	0	—	—	2+(3)	(2)	0	(1)
合计	2	1	2	2	3	5	2	2	2

注：括号中的数字在前次测量中已被统计。

5.2 图像残留的测量方法

5.2.1 目的

测量等离子体显示模块的图像残留。测量中需同时考虑亮度和色彩变化。

5.2.2 测量设备

使用下列设备：

a) 驱动电源；

b) 驱动信号设备；

c) 光测量装置。

5.2.3 图像残留的界定

图像残留是对灼伤图像、重影图像或亮度随时间慢慢衰减的图像的一种通常的说法，一般在等离子体显示模块在全白场下运行 1 h 后进行测量(见 GB/T 22181.21—2008 中 3.101)。

注：在全白场下运行 1 h 是为了区分图像残留和短时间内快速消失的余像。

5.2.4 测量方法

应在标准测量条件下或暗室条件下测量，布置图见图 1。

在标准测量条件下，把 100%电平的白色全屏信号加到等离子体显示模块上 1 h，测量图 8 所示的 P_0 到 P_4 点的初始亮度和色度；然后依此切换全屏红、绿、蓝信号，测量 P_0 到 P_4 点的初始亮度。

在标准测量条件下，把 100%电平的白色窗口信号($H/5 \times V/5$)加到等离子体显示模块，选定放置时间 8 h，12 h，24 h，36 h，48 h(需注明)，显示图形见图 7。断开等离子体显示模块电源，在标准测量条件下放置 1 h。

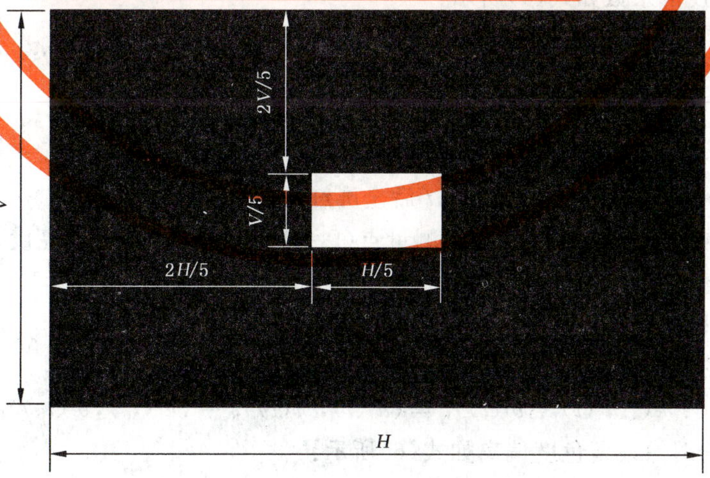

图 7 图像残留的测量图形

在标准测量条件下，把 100%电平的全白场信号加到彩色等离子体模块，放置 1 h，先测白场亮度，然后依次切换全屏红、绿、蓝信号，测量 P_0 到 P_4 点的最终亮度和色度，如图 8 所示。

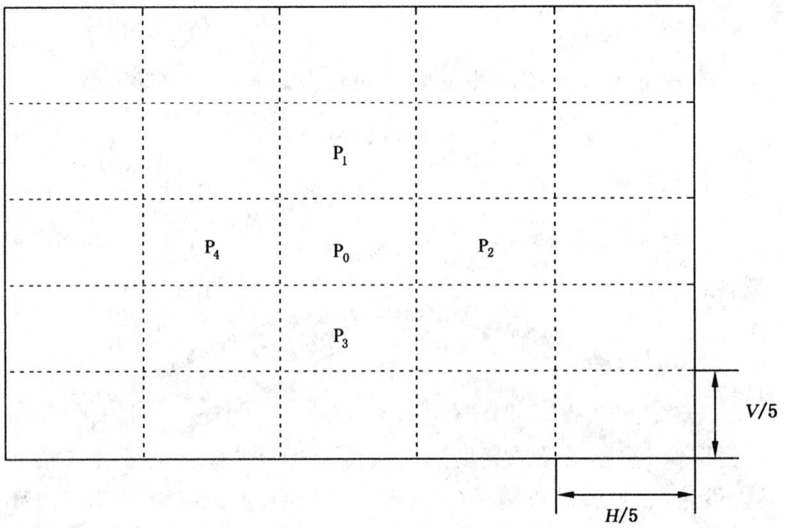

图 8　图像残留的测量位置

红色亮度图像残留系数如式(1)所示：

$$IS_R(t)=\left(1-\frac{L_{R,P0}(t)/L_{R,av}(t)}{L_{R,P0}(t_0)/L_{R,av}(t_0)}\right)\times 100\% \quad\cdots\cdots(1)$$

绿色亮度图像残留系数如式(2)所示：

$$IS_G(t)=\left(1-\frac{L_{G,P0}(t)/L_{G,av}(t)}{L_{G,P0}(t_0)/L_{G,av}(t_0)}\right)\times 100\% \quad\cdots\cdots(2)$$

蓝色亮度图像残留系数如式(3)所示：

$$IS_B(t)=\left(1-\frac{L_{B,P0}(t)/L_{B,av}(t)}{L_{B,P0}(t_0)/L_{B,av}(t_0)}\right)\times 100\% \quad\cdots\cdots(3)$$

白色亮度图像残留系数如式(4)所示：

$$IS_W(t)=\left(1-\frac{L_{W,P0}(t)/L_{W,av}(t)}{L_{W,P0}(t_0)/L_{W,av}(t_0)}\right)\times 100\% \quad\cdots\cdots(4)$$

式中：

$L_{R,P0}(t_0)$——初始时刻全屏红时 P_0 点的亮度；

$L_{R,P0}(t)$ ——经过窗口图像加载时间 t 后全屏红时 P_0 点的亮度；

$L_{R,av}(t_0)$——初始时刻全屏红时 4 个测量点(P_1,P_2,P_3 和 P_4)的平均亮度；

$L_{R,av}(t)$ ——经过窗口图像加载时间 t 后全屏红时 4 个测量点(P_1,P_2,P_3 和 P_4)的平均亮度；

t ——图像加载时间。

红色在 P_0 点的图像残留色度偏离如式(5)所示：

$$(\Delta u'(t),\Delta v'(t))_R=(u'(t),v'(t))_R-(u'(t_0),v'(t_0))_R \quad\cdots\cdots(5)$$

绿色在 P_0 点的图像残留色度偏离如式(6)所示：

$$(\Delta u'(t),\Delta v'(t))_G=(u'(t),v'(t))_G-(u'(t_0),v'(t_0))_G \quad\cdots\cdots(6)$$

蓝色在 P_0 点的图像残留色度偏离如式(7)所示：

$$(\Delta u'(t),\Delta v'(t))_B=(u'(t),v'(t))_B-(u'(t_0),v'(t_0))_B \quad\cdots\cdots(7)$$

白色在 P_0 点的图像残留色度偏离如式(8)所示：

$$(\Delta u'(t),\Delta v'(t))_W=(u'(t),v'(t))_W-(u'(t_0),v'(t_0))_W \quad\cdots\cdots(8)$$

其中：u'和 v'是 CIE 15:2004 定义的 CIE 1976 UCS 中的坐标。

u'的计算公式见式(9)

$$u' = 4x/(3 - 2x + 12y) \quad \cdots\cdots (9)$$

v'的计算公式见式(10)

$$v' = 9y/(3 - 2x + 12y) \quad \cdots\cdots (10)$$

测量结果应以表的方式进行汇总,表 3 是一个例子。

当初始色度不均匀性大于测量出的色度差异时,P_0 点的色度偏离应在报告中注明。

色度不均匀性的计算可参考 GB/T 22181.21—2008。

注:可参考 IEC 61966-5:2000 的空间不均匀性测量方法。

表 3 图像残留系数测量举例(全屏红色)

测量值	P_0	P_1	P_2	P_3	P_4
$L_{R,P0}(t_0)$ cd/m²					
$L_{R,P0}(t)$ cd/m²					
$L_{R,av,P0}(t_0)$ cd/m²					
$L_{R,av,P0}(t)$ cd/m²					
$IS_R(t)$ %					
$(x,y)_{t_0}$					
$(x,y)_t$					
$[u'(t_0),v'(t_0)]$					
$[u'(t),v'(t)]$					
初始色不均匀(与 P_0 相比)	———————				
$[\Delta u'(t),\Delta v'(t)]_R$					

5.3 寿命的测量方法

5.3.1 目的

测量等离子体显示模块的亮度寿命。

注:测量中如模块颜色发生变化,不必调整。

5.3.2 测量设备

使用下列设备:

a) 驱动电源;

b) 驱动信号设备;

c） 光测量装置。

5.3.3 测量方法

应在标准测量条件下测量等离子体显示模块的亮度，测量应在暗室条件下，测量布置图见图1。

使用未经校正的15%全屏白信号或等效的输入信号，开机稳定24 h，如图9所示。测量图8中P_0点的初始亮度作为零时刻的值。保持条件不变，在一系列特定的时间测量P_0点的亮度。这些时间可以是1 d,2 d,5 d,10 d,20 d,50 d,100 d,200 d,500 d,1 000 d和2 000 d。

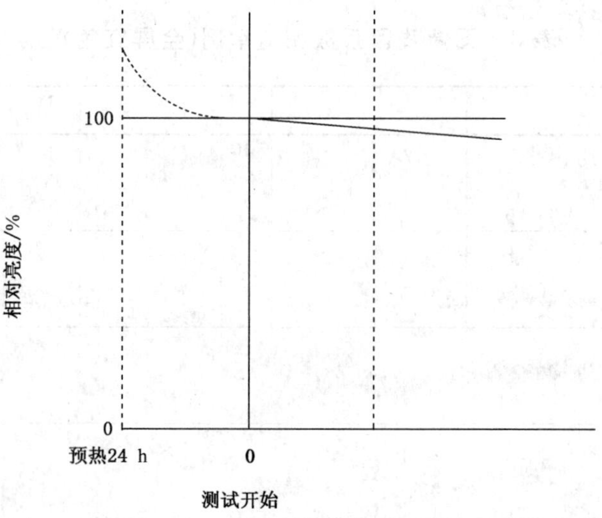

图9 寿命测量的稳定过程

直到等离子体显示模块的亮度减少到起始亮度的一半，这段时间就是等离子体显示模块的亮度寿命，如图10所示。

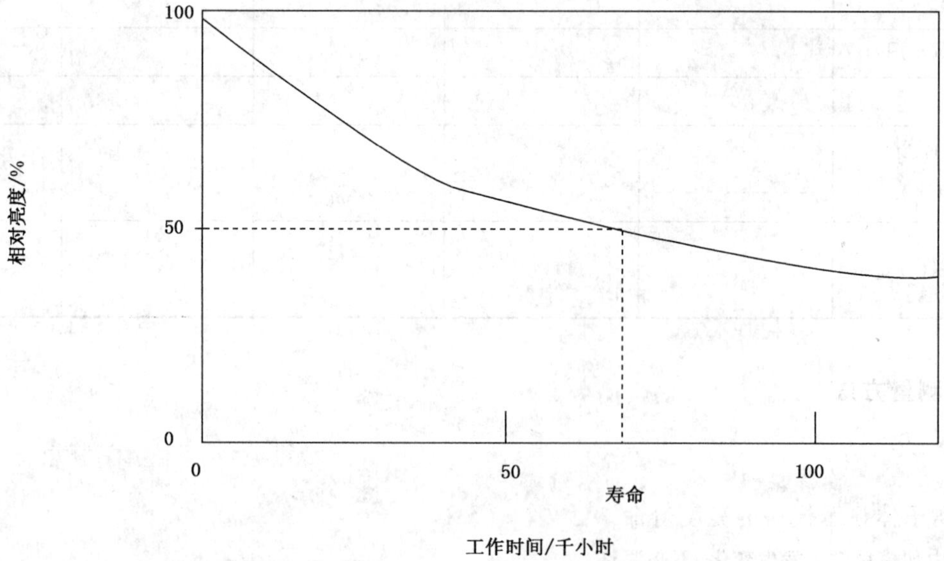

图10 寿命测量的例子

ICS 25.040.40
J 07

中华人民共和国国家标准

GB/T 22270.2—2012/ISO 20242-2:2010

工业自动化系统与集成 测试应用的服务接口 第2部分:资源管理服务接口

Industrial automation systems and integration—Service interface for testing applications—Part 2:Resource management service interface

(ISO 20242-2:2010,IDT)

2012-12-31 发布　　2013-06-01 实施

中华人民共和国国家质量监督检验检疫总局
中国国家标准化管理委员会　发布

前　言

GB/T 22270《工业自动化系统与集成　测试应用的服务接口》已经或计划发布以下部分：

——第1部分：概述；

——第2部分：资源管理服务接口；

——第3部分：虚拟设备服务接口；

——第4部分：设备能力专规模板；

——第5部分：应用程序服务接口；

——第6部分：一致性测试方法、标准和报告。

本部分是GB/T 22270的第2部分。

本部分按照GB/T 1.1—2009给出的规则起草。

本部分使用翻译法等同采用ISO 20242-2:2010《工业自动化系统与集成　测试应用的服务接口　第2部分：资源管理服务接口》(英文版)。

与本部分中规范性引用的国际文件有一致性对应关系的我国文件如下：

GB/T 22270.1　工业自动化系统与集成　测试应用的服务接口　第1部分：概述(GB/T 22270.1—2008,ISO 20242-1:2005,IDT)

本部分的技术内容和组成结构与ISO 20242-2:2010《工业自动化系统与集成　测试应用的服务接口　第2部分：资源管理服务接口》(英文版)相一致。

本部分由中国机械工业联合会提出。

本部分由全国自动化系统与集成标准化技术委员会(SAC/TC 159)归口。

本部分由北京机械工业自动化研究所负责起草。

本部分主要起草人：高雪芹、黎晓东、杨书评。

引　言

为促进自动化和测量装置及其外围组件与计算机应用的集成，根据汽车业及其厂商的需求，特制定GB/T 22270。本标准定义了在自动化应用环境下、测量应用环境下或自动化和测量应用环境下设备驱动的创建规则及其运行状态。

制定GB/T 22270的主要目的是使用户：

——不受电脑操作系统的局限；

——不受设备连接技术(设备接口/网络)的局限；

——不受设备供应商的局限；

——在给定计算机平台下，能够验证所连接设备的设备驱动，并确认该设备驱动的运行情况；

——不受未来技术设备发展的限制。

GB/T 22270不涉及新设备开发或对专门接口技术(网络)的应用。本标准将设备及其通信接口封装在一起，以和同类其他设备在指定应用情况下兼容。

工业自动化系统与集成 测试应用的服务接口 第2部分:资源管理服务接口

1 范围

GB/T 22270的本部分定义了一个服务接口,该接口提供一个管理和运行资源的通用服务访问点,资源由计算机操作系统及其外围设备,包括计算机辅助测试应用所用到的插槽板上的专用硬件支持。资源管理服务接口应该使计算平台适配器的对外服务能够通用,且独立于操作系统及其通信接口。

2 规范性引用文件

下列文件对于本文件的应用是必不可少的。凡是注日期的引用文件,仅注日期的版本适用于本文件。凡是不注日期的引用文件,其最新版本(包括所有的修改单)适用于本文件。

ISO 20242-1 工业自动化系统与集成 测试应用的服务接口 第1部分:概述(Industrial automation systems and integration—Service interface for testing applications—Part 1:Overview)

3 术语和定义

ISO 20242-1界定的以及下列术语和定义适用于本文件。

3.1

设备驱动 device driver

提供有GB/T 22270专门接口的软件模块,具备通过调用平台适配器访问物理设备的服务功能。

3.2

平台适配器 platform adapter

提供有GB/T 22270本部分定义的资源管理服务接口的软件模块,封装了包括操作系统、硬件及其外围设备在内的计算机平台。

4 符号和缩略语

下列符号和缩略语适用于本文件。

CNF,Cnf:确认(服务原语)[Confirm(service primitive)]

IND,Ind:指示(服务原语)[Indication(service primitive)]

REQ,Req:请求(服务原语)[Request(service primitive)]

RMS:资源管理服务(Resource Management Service)

RMSI:资源管理服务接口(Resource Management Service Interface)

RSP,Rsp:响应(服务原语)[Response(service primitive)]

SAP:服务访问点(Service Access Point)

5 服务定义和程序规范

5.1 概述

GB/T 22270的本部分使用ISO/IEC 10731中的描述规范。

RMS用户和供应者之间的接口由表达参数的服务原语进行描述。由于数据传输不属GB/T 22270的范围，只有请求和确定原语被用于描述RMS服务供应者发生的事件。指示和响应原语用于处理RMS服务供应者发生的事件。服务模型、服务原语和时序图为抽象描述；它们不表达实施规范。

附录A为实施示例的规则。

5.2 参数

用于表达服务用户/供应者交互(见ISO/IEC 10731)的服务原语，给出了表明交互中使用和交换信息的参数。

如表1所示，GB/T 22270的本部分以表格形式描述RMS原语的各个参数。本部分其他章节的表格列出了适用于每组RMS原语的参数。每张表格包括3列，第一列为服务参数的名称，第二列为请求或指示原语的输入参数，第三列为确认或响应原语的输出参数。

每张表格的每一行列出一项参数(或者参数的一部分)。在相应的服务原语列下，后面的代码给出了该列中说明的原语和参数指南的参数使用类型。

a) M：原语的强制参数；

b) C：相对其他参数或RMS能力的条件性参数；

c) S：作为选择项的参数；

d) (空白)：RMS用户或RMS供应者没有表达出参数。

表1 服务原语参数的表格形式

参数名	REQ或IND	CNF或RSP
自变量	M	
参数1	M	
参数2	C	
Result(＋)		S
参数3		M
参数4		C
Result(－)		S
参数5		M

5.3 服务程序

5.3.1 RMS确认的服务

RMS用户向RMSI提交请求原语。这表明存在服务访问点(SAP)。相应的服务处理实体在所有必需的交互完成或出现错误后传递确认原语给该用户。

5.3.2 RMS 事件处理

用户在 RMSI 上创建一个服务访问点(SAP)处理事件。事件在该访问点以指示原语显示通知。RMSI 用户在所有必需的交换完成或出现错误后发出响应原语(见图 1)。

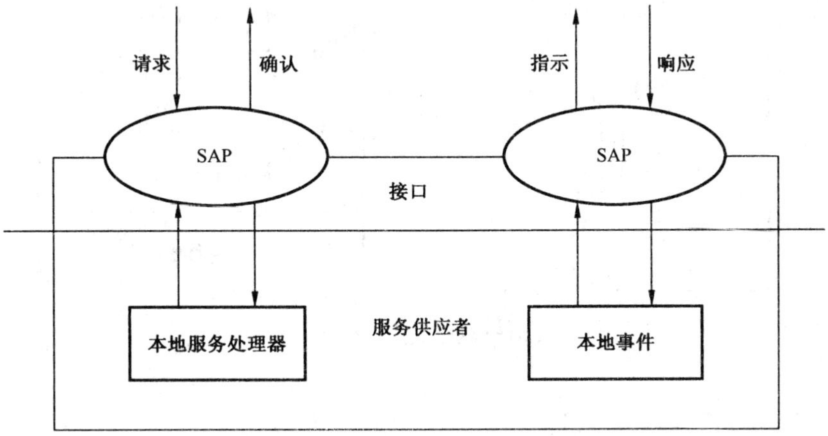

图 1　使用 RMS 处理本地事件

5.4 服务原语和状态图

如果需要,可以使用 UML 状态图描述 RMS 的行为。在这样的图表中,当请求和确定原语之间不需要明确状态时,可以只用服务名来描述状态转换[见图 2b)]。否则,就要指出一个处理该服务的附加状态[见图 2a)]。

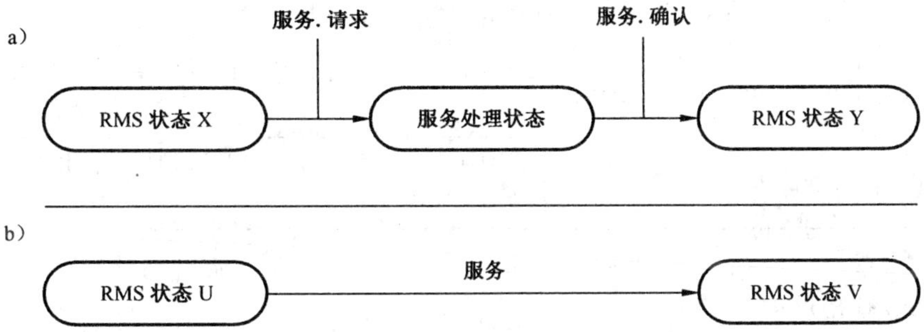

图 2　由服务引起的状态转换

6 资源管理服务

6.1 概述

RMSI 应提供通用管理支持服务、通用操作支持服务和通用输入/输出服务。

输入/输出服务可以访问提供扩展服务的下一层。扩展服务用来描述不同种类外围接口的可加载资源结构(见图 3)。

注 1:GB/T 22270 没有定义将实体和扩展服务集成到 RMS 供应者的方法,因为这将取决于计算机操作系统以及用于执行服务供应者的编程语言。不过,需要扩展服务在不改变 RMS 供应者的情况下,能够扩展不同外围接口的输入输出服务。

注 2:附录 B 描述了其他级联方法,用以在更为复杂的设备和装置集成结构中使用 RMSI。

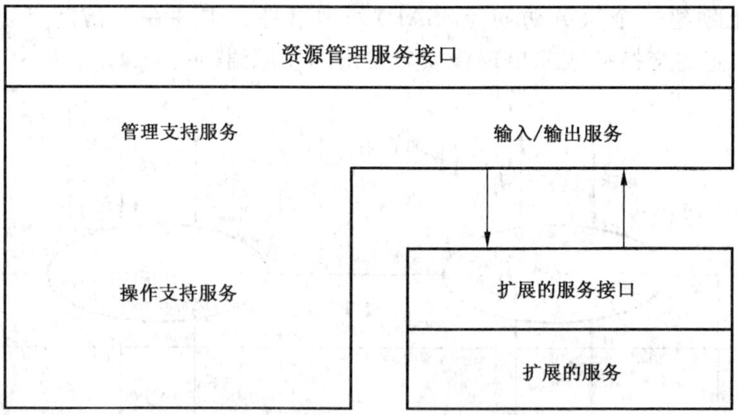

图 3　处于 RMSI 的服务用户和供应者

6.2　服务表

6.2.1　通用管理支持服务

通用管理支持服务用于处理对其他服务的访问，以及用于初始化扩展服务供应者(如果必要，并用于加载扩展服务供应者)。表 2 给出了这些服务的概况。

表 2　通用管理支持服务

服务	标识名	备　注
获取服务参考	getFuncAddress	通过标识符(名称和/或数字)和版本号获取一项服务的参考
初始化外围接口类型	io_initiate	获取指定接口类型的标识符，并且(如果必要)加装该类型的扩展服务供应者
结束外围接口类型	io_conclude	释放类型标识符，(如果存在该类型扩展服务供应者)并关闭该类型的扩展服务供应者

6.2.2　通用输入/输出服务

通用输入/输出服务用于和实际设备进行通信，并对外围接口进行配置和控制。表 3 给出了这些服务的概况。

表 3　通用输入/输出服务

服务	标识名	备　注
开启外围接口信道	io_open	为数据传输开启一个外围接口，并配置该接口
重新配置外围接口信道	io_config	不关闭接口情况下更改接口配置，例如，改变传输参数
读取数据	io_read	在外围接口获取接收到的数据
写入数据	io_write	将数据输给外围接口进行传送
执行操作	io_execute	执行属于外围接口信道的操作。这类似于以单一服务进行数据读写(数据交换)

表 3（续）

服务	标识名	备　注
取消通信	io_cancel	取消读取数据、写入数据或执行操作服务，并为新请求准备接口
获取外围接口信道状态	io_stat	调查外围接口状态
清除只读缓冲	io_clear	删除外围接口输入缓冲的内容
关闭外围接口信道	io_close	关闭一个外围接口
以信号显示事件	io_event	指示本地事件，并对事件来源进行响应

如果装载了指定类型接口的扩展服务供应者，通用输入/输出服务则转换为相应的扩展服务（见表 4）。

6.2.3　扩展服务

扩展服务对 RMSI 用户而言不可见；GB/T 22270 的本部分定义了这些扩展服务，以便通过使用扩展服务供应者，使 RMS 实施（RMS implementation）的层级化模块式结构成为可能。这些扩展服务本质上和 RMS 的通用输入/输出服务相同。

表 4　外围接口的扩展服务

服务	标识名	备　注
初始化扩展的接口类型	ext_initiate	为专用外围接口类型设置标识符
结束扩展的接口类型	ext_conclude	解除 ext_initiate 的类型标识符
开启扩展的接口	ext_open	开启外围接口用于数据传输，并配置该接口
重新配置扩展的接口	ext_config	不关闭外围接口的情况下更改其配置，例如改变传输参数
读取扩展的接口数据	ext_read	在外围接口获取接收到的数据
写入扩展的接口数据	ext_write	将数据输给外围接口进行传送
执行扩展的接口操作	ext_execute	执行属于外围接口的操作。这类似于以单一服务进行数据读写（数据交换）
取消扩展的通信	ext_cancel	取消读取扩展的数据、写入扩展的接口数据或执行扩展的接口操作服务，并为新请求准备接口
获取扩展的接口状态	ext_stat	调查接口的状态
清除扩展的接口只读缓冲区	cxt_clear	删除外围接口输入缓冲的内容
关闭扩展的接口	ext_close	关闭一个外围接口
以信号显示扩展事件	ext_event	指示扩展的事件，并等待响应

6.2.4　操作支持服务

操作支持服务（见表 5）可访问内存、计时器控制、信号量和计算机操作系统的其他资源。

表 5　操作支持服务

服务	标识名	备　注
分配内存	os_allocate	分配特定大小的关联数据空间
重新分配内存	os_reallocate	更改已分配数据空间的大小
释放内存	os_free	释放已分配数据空间
获取时间	os_time	调查本地时间
获取过程时间	os_clock	调查过程的 CPU-时间
等待	os_delay	拖延特定的一段时间
创建计时器	os_settimer	创建一个计时器并开始运行
以信号指示计时器事件	os_timerEvent	指示计时器的时间流逝，并等待响应
清除计时器	os_killtimer	停止并清除计时器
创建轻进程计时器	os_setLPtimer	创建轻进程计时器并开始运行；分辨率和精度取决于轻进程
以信号指示轻进程计时器事件	os_LPtimerEvent	指示轻进程计时器流逝，并等待响应
清除轻进程计时器	os_killLPtimer	停止并删除轻进程计时器
识别轻进程	os_getLPnumber	识别实际的轻进程
创建计数信号量	os_createSem	创建一个已计数信号量，以实现对共享资源的多并发访问控制
等待计数信号量	os_waitSem	等待自由访问受保护资源
释放计数信号量	os_releaseSem	解除对受保护资源的访问
删除计数信号量	os_deleteSem	删除一个已计数信号量
创建专有信号量	os_createMutex	创建一个专用信号量，以控制对互斥性不同轻进程资源的访问
等待专有信号量	os_waitMutex	等待对受保护资源的自由访问
释放专有信号量	os_releaseMutex	解除对受保护资源的访问
删除专有信号量	os_deleteMutex	删除一个专用信号量
开启调试日志	os_openDebug	开启一个调试消息的文本日志
写入调试消息	os_writeDebug	输送信息给文本日志
关闭调试日志	os_closeDebug	关闭一个文本日志

6.3　管理支持服务

6.3.1　获取服务的参考服务

6.3.1.1　服务概述

获取服务的参考服务用来获取对其他版本依赖的资源管理服务的参考。这一服务由 RMS 用户要求，用于一项应用所需的每一项资源管理服务。

6.3.1.2 服务参数结构

获取服务的参考服务的服务参数如表 6 所示。

表 6 获取服务的参考参数结构

参数名	Req	Cnf
自变量	M	
服务标识符(名称)	M	
建议版本号	M	
Result(+)		S
服务参考		M
Result(−)		S

6.3.1.3 服务参数

6.3.1.3.1 自变量

该自变量包括服务请求参数。

6.3.1.3.2 服务标识符

该参数识别请求参考的服务。

6.3.1.3.3 建议版本号

该参数指明了 RMS 用户请求的此服务版本。

6.3.1.3.4 Result(+)

该选择类型参数显示服务请求成功。

6.3.1.3.5 服务参考

该参数包含了识别建议版本号服务的参考。

6.3.1.3.6 Result(−)

该选择类型参数显示服务请求失败。

6.3.1.4 服务过程

如果指定名称及指定版本号的服务是可用的，那么创建对该服务的参考并将其提交给请求者。

6.3.2 初始化外围接口类型服务

6.3.2.1 服务概述

该服务要求获得具有专用类型名的接口。如果扩展的服务供应者名称应这一请求而明确指定，则加载扩展供应者，并且要求该供应者具有专用接口。

6.3.2.2 **服务参数结构**

该服务的各项服务参数如表 7 所示。

表 7 初始化外围接口类型参数结构

参数名	Req	Cnf
自变量	M	
接口类型名称	M	
扩展的服务供应者名称	C	
Result(＋)		S
接口类型标识符		M
Result(－)		S
错误		M

6.3.2.3 **服务参数**

6.3.2.3.1 **自变量**

该自变量包含此服务请求的参数。

6.3.2.3.2 **接口类型名称**

该参数包括接口类型名称。

6.3.2.3.3 **扩展的服务供应者名称**

如果具体指定，这一条件性参数包括扩展服务供应者的名称，该供应者处理此类型接口的输入/输出服务。

6.3.2.3.4 **Result(＋)**

该选择类型参数显示服务请求成功。

6.3.2.3.5 **接口类型标识**

该参数包括一个号码，该号码为其他服务请求识别这一接口类型。

6.3.2.3.6 **Result(－)**

该选择类型参数显示服务请求失败。

6.3.2.3.7 **错误**

该参数表明出现下列情况之一：

——接口类型未知或无法获得；

——扩展服务供应者未知、不可加载或不可用；

——接口类型已被初始化；

——加载扩展服务供应者时出现内存错误；

——检测到硬件错误。

6.3.2.4 **服务过程**

该服务检查特定类型接口的可用性。如果给定扩展服务供应者的名称，则加载可应用的供应者，如果名称没有出现，则检查接口的特定类型。

6.3.3 **结束外围服务类型服务**

6.3.3.1 **服务概括**

该服务结束之前已被初始化的外围接口。

6.3.3.2 **服务参数结构**

该服务的各项服务参数如表 8 所示。

表 8 结束外围服务类型参数结构

参数名	Req	Cnf
自变量	M	
接口类型标识符	M	
Result(+)		S
Result(−)		S
错误		M

6.3.3.3 **服务参数**

6.3.3.3.1 **自变量**

该自变量包含此服务请求的参数。

6.3.3.3.2 **接口类型标识符**

该参数包括了类型的标识，该类型是服务初始化外围接口类型的结果。

6.3.3.3.3 **Result(+)**

该选择类型参数显示服务请求成功。

6.3.3.3.4 **Result(−)**

该选择类型参数显示服务请求失败。

6.3.3.3.5 **错误**

该参数表明下列情况之一出现：
——接口类型标识符未知或无法获得；
——扩展服务供应者不能释放；
——释放扩展服务供应者时出现内存错误；
——检测到硬件错误。

6.3.3.4 服务过程

该服务检查这一类型的外围接口是否能被释放。如果此类型的外围接口由相应的扩展服务供应者提供,该服务也会检查相应的扩展服务供应者是否能被释放。只有扩展服务供应者包含的所有类型的所有外围接口都已被释放,该扩展服务供应者方能释放。

6.4 输入/输出服务

6.4.1 开启外围接口信道服务

6.4.1.1 服务概述

该服务用来开启专用类型外围接口的通信信道,并按照用户需要配置信道。

6.4.1.2 服务参数结构

该服务的各项服务参数如表9所示。

表9 开启外围接口信道参数结构

参数名	Req	Cnf
自变量	M	
接口类型标识符	M	
接口信道名称	C	
配置参数清单	M	
已确认服务访问点参考	M	
事件服务访问点参考	M	
Result(+)		S
接口信道标识符		M
Result(-)		S
错误		M

6.4.1.3 服务参数

6.4.1.3.1 自变量

该自变量包括服务请求的参数。

6.4.1.3.2 接口类型标识符

该参数指示外围接口类型。

6.4.1.3.3 接口信道名称

该参数标识了一个指定类型的通信信道。如果信道被RMS实例化,并且不必分配特殊的外围连接器(例如总线系统),则该参数可省略。

6.4.1.3.4 配置参数清单

配置参数清单不属于GB/T 22270的范围,其取决于所选外围接口的类型。所选外围接口为其配置指定必需的参数。

如果配置参数对专用类型的所有信道有效,那么只有初始化接口类型后首次使用该服务时才能设置这些参数。

6.4.1.3.5 已确认服务访问点基准

该参数是专用服务访问点的基准,该访问点用于属于该信道的所有已确认服务。

6.4.1.3.6 事件服务访问点基准

该参数是专用服务访问点的基准,该访问点应该用于属于该信道的所有事件处理服务。

6.4.1.3.7 Result(+)

该选择类型参数显示服务请求成功。

6.4.1.3.8 接口信道标识符

该参数是此信道的标识符,用于信道专用服务请求。

6.4.1.3.9 Result(-)

该选择类型参数显示服务请求失败。

6.4.1.3.10 错误

该参数表明出现了下列某一情况:

——无法获得此类型接口;
——无法获得此信道的名称;
——此名称的信道已开启;
——信道名称丢失或无效;
——已确认服务访问点参考丢失或无效;
——事件服务访问点参考丢失或无效;
——内存出现错误;
——检测到硬件错误;
——信道配置超时;
——开启信道的资源不足;
——未指明的参数错误;
——明确的参数错误。

6.4.1.4 服务过程

该服务检查所有参数,如果不出错且信道已准备好可以使用,该服务开启指定通信信道并返回一个信道标识符;否则返回一个错误。

6.4.2 重新配置外围接口信道服务

6.4.2.1 服务概述

该服务用来重新配置外围接口的开放通信信道。

6.4.2.2 服务参数结构

该服务的服务参数如表10所示。

表 10 重新配置外围接口信道参数结构

参数名	Req	Cnf
自变量	M	
接口信道标识符	M	
配置参数清单	M	
已确认服务访问点参考	M	
事件服务访问点参考	M	
Result(+)		S
接口信道标识符		M
Result(-)		S
错误		M

6.4.2.3 服务参数

6.4.2.3.1 自变量

该自变量包括该服务请求的参数。

6.4.2.3.2 接口信道标识符

该参数指示了外围接口的信道。

6.4.2.3.3 配置参数清单

配置参数清单不属于 GB/T 22270 的范围,其取决于所选外围接口的类型。所选外围接口指定了其配置的必需参数。

如果配置参数对此类型接口的所有信道有效,那么只有接口信道标识符是初始化接口类型后首次开启的信道标识符,才能设置这些参数。

6.4.2.3.4 已确认服务访问点参考

该参数是专用服务访问点的参考,该访问点应该用于属于该信道的所有已确认服务。

6.4.2.3.5 事件服务访问点参考

该参数是专用服务访问点的参考,该访问点应该用于属于该信道的所有事件处理服务。

6.4.2.3.6 Result(+)

该选择类型参数显示服务请求成功。

6.4.2.3.7 接口信道标识符

该参数是此信道的标识符,用于信道专用服务请求。

6.4.2.3.8 Result(-)

该选择类型参数显示服务请求失败。

6.4.2.3.9 错误

该参数表明出现了下列某一情况：
——无法获得信道；
——信道忙碌；
——已确认服务访问点参考丢失或无效；
——事件服务访问点参考丢失或无效；
——内存出现错误；
——检测到硬件错误；
——信道配置超时；
——配置信道的资源不足；
——未指明的参数错误；
——明确的参数错误。

6.4.2.4 服务过程

该服务检查信道是否存在任何传输活动，如果存在，则返回 Result(－)以及“信道忙碌”错误。否则，则会检查信道所有参数，若无错误，该信道将重新配置。如果信道已经准备好以供使用，则返回 Result(＋)；否则返回 Result(－)。

6.4.3 数据读取服务

6.4.3.1 服务概述

该服务用来通过外围接口信道接收数据。

6.4.3.2 服务参数结构

该服务的服务参数如表 11 所示。

表 11 数据读取参数结构

参数名	Req	Cnf
自变量	M	
接口信道标识符	M	
数据接收进程句柄	M	
已接收数据的最大长度	M	
进程最长持续时间	M	
Result(＋)		S
数据接收进程句柄		M
已接收的数据长度		M
已接收的数据		M
Result(－)		S
数据接收进程句柄		M
已接收的数据长度		M
已接收的数据		M
错误		M

6.4.3.3 服务参数

6.4.3.3.1 自变量

该自变量包括该服务请求的参数。

6.4.3.3.2 接口信道标识符

该参数指示了欲接收数据的外围接口信道。

6.4.3.3.3 数据接收进程句柄

该参数是用户定义的用于数据接收进程的标识符。

6.4.3.3.4 已接收数据的最大长度

已接收数据的最大长度是指在一个已接收协议数据单元中的最大八进制数。

6.4.3.3.5 进程最长持续时间

该参数为以毫秒为单位的数据接收最长持续时间。

6.4.3.3.6 Result(+)

该选择类型参数显示服务请求成功。

6.4.3.3.7 数据接收进程句柄

该参数是用户定义的随服务请求提出的进程句柄的复本。

6.4.3.3.8 已接收数据长度

包含在一个已接收协议数据单元中的八进制数。

6.4.3.3.9 已接收数据

该参数返回由一个或多个八位字节组成的已接收协议数据单元。八位字节数少于或等于请求规定的最大数据长度。

6.4.3.3.10 Result(-)

该选择类型参数显示服务请求失败。

6.4.3.3.11 数据接收进程句柄

该参数是用户定义的随服务请求提出的进程句柄的复本。

6.4.3.3.12 已接收数据长度

发生错误接收进程停止时已经接收到的八进制数的数目。

6.4.3.3.13 已接收数据

该参数返回包括零个或多个八位字节的已接收数据。

6.4.3.3.14 错误

该参数表明出现了下列某一情况：

——无法获得信道；

——信道的接收进程忙碌；

——内存出现错误；

——检测到硬件错误；

——分配通信缓冲区失败；

——指定最大数据长度无效；

——数据接收超时；

——接收进程被用户取消。

6.4.3.4 服务过程

如果信道可用，且信道没有接收进程，那么该服务就会启动一个数据接收进程；当接收到一个完整协议数据单元，或达到最大数据长度，或发生超时，或出现错误时，该数据接收进程结束。

6.4.4 数据写入服务

6.4.4.1 服务概述

该服务用于通过外围接口信道传输数据。

6.4.4.2 服务参数结构

该服务的服务参数如表 12 所示。

表 12 数据写入参数结构

参数名	Req	Cnf
自变量	M	
接口信道标识符	M	
数据传输进程句柄	M	
正在传输数据的长度	M	
被传输的数据	M	
进程最长持续时间	M	
Result(+)		S
数据传输进程句柄		M
Result(−)		S
数据传输进程句柄		M
传输数据长度		M
错误		M

6.4.4.3 服务参数

6.4.4.3.1 自变量

该自变量包括该服务请求的参数。

6.4.4.3.2 接口信道标识符

该参数指示了传输数据的外围接口信道。

6.4.4.3.3 数据传输进程句柄

该参数是用户定义的用于数据传输进程的标识符。

6.4.4.3.4 正在传输数据的长度

该参数指明了必须被传输的八进制数。

6.4.4.3.5 将传输的数据

该参数包括一个或多个必须被传输的八位字节。

6.4.4.3.6 进程最长持续时间

该参数为以毫秒为单位的数据传输的最长持续时间。

6.4.4.3.7 Result(＋)

该选择类型参数显示服务请求成功。

6.4.4.3.8 数据传输进程句柄

该参数是用户定义的随服务请求提出的进程句柄的复本。

6.4.4.3.9 Result(－)

该选择类型参数显示服务请求失败。

6.4.4.3.10 数据传输进程句柄

该参数是用户定义的随服务请求提出的进程句柄的复本。

6.4.4.3.11 已传输数据长度

发生错误接收进程停止时已被传输的八进制数的数目。

6.4.4.3.12 错误

该参数表明下列情况之一出现：
——无法获得信道；
——信道的传输进程忙碌；
——内存出现错误；
——检测到硬件错误；
——分配通信缓冲区失败；

——指定最大数据长度无效；
——数据传输超时；
——传输进程被用户取消。

6.4.4.4 服务过程

如果具备信道，且信道空闲，那么该服务启动一个数据传输进程；当指定数目的八进制数已被传输，或发生超时，或出现错误时，该数据接收进程结束。如果发生超时或出现错误，返回“被传输数据长度”。

6.4.5 执行操作服务

6.4.5.1 服务概述

该服务用来执行外围接口信道的一个操作。

6.4.5.2 服务参数结构

该服务的服务参数如表13所示。

表13 执行操作参数结构

参数名	Req	Cnf
自变量	M	
接口信道标识符	M	
执行操作进程句柄	M	
操作标识符	M	
操作输入参数清单	M	
进程最长持续时间	M	
Result(+)		S
执行操作进程句柄		M
操作输出参数清单		M
Result(-)		S
执行操作进程句柄		M
错误		M

6.4.5.3 服务参数

6.4.5.3.1 自变量

该自变量包括该服务请求的参数。

6.4.5.3.2 接口信道标识符

该参数标识了构成操作的外围接口信道。

6.4.5.3.3 执行操作进程句柄

该参数是用户定义的用于执行进程的标识符。

6.4.5.3.4　操作标识符

该参数是将要执行操作的标识符。

6.4.5.3.5　操作输入参数清单

该参数清单取决于将要执行操作的种类。操作的定义及自变量不在GB/T 22270的范围内。

6.4.5.3.6　进程最大持续时间

该参数包括以毫秒表示的执行操作的最长持续时间。

6.4.5.3.7　Result(＋)

该选择类型参数显示服务请求成功。

6.4.5.3.8　执行操作进程句柄

该参数是用户定义的随服务请求提出的进程句柄的复本。

6.4.5.3.9　操作输出参数清单

该参数清单取决于将要执行操作的种类。操作的定义及变量不在GB/T 22270的范围内。

6.4.5.3.10　Result(－)

该选择类型参数显示服务请求失败。

6.4.5.3.11　执行操作进程句柄

该参数是用户定义的随服务请求提出的进程句柄的复本。

6.4.5.3.12　错误

该参数表明下列情况之一出现：
——无法获得信道；
——操作未找到，标识符无效；
——操作执行仍在的进程中；
——内存出现错误；
——检测到硬件错误；
——输入参数清单无效；
——执行操作超时；
——执行被用户取消。

6.4.5.4　服务过程

如果具备信道，且指定操作不在运行中，则该操作将被启动；当RMS用户取消操作或出现错误时，该操作结束。

6.4.6　取消通信进程服务

6.4.6.1　服务概述

该服务用来取消一项即将发生的接收或传输进程或取消一项操作的执行。

6.4.6.2 服务参数结构

该服务的服务参数如表14所示。

表14 取消通信进程参数结构

参数名	Req	Cnf
自变量	M	
接口信道标识符	M	
通信进程句柄	M	
Result(+)		S
Result(−)		S
错误		M

6.4.6.3 服务参数

6.4.6.3.1 自变量

该自变量包括该服务请求的参数。

6.4.6.3.2 接口信道标识符

该参数指示了外围接口的通信信道。

6.4.6.3.3 通信进程句柄

该参数是将取消通信进程的标识符。该标识符是在开始一项服务但该服务又即刻被取消的情况下由用户定义的。

6.4.6.3.4 Result(+)

该选择类型参数显示服务请求成功。

6.4.6.3.5 Result(−)

该选择类型参数显示服务请求失败。

6.4.6.3.6 错误

该参数表明出现了下列某一情况：

——信道未发现；

——通信进程句柄未开启；

——不可能取消通信；

——内存出现错误；

——检测到硬件错误。

6.4.6.4 服务过程

该服务用于取消即将开始的通信进程。如果该服务实施成功，可开始新的通信进程。否则，产生

Result(—)和“被用户取消”错误。

6.4.7 获取外围接口信道状态服务

6.4.7.1 服务概述

该服务用来调查接收或传输进程的状态，或是调查一项操作执行的状态。

6.4.7.2 服务参数结构

该服务的服务参数如表15所示。

表15 获取外围接口信道状态参数结构

参数名	Req	Cnf
自变量	M	
接口信道标识符	M	
通信进程句柄	M	
Result(+)		S
状态		M
进展		M
Result(—)		S
错误		M

6.4.7.3 服务参数

6.4.7.3.1 自变量

该自变量包括该服务请求的参数。

6.4.7.3.2 接口信道标识符

该参数指示了外围接口的通信信道。

6.4.7.3.3 通信进程句柄

该参数是将要检查的通信进程的标识符。该标识符由用户在开始可应用服务时定义。

6.4.7.3.4 Result（+）

该选择类型参数显示服务请求成功。

6.4.7.3.5 状态

该参数指示了外围接口信道的状态。

6.4.7.3.6 进展

该参数描述了通信进程的进展程度。对于读取或写入进程，该参数是实际接收或传输的字节数。

6.4.7.3.7 **Result(－)**

该选择类型参数显示服务请求失败。

6.4.7.3.8 **错误**

该参数表明下列情况之一出现：

——未发现信道；

——通信进程句柄未开启；

——内存出现错误；

——检测到硬件错误；

6.4.7.4 **服务过程**

该服务检查指定的通信进程是否被挂起，然后确认其状态。

6.4.8 **清除只读缓冲区服务**

6.4.8.1 **服务概述**

该服务用来清除外围接口信道的只读缓冲区。

6.4.8.2 **服务参数结构**

该服务的服务参数如表16所示。

表16 清除只读缓冲区参数结构

参数名	Req	Cnf
自变量	M	
接口信道标识符	M	
Result(＋)		S
Result(－)		S
错误		M

6.4.8.3 **服务参数**

6.4.8.3.1 **自变量**

自变量包括服务请求的参数。

6.4.8.3.2 **接口信道标识**

该参数指示了外围接口的通信信道。

6.4.8.3.3 **Result (＋)**

该选择类型参数显示服务请求成功。

6.4.8.3.4 **Result(－)**

该选择类型参数显示服务请求失败。

6.4.8.3.5 **错误**

该参数表明下列情况之一出现：
——未发现信道；
——内存出现错误；
——检测到硬件错误；
——接收进程忙碌。

6.4.8.4 服务过程

该服务检查是否有接收进程正在运行中，如果没有，该服务则清除只读缓冲区。

6.4.9 关闭外围接口信道服务

6.4.9.1 服务概述

该服务用来关闭外围接口信道。

6.4.9.2 服务参数结构

该服务的服务参数如表17所示。

表17 关闭外围接口信道参数结构

参数名	Req	Cnf
自变量	M	
接口信道标识符	M	
Result(＋)		S
Result(－)		S
错误		M

6.4.9.3 服务参数

6.4.9.3.1 **自变量**

自变量包括服务请求的参数。

6.4.9.3.2 **接口信道标识**

该参数指示了外围接口的通信信道。

6.4.9.3.3 **Result(＋)**

该选择类型参数显示服务请求成功。

6.4.9.3.4 Result(－)

该选择类型参数显示服务请求失败。

6.4.9.3.5 错误

该参数表明出现了下列某一情况：

——未发现信道；

——内存出现错误；

——检测到硬件错误；

——通信进程忙碌。

6.4.9.4 服务过程

该服务检查是否有通信进程开启，如果没有开启，该服务则关闭外围接口信道。

6.4.10 发出事件信号服务

6.4.10.1 服务概述

该服务用来以信号显示本地事件。

6.4.10.2 服务参数结构

该服务的服务参数如表18所示。

表18 发出事件信号参数结构

参数名	Ind	Rsp
自变量	M	
接口信道标识符	M	
事件标识符	M	
事件消息	M	
Result(＋)		S
状态		M
Result(－)		S
错误		M

6.4.10.3 服务参数

6.4.10.3.1 自变量

自变量包括服务请求的参数。

6.4.10.3.2 接口信道标识符

该参数指示了外围接口的通信信道。如果值为零，则该事件不仅针对于单一信道。

6.4.10.3.3 事件标识符

该参数是事件的标识符。

6.4.10.3.4 事件消息

该参数返回一则事件消息，该消息是事件专用数据结构。

注：定义事件标识符或数据事件载体(carry)不在GB/T 22270的本部分范围内。这将是专门的应用。

6.4.10.3.5 **Result**（+）

该选择类型参数显示服务请求成功。

6.4.10.3.6 状态

该参数显示了事件处理程序的下列状态之一：

——事件处理完成；

——事件处理进行中。

6.4.10.3.7 **Result**（－）

该选择类型参数显示服务请求失败。

6.4.10.3.8 错误

该参数表明出现了下列某一情况：

——暂时无法处理事件；

——具有标识符的事件正在进程中；

——无法处理特定事件。

6.4.10.4 服务过程

该服务首先检查是否有可能处理该事件。然后据此启动一个处理程序，并返回“事件处理中”状态，或者调用处理程序并完成任务，返回“事件处理完成”状态。如果事件不能处理，则返回一个错误。

6.5 扩展服务

6.5.1 初始化扩展接口类型

6.5.1.1 服务概述

该服务请求是在安装扩展的服务供应者后，由服务初始化外围接口类型(见6.3.2)推动的。

6.5.1.2 服务参数结构

该服务的服务参数如表19所示。

表 19 初始化扩展接口类型参数结构

参数名	Req	Cnf
自变量	M	
接口信道名称	M	
接口信道标识符	M	
Result(+)		S
Result(-)		S
错误		M

6.5.1.3 服务参数

6.5.1.3.1 自变量

自变量包括服务请求的参数。

6.5.1.3.2 接口类型名称

该参数包含接口类型的名称。

6.5.1.3.3 接口类型标识符

该参数包括一个数字,该数字指示了其他服务请求的这一接口类型。

6.5.1.3.4 Result(+)

该选择类型参数显示服务请求成功。

6.5.1.3.5 Result(-)

该选择类型参数显示服务请求失败。

6.5.1.3.6 错误

该参数应该表明出现了下列某一情况:
——接口类型未知或无法获得;
——接口类型已被初始化;
——检测到硬件错误。

6.5.1.4 服务过程

该服务检测是否有指定类型名的接口可供使用。如果接口存在,则做好准备以便使用。

6.5.2 结束扩展接口类型

该服务的过程和参数与 6.3.3 所述的服务结束外围接口类型一致。

6.5.3 开启扩展接口信道

6.5.3.1 服务概述

该服务用来开启指定类型扩展接口的通信信道,并按照用户需求配置信道。

6.5.3.2 服务参数结构

该服务的服务参数如表 20 所示。

表 20 开启扩展接口信道参数结构

参数名	Req	Cnf
自变量	M	
接口类型标识符	M	
接口信道标识符	M	
接口信道名称	M	
配置参数清单	M	
已确认服务访问点参考	M	
事件服务访问点参考	M	
Result(+)		S
Result(−)		S
错误		M

6.5.3.3 服务参数

6.5.3.3.1 自变量

该自变量包括该服务请求的参数。

6.5.3.3.2 接口类型标识符

该参数指示了外围接口的类型。

6.5.3.3.3 接口信道标识符

该参数是外围接口信道的指定标识符。

6.5.3.3.4 接口信道名称

该参数指示了指定类型的通信信道。

6.5.3.3.5 配置参数清单

配置参数清单取决于所选外围接口的类型。此清单如何规定不属于 GB/T 22270 的范围。在指定外围接口的规定中可以找到必需的参数。

6.5.3.3.6 已确认服务访问点参考

该参数是某个专用服务访问点的参考,该访问点应该用于所有属于这一信道的已确认服务。

6.5.3.3.7 事件服务服务点参考

该参数是某个专用服务访问点的参考,该访问点应该用于所有属于这一信道的事件处理服务。

6.5.3.3.8 **Result（+）**

该选择类型参数显示服务请求成功。

6.5.3.3.9 **Result（-）**

该选择类型参数显示服务请求失败。

6.5.3.3.10 **错误**

该参数表明出现了下列某一情况：

——这一类型的接口无法获得；

——这一名称的信道无法获得；

——信道已经开启；

——信道名丢失或无效；

——已确认服务访问点的参考丢失或无效

——事件服务访问点的参考丢失或无效

——内存出现错误；

——检测到硬件错误；

——信道配置超时；

——开启信道的资源不足；

——未指明的参数错误；

——指明的参数错误；

——任何其他错误。

6.5.3.4 **服务过程**

该服务检查所有的参数，如果没有错误，该服务启动指定通信信道。如果信道没有准备好使用，则返回一个错误。

6.5.4 **重新配置扩展的接口信道**

该服务的过程和参数与6.4.2所述的服务重新配置外围接口信道一致。

6.5.5 **读取扩展接口数据**

该服务的过程和参数与6.4.3所述的服务读取数据一致。

6.5.6 **写入扩展接口数据**

该服务的过程和参数与6.4.4所述的服务写入数据一致。

6.5.7 **执行扩展的接口操作**

该服务的过程和参数与6.4.5所述的服务执行操作一致。

6.5.8 **取消扩展通信进程**

该服务的过程和参数与6.4.6所述的服务取消通信进程一致。

6.5.9 **获取扩展的接口通道状态**

该服务的过程和参数与6.4.7所述的服务重获取外围接口信道状态一致。

6.5.10 清除扩展的接口只读缓存区

该服务的过程和参数与6.4.8所述的服务清除只读缓冲区一致。

6.5.11 关闭扩展的接口信道

该服务的过程和参数与6.4.9所述的服务关闭外围接口缓冲区一致。

6.5.12 发出扩展事件信号

该服务的过程和参数与6.4.10所述的服务发出事件信号一致。

6.6 操作支持服务

6.6.1 分配内存

6.6.1.1 服务概述

该服务用来获取指定大小的相干数据空间的参考。

6.6.1.2 服务参数结构

该服务的服务参数如表21所示。

表21 分配内存参数结构

参数名	Req	Cnf
自变量	M	
数据空间内的八进制数	M	
Result(+)		S
已分配数据空间参考		M
Result(—)		S

6.6.1.3 服务参数

6.6.1.3.1 自变量

自变量包括服务请求的参数。

6.6.1.3.2 数据空间内的八进制数

该参数以八进制(八位比特单元)指定了请求数据空间的大小。

6.6.1.3.3 Result（+）

该选择类型参数指示服务请求成功。

6.6.1.3.4 已分配数据空间参考

该参数包括一个参考，以确定所请求的数据空间。

6.6.1.3.5 **Result**（－）

该选择类型参数显示服务请求失败。

6.6.1.4 **服务过程**

如果可以获得指定大小的相干数据区域,则创建了对数据空间的参考。否则,请求失败。

6.6.2 **重新分配内存**

6.6.2.1 **服务概述**

该服务用来改变之前分配的数据空间大小。

6.6.2.2 **服务参数结构**

该服务的服务参数如表 22 所示。

表 22 重新分配内存参数结构

参数名	Req	Cnf
自变量	M	
已分配数据空间参考	M	
重新分配数据空间内的八进制数	M	
Result(＋)		S
已重新分配的数据空间参考		M
Result(－)		S

6.6.2.3 **服务参数**

6.6.2.3.1 **自变量**

自变量包括服务请求的参数。

6.6.2.3.2 **已分配数据空间的参考**

该参数是大小已经改变的数据空间的参考。它应该是分配内存或重新分配内存服务的结果。

6.6.2.3.3 **重新分配数据空间的八进制数**

该参数以八进制(八位比特单元)指定了所请求数据空间的新的大小。

6.6.2.3.4 **Result**（＋）

该选择类型参数显示服务请求成功。

6.6.2.3.5 **服务参考**

该参数包括一个参考,以确定所请求的数据空间。

6.6.2.3.6 **Result（—）**

该选择类型参数显示服务请求失败。

6.6.2.4 **服务过程**

如果可以获得数据空间以改变指定的数据空间，则新数据空间参考建立。如果数据空间小于旧有和当前的大小，则数据空间大小不应改变。如果数据空间的大小无法改变，请求失败，并且原有数据空间依然有效。

6.6.3 **释放内存**

6.6.3.1 **服务概述**

该服务用来获取指定大小的相干数据空间的参考。

6.6.3.2 **服务参数结构**

该服务的服务参数如表 23 所示。

表 23 释放内存参数结构

参数名	Req	Cnf
自变量	M	
已分配数据空间参考	M	
Result(＋)		S
Result(－)		S
错误		M

6.6.3.3 **服务参数**

6.6.3.3.1 **自变量**

自变量包括服务请求的参数。

6.6.3.3.2 **已分配数据空间的参考**

该参数是必须释放的数据空间的参考。它必须是分配内存或重新分配内存服务的结果。

6.6.3.3.3 **Result（＋）**

该选择类型参数显示服务请求成功。

6.6.3.3.4 **服务参考**

该参数包括一个参考，以确定所请求的数据空间。

6.6.3.3.5 **Result（—）**

该选择类型参数显示服务请求失败。

6.6.3.3.6 错误

该参数表明出现了下列某一情况：
——已分配数据空间的参考无效；
——其他任何错误。

6.6.3.4 服务过程

如果已分配数据空间的指定参考有效，那么该空间释放，以便另外分配。否则，原有数据空间继续有效，同时返回一个错误。

6.6.4 获取时间

6.6.4.1 服务概述

该服务用来审查与世界时间(Universal Coordinated Time,UTC)格式不同的时间。

6.6.4.2 服务参数结构

该服务的服务参数如表24所示。

表24 获取时间参数结构

参数名	Req	Cnf
自变量	M	
需要的时间格式	M	
Result(+)		S
时间描述元素清单		M
Result(−)		S
错误		M

6.6.4.3 服务参数

6.6.4.3.1 自变量

自变量包括服务请求的参数。

6.6.4.3.2 要求的时间格式

该参数指定的要求时间格式为下列之一：
——UNIX时间：自世界时1970年1月1日零时零分以来的秒数，以秒以及自上一秒以来的微秒数为计时单位；
——绝对时间：世界时的单位年、月、日、小时、分、秒、毫秒、微秒和纳秒，以及包含当地时差的附加元素，以秒数为计时单位。

6.6.4.3.3 Result(+)

该选择类型参数显示服务请求成功。

6.6.4.3.4 时间描述元素清单

该参数包括与要求时间格式一致的时间结构元素。

6.6.4.3.5 Result（－）

该选择类型参数显示服务请求失败。

6.6.4.3.6 错误

该参数应该表明有下列中的一个错误：
——不能检查到时间；
——任何其他错误。

6.6.4.4 服务过程

世界时通过 RMS 验证。如果不能验证，则返回一个错误。

6.6.5 获取进程时间

6.6.5.1 服务概述

该服务用来显示 RMS 微秒计数器的值。计数器的起始时间未确定。

6.6.5.2 服务参数结构

该服务的服务参数如表 25 所示。

表 25 获取进程时间参数结构

参数名	Req	Cnf
Result(＋)		S
本地进程时间		M
Result(－)		S
错误		M

6.6.5.3 服务参数

6.6.5.3.1 自变量

该服务没有参数。

6.6.5.3.2 Result（＋）

该选择类型参数显示服务请求成功。

6.6.5.3.3 本地进程时间

该参数包括 RMS 微秒计数器的值。

6.6.5.3.4 Result（－）

该选择类型参数显示服务请求失败。

6.6.5.3.5 错误

该参数应该显示了下列中的一个错误：
——不能检查到本地进程时间；
——任何其他错误。

6.6.5.4 服务过程

RMS应该包含微秒计数器。计数器在RMS开始时就应该启动，但起始值没有确定。该服务调查计数器的实际值。

6.6.6 等待

6.6.6.1 服务概述

该服务建立了一段特定时长的延迟。

6.6.6.2 服务参数结构

该服务的服务参数如表26所示。

表26 等待参数结构

参数名	Req	Cnf
自变量	M	
等待时间	M	
Result(+)		S
Result(−)		S
错误		M

6.6.6.3 服务参数

6.6.6.3.1 自变量

自变量包括服务请求的参数。

6.6.6.3.2 等待时间

该参数指定了延迟时间的毫秒数。

6.6.6.3.3 **Result（＋）**

该选择类型参数显示服务请求成功。

6.6.6.3.4 **Result（－）**

该选择类型参数显示服务请求失败。

6.6.6.3.5 错误

该参数应该显示了下列中的一个错误：

——延迟失败,服务立即结束;

——任何其他错误。

6.6.6.4 服务过程

如果可以获得资源以确定时间,那么该服务等待一段指定的时间。否则返回一个错误。

6.6.7 创建计时器

6.6.7.1 服务概述

该服务在 RMS 中建立并开启一个计时器,并安装服务访问点以处理计时器事件。

6.6.7.2 服务参数结构

该服务的服务参数如表 27 所示。

表 27 创建计时器参数结构

参数名	Req	Cnf
自变量	M	
计时器访问点参考	M	
计时器进程句柄	M	
持续时间	M	
事件数	M	
Result(+)		S
计时器标识符		M
Result(−)		S
错误		M

6.6.7.3 服务参数

6.6.7.3.1 自变量

自变量包括服务请求的参数。

6.6.7.3.2 计时器访问点参考

该参数是处理属于计时器事件的专用服务访问点的参考。

6.6.7.3.3 计时器进程句柄

该参数是用户定义的识别计时器事件的句柄。事件承载该句柄。

6.6.7.3.4 持续时间

该参数是指到发出计时器事件信号为止所经过的时间。

6.6.7.3.5 事件数

计时器可以反复工作。该参数设定反复的次数。值为零则代表计时器反复运行,只有删除计时器,工作方可停止。

6.6.7.3.6 **Result（+）**

该选择类型参数显示服务请求成功。

6.6.7.3.7 **计时器标识符**

该参数用于确认已经创建的计时器。删除计时器需要用标识符。

6.6.7.3.8 **Result（—）**

该选择类型参数显示服务请求失败。

6.6.7.3.9 **错误**

该参数应该显示了下列中的一个错误：

——计时器资源耗尽；

——任何其他错误。

6.6.7.4 **服务过程**

如果相应资源具备，可创建并开启一个计时器。在给定持续事件完结后，信号显示发生一个计时器事件。如果指定的事件数量多于一，计时器再次开始。如果信号指示的事件数量和事件的指定数量吻合，计时器清除，计时器资源可为其他计时器所用。如果指定的事件数量为零，则计时器反复运行，只有删除计时器服务方可将其停止。

计时器的准确性取决于 RMS 资源，宜提供最好的资源。

6.6.8 **发出计时器事件信号**

6.6.8.1 **服务概述**

该服务以信号显示延迟时间结束，并发出一个指示原语。

6.6.8.2 **服务参数结构**

该服务的服务参数如表 28 所示。

表 28 发出计时器事件信号参数结构

参数名	Ind	Rsp
自变量	M	
计时器进程句柄	M	
计时器状态	M	
Result(+)		S
Result(—)		S
错误代码		C

6.6.8.3 **服务参数**

6.6.8.3.1 **自变量**

自变量包括服务请求的参数。

6.6.8.3.2 **计时器进程句柄**

该参数是用户定义的句柄,用以标识发出此事件信号的计时器。该句柄是服务创建计时器的一个参数。

6.6.8.3.3 **计时器状态**

该参数代表是否计时器之前的事件仍然处于挂起状态。在接收到响应原语前,事件处于挂起状态。

6.6.8.3.4 **Result (+)**

该参数显示服务指示成功,事件不再处于挂起状态。

6.6.8.3.5 **Result (-)**

该参数显示不能接收或处理服务指示,事件不能发生。

6.6.8.3.6 **错误代码**

该参数代表错误状态的原因。

6.6.8.4 **服务过程**

如果计时器的持续时间耗尽,则通过指示原语为用户发出事件信号。检查之前的事件是否仍然处于挂起状态,计时器的状态是否相应进行定义。

6.6.9 删除计时器

6.6.9.1 **服务概述**

该服务停止 RMS 正在运行的计时器,将其删除并释放所有相关资源。

6.6.9.2 **服务参数结构**

该服务的服务参数如表 29 所示。

表 29 删除计时器参数结构

参数名	Req	Cnf
自变量	M	
计时器标识符	M	
Result(+)		S
Result(-)		S
错误		M

6.6.9.3 **服务参数**

6.6.9.3.1 **自变量**

自变量包括服务请求的参数。

6.6.9.3.2 计时器标识符

该参数是由服务创建计时器返回的计时器的标识符。

6.6.9.3.3 Result（+）

该参数显示服务请求成功，计时器删除。

6.6.9.3.4 Result（－）

该选择类型参数显示服务请求失败。

6.6.9.3.5 错误

该参数应该显示了下列中的一个错误：

——计时器标识符无效；

——操作失败，计时器事件忙碌；

——任何其他错误。

6.6.9.4 服务过程

如果正在运行的计时器没有事件处于挂起状态，计时器被终止并删除。否则返回一个错误。

6.6.10 创建轻进程计时器

6.6.10.1 服务概述

该服务在RMS中建立并开启一个轻进程计时器，并安装服务访问点以处理计时器事件。

6.6.10.2 服务参数结构

该服务的服务参数如表30所示。

表30 创建轻进程计时器参数结构

参数名	Req	Cnf
自变量	M	
计时器访问点参考	M	
计时器进程句柄	M	
持续时间	M	
事件数	M	
Result(+)		S
计时器标识符		M
Result(－)		S
错误		M

6.6.10.3 服务参数

6.6.10.3.1 自变量

自变量包括服务请求的参数。

6.6.10.3.2 计时器访问点参考

该参数是处理属于计时器事件的专用服务访问点的参考。

6.6.10.3.3 计时器进程句柄

该参数是用户定义的识别计时器事件的句柄。事件承载该句柄。

6.6.10.3.4 持续时间

该参数指到发出计时器事件信号为止所经过的时间。

6.6.10.3.5 事件数

计时器可以反复工作。该参数设定反复的次数。值为零代表计时器反复工作，只有计时器被删除，工作才可停止。

6.6.10.3.6 Result（+）

该选择类型参数显示服务请求成功。

6.6.10.3.7 计时器标识符

该参数用于确认已经创建的计时器。删除计时器需要用此标识符。

6.6.10.3.8 Result（-）

该选择类型参数显示服务请求失败。

6.6.10.3.9 错误

该参数应该显示了下列中的一个错误：

——轻进程资源耗尽；

——任何其他错误。

6.6.10.4 服务过程

如果相应资源具备，可创建一个新的轻进程，并且开启一个相应计时器。在给定持续时间完结后，信号显示发生一个计时器事件。如果指定的事件数量多于一，计时器再次开始。如果信号指示的事件数量和事件的指定数量吻合，计时器清除，轻进程结束。如果事件的指定数量为零，计时器反复运行，只有删除计时器服务将其阻止方可停止。

计时器的精度取决于轻进程的调度。

6.6.11 发出轻进程计时器事件信号

6.6.11.1 服务概述

延迟时间完结，与此计时器相关的轻进程发布一个指示原语。

6.6.11.2 服务参数结构

该服务的服务参数如表 31 所示。

表 31 发出轻进程计时器事件信号参数结构

参数名	Ind	Rsp
自变量	M	
计时器进程句柄	M	
计时器状态	C	
Result(+)		M

6.6.11.3 服务参数

6.6.11.3.1 自变量

自变量包括服务请求的参数。

6.6.11.3.2 计时器进程句柄

该参数是用户定义的句柄,以识别发出事件信号的计时器。该句柄是创建轻进程计时器服务的参数。

6.6.11.3.3 计时器状态

如果轻进程能够控制绝对计时,该参数出现,并表示是否计时器之前的事件处理超出了指定计时器时长。

6.6.11.3.4 Result(+)

该参数显示服务指示成功,事件不再处于挂起状态。

6.6.11.4 服务过程

如果计时器持续时间完结,向用户以指示原语发出事件信号。如果可能,检查是否之前事件处理超过了指定的计时周期(timer period)。

6.6.12 删除轻进程计时器

6.6.12.1 服务概述

该服务停止与计时器有关的轻进程服务参数,并释放所有相关资源。

6.6.12.2 服务参数结构

该服务的服务参数如表 32 所示。

表 32 删除轻进程计时器表

参数名	Ind	Rsp
自变量	M	
计时器标识符	M	
Result(+)		S
Result(−)		S
错误		M

6.6.12.3 服务参数

6.6.12.3.1 自变量

自变量包括服务请求的参数。

6.6.12.3.2 计时器标识符

该参数是由创建计时器服务返回的计时器的标识符。

6.6.12.3.3 Result（+）

该参数表明服务请求成功,计时器删除。

6.6.12.3.4 Result（-）

该选择类型参数显示服务请求失败。

6.6.12.3.5 错误

该参数应该显示了下列中的一个错误:
——计时器标识符无效;
——操作失败,计时器事件忙碌;
——任何其他错误。

6.6.12.4 服务过程

如果正在运行的计时器没有事件处于挂起状态,轻进程停止并释放相关资源。否则返回一个错误。

6.6.13 识别轻进程

6.6.13.1 服务概述

该服务识别正请求实体的轻进程。

6.6.13.2 服务参数结构

该服务的服务参数如表 33 所示。

表 33 识别轻进程参数结构

参数名	Req	Cnf
Result(+)		S
轻进程标识符		M
Result(-)		S
错误		M

6.6.13.3 服务参数

6.6.13.3.1 自变量

该服务请求没有参数。

6.6.13.3.2 **Result（+）**

该选择类型参数显示服务请求成功。

6.6.13.3.3 **轻进程标识符**

该参数包括轻进程的唯一标识符。

6.6.13.3.4 **Result（−）**

该选择类型参数显示服务请求失败。

6.6.13.3.5 **错误**

该参数应该显示了下列中的一个错误：

——不能识别轻进程；

——任何其他错误。

6.6.13.4 **服务过程**

该服务调查服务请求用户(service requesting user)的实际轻进程的标识符。如果无法实现，则返回一个错误。

6.6.14 **创建计数信号量**

6.6.14.1 **服务概述**

该服务创建一个资源控制句柄，使资源在同一时间只可以被使用有限的次数。同一时间使用资源的频繁程度由服务请求规定。

6.6.14.2 **服务参数结构**

该服务的服务参数如表34所示。

表34 创建计数信号量参数结构

参数名	Req	Cnf
自变量	M	
同时使用的数量	M	
Result(+)		S
信号量句柄		M
Result(−)		S
错误		M

6.6.14.3 **服务参数**

6.6.14.3.1 **自变量**

自变量包括服务请求的参数。

6.6.14.3.2 同时使用的数量

该参数规定了可以允许多少用户同时访问资源。

6.6.14.3.3 Result(+)

该选择类型参数显示服务请求成功。

6.6.14.3.4 信号量句柄

这是控制访问受保护资源的句柄。

6.6.14.3.5 Result(-)

该选择类型参数显示服务请求失败。

6.6.14.3.6 错误

该参数应该显示了下列中的一个错误:
——同时使用的用户数无效;
——无法获得更多的信号量控制;
——任何其他错误。

6.6.14.4 服务过程

检查同时用户数量是否有效,并检查是否可以获取访问控制的资源。然后,创建控制对象,装入拥有最多同时用户的相应计数器,返回句柄。否则返回一个错误。

6.6.15 等待计数信号量

6.6.15.1 服务概述

通过该服务请求访问受指定信号量保护的资源。如果访问不被允许,则需等待一定时间。

6.6.15.2 服务参数结构

该服务的服务参数如表 35 所示。

表 35 等待计数信号量参数结构

参数名	Req	Cnf
自变量	M	
信号量句柄	M	
最长等待时间	M	
Result(+)		S
Result(-)		S
错误		M

6.6.15.3 服务参数

6.6.15.3.1 自变量

自变量包括服务请求的参数。

6.6.15.3.2 信号量句柄

该参数是保护资源的计数信号量的句柄。句柄由服务创建计数信号量在之前返回。

6.6.15.3.3 最长等待时间

这是指延迟访问受保护资源的最长时间。

6.6.15.3.4 Result（＋）

该选择类型参数显示服务请求成功，受保护资源可以被访问。

6.6.15.3.5 Result（－）

该选择类型参数显示服务请求失败。

6.6.15.3.6 错误

该参数应该显示了下列中的一个错误：
——信号量句柄无效；
——最长等待时间超时；
——任何其他错误。

6.6.15.4 服务过程

如果信号量句柄有效并且相应计数器大于零，计数器减一，可以访问受保护资源。否则，访问延迟，直到计数器大于零，或者超过指定等待时间。如果超过等待时间，则返回一个错误。

6.6.16 释放计数信号量

6.6.16.1 服务概述

通过该服务，可解除指定信号量对资源的访问保护。

6.6.16.2 服务参数结构

该服务的服务参数如表 36 所示。

表 36 释放计数信号量参数结构

参数名	Req	Cnf
自变量	M	
信号量句柄	M	
Result(＋)		S
Result(－)		S
错误		M

6.6.16.3 服务参数

6.6.16.3.1 自变量

自变量包括服务请求的参数。

6.6.16.3.2 信号量句柄

该参数是保护资源的计数信号量的句柄。句柄由服务创建计数信号量在之前返回。

6.6.16.3.3 Result（+）

该选择类型参数显示服务请求成功，并通知释放受保护资源。

6.6.16.3.4 Result（−）

该选择类型参数显示服务请求失败。

6.6.16.3.5 错误

该参数应该显示了下列中的一个错误：
——信号量句柄无效；
——不可能有更多的释放；
——任何其他错误。

6.6.16.4 服务过程

如果信号量句柄有效并且相应计数器小于初始值，那么计数器加一。否则返回一个错误。

6.6.17 删除计数信号量

6.6.17.1 服务概述

该服务删除计数信号量，并释放分配给其的所有资源。

6.6.17.2 服务参数结构

该服务的服务参数如表 37 所示。

表 37 删除计数信号量参数结构

参数名	Req	Cnf
自变量	M	
信号量句柄	M	
Result(+)		S
Result(−)		S
错误		M

6.6.17.3 服务参数

6.6.17.3.1 自变量

自变量包括服务请求的参数。

6.6.17.3.2 信号量句柄

该参数是保护资源的计数信号量的句柄。句柄由服务创建计数信号量在之前返回。

6.6.17.3.3 Result(+)

该选择类型参数显示服务请求成功,信号量删除。

6.6.17.3.4 Result(—)

该选择类型参数显示服务请求失败。

6.6.17.3.5 错误

该参数应该显示了下列中的一个错误:
——信号量句柄无效;
——仍可访问受保护的资源;
——任何其他错误。

6.6.17.4 服务过程

如果信号量句柄有效并且受保护资源不能再访问,信号量删除。否则返回一个错误。

6.6.18 创建专有信号量

6.6.18.1 服务概述

该服务创建资源控制句柄,这些资源可被所属轻进程使用的方式不限。当轻进程访问资源时,轻进程占用该资源。当轻进程彻底释放资源后,其他的轻进程方可访问该资源。

6.6.18.2 服务参数结构

该服务的服务参数如表 38 所示。

表 38 创建专有信号量参数结构

参数名	Req	Cnf
自变量		S
信号量句柄		M
Result(—)		S
错误		M

6.6.18.3 服务参数

6.6.18.3.1 自变量

该服务请求没有参数。

6.6.18.3.2 **Result(+)**

该选择类型参数显示服务请求成功。

6.6.18.3.3 **信号量句柄**

这是控制访问受保护资源的句柄。

6.6.18.3.4 **Result(—)**

该选择类型参数显示服务请求失败。

6.6.18.3.5 **错误**

该参数应该显示了下列中的一个错误：
——不可获得更多的信号量控制；
——任何其他错误。

6.6.18.4 **服务过程**

如果可以获取访问控制的资源，则创建一个控制对象，并返回句柄。否则返回一个错误。

6.6.19 **等待专有信号量**

6.6.19.1 **服务概述**

通过该服务请求访问受指定信号量保护的资源。对于所属轻进程而言，访问是允许的。如果另一轻进程请求访问，则访问资源延迟，直到超过一段指定时间或者所属过程释放该资源。

6.6.19.2 **服务参数结构**

该服务的服务参数如表39所示。

表39 等待专有信号量参数结构

参数名	Req	Cnf
自变量	M	
信号量句柄	M	
最长等待时间	M	
Result(+)		S
Result(—)		S
错误		M

6.6.19.3 **服务参数**

6.6.19.3.1 **自变量**

自变量包括服务请求的参数。

6.6.19.3.2 **信号量句柄**

该参数是保护资源的专有信号量句柄。句柄由服务创建专有信号量在之前返回。

6.6.19.3.3 最长等待时间

这是延迟对受保护资源访问的最长时间。

6.6.19.3.4 Result（+）

该选择类型参数显示服务请求成功，可以访问受保护资源。

6.6.19.3.5 Result（-）

该选择类型参数显示服务请求失败。

6.6.19.3.6 错误

该参数应该显示了下列中的一个错误：

——信号量句柄无效；

——超过最长等待时间；

——任何其他错误。

6.6.19.4 服务过程

如果信号量句柄有效，并且资源为这一轻进程占用或者资源不为任何轻进程占用，则允许访问受保护资源。如果资源属于另一轻进程，那么资源访问延迟，直至资源被完全释放或者超过指定等待时间。如果超过等待时间，则返回一个错误。

如果这是轻进程的首次访问，那么资源属于该轻进程。

6.6.20 释放专有信号量

6.6.20.1 服务概述

通过该服务，可解除指定信号量对资源的访问保护。如果该服务释放访问的数量相当于等待专有信号量服务未释放访问的数量，那么轻进程对该资源的占用超期。

6.6.20.2 服务参数结构

该服务的服务参数如表 40 所示。

表 40 释放专有信号量参数结构

参数名	Req	Cnf
自变量	M	
信号量句柄	M	
Result(+)		S
Result(-)		S
错误		M

6.6.20.3 服务参数

6.6.20.3.1 自变量

自变量包括服务请求的参数。

6.6.20.3.2 信号量句柄

该参数是保护资源的计数信号量句柄。句柄由服务创建专有信号量在之前返回。

6.6.20.3.3 Result（+）

该选择类型参数显示服务请求成功，通知受保护资源得到释放。

6.6.20.3.4 Result（-）

该选择类型参数显示服务请求失败。

6.6.20.3.5 错误

该参数应该显示了下列中的一个错误：
——信号量句柄无效；
——不可再释放；
——任何其他错误。

6.6.20.4 服务过程

如果信号量句柄有效，通知信号量释放。否则返回一个错误。

服务等待专用信号量和释放专有信号量的匹配受到控制。如果请求数相同，受保护资源可被其他轻进程访问。

6.6.21 删除专有信号量

6.6.21.1 服务概述

该服务删除专用信号量，并释放曾经分配给此信号量的所有资源。

6.6.21.2 服务参数结构

该服务的服务参数如表 41 所示。

表 41 释放专有信号量参数结构

参数名	Req	Cnf
自变量	M	
信号量句柄	M	
Result(+)		S
Result(-)		S
错误		M

6.6.21.3 服务参数

6.6.21.3.1 自变量

自变量包括服务请求的参数。

6.6.21.3.2 信号量句柄

该参数是保护资源的专用信号量句柄。句柄由服务创建专有信号量在之前返回。

6.6.21.3.3 Result（+）

该选择类型参数显示服务请求成功，信号量删除。

6.6.21.3.4 Result（−）

该选择类型参数显示服务请求失败。

6.6.21.3.5 错误

该参数应该显示了下列中的一个错误：
——信号量句柄无效；
——受保护资源仍被其所有；
——任何其他错误。

6.6.21.4 服务过程

如果信号量句柄有效，轻进程不占用受保护资源，信号量删除。否则返回一个错误。

6.6.22 开启调试日志

6.6.22.1 服务概述

该服务开启调试信息的日志信道。

6.6.22.2 服务参数结构

该服务的服务参数如表 42 所示。

表 42 开启调试日志参数结构

参数名	Req	Cnf
自变量	M	
调试信道标识符	M	
Result(＋)		S
日志句柄		M
Result(－)		S
错误		M

6.6.22.3 服务参数

6.6.22.3.1 自变量

自变量包括服务请求的参数。

6.6.22.3.2 调试信道标识符

该参数标识调试信道。信道由 RMS 用户定义，调试信道资源由 RMS 供应者分配。

6.6.22.3.3 Result（＋）

该选择类型参数显示服务请求成功。

6.6.22.3.4 日志句柄

这是进一步访问调试信道的句柄。

6.6.22.3.5 Result（－）

该选择类型参数显示服务请求失败。

6.6.22.3.6 错误

该参数应该显示了下列中的一个错误：
——无法获取更多调试信道；
——标识符无效；
——任何其他错误。

6.6.22.4 服务过程

如果可以获取调试信道，并且标识符有效或者没有给出标识符，新调试信道创建，以分流文本信息。否则返回一个错误。

6.6.23 写入调试信息

6.6.23.1 服务概述

该服务给调试信道写入一则信息。

6.6.23.2 服务参数结构

该服务的服务参数如表 43 所示。

表 43 写入调试信息参数结构

参数名	Req	Cnf
自变量	M	
日志句柄	M	
调试信息	M	
Result(＋)		S
Result(－)		S
错误		M

6.6.23.3 服务参数

6.6.23.3.1 自变量

自变量包括服务请求的参数。

6.6.23.3.2 日志句柄

该参数是调试信道句柄。句柄由开启调试日志服务返回。

6.6.23.3.3 Result(+)

该选择类型参数显示服务请求成功,信息接受。

6.6.23.3.4 Result(-)

该选择类型参数显示服务请求失败。

6.6.23.3.5 错误

该参数应该显示了下列中的一个错误:
——日志句柄无效;
——调试信道暂时无法获得;
——调试信道耗尽;
——任何其他错误。

6.6.23.4 服务过程

如果日志句柄有效,调试信道准备接受信息,那么信息写入调试日志。否则返回一个错误。

6.6.24 关闭调试日志

6.6.24.1 服务概述

该服务关闭调试信道。

6.6.24.2 服务参数结构

该服务的服务参数如表44所示。

表44 关闭调试日志参数结构

参数名	Req	Cnf
自变量	M	
日志句柄	M	
Result(+)		S
Result(-)		S
错误		M

6.6.24.3 服务参数

6.6.24.3.1 自变量

自变量包括服务请求的参数。

6.6.24.3.2 日志句柄

该参数是调试信道句柄。句柄由开启调试日志服务返回。

6.6.24.3.3 Result(+)

该选择类型参数显示服务请求成功,调试信道关闭。

6.6.24.3.4 Result(-)

该选择类型参数显示服务请求失败。

6.6.24.3.5 错误

该参数应该显示了下列中的一个错误:

——日志句柄无效;

——调试信道忙碌;

——任何其他错误。

6.6.24.4 服务过程

如果日志句柄有效,并且调试信道不忙,则信道关闭。否则返回一个错误。

6.7 RMS 状态机的状态

6.7.1 状态转换

从一个状态向下一个状态的转换由服务、超时和任务完成来实施。服务错误会阻止状态转换,并排除在状态图外。

6.7.2 状态图概述

RMSI 可以拥有不同版本的相似服务。一项服务使用前,必须选择要求的版本号。用户仅可选择其应用所需的服务,这些服务可能只是所有 RMS 的一部分(见图 4)。

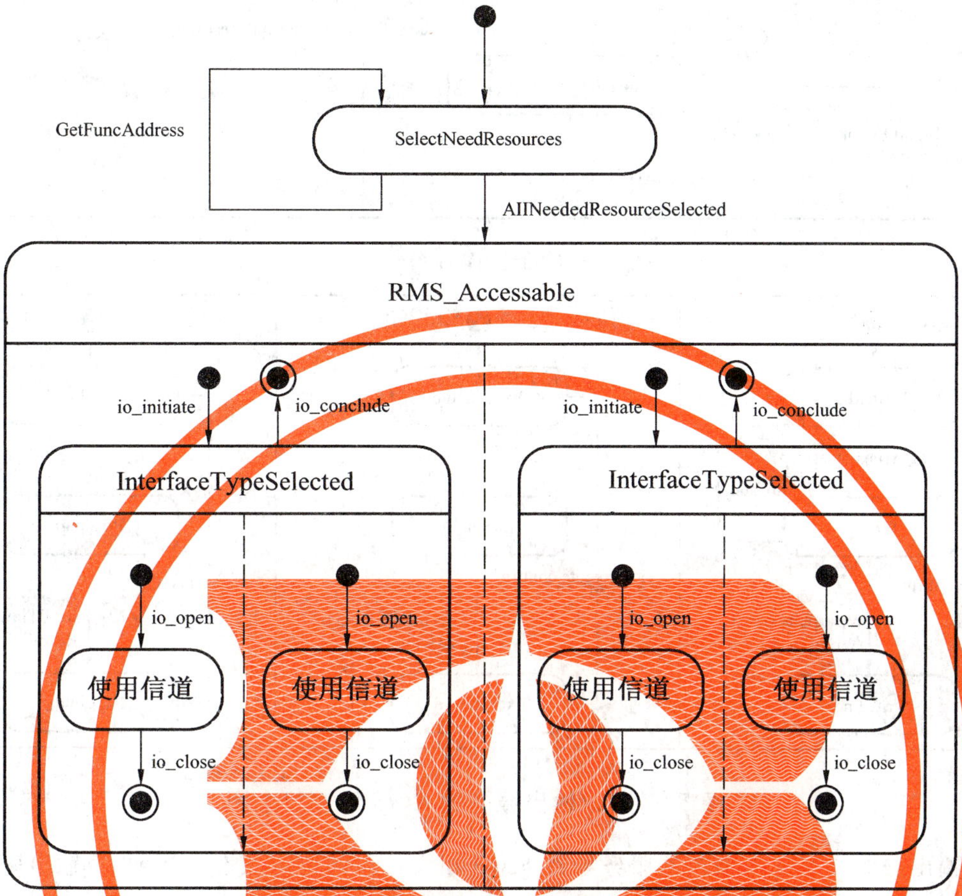

图 4 具有多个外围接口的 RMS 概要状态图

RMSI 可以支持任意数量的不同外围接口，这些外围接口可以拥有任意数量的通信信道。io_initiate 服务创建接口类型对象，io_open 服务创建通信信道对象。因此，当一个接口类型的不同信道对象可以处于不同状态时，不同接口类型对象也可以处于不同状态。图 4 通过任意数量接口类型对象和信道对象中的两个不同区域为例，说明了这一点。

6.7.3 信道状态图

同外围接口进行数据交换或者实施外围组件处理过程，必须考虑处理的时间，可以规定超时或者取消该进程。过程细节如图 5 所示。

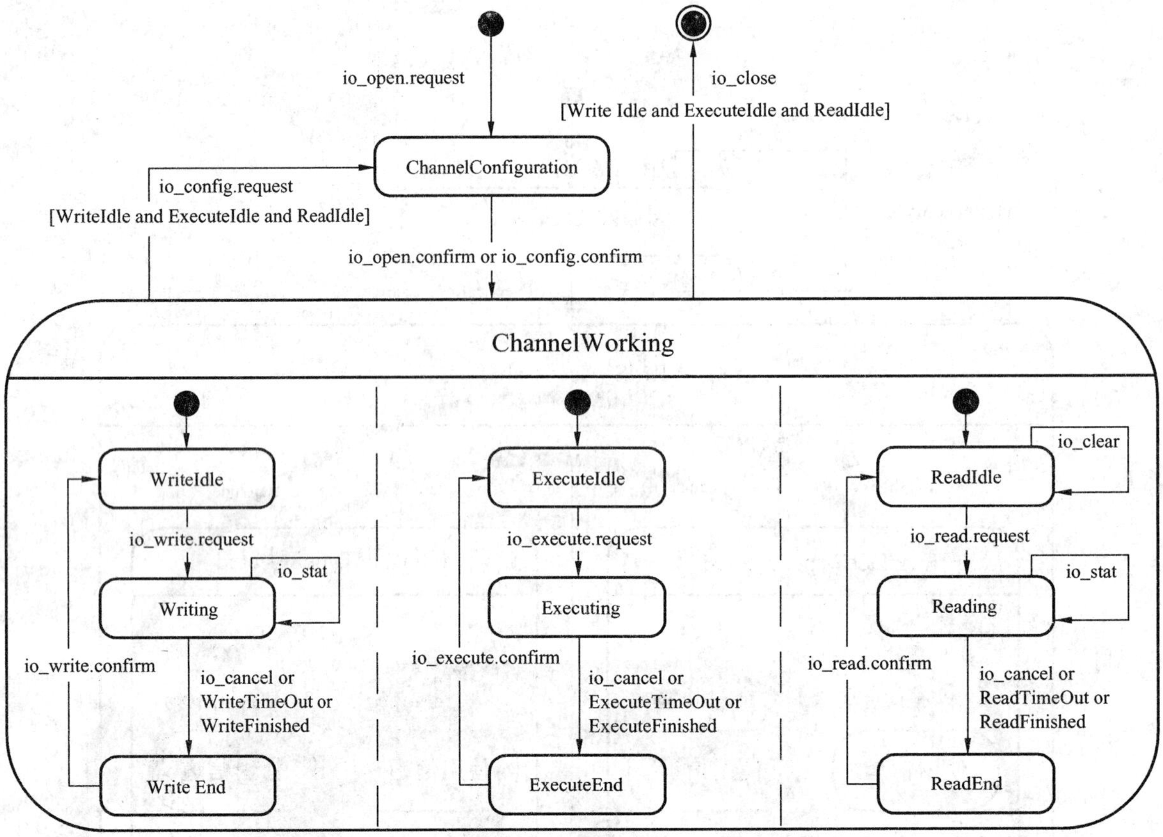

图 5　输入/输出服务的 RMS 信道状态图

输入/输出服务及其匹配的扩展服务导致 RMS 相应过程的特定状态。当输入/输出服务直接与扩展服务相连时,状态转换仅以输入/输出服务进行描述。

6.7.4　RMSI 状态

6.7.4.1　SelectNeededResources 状态

这是 RMSI 的起始状态,只能获取 GetFuncAddress 服务。在这项服务中,通过服务名称和版本号选择需要的其他服务。选择完成后,RMS 用户可以使用该服务。

6.7.4.2　RMS_Accessible 状态

如果 RMSI 用户选择了需要的所有资源,则用户进入此状态。对一项服务而非 GetFuncAddress 进行首次访问时,状态转换则随之发生。

6.7.4.3　InterfaceTypeSelected 状态

通过 io_initiate 服务进入此状态。选定并可使用某指定类型的外围接口或组件。有多少种不同类型没有限定。相对于不同类型,任意数量的 TypeSelected 状态均有可能同时存在。

6.7.4.4　ChannelConfiguration 状态

该状态属于选定接口类型的一个单一信道,通过 io_open. request 服务从 TypeSelected 状态进入,或通过 io_config. request 服务从 ChannelWorking 状态进入。如果带有 io_open 服务的外围接口或组件配置失败,则再次回到接口 TypeSelected 状态。如果带有 io_config 服务的配置失败,再次回到

ChannelWorking 状态，其配置仍为原有配置。

6.7.4.5 **ChannelWorking 状态**

如果外围接口信道或组件配置成功，进入该状态。此外，如果配置失败，原有配置继续有效，再次进入该状态。

6.7.4.6 **WriteIdle 状态**

信道准备传输数据，并等待 io_write.request 命令。如果该信道的读取和执行区域分别处于 ReadIdle 或 ExecuteIdle 状态，那么可以通过 io_close 服务离开 ChannelWorking 状态。

6.7.4.7 **Writing 状态**

信道正在传输数据。可以通过 io_cancel 服务中途停止传输。如果传输完成或者传输需要时长多于指定时间，则从此状态向另一状态转换。通过 io_stat 服务，可以确定实际传输的字节数。

6.7.4.8 **WriteEnd 状态**

写入完成或异常终止，并创建批准以再次进入 WriteIdle 状态。

6.7.4.9 **ReadIdle 状态**

信道准备接收数据，并等待 io_read.request 命令。如果该信道的写入和执行区域分别处于 WriteIdle 和 ExecuteIdle 状态，那么可以通过 io_close 服务离开 ChannelWorking 状态。

6.7.4.10 **Reading 状态**

信道正在接收数据，并等待外围输入。接收活动可以通过 io_cancel 服务中途停止。如果接收活动结束或者超过了指定时长，则该状态被废弃。通过 io_stat，可以确定实际接收的字节数。

6.7.4.11 **ReadEnd 状态**

读取完成或者中途停止，并创建批准以再次进入 ReadIdle 状态。

6.7.4.12 **ExecuteIdle 状态**

信道准备好实施外围进程，并等待 io_execute.request。如果该信道的读取和写入区域分别处于 ReadIdle 和 WriteIdle 状态，那么通过 io_close 服务可以废弃 ChannelWorking 状态。

6.7.4.13 **Executing 状态**

外围进程正在进行。通过 io_cancel 服务可以中途停止该进程的实施。如果进程实施完毕或者超过指定时间，那么可以从该状态转换为其他状态。

6.7.4.14 **ExecuteEnd 状态**

实施过程完成或者中途停止，创建批准以便再次进入 ExecuteIdle 状态。

附 录 A
（资料性附录）
RMSI 实施导则——C/C++功能调用服务映射

A.1 一致性说明

使用此实施导则将确保同一操作系统的 RMSI 的实施与其接口和服务过程一致。而且，RMSI 的实施还将和 4.3 版本的 ASAM GDI 平台适配器的实施保持一致。

A.2 映射规则的使用

这些映射规则对于有效执行 RMSI 来说还不够充分。第 6 章的服务描述也应该考虑进去。

A.3 C 和 C++标准

C 编程语言在 ISO/IEC 9899 中标准化。C++编程语言在 ISO/IEC 14882 中标准化。

A.4 简单数据类型协议

如果没有特别规定，本附录使用的 C/C++简单数据类型反映了 32 位环境，因而多数情况下独立于操作系统。如果采用其他环境(例如 64 位)，一些简单数据类型可不独立于操作系统。在这样的情形下，实施必须按照 ASAM GDI 的相应规定进行记录。

字符串为 8 比特值(8 进制)字段，不含 0 值。值 0 表示一个字符串结束。

A.5 专用简单数据类型

A.5.1 操作系统独立类型

对于服务原语参数，专用简单数据类型的操作系统独立定义的使用应如表 A.1 所示。

表 A.1 操作系统独立参数数据类型

数据类型	C/C++定义	备注
APICHAR	signed char	范围 128～127
APIBYTE	unsigned char(无符号字节型)	范围 0～2exp8
APIRET	signed short	范围 65 536～65 535
APIHND	unsigned long	范围 0～2exp32

A.5.2 操作系统非独立类型

对于服务原语参数，专用简单数据类型的操作系统非独立定义的使用应如表 A.2 所示。

表 A.2 操作系统非独立函数调用

数据类型	Win32 C 定义	Linux C 定义
PA_CALL	_stdcall	无特定函数类型
PA_CB	_cdecl	无特定函数类型

A.6 专用复杂数据类型

A.6.1 编写协议

复杂数据类型应该以 8 字节对齐方式进行编译。

A.6.2 C 数据结构

对于一些服务原语参数，操作系统独立数据结构的使用应如表 A.3 所示。

表 A.3 操作系统独立数据结构

数据类型	C/C++定义	备注

IO_STAT	struct
	{
	short errorCode;
	unsigned long nrChrs;
	};
		errorCode:
		外围接口信道的状态(错误)
		nrChr:
		接收或传输字节数

IO_CONFDAT	struct
	{
	char * name;
	short typeId;
	void * paramPtr;
	PA_CB * completePtr;
	PA_CB * eventPtr;
	};
		name:
		外围接口信道名称
		typeId:
		接口类型标识符
		paramPtr:
		信道特定配置数据的数据结构地址
		completePtr:
		异步通信完成时应被调用函数的地址
		eventPtr:
		如果 RMS 供应者或扩展的供应者有事件发生，应被调用函数的地址

OS_UCT	struct
	{
	long seconds;
	unsigned long microSec;
	};
		seconds:
		自 1970 年 1 月 1 日 00:00 点(UTC)以来的秒数
		microSec:
		自上一秒以来的微秒数

表 A.3(续)

数据类型	C/C++定义	备注

A_TIME	struct
	{
	short year;
	char month;
	char mday;
	char hour;
	char minute;
	char second;
	short milliSec;
	short microSec;
	short nanoSec;
	long timeZoneDiff;
	};
		Year:
		实际年份(如 2007)
		Month:
		自一月以来的实际月份(1～12)
		Mday:
		自这个月第一天的实际天数(1～31)
		Hour:
		自午夜以来的小时数(0～23)
		minute:
		小时之后的分钟数(0～59)
		Second:
		分钟之后的秒数(0～59)
		milliSec:
		秒后的千秒数(0～999)
		microSec:
		千秒后的微妙数(0～999)
		nanoSec:
		微妙后的纳秒数(0～999)
		timeZoneDiff:
		UTC 与本地时间的差别,以秒计

A.7 预定义常量协议

如果常量通过名称使用,常量必须在头文件中进行定义。头文件名称在 ASAM GDI 相关规定中指定。由于头文件内容可以通过将来执行进行扩展,不同版本设备驱动和不同版本平台适配器的组合也在头文件中进行处理,这些不在 GB/T 22270 的本部分描述。

本附录使用的预定义常量如表 A.4 所示。

表 A.4 预定义常量

名称	值	描述
IOEXT_GETFUNCID	0	通过名称获取其他操作的专用操作标识符

A.8 函数原型协议

函数原型如下所述

returnType callType functionName (list of argument types).

在后面的描述中,类型 returnType 的返回值称为 return。自变量称为 arg,并以 1 开始计数,写为 arg1,arg2 等。

A.9 返回值

如表A.5所示的列举用于几个函数的返回值。

表A.5 返回值列举

计数器	名称	描述
0	COM_FIN	以同步模式成功完成一个函数
1	COM_BUSY	以异步操作模式已开始一个函数

如果指针或句柄是期待的返回值,只有在错误情况下方为零,以名称NULL表示。

A.10 错误数字

如果出错,大多数函数返回负值。其含义如表A.6所示。

表A.6 错误数字

错误数字	描述
—1	接口类型未知或未开启
—2	扩展服务供应者不可用或者不在范围内或者未被释放
—3	接口类型已初始化
—4	内存错误
—5	硬件故障
—6	不可临时访问,进程忙
—7…—9	为将来使用预留
—10	未知或未开启信道(找不到信道名)
—11	信道已经开启
—12	自变量清单中信道名丢失
—13	异步通信回调地址丢失
—14	事件处理回调地址丢失
—15	协议地址无效或未找到
—16	端口地址无效或未找到
—17	传输速度不可调整
—18	传输数据长度不可调整
—19	字符长度无效
—20	传输缓冲区错误、分配或解除分配失败
—21…—24	为将来使用预留
—25	没有以扩展访问支持函数

表 A.6(续)

错误数字	描述
−26	数据发送进程忙
−27	数据接收进程忙
−28,−29	为将来使用预留
−30	服务句柄未知或已经被此设备 ID 使用
−31…−34	为将来使用预留
−35	通信不能删除
−36…−39	为将来使用预留
−40	通信或操作超时
−41	资源不可获取
−42	进程中删除通信或被用户删除通信
−43	发送数据的队列拥堵
−44	接收数据的队列拥堵
−45…−49	为将来使用预留
−50	未知函数名
−51	未知函数标识符
−52…−89	为将来使用预留
−90	未知操作标识符
−91	操作失败
−92…−99	为将来使用预留
−100	不明确参数错误或丢失参数结构
<−100	明确的参数错误 绝对值负 100 是参数结构中第一个错误参数的目录,参数结构的结构元素从 1 开始往上数

A.11 管理支持服务函数

管理支持服务各函数如表 A.7 所述。

表 A.7 管理支持函数描述

服务	函数原型	与服务参数的关系
获取服务参考	void* PA_CALL getFuncAddress (short,APICHAR*)	arg1:版本号(见以下) arg2:服务标识符,用于确定字串的服务名称 return:相关函数的地址,或者函数未找到则为 NULL

表 A.7（续）

服务	函数原型	与服务参数的关系
初始化外围接口类型	short PA_CALL io_initiate (APICHAR* ,APICHAR*)	arg1:包含扩展服务供应者名称的字串，或者如果扩展服务供应者不是所需要的，则为空白字串。 arg2:包含相连接接口类型名的字串 return:识别已连接接口类型的一个大于零的数字，或指示错误的一个负值(表 A.6)
结束外围接口类型	short PA_CALL io_conclude (short)	arg1:由 io_initiate 返回的类型标识符 return:如果接口正常关闭，值 COM_FIN，否则为指示错误的一个负值(表 A.6)

通过 getFuncAddress 得到的请求服务的版本号由 arg1 的高低两个字节进行编码。

由函数返回的可能性错误清单见 6.3 服务描述的相关错误参数。

A.12 输入/输出服务函数

A.12.1 与 6.4 的服务描述相关的函数

输入/输出服务函数如表 A.8 所述。

表 A.8 通用输入/输出函数描述

服务	函数原型	与服务参数的关系
开启外围接口信道	short PA_CALL io_open (IO_CONFDAT*)	arg1:数据结构见表 A.3 return:大于零的一个数字，用于识别为进一步访问开启的信道，或者显示错误的一个负值(见表 A.6)
重新配置外围接口信道	short PA_CALL io_config (short,IO_CONFDAT*)	arg1:开启信道的标识符 arg2:数据结构见表 A.3 reture:如果信道重新配置正确，返回值 COM_FIN，否则表示错误的一个负值(见表 A.6)
读取数据	short PA_CALL io_read (short, APIBYTE* , unsigned long, IO _ STAT* , APIHND, unsigned long)	arg1:开启信道标识符 arg2:供内存用以保存接收数据的用户地址 (用户提供内存的地址，用于保存接收到的数据) arg3:最多接收到的字节数 arg4:数据结构见表 A.3 arg5:由 RMS 用户提供的大于零的通信进程标识符，由 RMS 供应者通过调用 io_complete 传回；值零则表示同步通信。 Arg6:以毫秒计的通信进程最大时长 return:如果请求同步通信，进程完成正确，为值 COM_FIN，或者进程开始异步接收数据，为值 COM_BUSY，或者表示错误的一个负值(表 A.6)

表 A.8(续)

服务	函数原型	与服务参数的关系
写入数据	short PA_CALL io_write (short, APIBYTE*, unsigned long, IO _ STAT*, APIHND, unsigned long)	arg1:开启信道标识符 arg2:提供内存保存正在传送数据的用户地址 arg3:被传送字节数 arg4:数据结构见表 A.3 arg5:由 RMS 用户提供的大于零的通信进程标识符,由 RMS 供应者通过调用 io_complete 传回;值零则表示同步通信。 arg6:以毫秒计的传输进程最大时长 return:如果请求同步通信,进程完成正确,为值 COM_FIN,或者进程开始异步传输数据,为值 COM_BUSY,或者表示错误的一个负值(表 A.6)
实施操作	short PA_CALL io_execute (short, APIHND, void*, void*, void*, APIHND, unsigned long)	arg1:开启信道标识符 arg2:操作标识符 arg3:供内存用以保存操作输入数据的用户地址 arg4:供内存用以保存操作输出数据的用户地址 arg5:供内存用以保存操作返回值数据的用户地址 arg6:由 RMS 用户提供的大于零的通信进程标识符,由 RMS 供应者通过调用 io_complete 传回;值零则表示同步通信。 arg7:以毫秒计的此执行进程最大时长 return:如果请求同步通信,进程完成正确,值为 COM_FIN,或者进程开始异步执行,值为 COM_BUSY,否则表示错误的一个负值(表 A.6)
删除通信	short PA_CALL io_cancel (short, APIHND)	arg1:开启信道标识符 arg2:通过开始挂起服务给出的通信进程标识符 return:如果指定通信进程被删除,值 COM_FIN,否则表示错误的一个负值(表 A.6)
获取外围接口信道状态	short PA_CALL io_stat (short, APIHND, IO_STAT*)	arg1:开启信道标识符 arg2:通过开始正被检查的服务得到的通信进程标识符 arg3:数据结构见表 A.3 return:如果确定了指定通信进程的状态,值 COM_FIN,否则,表示错误的一个负值(表 A.6)
清除只读缓存区	short PA_CALL io_clear (short)	arg1:开启信道标识符 return:如果指定信道的只读缓存区被清除,值 COM_FIN,否则,表示错误的一个负值(表 A.6)
关闭外围接口信道	short PA_CALL io_close (short)	arg1:开启信道标识符 return:如果指定信道关闭,值 COM_FIN,否则,表示错误的一个负值(表 A.6)

表 A.8(续)

服务	函数原型	与服务参数的关系
发出事件信号	short PA_CB io_event (short,APIHND,void*)	arg1:事件所属信道的标识符,或者如果此事件不属于指定信道或与所有信道(广播)有关,则为零 arg2:事件标识符 arg3:事件指定数据结构的指针 return:如果事件得到处理,值 COM_FIN,如果开始处理并正在继续,值 COM_BUSY,否则,表示错误且事件未被处理的一个负值(表 A.6)

函数 io_execute 还可以通过提供操作的名称来获取操作标识符。为此,带有预定义标识符 IOEXT_GETFUNCID 的操作以所要求的操作名称作为输入参数得以调用。输出参数是所要求的操作标识符。

函数 io_event 必须由 RMSI 用户提供,如果是本地事件,由 RMS 供应者调用。C/C++实施应该使用回调函数处理这些事件。此函数地址在 RMS 供应者通过调用 io_open 表示,可以通过 io_config 更改。

A.12.2 处理异步通信的额外函数

第 6 章资源管理服务的描述对于专用通信场景(如同步和异步通信)来说是中性的。C/C++实施应该用回调函数处理异步通信。

RMSI 用户提供如表 A.9 描述的函数,如果完成了以 io_read、io_write 或者 io_execute 开始的通信进程,函数由 RMS 供应者调用。这个函数地址在 RMS 供应者通过调用 io_open 表示,可以通过 io_config 更改。

表 A.9 异步通信的额外函数

服务	函数原型	与服务参数的关系
没有明确指定用于处理异步通信的服务	short PA_CB io_complete (APIHND,IO_STAT*)	arg1:通信进程标识符,由 RMS 用户通过调用 io_read、io_write 或 io_execute 提供,由 RMS 供应者通过调用 io_complete 传回。 arg2:数据结构见表 A.3 return:COM_FIN

A.13 扩展的服务功能

A.13.1 与 6.5 的服务描述有关的函数

扩展服务的函数如表 A.10 所示。

表 A.10 扩展服务函数

服务	函数原型	与服务参数的关系
初始化扩展接口类型	short PA_CALL ext_initiate (APICHAR* ,short)	arg1:通过 io_initiate 给予的接口名称 arg2:由 RMS 内部定义的接口类型标识符 return:如果接口可以使用,COM_FIN,否则错误(见表 A.6)

表 A.10（续）

服务	函数原型	与服务参数的关系
结束扩展接口类型	short PA_CALL ext_conclude (short)	见表 A.3 的 in_conclude
开启扩展接口	short PA_CALL ext_open (IO_CONFDAT*, short)	arg1:数据结构见表 A.3 arg2:由 RMS 内部定义的接口信道标识符 return:如果可以获得信道进行进一步访问,COM_FIN,否则,显示错误的一个负值(见表 A.6)
重新配置扩展接口	short PA_CALL ext_config (short, IO_CONFDAT*)	见表 A.8 的 io_config
读取扩展接口数据	short PA_CALL ext_read (short, APIBYTE*, unsigned long, IO_STAT*, APIHND, unsigned long)	见表 A.8 的 io_read
写入扩展接口数据	short PA_CALL ext_write (short, APIBYTE*, unsigned long, IO_STAT*, APIHND, unsigned long)	见表 A.8 的 io_write
执行扩展接口操作	short PA_CALL ext_execute (short, APIHND, void*, void*, void*, APIHND, unsigned long)	见表 A.8 的 io_execute
取消扩展通信	short PA_CALL ext_cancel (short, APIHND)	见表 A.8 的 io_cancel
获取扩展接口状态	short PA_CALL ext_stat (short, APIHND, IO_STAT*)	见表 A.8 的 io_stat
清除扩展接口只读缓冲区	short PA_CALL ext_clear (short)	见表 A.8 的 io_clear
关闭扩展接口	short PA_CALL ext_close (short)	见表 A.8 的 io_close
发出扩展事件信号	short PA_CB ext_event (short, APIHND, void*)	见表 A.8 的 io_event

函数 ext_event 必须由 RMS 提供,如果为本地事件,函数由扩展服务供应者调用。C/C++实施应该使用回调函数处理这些事件。此函数地址通过调用 ext_open 在扩展服务供应者提供,可以通过 ext_config 更改。

A.13.2 处理异步通信的额外函数

第 6 章资源管理服务的描述对专用通信场景(如同步和异步通信)来说是中性的。C/C++实施应该用回调函数处理异步通信。

RMS 提供如表 A.11 描述的一个函数，如果完成了以 ext_read、ext_write 或者 ext_execute 开始的通信进程，由扩展服务供应者调用。此函数地址在扩展服务供应者通过调用 ext_open 提供，并可以通过 ext_config 更改。

表 A.11　异步通信的额外函数

服务	函数原型	与服务参数的关系
没有明确指定用于处理异步通信的服务	short PA_CB ext_complete (APIHND,IO_STAT*)	arg1:通信进程标识符，由 RMS 通过调用 ext_read、ext_write 或 ext_execute 提供，由扩展服务供应者通过调用 io_complete 传回。 arg2:数据结构见表 A.3 return:COM_FIN

A.14　操作支持服务函数

A.14.1　和 6.6 的服务描述相关的函数

扩展服务函数如表 A.12 所示。

表 A.12　操作支持服务函数

服务	函数原型	与服务参数的关系
分配内存	APIBYTE* PA_CALL os_allocate (unsigned long)	arg1:相干数据内存中 APIBYTE 类的元素数 return:已分配内存的指针，如果分配失败，则为 NULL
重新分配内存	APIBYTE* PA_CALL os_reallocate (APIBYTE* ,unsigned long)	arg1:应该重新调整大小的已分配内存的指针 arg2:相干数据内存中 APIBYTE 类的元素数 return:已重新分配内存的指针，如果重新分配失败，则为 NULL
释放内存	short PA_CALL os_free (APIBYTE*)	arg1:应该释放的已分配内存的指针 return:如果内存已被释放，值为 COM_FIN，否则显示错误的一个负值(见表 A.6)
获取时间 以 A_TIME 结构显示的时间版本	void PA_CALL os_time_a (A_TIME*)	arg1:指向 A_TIME 结果的结构的指针 return:无返回值
获取时间 以 OS_UCT 结构显示的时间版本	void PA_CALL os_time (OS_UCT*)	arg1:结果 OS_UCT 结构指针 return:无返回值
获取进程时间	unsigned long PA_CALL os_clock (void)	return:以微秒计的 CPU 事件
等待	void PA_CALL os_delay (unsigned long)	arg1:以微秒计的等待时间 return:无返回值

表 A.12（续）

服务	函数原型	与服务参数的关系
创建计时器	APIHND PA_CALL os_settimer (pTimerCB,unsigned long,APIHND, unsigned long)	arg1:计时器过期失效被调回的回调函数指针 更多细节见 A.14.2 arg2:到计时器过期失效所请求的时长 arg3:用以标识此计时器的指针将是回调函数的一个自变量 arg4:此计时器反复运行的次数,值 0 定义一个必须由 os_killtimer 才能停止的定期运行的计时器 return:此计时器的标识符 0:计时器无法创建
以信号显示事件	For this service,a callback pointer to a function is installed See arg1 of prototype os_settimer	更多细节见 A.14.2
删除计时器	short PA_CALL os_killtimer (APIHND)	arg1:被停止和/或被删除计时器的标识符 这是 os_settimer 的一个返回值 return:如果计时器被删除,值为 COM_FIN,否则表示错误的一个负值(见表 A.6)
创建轻进程计时器	APIHND PA_CALL os_setLPTimer (pTimerCB, unsigned long, APIHND, unsigned long)	arg1:计时器过期失效被调回的回调函数指针更多细节见 A.14.2 arg2:至计时器过期失效所请求的时长 arg3:识别此计时器的指针,将是回调函数的一个自变量 arg4:此计时器反复运行的次数,值 0 定义一个必须由 os_killtimer 停止的定期运行的计时器 return:此计时器的标识符 0:计时器无法创建
以信号显示轻进程计时器事件	For this service,a callback pointer to a function is installed See arg1 of prototype os_setLPtimer	更多细节见 A.14.2
删除轻进程计时器	short PA_CALL os_killLPTimer (APIHND)	arg1:被停止和/或被删除计时器的指针 这是 os_setLPTimer 的一个返回值 return:如果计时器被删除,返回值为 COM_FIN,否则表示错误的一个负值(见表 A.6)
识别轻进程	APIHND PA_CALL os_getLPnumber (void)	Return:此函数调用者的当前轻进程标识符 0:当前轻进程未知

表 A.12（续）

服务	函数原型	与服务参数的关系
创建计数信号量	APIHND PA_CALL os_createSem (unsigned long)	arg1:信号量计数器,资源能同时使用的次数 return:信号量句柄
等待计数信号量	short PA_CALL os_waitSem (APIHND,unsigned long)	arg1:信号量句柄,由 os_createSem 返回 arg2:以微秒计的等待访问资源的最大时长 return:如果允许访问,返回值为 COM_FIN,否则显示错误的一个负值(见表 A.6)
释放计数信号量	short PA_CALL os_releaseSem (APIHND)	arg1:信号量句柄,由 os_createSem 返回 return:如果信号量被释放,返回值为 COM_FIN,否则显示错误的一个负值(见表 A.6)
删除计数信号量	short PA_CALL os_deleteSem (APIHND)	arg1:信号量句柄,由 os_createSem 返回 return:如果信号量被删除,返回值为 COM_FIN,否则显示错误的一个负值(见表 A.6)
创建专用信号量	APIHND PA_CALL os_createMutex (void)	return:信号量句柄
等待专用信号量	short PA_CALL os_waitMutex (APIHND,unsigned long)	arg1:信号量句柄,由 os_createMutex 返回 arg2:以微秒计的等待访问资源的最大时长 return:如果允许访问,返回值为 COM_FIN,否则显示错误的一个负值(见表 A.6)
释放专用信号量	short PA_CALL os_releaseMutex (APIHND)	arg1:信号量句柄,由 os_createMutex 返回 return:如果信号量被释放,返回值为 COM_FIN,否则显示错误的一个负值(见表 A.6)
删除专用信号量	short PA_CALL os_deleteMutex (APIHND)	arg1:信号量句柄,由 os_createMutex 返回 return:如果信号量被删除,返回值为 COM_FIN,否则显示错误的一个负值(见表 A.6)
开启调试日志	APIHND PA_CALL os_openDebug (APICHAR*)	arg1:字符串格式的调试信道名称 return:进一步访问此调试信道的句柄,如果调试信道没有开启,则为 NULL
写入调试信息	short PA_CALL os_writeDebug (APIHND,APICHAR*)	arg1:调试信道句柄,由 os_openDebug 返回 arg2:被写入调试信道的字符串指针 return:如果消息被写入,返回值为 COM_FIN,否则显示错误的一个负值(见表 A.6)
关闭调试日志	short PA_CALL os_closeDebug (APIHND)	arg1:调试信道句柄,由 os_openDebug 返回 return:如果调试信道关闭,值为 COM_FIN,否则显示错误的一个负值(见表 A.6)

A.14.2 发出计时器事件信号

对于以信号显示计时器事件，回调函数必需由 RMSI 用户提供，计时器过期失效时，函数由 RMS 供应者调用。这些函数的地址通过 os_settimer 和 os_setLPTimer 创建计时器在 RMS 供应者提供。这些回调函数的原型以 C/C++定义，如表 A.13 所示。

表 A.13 计时器事件的回调函数类型

函数原型类型定义	与服务参数的关系
typedef short(PA_CB* pTimerCB)(APIHND,IO_STAT*)	arg1:通信进程标识符，由 RMS 用户通过调用 os_settimer 或 os_setLPTimer 提供，由超期失效的计时器传回 arg2:数据结构见表 A.3 return:COM_FIN

附 录 B
(资料性附录)
使用 RMSI 的设备驱动级联

B.1 级联原则

在 GB/T 22270.1—2008 的附录 C 中,级联被描述成当设备驱动直接使用其他设备驱动的虚拟设备服务接口(VDSI)而非平台适配器的 RMSI 时的状态。如果标准设备驱动需要级联,那么必须要以 RMSI 覆盖潜在系统的设备驱动。

一个潜在系统可以是包括协调器、设备驱动和平台适配器的一个 GB/T 22270 全栈,或仅为另一设备驱动。由于一个 GB/T 22270 环境中只可以有一个平台适配器,因而必须准备使用级联。

B.2 使用应用程序服务接口(APSI)的级联

如果驱动级联通过 APSI 实施,通过扩展服务将 RMSI 输入/输出服务映射到 APSI 服务,必需有平台适配器扩展。然后,特定协调器访问 ISO 20242-5 定义的下层设备驱动(图 B.1 中的点线白箭头)。

B.3 无 APSI 的级联

如果级联不使用协调器,通过扩展服务将 RMSI 输入/输出服务映射到 VDSI 服务,必须由平台适配器扩展。这将直接访问下层设备驱动(图 B.1 中的点线阴影线箭头)。

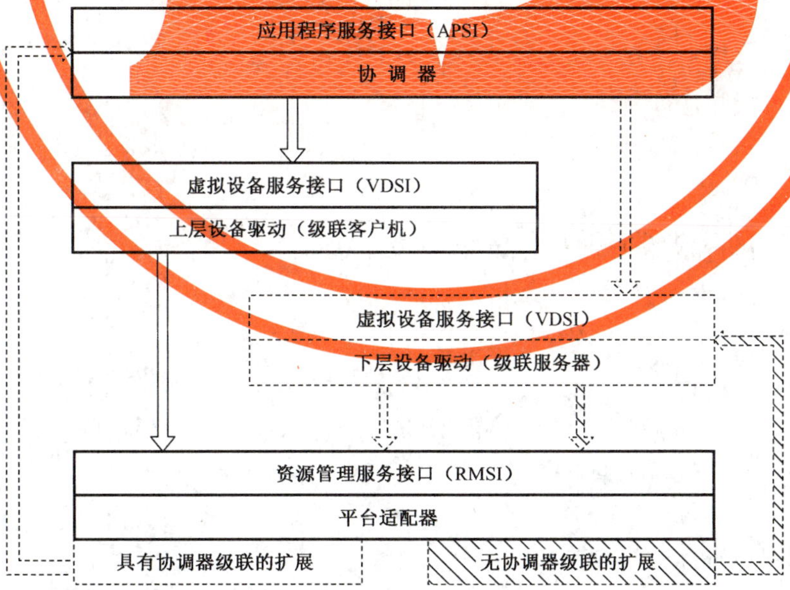

图 B.1 通过 VDSI 的设备级联

参 考 文 献

[1] GB/T 22270.1—2008 工业自动化系统与集成 测试应用的服务接口 第1部分:概述(ISO 20242-1:2005,IDT)

[2] ISO 20242-5[1)] Industrial automation systems and integration—Service interface for testing applications—Part 5: Application program service interface

[3] ISO/IEC 9899 Programming languages—C

[4] ISO/IEC 10731 Information technology—Open Systems Interconnection—Basic Reference Model—Conventions for the definition of OSI services

[5] ISO/IEC 14882 Programming languages—C++

[6] Association for Standardization of Automation and Measuring Systems(ASAM)—Generic Device Interface Version 4.3.1

1) 起草中。

ICS 75.180.10
E 92

中华人民共和国国家标准

GB/T 22512.1—2012

石油天然气工业　旋转钻井设备 第1部分:旋转钻柱构件

Petroleum and natural gas industries—Rotary drilling equipment—Part 1:Rotary drill stem elements

(ISO 10424-1:2004,MOD)

2012-03-09 发布　　2012-07-01 实施

中华人民共和国国家质量监督检验检疫总局
中国国家标准化管理委员会　发布

前　言

GB/T 22512《石油天然气工业　旋转钻井设备》分为以下两个部分：

——第1部分：旋转钻柱构件；

——第2部分：旋转台肩式螺纹连接的加工与测量。

本部分为GB/T 22512的第1部分。

本部分按照GB/T 1.1—2009给出的规则起草。

本部分使用重新起草法修改采用ISO 10424-1:2004《石油天然气工业　旋转钻井设备　第1部分：旋转钻柱构件》。

本部分与ISO 10424-1:2004的技术性差异如下：

——关于规范性引用文件，本部分做了具有技术性差异的调整，以适应我国的技术条件，调整的情况集中反映在第3章“规范性引用文件”中，具体调整如下：

- 用修改采用国际标准的GB/T 228.1代替了ISO 6892(见6.5.2、8.2.1.1、8.3.2.1、10.2.1.1)；
- 用修改采用国际标准的GB/T 229代替了ISO 148(见5.2.3.1、6.5.3.1、7.5.3.1、8.2.1.3.1、10.2.1.3.1)；
- 用修改采用国际标准的GB/T 231.1代替了ISO 6506-1(见6.5.2、7.5.2、8.2.1.2、8.3.2.2、10.2.1.2)；
- 用修改采用国际标准的GB/T 5777代替了ISO 9303(见11.3.3、11.4.2.1)；
- 用等同采用国际标准的GB/T 9445代替了ISO 9712(见11.2)；
- 用等同采用国际标准的GB/T 15822.1代替了ISO 9934-1(见5.3.2.2、11.3.4)；
- 用等同采用国际标准的GB/T 18851.1代替了ISO 3452(见5.3.2.3、11.3.5)；
- 用GB/T 20972(所有部分)代替ISO 15156(所有部分)，两项标准各部分之间的一致性程度如下：
  - ◆ GB/T 20972.1 石油天然气工业　油气开采中用于含硫化氢环境的材料　第1部分：选择抗裂纹材料的一般原则(GB/T 20972.1—2007,ISO 15156-1:2001,IDT)；
  - ◆ GB/T 20972.2 石油天然气工业　油气开采中用于含硫化氢环境的材料　第2部分：抗开裂碳钢、低合金钢和铸铁(GB/T 20972.2—2008,ISO 15156-2:2003,MOD)；
  - ◆ GB/T 20972.3 石油天然气工业　油气开采中用于含硫化氢环境的材料　第3部分：抗开裂耐蚀合金和其他合金(GB/T 20972.3—2008,ISO 15156-3:2003,MOD)。
- 增加了引用GB/T 22512.2(见6.3、7.2.1、7.3.1、7.4.2、7.7、8.1.7.1.1、8.1.7.1.2、8.1.7.2、8.1.7.3、8.1.7.4、10.1.7.1、10.1.7.2、10.1.7.3)；
- 增加引用了API Spec 5DP(见图1中的注2、7.2.1、10.1)；
- 删除了引用文件API Spec 7。

——增加了“在外径大于241.3 mm(9 1/2 in)的钻铤上加工7 5/8 REG”时低扭矩结构的要求(见8.1.7.4)；

——增加了加重钻杆(HWDP)的内容(见第10章)；

——将无损检测人员资格改为“1级、2级或3级”(见11.2)；

——用标记“GB/T 22512.1”代替“ISO 10424-1”(见5.6、6.7、7.10、8.2.2、8.3.5、9.1.4、9.2.4)。

本部分做了下列编辑性修改：

——删除了国际标准第 2 章中相关的陈述；

——删除了国际标准的封面、PDF 声明、前言和引言。

另外，ISO 10424-1:2004 中的若干失误之处更正如下：

——删除了 5.3.1 中“抗磨损处理对无磁钻铤没有明显的效果，因此并不要求。”的陈述；

——表 4 和表 6 中第 6 列数值“133.3”由“133.4”代替；

——7.3.1 中规定“水龙头转换接头的上端和下端均应为左旋外螺纹连接”，而在图 5 中 C 型转换接头下端螺纹指示为“4”，即“旋转台肩式内螺纹或外螺纹连接”，应改为“5”，即“左旋外螺纹连接”；

——7.5.1 中“……应符合 7.2 中规定的钻铤的拉伸要求”中“7.2”改为“8.2”；

——7.5.3.2 中“试样应取自下加厚端……”，此处的“下加厚端(the lower upset)”应删除。

请注意本文件的某些内容可能涉及专利。本文件的发布机构不承担识别这些专利的责任。

本部分由全国石油钻采设备和工具标准化技术委员会(SAC/TC 96)归口。

本部分负责起草单位：北京石油机械厂。

本部分参加起草单位：石油工业井控装置质量监督检验中心、中国石油天然气集团公司管材研究所、宝鸡石油机械有限责任公司。

本部分主要起草人：王瑞霄、范育昭、江雨萬、杨玉刚、杨力能、徐婷、杨晓勇。

石油天然气工业　旋转钻井设备
第1部分:旋转钻柱构件

1　范围

GB/T 22512的本部分规定了下列钻柱构件的要求:上部和下部方钻杆旋塞阀、四方钻杆和六方钻杆、钻柱转换接头、标准钢钻铤和无磁钻铤、钻井钻头和取芯钻头、加重钻杆(HWDP)。

本部分不适用于钻杆和钻杆接头、旋转台肩式连接设计、螺纹测量方法或原始量规、校对量规和工作量规。

本部分适用的典型钻柱总成如图1所示。

2　一致性

2.1　度量单位

在本部分里,数据采用国际单位制(SI)与美国惯用单位制(USC)表示。对于某一特定的订单,只采用一种单位制,无需给出用另一种单位制表示的数据。

按照这两种单位制中的任意一种单位制表示的规范所制造的产品,应认为是等效的,并完全互换。因此,本部分中,以一种单位制表示的要求与以另一种单位制表示的要求是一致的。

本部分正文中的数据用SI表示,紧跟的圆括号中是用USC表示的数据。

2.2　表与图

分别给出了SI和USC两种单位制表示的数据表。正文中的表格以SI单位制表示,在附录A中列出了以USC单位制表示的表格。对于某一特定的订单,应只采用一种单位制表示。

图包含在有关特定产品的章节正文中,并用SI和USC两种单位制表示数据。

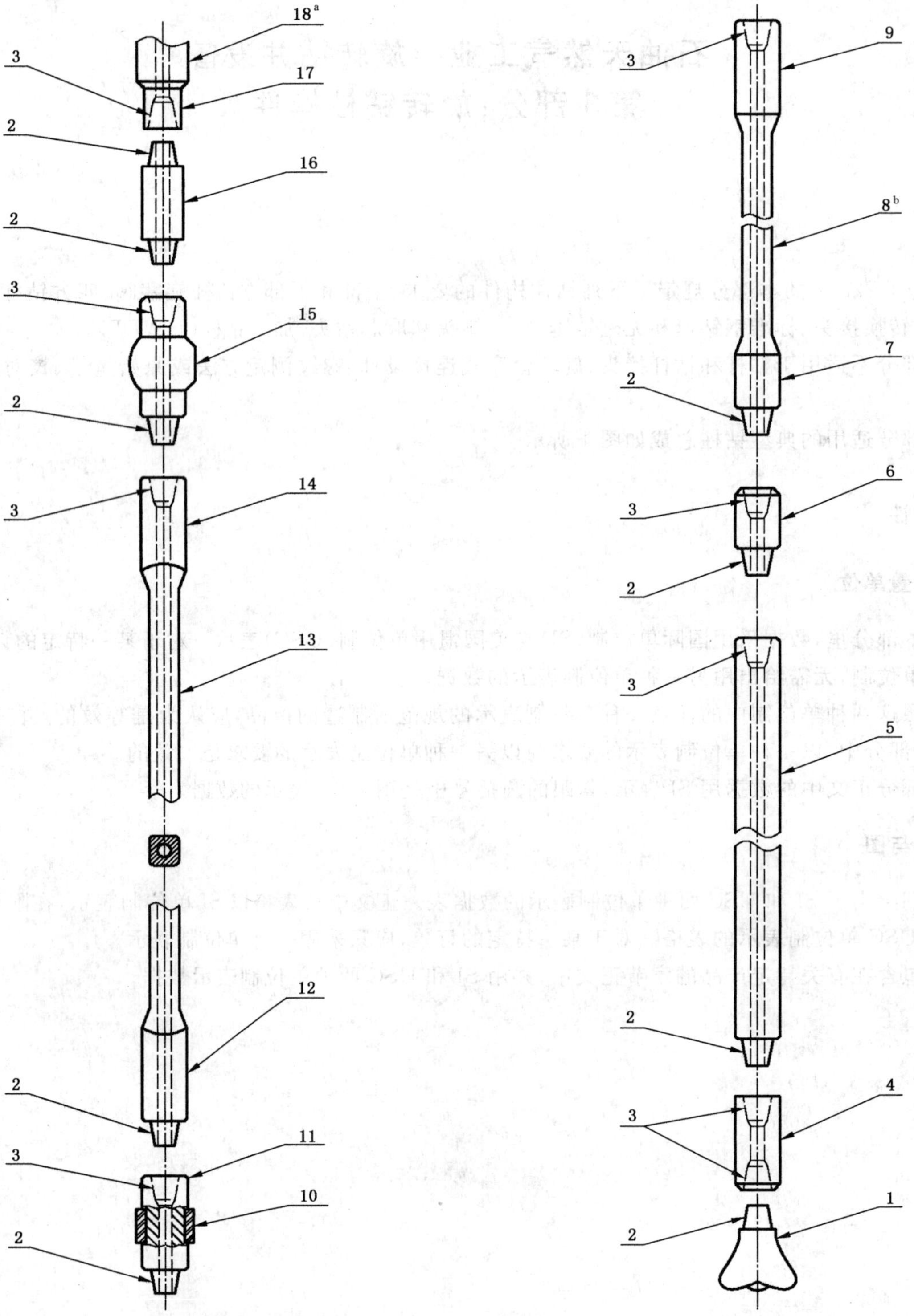

a) 总成上部　　　　b) 总成下部

说明：

1——钻头；
2——旋转台肩式外螺纹连接；
3——旋转台肩式内螺纹连接；
4——钻头转换接头；
5——钻铤；
6——转换接头；
7——钻杆接头外螺纹端；
8——钻杆；

图 1 典型钻柱总成

9——钻杆接头内螺纹端；
10——橡胶护箍；
11——下部方钻杆旋塞阀或方钻杆保护接头；
12——方钻杆下加厚端；
13——方钻杆驱动部分；
14——方钻杆上加厚端；
15——上部方钻杆旋塞阀；
16——水龙头转换接头；
17——水龙头中心管；
18——水龙头。

[a] 水龙头的要求见 ISO 13535。

[b] 带焊接接头的钻杆要求见 ISO 11961。

注 1：对脚注 a 所述条款而言，API Spec 8A 和 8C 与 ISO 13535 等效。

注 2：对脚注 b 所述条款而言，API Spec 5DP 与 ISO 11961 等效。

注 3：方钻杆下加厚端与钻头之间的所有旋转台肩式连接均是右旋。

注 4：方钻杆上加厚端与水龙头之间的所有旋转台肩式连接均是左旋。

图 1（续）

3 规范性引用文件

下列文件对于本文件的应用是必不可少的。凡是注日期的引用文件，仅注日期的版本适用于本文件。凡是不注日期的引用文件，其最新版本（包括所有的修改单）适用于本文件。

GB/T 228.1 金属材料 拉伸试验 第 1 部分：室温试验方法（GB/T 228—2010，ISO 6892-1：2009，MOD）

GB/T 229 金属材料 夏比摆锤冲击试验方法（GB/T 229—2007，ISO 148-1：2006，Metallic materials—Charpy pendulum impact test—Part 1：Test method，MOD）

GB/T 231.1 金属材料 布氏硬度试验 第 1 部分：试验方法（GB/T 231.1—2009，ISO 6506-1：2005，MOD）

GB/T 5777 无缝钢管超声波探伤检验方法（GB/T 5777—2008，ISO 9303：1989，MOD）

GB/T 9445 无损检测 人员资格鉴定与认证（GB/T 9445—2008，ISO 9712：2005，IDT）

GB/T 15822.1 无损检测 磁粉检测 第 1 部分：总则（GB/T 15822.1—2005，ISO 9934-1：2001，IDT）

GB/T 18851.1 无损检测 渗透检测 第 1 部分：总则（GB/T 18851.1—2005，ISO 3452：1984，Non-destuctive testing—Penetrant inspection—General principles，IDT）

GB/T 20972.1 石油天然气工业 油气开采中用于含硫化氢环境的材料 第 1 部分：选择抗裂纹材料的一般原则（GB/T 20972.1—2007，ISO 15156-1：2001，IDT）

GB/T 20972.2 石油天然气工业 油气开采中用于含硫化氢环境的材料 第 2 部分：抗开裂碳钢、低合金钢和铸铁（GB/T 20972.2—2008，ISO 15156-2：2003，MOD）

GB/T 20972.3 石油天然气工业 油气开采中用于含硫化氢环境的材料 第 3 部分：抗开裂耐蚀合金和其他合金（GB/T 20972.3—2008，ISO 15156-3：2003，MOD）

GB/T 22512.2 石油天然气设备 旋转钻井设备 第 2 部分：旋转台肩式螺纹连接的加工与测量（GB/T 22512.2—2008，ISO 10424-2：2007，MOD）

ISO 13665 压力用途的无缝钢管和焊接钢管—管身表面缺陷探测用磁粉检验（Seamless and welded steel tubes for pressure purposes—Magnetic particle inspection of the tube body for the detection of surface imperfections）

API RP 7G 钻柱设计和操作极限的推荐作法（Drill Stem Design and Operating Limits）

API Spec 5DP 钻杆规范（Specification for Drill Pipe）

ASTM A262 奥氏体不锈钢晶间浸蚀敏感性的检测标准作法（Standard Pratices for Detecting

Susceptibility to Intergranular Attack in Austenitic Stainless Steels)

ASTM A434 经热轧或冷精轧,淬火和回火的合金钢棒的标准规范(Standard Specification for Steel Bars,Alloy ,Hot—Wrought or Cold—Finished,Quenched and Tempered)

ASTM E587 采用接触法的超声波斜束检验的标准规程(Standard Practice for Ultrasonic Angle—Beam Examination by the Contact Method)

4 术语和定义、符号和缩略语

4.1 术语和定义

下列术语和定义适用于GB/T 22512的本部分。

4.1.1

波幅 amplitude

A型扫描接收的信号,由基准高度到波峰或波峰间的垂直高度。

4.1.2

A型扫描显示 A-scan display

超声波设备的一种显示方法,接收到的信号用相对于水平扫描时间轴的垂直高度或"尖信号"表示,两个信号间的水平距离代表两种条件下所产生的超声波信号经历的时间,此时间可换算成在材料中所传播的距离。

4.1.3

背反射 back reflection

从被检测面的相对面接收到的信号。

4.1.4

倒角直径 bevel diameter

旋转台肩式连接接触面的外径。

4.1.5

钻头转换接头 bit sub

通常两端为内螺纹连接、用于连接钻头和钻柱的接头。

4.1.6

内螺纹连接 box connection

石油专用管材(OCTG)上带有内螺纹(母螺纹)的螺纹连接。

4.1.7

弯曲强度比 bending strength ratio (BSR)

当旋转台肩式连接旋紧时,内螺纹与外螺纹抗弯截面模量的比值。对于内螺纹连接,该截面位于旋紧后外螺纹端面所对应的内螺纹处。对于外螺纹连接,该截面位于旋紧后最后一牙啮合螺纹处。

4.1.8

校准系统 calibration system

文件化的量规校准和控制系统。

4.1.9

冷加工 cold working

在温度低至可引起金属永久变形时,旋转台肩式连接的螺纹根部、圆角半径以及圆柱截面产生的塑性变形。

4.1.10

脱碳　decarburization

加热时由于介质中某些元素与碳发生反应，引起钢铁件表面含碳量降低的现象。

4.1.11

判定缺陷深度　depth prove-up

在材料表面修磨出一窄槽，使其通过表面缺陷指示直到指示底部的部位，然后采用深度仪测量深度并与验收准则相比较。

4.1.12

通径规　drift

用于检查钻柱构件最小内径的量规。

4.1.13

钻铤　drill collar

用以对钻头施加钻压的刚性大的厚壁管。

4.1.14

钻杆　drill pipe

两端带有钻杆接头的钢制管件。

4.1.15

锻造　forge

〈锤击〉施加压力使金属塑性变形到预期的形状，通常在热态下进行模锻或自由锻。

4.1.16

锻件　forging

〈制品〉用锻造方法得到的成形金属件。

4.1.17

全牙高螺纹　full-depth thread

螺纹牙底位于外螺纹的小径圆锥上或位于内螺纹的大径圆锥上的螺纹。

4.1.18

基准平面(基面、测量点)　gauge point

API 旋转台肩式连接上垂直于螺纹轴线的假想平面。

注：基准平面位于距产品外螺纹台肩 15.9 mm(0.625 in)处。

4.1.19

气密性　gas-tight

在规定时间内，规定的压力下，保持气体不泄漏的能力。

4.1.20

炉　heat

通过一批次熔化过程的单次循环所产生的金属量。

4.1.21

抗 H_2S 阀内件　H_2S trim

除外部阀体的所有部件，均满足 GB/T 20972.2 和 GB/T 20972.3 中硫化氢(H_2S)使用条件下的要求。

注：对本条款而言，NACE MR 0175 与 GB/T 20972.2 和 GB/T 20972.3 等效。

4.1.22

方钻杆　kelly

位于水龙头和钻杆之间，横截面内为圆孔、外为正方形或正六边形的钢制管件，靠转盘驱动管体并将扭矩传递给钻柱，内孔用于输送钻井液。

4.1.23

方钻杆保护接头　kelly saver sub

用以与方钻杆相连的转换接头，用于保护经常上、卸扣的方钻杆螺纹。

4.1.24

代号　label

表示旋转台肩式连接规格和型式的无量纲标记。

4.1.25

内螺纹长度　length of box thread (LBT)

内螺纹中从扭矩台肩至最后一牙全牙高螺纹的非承压牙侧与牙顶的交点所测得的螺纹长度。

4.1.26

批　lot

公称尺寸相同，热处理参数相同，连续热处理或分批热处理的同炉钢件。

4.1.27

低应力钢印　low-stress steel stamps

在标记面上不出现锋利突起的钢印。

4.1.28

下部方钻杆旋塞阀　lower kelly valve (Kelly cock)

直接安装在方钻杆下部的一种常开阀，其外径与钻杆接头外径相等。将其关闭可封住钻柱内的压力以卸去方钻杆，也可在不压井作业时强行起下钻柱。

4.1.29

扭矩台肩　make-up shoulder

在旋转台肩式连接上的密封台肩。

4.1.30

非承压牙侧-内螺纹　non-pressure flank-box

当上紧旋转台肩式连接或钻柱构件上作用有拉伸载荷时，不受轴向载荷的螺纹牙侧。对于内螺纹连接，是距扭矩台肩最近的螺纹牙侧。

4.1.31

非承压牙侧-外螺纹　non-pressure flank-pin

当旋紧旋转台肩式连接或钻柱构件上作用有拉伸载荷时，不受轴向载荷的螺纹牙侧。对于外螺纹连接，是距扭矩台肩最远的螺纹牙侧。

4.1.32

不圆度　out-of-roundness

棒材或管材在同一截面上测量的最大径和最小径之间的差值，不包括 8.1.4 中述及的表面修磨量。

4.1.33

外螺纹端　pin end

螺纹连接的外螺纹(公螺纹)部分。

4.1.34

淬火工艺　process of quenching

通过奥氏体化及随后快速冷却的方法，使部分或全部奥氏体转化成马氏体的铁合金硬化工艺。

4.1.35

回火工艺　process of tempering

经淬硬的或正火的工件加热至低于转变点的某一温度，随后冷却到室温的热处理工艺，通常可降低硬度和消除应力。

4.1.36

参考尺寸　reference dimension

由两个或两个以上其他尺寸而得的尺寸。

4.1.37

旋转台肩式连接　rotary shouldered connection

用于钻柱构件的具有粗牙圆锥螺纹和密封台肩的螺纹连接。

4.1.38

应力分散结构　stress-relief features

通过去除外螺纹或内螺纹非啮合螺纹的方法，在旋转台肩式连接上完成的一种改进。这种改进减小了应力集中从而降低了在内、外螺纹高应力区发生疲劳断裂的可能性。

4.1.39

转换接头　sub

两端具有不同的旋转台肩式连接的短节，用以连接两种不同的钻柱构件。

4.1.40

水龙头　swivel

安装在钻柱顶部，在循环钻井液的同时悬挂钻柱，并允许钻柱旋转的部件。

4.1.41

抗拉强度　tensile strength

材料能承受的最大拉应力。抗拉强度是通过拉伸试验测得的试样断裂时的最大载荷与试样的原始横截面面积来计算的。

4.1.42

拉伸试验　tensile test

在轴向载荷下用于确定材料性能的力学试验。

4.1.43

试验压力　test pressure

用于证实压力容器结构完整性的、高于工作压力的压力。

4.1.44

螺纹牙型　thread form

螺纹轴向剖面上一个螺距长度上的螺纹轮廓形状。

4.1.45

公差　tolerance

允许的变动值。

4.1.46

钻杆接头　tool joint

钻杆两端具有旋转台肩式连接的厚壁连接件。

4.1.47

上部方钻杆旋塞阀　upper kelly valve（Kelly cock）

直接装于方钻杆上部的阀，将其关闭以封住钻柱内的压力。

4.1.48

工作压力　working pressure

正常作业时设备的某部件承受的压力。

4.1.49

工作温度　working temperature

正常作业时设备的某部件承受的温度。

4.2　符号和缩略语

D	外径
D_{BP}	隔板槽直径
D_C	对角宽,锻造方钻杆
D_{CC}	对角宽,机加工方钻杆
D_F	倒角直径
D_{FL}	方钻杆对边宽
D_{FR}	浮阀槽直径
D_E	吊卡槽直径
D_L	提升台肩外径
D_{LR}	方钻杆下加厚端外径
D_P	吊卡槽直径
D_R	缩减部分外径
D_S	卡瓦槽直径
D_U	方钻杆上加厚端外径
d	内径
d_b	内倒角直径
L	总长
L_D	方钻杆驱动部分长度
L_{FV}	浮阀总成长度
L_G	方钻杆套筒量规最小长度
L_L	方钻杆下加厚端长度
L_R	浮阀槽深度
L_U	方钻杆上加厚端长度
l_E	吊卡槽深度
l_S	卡瓦槽深度
R	半径
R_C	锻造方钻杆棱角半径
R_{CC}	机加工方钻杆棱角半径
R_H	六方钻杆套筒量规　最大内圆角半径
R_S	四方钻杆套筒量规　最大内圆角半径
T	隔板槽直径
t	最小壁厚
$\angle\alpha$	吊卡槽过渡角
$\angle\beta$	卡瓦槽过渡角
AMMT	美国小口径油管螺纹
AMT	美国小口径油管螺纹 可选缩写
BSR	弯曲强度比
dB	分贝

FH　　API 贯眼型螺纹
HBW　　布氏硬度
LH　　左旋
MT　　磁粉检测
MT　　小口径油管螺纹
NC　　API 数字型螺纹
NDT　　无损检测
PT　　渗透检测
REG　　API 正规型螺纹
RH　　右旋
UT　　超声检测

5　上部和下部方钻杆旋塞阀

5.1　总则

本部分规定了上部和下部方钻杆旋塞阀的设计、材料、检测和试验的最低要求，同时也适用于顶部驱动钻井系统的钻柱安全阀。在正常的使用条件下（H_2S 作为一种附加的使用条件要求，见 5.7），本部分适用于最大工作压力为 34.5 MPa～103.4 MPa（5 000 psi～15 000 psi）所有规格的阀。阀体的额定工作温度为－20 ℃（－4 ℉）及其以上，对于密封装置的部件，允许有其他的温度限制。

5.2　设计准则

5.2.1　总则

对于按照本部分生产的各种类型的阀，制造商应制定设计准则和分析性文件。该文件应包括：在复合载荷（包括拉力、内部压力和扭矩）下，阀体满足最低材料性能和最小公差，开始屈服时的载荷状况。阀体材料屈服时的载荷状况应以表格或图形的形式提供。设计最低屈服安全系数应是表 1 中的阀体试验压力的 1.0 倍。

由于阀具有有效的疲劳寿命，宜监督载荷状况，确保其处于制造商提供的阀体材料屈服条件之下。载荷的持续时间（低于该载荷疲劳不累积）取决于使用条件，主要由与阀接触的流体温度及其腐蚀性决定。

表 1　静水压试验压力

最大工作压力 MPa	静水压阀体试验压力 （仅用于新阀） MPa
34.5	68.9
68.9	103.4
103.4	155.1

5.2.2　材料要求

当材料要求未另外规定，按本部分提供的构件，其材料可依据其应用而改变，但应符合制造商的书面标准。制造商的书面标准应确定如下内容：

a） 化学成分范围；

b） 热处理条件；

c） 力学性能限制：

1） 抗拉强度；

2） 屈服强度；

3） 伸长率；

4） 硬度。

力学性能的最小值应符合第8章所规定的钻铤的材料要求。

5.2.3 冲击强度

5.2.3.1 试样

每炉及每热处理批应按照GB/T 229进行三个纵向试样的冲击试验。鉴定试件可与它所代表的零件是一个整体，也可与零件分开，或是牺牲产品零件。无论哪种情况，试件应与待鉴定零件取自同一炉，且应随该零件进行热处理。

注：对本条款而言，ASTM A 370和ASTM E 23与GB/T 229等效。

试样应从整体的或分开的鉴定试件中切取，对实心试件，使它的纵向中心线全部都处于中心到外表面的二分之一之内；对于空心试件，使其处于距最厚部位的中间壁厚的3 mm(1/8 in)之内。

从牺牲产品零件中获得的试样应在零件的最厚部分从中心到外表面二分之一处切取。

当试件是从心部钻孔取得或是从零件上切取的其它部分上获得，试件只能鉴定尺寸和形状上和获得试件的产品零件相同的产品零件。

5.2.3.2 验收准则

在−20 ℃(−4 ℉)下试验时，三个试样的冲击功平均值应不小于42 J(31 ft·lbs)，且单个值不小于32 J(24 ft·lbs)。

5.2.3.3 小尺寸试样

如果需要采用小尺寸冲击试样，验收准则应乘以表2所列的适当的修正系数。不允许采用宽度小于5 mm(0.197 in)的小尺寸试样。

表2 冲击试样的修正系数

试样尺寸 mm×mm	修正系数
10×10	1.00
10×7.5	0.833
10×5	0.667

5.2.4 压力密封的性能要求

方钻杆旋塞阀以及其他的钻柱安全阀(无论何种密封机构)应设计为仅用于地面的，或者用于地面和(或)井下的。用在顶部驱动钻井系统中的下部方钻杆旋塞阀和安全阀宜设计为用于井下的。每种使用类别的压力密封的设计性能要求如表3所示。

表 3 使用类别定义

等级号	使用类别	压力密封的设计性能要求
1 级[a]	仅用于地面	阀体和钻柱密封件应承受等于阀体试验压力的内部压力[b]； 密封机构应承受来自于井下 1.7 MPa 的低压和等于最大工作压力的高压
2 级	地面和井下	阀体和钻柱密封件应承受等于阀体试验压力的内部压力； 钻柱密封件应承受外部压力，低压为 1.7 MPa 和最低的高压为 13.8 MPa[c]； 密封机构应承受来自于井下 1.7 MPa 的低压和等于最大工作压力的高压； 密封机构应承受来自于上方 1.7 MPa 的低压和等于最大工作压力的高压[d]； 密封件的温度范围由试验验证[e]

[a] 按照 API Spec7 39 版本或更早的版本制造的阀按 1 级阀鉴定，现有阀重新评定为 2 级阀需按照 5.4.3、5.4.4 和 5.4.5 的要求试验。

[b] 制造的每一个阀，阀体试验仅需按照表 1 给定的值试验一次。

[c] 每一次阀设计时，钻柱密封件的性能均需验证一次，已制成的阀并不需要。

[d] 只适用于球形阀。

[e] 每一次阀设计时，密封件的温度范围均需验证一次，已制成的阀并不需要。

5.2.5 基本性能要求

方钻杆旋塞阀以及其它的钻柱安全阀(无论何种密封机构)在设计时应符合下面的基本性能要求：

a) 能在钻柱泥浆中反复工作；

b) 关闭后，能切断钻柱内的泥浆流动；

c) 在设计的温度范围和拉伸载荷下能密封。

5.3 旋转台肩式连接

5.3.1 规格和型式

本部分包含的所有阀，两端的旋转台肩式连接应在订购单中说明，并应采用为这些旋转台肩式连接所规定的相应的倒角直径。

对于上部和下部方钻杆旋塞阀的旋转台肩式连接，除订购单另有规定外，应为第 6 章表 5 或表 7 所示的规格和型式。当使用这些旋转台肩式连接时，应采用为这些旋转台肩式连接所规定的相应的倒角直径。

由标准钢制造的阀，两端旋转台肩式连接的螺纹与密封台肩应采用磷酸锌或磷酸锰的抗磨损处理(磷化处理)。磷化处理应在所有测量完成后进行。处理形式应由制造商选择。

螺纹的冷加工是可选的。但是买方宜考虑规定螺纹测量后的冷加工工艺，详述见 8.1.7.3。

向制造商咨询两端旋转台肩式连接以及其他旋转台肩式连接的推荐上紧扭矩以及复合载荷额定值(见 API RP 7G 附录 A 中关于 API 旋转台肩式连接的复合载荷计算)。

5.3.2 无损检测

5.3.2.1 范围

两端旋转台肩式连接及其他连接螺纹应对横向和纵向缺陷进行无损检测。

5.3.2.2 用于标准钢的旋转台肩式连接

由标准钢加工的旋转台肩式连接应采用湿磁粉的方法检测。磁粉检测应按照制造商制定的书面规程执行。此书面规程应符合 GB/T 15822.1，当买方要求时应向其提供。

注：对本条款而言，ASTM E 709 与 GB/T 15822.1 等效。

5.3.2.3 用于无磁钢的旋转台肩式连接

由无磁钢加工的旋转台肩式连接应采用液体渗透的方法检测，使用溶剂去除型或水洗型的着色渗透剂或荧光渗透剂。渗透检测应按照制造商制定的书面规程执行。此书面规程应符合 GB/T 18851.1，当买方要求时应向其提供。

注：对本条款而言，ASTM E 1209、ASTM E 1219、ASTM E 1220 和 ASTM E 1418 与 GB/T 18851.1 等效。

5.4 静水压试验

5.4.1 总则

静水压试验应按表 1 所示的压力进行。试验应在室温下进行，采用无腐蚀性、低黏性、低压缩性的适宜液体。在保持压力期间，计时应从压力达到稳定时开始。在此期间，不允许发生可见的泄漏，压降应在制造商零泄漏率的公差之内。

5.4.2 静水压阀体试验

每个新阀的阀体都应以下列方法进行静水压试验。静水压阀体试验应在阀处于半关闭状态下进行。如果阀体中有钻柱密封件，应进行 1.7 MPa(250 psi)的低压试验。低压试验和高压试验都应分三步进行：

a） 在规定的静水试验压力下，保持压力 3 min；

b） 降低压力至零；

c） 重新升压至规定的静水试验压力，保持压力的时间不低于 10 min。

5.4.3 工作压力试验

5.4.3.1 总则

根据表 3 所定义的使用条件类别，每个阀均应进行适当的工作压力试验。该试验适用于所有的新阀，并应按照 5.4.3.2 和 5.4.3.3 的要求进行。

工作压力试验持续时间应不少于 5 min。

5.4.3.2 下部压力试验

该试验适用于 1 级和 2 级阀。

阀处于关闭状态下，压力应作用于阀的功能下端（通常为外螺纹端）。低压和高压试验都应进行。低压应为 1.7 MPa(250 psi)，高压应为最大工作压力。进行高压试验后进行打开和关闭阀的操作，以释放阀内部聚集的压力。

5.4.3.3 上部压力试验

该试验仅适用于球形密封机构的 2 级阀。

阀处于关闭状态下，压力应作用于阀的功能上端（通常为内螺纹端）。低压和高压试验都应进行。

低压应为1.7 MPa(250 psi),高压应为最大工作压力。进行高压试验后进行打开和关闭阀的操作,以释放阀内部聚集的压力,然后重复低压试验。

警告:工作压力试验完成后,检查球或阀瓣对准所指示的"打开位置",确保其对应在制造商允许的范围内,否则在现场使用中将引起流体冲蚀问题。

5.4.4 钻柱密封件外部压力的设计验证试验

对于每个2级阀的设计,应进行如下适当的钻柱密封件外部压力试验。

该试验持续时间应不少于5 min。

钻柱密封件外部压力试验仅适用于2级阀,且仅仅是作为设计验证的目的。在阀处于半开状态下,试验压力应作用于阀的外部(例如,在钻柱密封区域安装高压套筒)。低压和高压钻柱密封件试验都应进行。低压应为1.7 MPa(250 psi),高压由制造商确定,最小应为13.8 MPa(2 000 psi),还可更高,直至最大工作压力。

5.4.5 密封件温度范围的设计验证试验

该试验仅适用于2级阀,且仅仅是作为设计验证的目的。

标准非金属密封的典型有效温度范围是-10 ℃~90 ℃(14 ℉~194 ℉)。除非买方另有规定,进行设计验证试验时,阀和试验流体应处于该极限温度下。压力试验应按照5.4.3和5.4.4的要求在低温和高温下进行,采用适合于极限温度条件的试验流体。

5.5 文件和记录的保存

制造商应保存并按要求提供给买方每个阀的检测(尺寸检验、目视检测和无损检测)文件和静水压试验的文件。该类型的阀全部售出后,制造商还应保存性能鉴定试验文件不少于7年。

5.6 标志

按照本部分制造的方钻杆旋塞阀及其他钻柱安全阀,应按下述规定使用低应力钢印打印或者使用低应力铣削的方法:

a) 在铣槽内打印制造厂商的名称或商标、"GB/T 22512.1"、使用条件类别、唯一的序列号、制造日期(月/年)和最大工作压力;

b) 在紧靠旋转台肩式连接的外径表面上打印该连接的规格和型式;

c) 如果适用,在紧靠阀操作机构的外表面上标记旋转方向,指向阀的关闭位置;

d) 在1级阀上,用箭头(→)或箭头(→)与"Flow"字样标记正常的泥浆流动方向。

5.7 补充要求

5.7.1 总则

下列关于方钻杆旋塞阀和其他类型钻柱安全阀的补充要求应按买方和制造商的协议和订购单中的规定执行。

5.7.2 气密封的补充要求

方钻杆旋塞阀和其他类型的钻柱安全阀过去并没有按照气密封结构设计。为气密封条件下使用而设计的阀称作气密阀。买方可要求把非强制的气密性验证试验作为一项补充要求,以验证气密阀的气密性设计,并对每个所提供的阀进行常规验收试验,见5.7.3。

5.7.3 气密性验证试验

按照本部分设计和制造的方钻杆旋塞阀和其他类型钻柱安全阀的补充性能验证试验应由非设计方的权威机构开展或验证。因为气体比低压缩性的液体在高压下的泄漏试验更具有潜在的危险性，因此高压气体试验应只限于作为性能验证试验。在室温下宜使用氮气或其他适宜的不易燃气体。此外，低压和高压试验应按 5.4.3 的要求进行。在 5 min 的试验期间不应观察到气泡。

若一个阀已设计完成并证明具有气密性，那么按照与该阀相同的规范制造的每个阀，应按 5.4.3 中的适用条款采用室温空气进行 0.62 MPa(90 psi)的低压气体试验。在 5 min 的试验期间不应观察到气泡。

5.7.4 抗 H_2S 阀内件的补充要求

当在硫化氢(H_2S)条件下使用的阀内件材料符合 GB/T 20972.2 或 GB/T 20972.3 的要求，并满足制造商规定的工况时，阀应标记出"抗 H_2S 阀内件(H_2S trim)"。买方可要求将抗 H_2S 阀内件作为一项补充要求。

注：对本条款而言，NACE MR0175 与 GB/T 20972.2 和 GB/T 20972.3 等效。

不应认为具有抗 H_2S 阀内件的阀在 GB/T 20972.1 中定义的酸性环境下使用是安全的，这是由于阀体材料不适用于酸性环境。

注：对本条款而言，NACE MR0175 与 GB/T 20972.1 等效。

5.7.5 补充标志

应在一个独立的铣槽内标识出补充性能验证试验的信息。经验证的性能应使用下列名称指明：

a) 成功的气密封补充试验："气密封(Gas-tight)"；

b) 抗 H_2S 阀内件补充要求："抗 H_2S 阀内件(H_2S trim)"。

6 四方钻杆和六方钻杆

6.1 规格、型式和尺寸

方钻杆应是四方形或六方形，四方钻杆应符合表 4 和表 5 及图 2 所示的规格和尺寸，六方钻杆应符合表 6 和表 7 及图 3 所示的规格和尺寸。

6.2 尺寸测量

6.2.1 驱动部分

所有方钻杆的驱动部分应使用符合表 8 和图 4 的套筒量规测量其尺寸精度。

6.2.2 内孔

所有方钻杆的内孔都应使用最小长度为 3.05 m(10 ft)的通径规测量。通径规的最小直径应等于该方钻杆(标准或选用)的规定内径减去 3.2 mm(1/8 in)。对于 133.4 mm(5 1/4 in)的六方钻杆，可规定标准内径或选用内径(内孔)(见表 7)。

6.3 旋转台肩式连接

方钻杆应具有表 5 或表 7 规定的规格和型式的内螺纹连接和外螺纹连接，并应符合 GB/T 22512.2

的要求。

对于108 mm(4 1/4 in)和133.4 mm(5 1/4 in)的四方钻杆下端螺纹连接、133.4 mm(5 1/4 in)和152.4 mm(6 in)的六方钻杆下端螺纹连接,两种螺纹连接规格和型式都是标准的。

上端和下端旋转台肩式连接的螺纹与密封台肩应采用磷酸锌或磷酸锰的抗磨损处理(磷化处理)。磷化处理应在所有测量完成后进行。处理形式应由制造商选择。

6.4 四方锻造方钻杆

制造四方锻造方钻杆,应在上加厚端和下加厚端与驱动部分相连的圆角区域以及圆角切点向外延伸最小3.2 mm(1/8 in)的区域内,去除脱碳表层。

6.5 力学性能

6.5.1 总则

制成的方钻杆的力学性能应符合表9的要求。

6.5.2 拉伸要求

拉伸性能应由每炉及每热处理批材料中所取的一根试样进行拉伸试验来验证。

拉伸性能应按照GB/T 228.1,规定塑性延伸强度(R_p)的要求,采用圆柱试样进行试验确定。优先选用直径为12.7 mm(0.500 in)的试样,对于小截面的,选用直径为8.9 mm(0.350 in)和6.4 mm(0.250 in)的替代试样。

注:对本条款而言,ASTM A370与GB/T 228.1等效。

拉伸试样应从方钻杆下加厚端纵向截取,试样中心线距外表面25.4 mm(1 in)或位于壁厚中心,取两者中的较小者。

上加厚端不需做拉伸试验,没有实际意义。

最低硬度值为285 HB应是上加厚端满足力学性能的有效证明。

硬度检验应在上加厚端的外径上进行(优先选用符合GB/T 231.1的布氏硬度方法,可用C标尺洛氏硬度代替)。

注:对本条款而言,ASTM A370与GB/T 231.1等效。

6.5.3 冲击强度要求

6.5.3.1 总则

夏比V型缺口冲击试验应在21 ℃±3 ℃(70 ℉±5 ℉)下进行,且应符合GB/T 229的要求。在较低温度下进行试验时,若符合6.5.3.4的要求也可接受。

注:对本条款而言,ASTM A370和ASTM E23与GB/T 229等效。

6.5.3.2 试样

每炉及每热处理批应进行三个试样为一组的冲击试验。

试样应取自下加厚端,距外表面25.4 mm(1 in)或位于壁厚中心,取两者中的较小者。

试样应纵向截取,径向开槽。

6.5.3.3 试样尺寸

材料不足以切取全尺寸试样(10 mm×10 mm)时,应采用可获得的下一级别的小尺寸标准试样,除此之外，应采用全尺寸试样。

如果需要采用小尺寸试样，验收准则应乘以表 2 所列的适当的修正系数。不允许采用宽度小于 5 mm 的小尺寸试样。

6.5.3.4 验收准则

三个试样的冲击功平均值应不小于 54 J(40 ft·lbs)，且单个值不小于 47 J(35 ft·lbs)。

6.6 无损检测

用于制造方钻杆的每一根棒材或管材均应按本部分第 11 章进行表面缺陷和内部缺陷的检测。

6.7 标志

按本部分制造的方钻杆，应在其上加厚端的外径上用钢印打印出如下信息：

a) 制造厂商的名称或商标；

b) "GB/T 22512.1"；

c) 上端旋转台肩式连接的规格和型式。

下加厚端外径上应用钢印打印下端旋转台肩式连接的规格和型式。

示例：一个由 AB 公司制造的 108 mm(4 1/4 in)的四方钻杆，上端为 6 5/8 REG 左旋内螺纹连接，下端为 NC50 右旋外螺纹连接，应作如下标志：

在上加厚端：AB 公司(或商标)　GB/T 22512.1　6 5/8 REG LH

在下加厚端：NC50

表 4　四方钻杆驱动部分

1	2	3	4	5	6	7	8	9	10	11
方钻杆规格[a]	驱动部分长度 m		总长 m		对边宽 D_{FL}[b] mm	对角宽 D_C[c] mm	对角宽 D_{CC} $^{0}_{-0.4}$ mm	半径 R_C ±1.6 mm	半径 R_{CC} mm (仅供参考)	偏心孔最小壁厚 t mm
	标准 L_D $^{+0.152}_{-0.127}$	选用 L_D $^{+0.152}_{-0.127}$	标准 L $^{+0.152}_{0}$	选用 L $^{+0.152}_{0}$						
63.5	11.28	—	12.19	—	63.5	83.3	82.55	7.9	41.3	11.43
76.2	11.28	—	12.19	—	76.2	100.0	98.42	9.5	49.2	11.43
88.9	11.28	—	12.19	—	88.9	115.1	112.70	12.7	56.4	11.43
108.0	11.28	15.54	12.19	16.46	108.0	141.3	139.70	12.7	69.8	12.06
133.4	11.28	15.54	12.19	16.46	133.4	175.4	171.45	15.9	85.7	15.88

注：四方钻杆驱动部分的结构见图 2。

[a] 四方钻杆规格一列数值与第 6 列的对边宽 D_{FL}(对边间的距离)数值相同。

[b] D_{FL} 的公差，对规格 63.5～88.9 为：$^{+2.0}_{0}$ mm；对规格 108.0～133.3 为：$^{+2.4}_{0}$ mm，见 6.2 套筒量规检测。

[c] D_C 的公差，对规格 63.5～88.9 为：$^{+3.2}_{0}$ mm；对规格 108.0～133.3 为：$^{+4.0}_{0}$ mm。

单位为毫米(英寸)

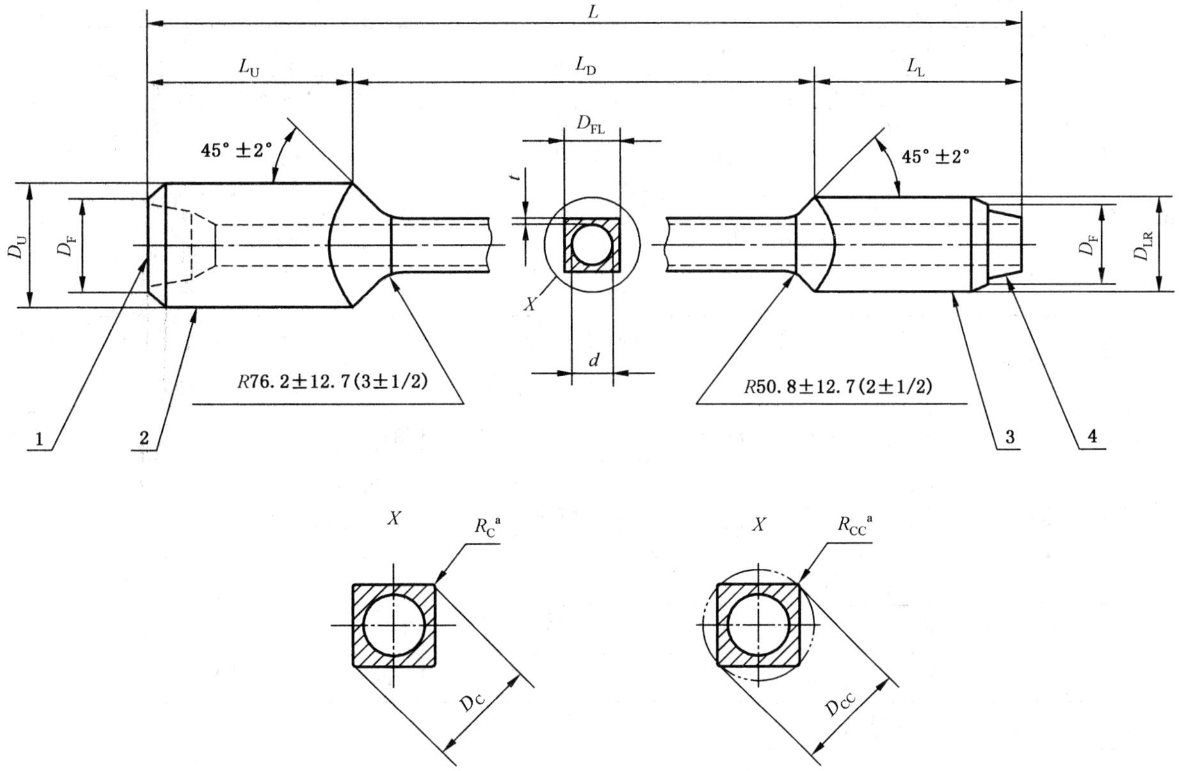

说明：

1——左旋内螺纹；

2——上加厚端；

3——下加厚端；

4——右旋外螺纹。

[a] 棱角半径 R_C 或 R_{CC} 应由制造商选择。

图 2　四方钻杆

表 5　四方钻杆加厚端与旋转台肩式连接

单位为毫米

1	2	3	4	5	6	7	8	9	10	11
方钻杆规格[b]	上端内螺纹连接[a]					下端外螺纹连接[a]				
		代号[c]	外径 D_U ±0.8	倒角直径 D_F ±0.4	上加厚端长度 L_U $^{+63.5}_{0}$	代号[c]	外径 D_{LR} ±0.8	内径 d $^{+1.6}_{0}$	倒角直径 D_F ±0.4	下加厚端长度 L_L $^{+63.5}_{0}$
63.5	标准	6 5/8 REG	196.8	186.1	406.4	NC26	85.7	31.8	83.0	508.0
	选用	4 1/2 REG	146.0	134.5	406.4	NC26	85.7	31.8	83.0	508.0
76.2	标准	6 5/8 REG	196.8	186.1	406.4	NC31	104.8	44.4	100.4	508.0
	选用	4 1/2 REG	146.0	134.5	406.4	NC31	104.8	44.4	100.4	508.0

表 5（续）

单位为毫米

1	2	3	4	5	6	7	8	9	10	11
方钻杆规格[b]	上端内螺纹连接[a]					下端外螺纹连接[a]				
		代号[c]	外径 D_U ±0.8	倒角直径 D_F ±0.4	上加厚端长度 L_U $^{+63.5}_{0}$	代号[c]	外径 D_{LR} ±0.8	内径 d $^{+1.6}_{0}$	倒角直径 D_F ±0.4	下加厚端长度 L_L $^{+63.5}_{0}$
88.9	标准	6 5/8 REG	196.8	186.1	406.4	NC38	120.6	57.2	116.3	508.0
	选用	4 1/2 REG	146.0	134.5	406.4	NC38	120.6	57.2	116.3	508.0
108.0	标准	6 5/8 REG	196.8	186.1	406.4	NC46	158.8	71.4	145.2	508.0
	标准	6 5/8 REG	196.8	186.1	406.4	NC50	161.9	71.4	154.0	508.0
	选用	4 1/2 REG	146.0	134.5	406.4	NC46	158.8	71.4	145.2	508.0
	选用	4 1/2 REG	146.0	134.5	406.4	NC50	161.9	71.4	154.0	508.0
133.4	标准	6 5/8 REG	196.8	186.1	406.4	5 1/2 FH	177.8	82.6	170.6	508.0
	标准	6 5/8 REG	196.8	186.1	406.4	NC56	177.8	82.6	171.0	508.0

注：四方钻杆加厚端的结构见图 2。

[a] 旋转台肩式连接要求见 6.3。

[b] 四方钻杆规格一列数值与表 4 第 6 列的对边宽 D_{FL}（对边间的距离）数值相同。

[c] 代号为订货提供信息和帮助。

表 6　六方钻杆驱动部分

1	2	3	4	5	6	7	8	9	10	11
方钻杆规格[a]	驱动部分长度 m		总长 m		对边宽 D_{FL} $^{+0.8}_{0}$ mm	对角宽 D_C ±0.8 mm	对角宽 D_{CC} $^{0}_{-0.4}$ mm	半径 R_C ±0.8 mm	半径 R_{CC} mm（仅供参考）	偏心孔最小壁厚 t mm
	标准 L_D $^{+0.152}_{-0.127}$	选用 L_D $^{+0.152}_{-0.127}$	标准 L $^{+0.152}_{0}$	选用 L $^{+0.152}_{0}$						
76.2	11.28	—	12.19	—	76.2	85.7	85.72	6.4	42.9	12.06
88.9	11.28	—	12.19	—	88.9	100.8	100.00	6.4	50.0	13.34
108.0	11.28	15.54	12.19	16.46	108.0	122.2	121.44	7.9	60.7	15.88
133.4	11.28	15.54	12.19	16.46	133.4	151.6	149.86	9.5	75.0	15.88
152.4	11.28	15.54	12.19	16.46	152.4	173.0	173.03	9.5	86.5	15.88

注：六方钻杆驱动部分的结构见图 3。

[a] 六方钻杆规格一列数值与第 6 列的对边宽 D_{FL}（对边间的距离）数值相同。

单位为毫米(英寸)

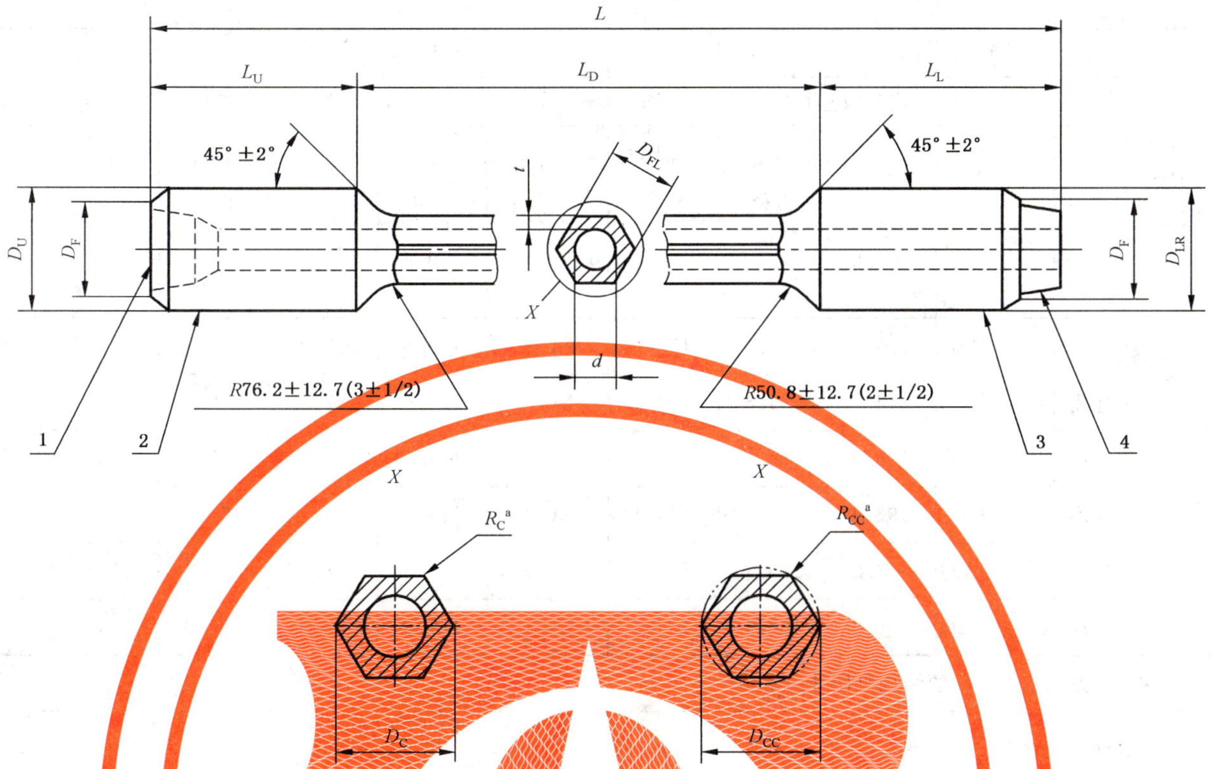

说明：

1——左旋内螺纹；

2——上加厚端；

3——下加厚端；

4——右旋外螺纹。

[a] 棱角半径 R_C 或 R_{CC} 应由制造商选择。

图 3　六方钻杆

表 7　六方钻杆加厚端与旋转台肩式连接　　单位为毫米

1	2	3	4	5	6	7	8	9	10	11
方钻杆规格[b]	上端内螺纹连接[a]					下端外螺纹连接[a]				
		代号[c]	外径 D_U ±0.8	倒角直径 D_F ±0.4	上加厚端长度 L_U $^{+63.5}_{0}$	代号[c]	外径 D_{LR} ±0.8	内径 d $^{+1.6}_{0}$	倒角直径 D_F ±0.4	下加厚端长度 L_L $^{+63.5}_{0}$
76.2	标准	6 5/8 REG	196.9	186.1	406.4	NC26	85.7	31.8	82.9	508.0
	选用	4 1/2 REG	146.0	134.5	406.4	NC26	85.7	31.8	82.9	508.0
88.9	标准	6 5/8 REG	196.9	186.1	406.4	NC31	104.8	44.4	100.4	508.0
	选用	4 1/2 REG	146.0	134.5	406.4	NC31	104.8	44.4	100.4	508.0

表 7（续） 单位为毫米

1	2	3	4	5	6	7	8	9	10	11
方钻杆规格[b]	上端内螺纹连接[a]					下端外螺纹连接[a]				
		代号[c]	外径 D_U ±0.8	倒角直径 D_F ±0.4	上加厚端长度 L_U $^{+63.5}_{0}$	代号[c]	外径 D_{LR} ±0.8	内径 d $^{+1.6}_{0}$	倒角直径 D_F ±0.4	下加厚端长度 L_L $^{+63.5}_{0}$
108.0	标准	6 5/8 REG	196.9	186.1	406.4	NC38	120.6	57.2	116.3	508.0
	选用	4 1/2 REG	146.0	134.5	406.4	NC38	120.6	57.2	116.3	508.0
133.4	标准	6 5/8 REG	196.9	186.1	406.4	NC46	158.8	76.2[d]	145.2	508.0
	标准	6 5/8 REG	196.9	186.1	406.4	NC50	161.9	82.6[d]	154.0	508.0
152.4	标准	6 5/8 REG	196.9	186.1	406.4	5 1/2 FH	177.8	88.9	170.6	508.0
	标准	6 5/8 REG	196.9	186.1	406.4	NC56	177.8	88.9	171.0	508.0

注：六方钻杆加厚端的结构见图 3。

[a] 旋转台肩式连接要求见 6.3。

[b] 六方钻杆规格一列数值与表 6 第 6 列的对边宽 D_{FL}(对边间的距离)数值相同。

[c] 代号为订货提供信息和帮助。

[d] 对于规格为 133.4 的六方钻杆，71.4 的内孔应是可选的。

表 8 方钻杆套筒量规 单位为毫米

方钻杆规格	量规最小长度 L_G	对边宽		最大圆角半径	
		四方 D_{FL}[a,b]	六方 D_{FL}[a,b]	四方 R_S	六方 R_H
63.5	254	65.89	—	6	—
76.2	254	78.59	77.11	8	5
88.9	254	91.29	89.81	11	5
108.0	305	111.12	108.86	11	6
133.4	305	136.52	134.26	14	8
152.4	305	—	153.31	—	8

注：方钻杆套筒量规的结构见图 4。

[a] 所有规格的 D_{FL} 的公差为 $^{+0.13}_{0}$ mm。

[b] 相邻边之间的公称夹角公差为±0.5°。

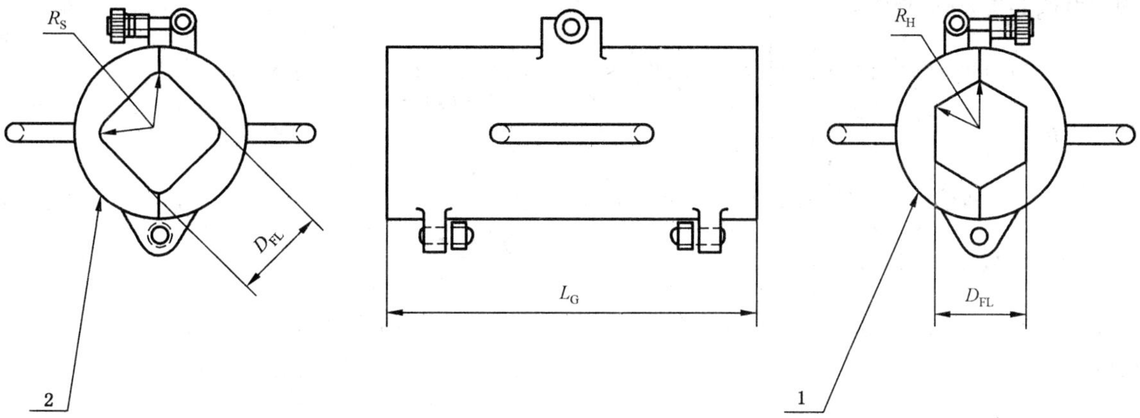

1——六方套筒量规；
2——四方套筒量规。

图 4 方钻杆套筒量规(见表 8)

表 9 新方钻杆(所有规格)的力学性能和试验

下加厚端外径 OD mm	下加厚端最小 屈服强度 MPa	下加厚端最小 抗拉强度 MPa	最小 伸长率 %	最小 布氏硬度 HBW
85.7～174.6	758	965	13	285
177.8	689	931	13	285

7 钻柱转换接头

7.1 种类和型式

钻柱转换接头应按表 10 和图 5 及图 6 所示的种类和型式提供。

7.2 A 型和 B 型尺寸

7.2.1 旋转台肩式连接、倒角直径和外径

钻柱转换接头与方钻杆相连时，旋转台肩式连接规格和型式应符合表 5 和表 7 中规定的相应规格和型式；与钻铤相连时，应符合表 14 和表 19；与钻头相连时，应符合表 23、表 24 和表 26；当与钻杆接头相连时，应符合 API Spec 5DP 的要求。

旋转台肩式连接应符合 GB/T 22512.2 中规定的尺寸和测量要求。

钻柱转换接头与方钻杆相连时，其倒角直径尺寸和外径应符合表 5 和表 7 中规定的相应尺寸和公差；与钻铤相连时，应符合表 14 和表 19；与钻头相连时，应符合表 23、表 24 和表 26；当与钻杆接头相连时，应符合 API Spec 5DP 的要求。

7.2.2 内径

应确定两个相连零件的内径。A 型或 B 型转换接头的内径(与相应的公差)应等于两个相连零件中较小的内径。

7.2.3 内倒角直径

外螺纹连接的内倒角直径应比对应的相连零件的规定内径大 $3.2^{+1.6}_{0}$ mm($1/8^{+1/16}_{0}$ in)。

7.2.4 长度

A 型和 B 型钻柱转换接头的长度和公差如图 5 所示。

7.2.5 钻头转换接头用的浮阀槽

浮阀槽是可选的。若规定了浮阀槽,钻头转换接头应根据表 13 和图 7 的尺寸钻孔,以适应相应的浮阀总成。

7.3 C 型(水龙头转换接头)尺寸

7.3.1 旋转台肩式连接、倒角直径和外径

水龙头转换接头的上端和下端均应为左旋外螺纹连接。其下端外螺纹连接的规格和型式应符合表 5 或表 7 中规定的方钻杆上端内螺纹连接的相应规格和型式。其上端外螺纹连接应与水龙头中心管内螺纹连接的规格和型式相同,即 4 1/2 REG、6 5/8 REG 或 7 5/8 REG。

旋转台肩式连接应符合 GB/T 22512.2 中规定的尺寸和测量要求。

下端外螺纹连接的倒角直径应符合表 5 或表 7 中规定的方钻杆上端内螺纹连接的相应尺寸和公差。上端外螺纹连接的倒角直径应符合水龙头中心管内螺纹连接的倒角直径,即 4 1/2 REG、6 5/8 REG 或 7 5/8 REG。

转换接头的外径和公差应符合方钻杆上端内螺纹连接或水龙头中心管内螺纹连接中外径的较大者。

7.3.2 内径

最大内径应为表 5 或表 7 中规定的方钻杆上端旋转台肩式连接中允许的最大内径。在阶梯孔转换接头内,上端外螺纹连接的内孔大于下端外螺纹连接的内孔时,上端外螺纹连接的内孔不应大到使上端外螺纹连接按 API RP 7G 计算而得的抗拉强度或扭转强度低于下端外螺纹连接。

7.3.3 内倒角直径

内倒角直径应比其内孔大 6^{+2}_{-1} mm(1/4±1/16 in)。

7.3.4 长度

允许的大钳部位的最小长度应为 200 mm(8 in)。

7.4 D 型(提升短节)尺寸

7.4.1 吊卡槽直径和提升台肩直径

吊卡槽和提升台肩的直径应符合表 12 的尺寸。

7.4.2 旋转台肩式连接、倒角直径和外径

旋转台肩式连接规格和型式应符合表 14 中规定的相应规格和型式。

旋转台肩式连接应符合 GB/T 22512.2 中规定的尺寸和测量要求。

倒角直径和外径应符合表 14 中规定的相应尺寸和公差。

7.4.3 内径

最大内径应是表 14 和表 20 中规定的相应旋转台肩式连接规格和型式中允许的最大内径。

7.4.4 长度

D 型钻柱转换接头的长度和公差应如图 6 所示。

7.5 力学性能

7.5.1 拉伸要求

A 型和 C 型转换接头以及 B 型转换接头的大端部分的拉伸性能应符合 8.2 中规定的钻铤的拉伸要求。

外径被车削小的 B 型转换接头，原始的试验结果不可表示小径部分的拉伸性能。对于 B 型转换接头，小径部分的破坏性拉伸性能检测是不需要的，没有实际意义。

7.5.2 硬度要求

表 11 中规定的布氏硬度值应为 B 型转换接头小径部分满足力学性能的有效证明。其表面硬度应按照 GB/T 231.1 检测。

注：对本条款而言，ASTM A 370 与 GB/T 231.1 等效。

7.5.3 冲击强度要求

7.5.3.1 总则

夏比 V 型缺口冲击试验应在 21 ℃±3 ℃(70 ℉±5 ℉)下进行，且应符合 GB/T 229 的要求。在较低温度下进行试验时，若符合 7.5.3.4 的要求也可接受。

注：对本条款而言，ASTM A370 和 ASTM E 23 与 GB/T 229 等效。

7.5.3.2 试样

每炉及每热处理批应进行三个试样为一组的冲击试验。

试样应取自距外表面 25.4 mm(1 in)处或位于壁厚中心，取两者中的较小者。

试样应纵向截取，径向开槽。

7.5.3.3 试样尺寸

材料不足以切取全尺寸试样(10 mm×10 mm)时，应采用可获得的下一级别的小尺寸标准试样，除此之外，应采用全尺寸试样。

如果需要采用小尺寸试样，验收准则应乘以表 2 所列的适当的修正系数。不允许采用宽度小于 5 mm 的小尺寸试样。

7.5.3.4 验收准则

三个试样的冲击功平均值应不小于 54 J(40 ft·lbs)，且单个值不小于 47 J(35 ft·lbs)。

7.6 无损检测

用于制造钻柱转换接头的所有棒材和管材均应按照本部分第 11 章进行表面缺陷和内部缺陷的检测。有缺陷的材料不应用于制造钻柱转换接头。

7.7 旋转台肩式连接的应力分散结构

对于A型和B型转换接头，应力分散结构是可选的；对于4 1/2 REG和更大的C型转换接头是强制性的。对于D型转换接头，没有明显的益处，因此不推荐使用。

旋转台肩式连接的应力分散结构的尺寸和公差应符合GB/T 22512.2所列的尺寸和公差，适用于表10所示的A型、B型和C型转换接头。

7.8 螺纹根部的冷加工

对于A型、B型和C型转换接头，螺纹根部的冷加工是可选的。对于D型转换接头，没有明显的益处，因此不推荐使用。详见8.1.7.3。

7.9 螺纹和密封台肩的抗磨损处理

上端和下端旋转台肩式连接的螺纹与密封台肩应采用磷酸锌或磷酸锰的抗磨损处理（磷化处理）。磷化处理应在所有测量完成后进行。处理形式应由制造商选择。

7.10 标志

按本部分制造的钻柱转换接头，应标志出以下信息：

a) 制造厂商的名称或商标；

b) “GB/T 22512.1”；

c) 内径；

d) 两端旋转台肩式连接的规格和型式。

标志应用钢印打印在转换接头外径的标志槽内。识别旋转台肩式连接规格和型式的标志应位于最接近该连接的那端。标志槽的位置如图5所示。

示例1：每端具有4 1/2 REG左旋内螺纹连接，内径为57.2 mm(2 1/4 in)的由AB公司制造的钻柱转换接头，应标志如下：

AB公司(或商标) GB/T 22512.1

4 1/2 REG LH 57.2(2 1/4) 4 1/2 REG LH

示例2：一端具有NC31的外螺纹连接，另一端具有NC46的内螺纹连接，其内径为50.8 mm(2 in)的由AB公司制造的钻柱转换接头，应标志如下：

AB公司(或商标) GB/T 22512.1 NC31 50.8(2) NC46

表10 钻柱转换接头

1	2	3	4
型式	种类	上端相连的构件	下端相连的构件
A或B	方钻杆转换接头	方钻杆	钻杆接头
A或B	钻杆转换接头	钻杆接头	钻杆接头
A或B	过渡转换接头	钻杆接头	钻铤
A或B	钻铤转换接头	钻铤	钻铤
A或B	钻头转换接头	钻铤	钻头
C	水龙头转换接头	水龙头中心管	方钻杆
D	提升短节	吊卡	钻铤

表 11 B 型钻柱转换接头 D_R 的最小表面硬度

1	2
大径 D mm	小径 D_R 的最小表面布氏硬度 HBW
79.4～174.6	285
177.8～254.0	277

表 12 提升短节上端直径尺寸

单位为毫米

吊卡槽直径 D_P ±0.8	提升短节台肩直径 (锥形或直角) D_L $^{+3.2}_{0}$	总长 L_1 $^{+76}_{-25}$	顶部长度 L_2 ±3	吊卡槽长度 L_3 参考	底部长度 L_4 ±12
60.3	85.7	915	102	457	356
73.0	104.8	915	102	457	356
88.9	120.6	915	102	457	356
101.6	152.4	915	102	457	356
114.3	158.8	915	102	457	356
127.0	165.1	915	102	457	356
139.7	177.8	915	102	457	356
168.3	203.2	915	102	457	356

单位为毫米(英寸)

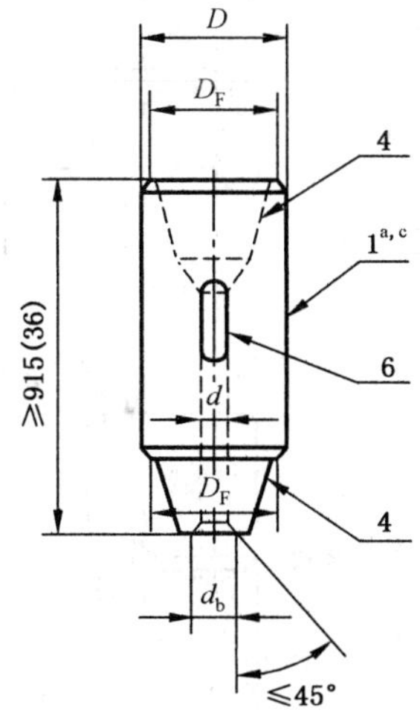

a) A 型

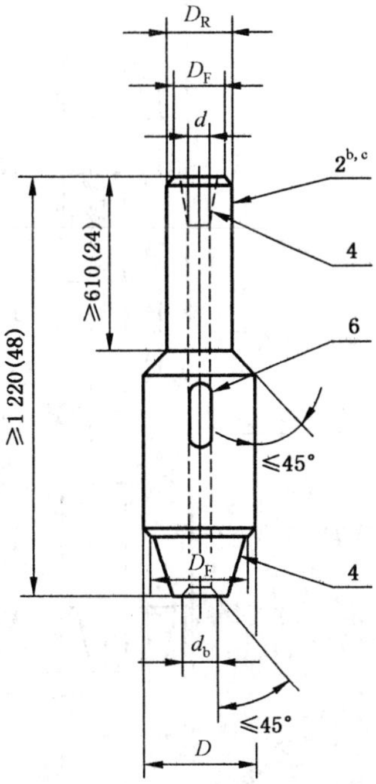

b) B 型

图 5 钻柱转换接头(A 型、B 型和 C 型)

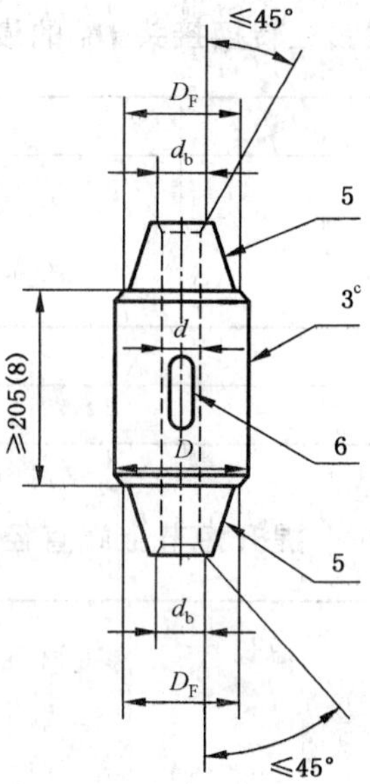

c) C 型

说明：

1——A 型转换接头；

2——B 型转换接头；

3——C 型转换接头；

4——旋转台肩式内螺纹连接或外螺纹连接；

5——左旋外螺纹连接；

6——标记槽位置。

[a] 如果 A 型转换接头两端均为内螺纹连接或外螺纹连接，则全长应≥915 mm(36 in)；

[b] 如果 B 型转换接头两端均为内螺纹连接或外螺纹连接，则全长应≥1 220 mm(48 in)；

[c] 转换接头的功能见表 10。

图 5（续）

单位为毫米(英寸)

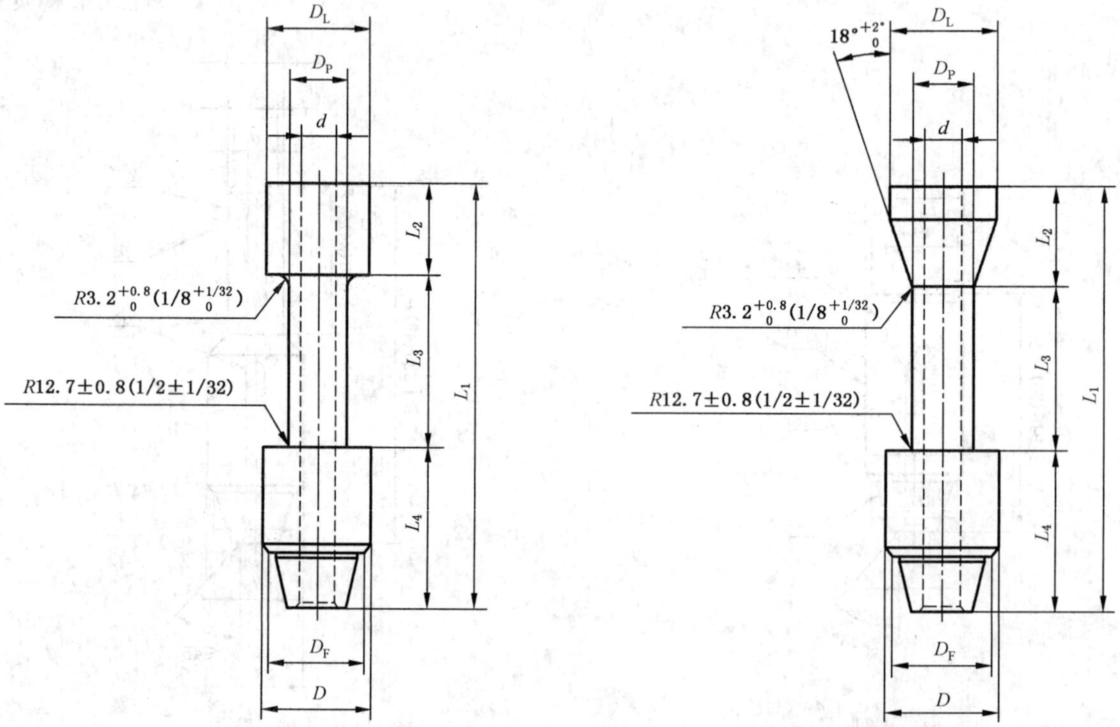

a) 直角台肩　　　　b) 锥形台肩

图 6　提升短节(D 型)

表 13　钻头转换接头内浮阀槽

单位为毫米

阀总成的直径 D 参考	浮阀槽的直径 D_{FR}[a] $^{+0.4}_{0}$	阀总成的长度 L_{FV} 参考	钻头转换接头内螺纹连接 API REG			其他连接	
			代号[b]	L_R ±1.6	D_{BP} $^{+0.8}_{0}$	代号[b]	L_R ±1.6
42.1	42.9	149.2	2 3/8 REG	231.8	33.3	NC23	231.8
48.4	49.2	158.8	2 7/8 REG	254.0	38.1	NC26	241.3
61.1	61.9	165.1	3 1/2 REG	266.7	48.4	NC31	260.4
71.4	72.2	254.0	—	—	—	3 1/2 FH	355.6
79.4	80.2	254.0	—	—	—	NC38	362.0
88.1	88.9	211.1	4 1/2 REG	325.4	74.6	NC44	331.8
92.9	93.7	304.8	—	—	—	NC46	425.4
98.4	99.2	247.6	5 1/2 REG	374.6	85.7	NC50	368.3
121.4	122.2	298.4	6 5/8 REG	431.8	108.7	5 1/2 IF	431.8
121.4	122.2	298.4	7 5/8 REG	438.2	108.7	5 1/2 FH	431.8
121.4	122.2	298.4	8 5/8 REG	441.3	108.7	NC61	444.5
144.5	145.2	371.5	8 5/8 REG	514.4	131.8	6 5/8 IF	504.8

[a] 直径 D_{FR} 等于 D+0.8 mm。

[b] 代号为订货提供信息和帮助。

单位为毫米(英寸)

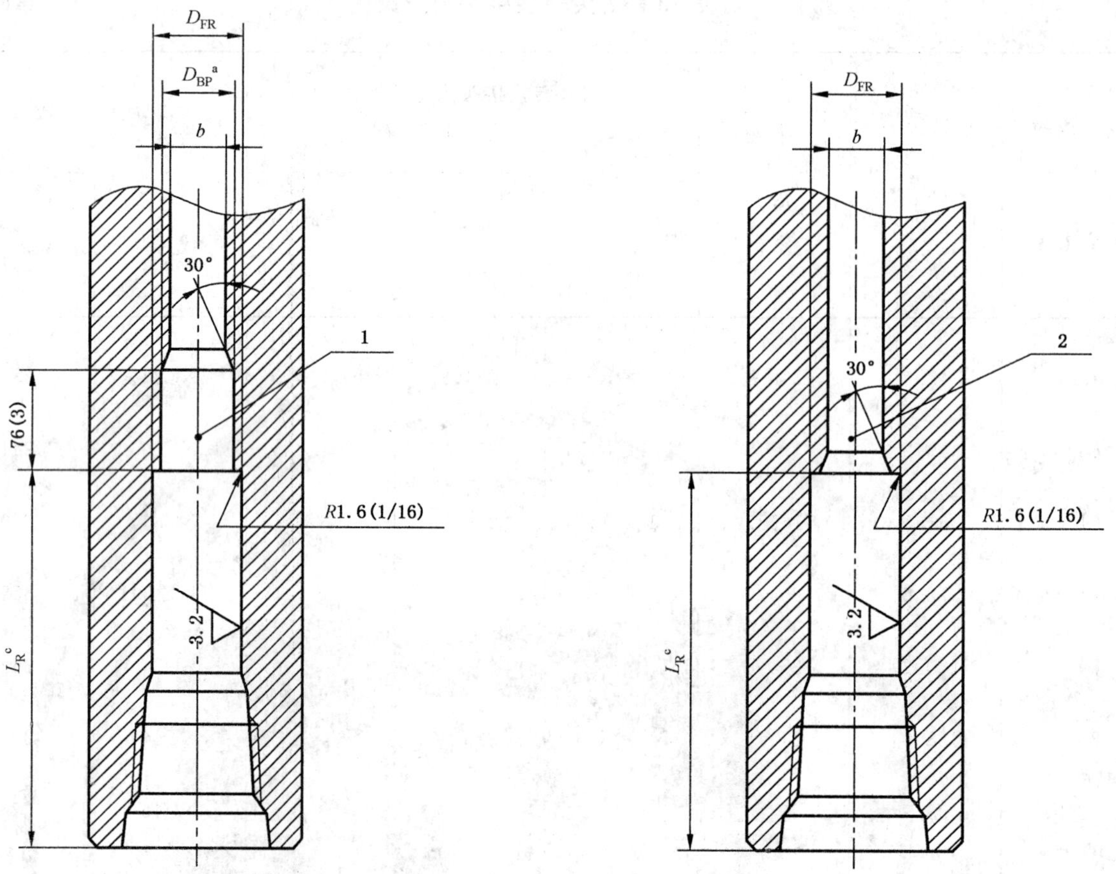

a） 带隔板槽的转换接头　　　b） 无隔板槽的转换接头

说明：

1——带隔板槽；

2——无隔板槽。

[a] 如果直径 D_{BP} 等于或小于孔径，可忽略；

[b] 钻铤或转换接头的内径和钻头外螺纹连接的内径应足够小以卡住阀总成；

[c] $L_R = L_{FV}$ + 旋转台肩式外螺纹连接长度 + 6.4 mm(1/4 in)。

图 7　钻头转换接头内的浮阀槽

8　钻铤

8.1　总则

8.1.1　规格

标准钢钻铤应按表 14 和图 8 所示的规格和尺寸提供。

除 8.3.1 所述条款外，无磁钻铤应按表 14 或表 20 所示的规格和尺寸提供。

8.1.2　外径公差

外径应符合表 15 所示的公差。

8.1.3 内孔

所有钻铤的内孔都应使用最小长度为3.05 m(10 ft)的通径规测量。通径规的最小直径应等于钻铤内径 d(见表14)减去3.2 mm(1/8 in)。

8.1.4 表面质量

8.1.4.1 标准钢钻铤

最低要求的外表面质量应是热轧精整的。工艺质量应符合 ASTM A434。表面缺陷修磨量应符合表16的规定。

8.1.4.2 无磁钻铤

无磁钢棒和管材外表面应进行100%车削或磨削加工。表面缺陷修磨量应符合表16的规定。

8.1.5 平直度

钻铤外表面不应偏离钻铤的两端连线,钻铤外表面对该直线的偏离不应超过0.5 mm/m(1/160 in/ft)。

示例:9.14 m(30 ft)长的钻铤,与直线的最大允许偏差是:

$$9.14 \times 0.5 = 4.6\ \text{mm}(30 \times 1/160 = 3/16\ \text{in})$$

8.1.6 无损检测

用于制造钻铤的每只棒材或管材均应按本部分第11章进行表面缺陷和内部缺陷的检测。

8.1.7 旋转台肩式连接

8.1.7.1 规格和型式

8.1.7.1.1 标准钢钻铤

标准钢钻铤应按上端内螺纹连接、下端外螺纹连接的形式提供,旋转台肩式连接规格和型式应符合表14所示的外径和相应的内径。旋转台肩式连接应符合 GB/T 22512.2 中规定的尺寸和测量要求。

8.1.7.1.2 无磁钻铤

无磁钻铤可制造成钻柱型钻铤或井底型钻铤。

钻柱型无磁钻铤应按上端内螺纹连接、下端外螺纹连接的形式提供,旋转台肩式连接规格和型式应符合表14或表20所示的外径和相应的内径。旋转台肩式连接应符合 GB/T 22512.2 中规定的尺寸和测量要求。

井底型无磁钻铤应按上下端均为内螺纹连接的形式提供,上端旋转台肩式连接应符合表14或表20所示的外径和相应的内径,下端旋转台肩式连接应符合表19。上下端旋转台肩式连接应符合 GB/T 22512.2 中规定的尺寸和测量要求。

8.1.7.2 旋转台肩式连接的应力分散结构

应力分散结构是可选的。如果规定应力分散结构,则应符合 GB/T 22512.2 规定的尺寸。

应力分散结构的表面应无应力集中,如刀痕和模板压痕。

实验室疲劳试验与实际使用条件下的试验表明,在外螺纹连接台肩处和内螺纹连接根部减轻应力集中的结构均能产生有利效果。若应力集中处产生的疲劳破坏会导致严重后果,推荐采用应力分散结构。

对于内螺纹连接,推荐后扩孔应力分散结构。但是,内螺纹连接的应力分散槽设计也同样取得了有利效果。它可作为后扩孔设计的替代结构。

应力分散结构导致外螺纹连接的抗拉强度和截面模量略有降低。但在大多数情况下,降低疲劳失效的风险足以抵消横截面减小带来的影响。对预期的超高拉伸载荷,宜对其影响进行计算。

8.1.7.3 螺纹根部的冷加工

螺纹根部的冷加工是可选的。冷加工的方法由制造商选择。

对于应力分散结构,实验室疲劳试验与实际使用条件下的试验表明,在旋转台肩式连接的螺纹根部进行冷加工能产生有利效果。若应力集中处产生的疲劳破坏会导致严重后果,推荐进行冷加工。

如果螺纹进行冷加工,则应在冷加工前按照 GB/T 22512.2 的要求测量。

螺纹冷加工后,测量紧密距会发生变化,可能导致旋转台肩式连接不符合规定的测量紧密距,但这不影响旋转台肩式连接的互换性,而且可改善旋转台肩式连接的抗疲劳性能。因此,若冷加工前螺纹符合紧密距要求,则该旋转台肩式连接允许按照 GB/T 22512.2 的要求标志。在这种情况下,该旋转台肩式连接应用带圆圈的字母"CW"标志,表示其螺纹在检测后进行了冷加工。该标志在旋转台肩式连接处的位置应如下:

a) 外螺纹连接——外螺纹的小端端面;

b) 内螺纹连接——内螺纹的扩锥孔内。

8.1.7.4 低扭矩结构

如果在外径大于 241.3 mm(9 1/2 in)的钻铤上加工 7 5/8 REG 时,或在外径大于 266.7 mm (10 1/2 in)的钻铤上加工 8 5/8 REG 时,台肩面和内螺纹扩锥孔应符合 GB/T 22512.2 中规定的低扭矩结构的尺寸。

8.1.8 卡瓦槽和吊卡槽

卡瓦槽和/或吊卡槽是可选的。如果已规定,应符合表 21 和图 9 所示的尺寸。允许只规定卡瓦槽或者吊卡槽,而不是两者均规定。单个槽的位置和尺寸应符合图 9。

8.1.9 螺纹和密封台肩的抗磨损处理

标准钢钻铤两端旋转台肩式连接的螺纹与密封台肩应采用磷酸锌或磷酸锰的抗磨损处理(磷化处理)。磷化处理应在所有测量完成后进行。处理形式应由制造商选择。

抗磨损处理对无磁钻铤没有明显的效果,因此并不要求。

8.2 标准钢钻铤

8.2.1 力学性能

8.2.1.1 拉伸要求

制成的标准钢钻铤的拉伸性能应符合表 17 中的要求。

拉伸性能应由每炉及每热处理批所取的一根试样进行拉伸试验来验证。

拉伸性能应按照 GB/T 228.1,规定塑性延伸强度(R_p)的要求,采用圆柱试样进行试验确定。

注:对本条款而言,ASTM A370 与 GB/T 228.1 等效。

拉伸试样可从棒材或管材的任意一端截取。加工拉伸试样应使标距中点距棒材或管材一端至少 100 mm(4 in)。拉伸试样应沿纵向截取,且试样的中心线距外表面 25.4 mm(1 in)或位于壁厚中心,取两者中的较小者。

8.2.1.2　**硬度要求**

此外,每根钻铤应进行硬度试验,作为符合要求的有效证明。硬度试验应在钻铤外径上进行(优先选用符合 GB/T 231.1 的布氏硬度方法,可用 C 标尺洛氏硬度代替)。硬度值应符合表 17 的要求。

注:对本条款而言,ASTM A370 与 GB/T 231.1 等效。

8.2.1.3　**冲击强度要求**

8.2.1.3.1　**总则**

夏比 V 型缺口冲击试验应在 21 ℃±3 ℃(70 ℉±5 ℉)下进行,且应符合 GB/T 229 的要求。在较低温度下进行试验时,若符合 8.2.1.3.4 的要求也可接受。

注:对本条款而言,ASTM A370 和 ASTM E 23 与 GB/T 229 等效。

8.2.1.3.2　**试样**

每炉及每热处理批应进行三个试样为一组的冲击试验。

试样应取自距外表面 25.4 mm(1 in)或位于壁厚中心,取两者中的较小者。

试样应纵向截取,径向开槽。

8.2.1.3.3　**试样尺寸**

材料不足以切取全尺寸试样(10 mm×10 mm)时,应采用可获得的下一级别的小尺寸标准试样,除此之外,应采用全尺寸试样。

如果需要采用小尺寸试样,验收准则应乘以表 2 所列的适当的修正系数。不允许采用宽度小于 5 mm 的小尺寸试样。

8.2.1.3.4　**验收准则**

三个试样的冲击功平均值应不小于 54 J(40 ft·lbs),且单个值不小于 47 J(35 ft·lbs)。

8.2.2　**标志**

符合本部分的标准钢钻铤,应在钻铤外径上用钢印打印如下信息:

a)　制造厂商的名称或商标;

b)　外径;

c)　内孔;

d)　旋转台肩式连接代号;

e)　"GB/T 22512.1"。

注:钻铤号由一连字号分开的两部分组成。第一部分是 NC 型旋转台肩式连接代号。第二部分以两位(或三位)数组成,以英寸的整数和十分之几英寸表示钻铤外径。209.6 mm、241.3 mm 和 279.4 mm 外径的钻铤,由于在推荐的弯曲强度比范围内没有 NC 型旋转台肩式连接,而采用所示的 6 5/8 REG、7 5/8 REG 和 8 5/8 REG。

示例 1:一根具有 71.4 mm(2 13/16 in)内孔和 NC46 旋转台肩式连接的由 AB 公司制造的外径为 158.5 mm(6 1/4 in)的钻铤,应打印:

AB 公司(或商标)　NC46-62　71.4　GB/T 22512.1

示例 2:一根具有 71.4 mm(2 13/16 in)内孔和 6 5/8 REG 旋转台肩式连接的由 AB 公司制造的外径为 209.6 mm(8 1/4 in)的钻铤,应打印:

AB 公司(或商标)　209.6　71.4　6 5/8 REG　GB/T 22512.1

8.3 无磁钻铤

8.3.1 尺寸要求

8.3.1.1 长度公差

无磁钻铤的长度公差应为$^{+152.4}_{0}$ mm($^{+6}_{0}$ in)。

8.3.1.2 内孔偏心度

钻铤端部的最大内孔偏心度应为2.39 mm(0.094 in)。中心偏心度不应超过6.35 mm(0.250 in)。

注：对无磁钻铤中心规定偏心度的目的是合理地保证测量仪器与钻铤轴线的精确同心。钻铤中心偏心度对其扭转强度和抗拉强度没有重要的影响。

8.3.2 力学性能

8.3.2.1 拉伸性能

无磁钻铤的拉伸性能应符合表18中的要求。

拉伸性能应由每炉及每热处理批的每种棒材规格中所取的一根试样(代表最终产品的性能)进行拉伸试验来验证。

拉伸性能应按照GB/T 228.1,规定塑性延伸强度(R_p)的要求,采用圆柱试样进行试验确定。

注：对本条款而言,ASTM A370与GB/T 228.1等效。

拉伸试样可从棒材或管材的任意一端截取。加工拉伸试样应使标距中点距棒材或管材一端至少100 mm(4 in)。拉伸试样应沿纵向截取,且试样的中心线距外表面25.4 mm(1 in)或位于壁厚中心,取两者中的较小者。

8.3.2.2 硬度要求

此外,硬度检测应在每根钻铤上进行,仅作资料使用。硬度和材料强度之间的相互关系是不可靠的。硬度试验应在钻铤外径上进行(优先选用符合GB/T 231.1的布氏硬度方法,可用C标尺洛氏硬度代替)。

注：对本条款而言,ASTM A370与GB/T 231.1等效。

8.3.3 磁性能

8.3.3.1 相对磁导率的测量

钻铤应具有小于1.010的相对磁导率。每一相对磁导率证书应标明试验方法。制造商还应说明,试验是在个别的钻铤上,还是在证明产品批合格的试样上进行的。一批的定义为以同一方式一次经过所有制造工序加工的同炉热加工的所有材料。

8.3.3.2 磁场梯度测量

新钻铤内孔中的磁场对于均匀磁场显示的最大偏差不应超过±0.05 μT。其检测应使用一个验磁器和一个磁场示差探针来测量,探针所带磁强计定位在钻铤的轴线方向。记录纸带显示的沿钻铤整个内孔的磁场示差,应作为每根钻铤检验合格证书的一部分。

8.3.4 抗腐蚀要求(用于12%或更多铬的奥氏体不锈钢钻铤)

奥氏体不锈钢钻铤由于受到拉应力和某些特定腐蚀物的联合作用而断裂的现象称为应力腐蚀开裂。

晶间腐蚀抗力应根据每根钻铤材料按 ASTM A262 E 法规定的腐蚀试验证明。取样方法由供方决定，试样可沿轴向距内孔表面 12.7 mm(0.5 in)以内截取；也可沿切向截取，此时试样的中点应距内孔表面 12.7 mm(0.5 in)以内。

在某种环境下，钢可产生穿晶应力腐蚀开裂。腐蚀趋势随成分的不同而变化，但产生残余压应力的表面处理可提供附加的腐蚀开裂抗力。

8.3.5 标志

符合本部分的无磁钻铤，应用钢印打印如下信息：

a) 制造厂商的名称或商标；
b) 外径；
c) 内孔；
d) 无磁性标志(无磁钻铤 NMDC)；
e) 旋转台肩式连接代号；
f) “GB/T 22512.1”。

注： 钻铤号由一连字号分开的两部分组成。第一部分是 NC 型旋转台肩式连接代号。第二部分以两位(或三位)数组成，以英寸的整数和十分之几英寸表示钻铤外径。209.6 mm、241.3 mm 和 279.4 mm 外径的钻铤，由于在推荐的弯曲强度比范围内没有 NC 型旋转台肩式连接，而采用所示的 6 5/8 REG、7 5/8 REG 和 8 5/8 REG。

下面举例说明这些标志要求。标志位置和附加标志的使用应由制造商规定。

示例： 一根具有 71.4 mm(2 13/16 in)内孔的由 AB 公司制造的外径为 209.6 mm(8 1/4 in)的无磁钻铤，应打印：

AB 公司(或商标)　209.6　71.4　NMDC　6 5/8 REG　GB/T 22512.1

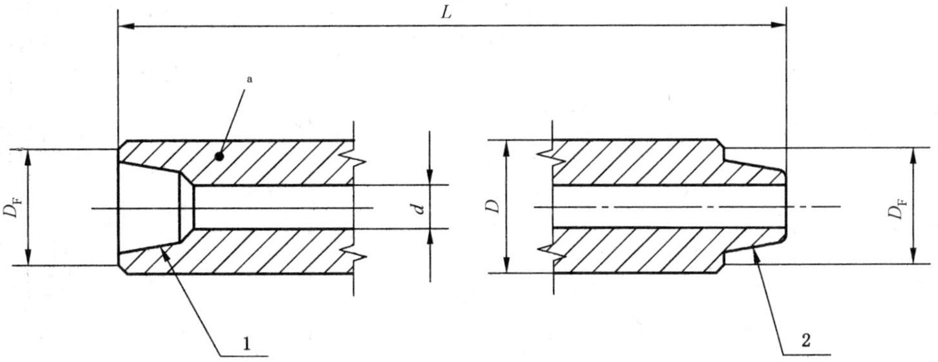

1——内螺纹连接；
2——外螺纹连接。
[a] 钻铤尺寸见表 14 和表 20。

图 8　钻铤

表 14　钻铤

1	2	3	4	5	6
钻铤号和代号[a,b]	外径[c] D mm	内径 d $^{+1.59}_{0}$ mm	长度 L ±152.4 mm[d] m	倒角直径 D_F ±0.4 mm	参考的弯曲强度比 BSR[e]
NC23-31	79.4	31.8	9.14	76.2	2.57 : 1
NC26-35	88.9	38.1	9.14	82.9	2.42 : 1
NC31-41	104.8	50.8	9.14 或 9.45	100.4	2.43 : 1

表 14（续）

1	2	3	4	5	6
钻铤号和代号[a,b]	外径[c] D mm	内径 d $^{+1.59}_{0}$ mm	长度 L ±152.4 mm[d] m	倒角直径 D_F ±0.4 mm	参考的弯曲强度比 BSR[e]
NC35-47	120.6	50.8	9.14 或 9.45	114.7	2.58∶1
NC38-50	127.0	57.2	9.14 或 9.45	121.0	2.38∶1
NC44-60	152.4	57.2	9.14 或 9.45	144.5	2.49∶1
NC44-60	152.4	71.4	9.14 或 9.45	144.5	2.84∶1
NC44-62	158.8	57.2	9.14 或 9.45	149.2	2.91∶1
NC46-62	158.8	71.4	9.14 或 9.45	150.0	2.63∶1
NC46-65	165.1	57.2	9.14 或 9.45	154.8	2.76∶1
NC46-65	165.1	71.4	9.14 或 9.45	154.8	3.05∶1
NC46-67	171.4	57.2	9.14 或 9.45	159.5	3.18∶1
NC50-70	177.8	57.2	9.14 或 9.45	164.7	2.54∶1
NC50-70	177.8	71.4	9.14 或 9.45	164.7	2.73∶1
NC50-72	184.2	71.4	9.14 或 9.45	169.5	3.12∶1
NC56-77	196.8	71.4	9.14 或 9.45	185.3	2.70∶1
NC56-80	203.2	71.4	9.14 或 9.45	190.1	3.02∶1
6 5/8 REG	209.6	71.4	9.14 或 9.45	195.6	2.93∶1
NC61-90	228.6	71.4	9.14 或 9.45	212.7	3.17∶1
7 5/8 REG	241.3	76.2	9.14 或 9.45	223.8	2.81∶1
NC70-97	247.6	76.2	9.14 或 9.45	232.6	2.57∶1
NC70-100	254.0	76.2	9.14 或 9.45	237.3	2.81∶1
8 5/8 REG	279.4	76.2	9.14 或 9.45	266.7	2.84∶1

注：钻铤结构见图 8。

[a] 代号为订货提供信息和帮助。

[b] 钻铤号由一连字号分开的两部分组成。第一部分是 NC 型旋转台肩式连接代号。第二部分以两位(或三位)数组成，以英寸的整数和十分之几英寸表示钻铤外径。209.6 mm、241.3 mm 和 279.4 mm 外径的钻铤，由于在推荐的弯曲强度比范围内没有 NC 型旋转台肩式连接，而采用所示的 6 5/8 REG、7 5/8 REG 和 8 5/8 REG。

[c] 公差见表 15。

[d] 无磁钻铤公差见 8.3.1.1。

[e] 在弯曲强度比的计算中，没有考虑应力分散槽。

表 15 钻铤外径公差

单位为毫米

1	2	3	4
外径	公差		不圆度[a]
	上偏差	下偏差	
>63.5～88.9	1.2	0	0.89
>88.9～114.3	1.6	0	1.17
>114.3～139.7	2.0	0	1.47
>139.7～165.1	3.2	0	1.78
>165.1～209.6	4.0	0	2.16
>209.6～241.3	4.8	0	2.54
>241.3	6.4	0	3.05

[a] 不圆度为在同一截面上测得的棒材或管材的最大和最小直径差，但不包括 8.1.4 所述及的表面缺陷修磨量。

表 16 钻铤表面缺陷修磨量和标准缺口深度参考值

单位为毫米

1	2	3
外径	基体最大修磨量	标准缺口最大深度参考值
>63.5～88.9	1.83	1.83
>88.9～114.3	2.29	2.29
>114.3～139.7	2.79	2.79
>139.7～165.1	3.18	3.18
>165.1～209.6	3.94	3.94
>209.6～241.3	5.16	5.16
>241.3	12.19	6.10

表 17 新标准钢钻铤的力学性能和试验

1	2	3	4	5
钻铤外径范围 mm	最小屈服强度 MPa	最小抗拉强度 MPa	四倍直径标距长度的最小伸长率 %	最小布氏硬度 HBW
79.4～174.6	758	965	13	285
177.8～279.4	689	931	13	285

表 18 新无磁钻铤的力学性能和试验

钻铤外径范围 mm	不锈钢			铍铜		
	最小 屈服强度 MPa	最小 抗拉强度 MPa	最小 伸长率 %	最小 屈服强度 MPa	最小 抗拉强度 MPa	最小 伸长率 %
88.9～174.6	758	827	18	758	965	12
177.8～279.4	689	758	20	689	931	13

表 19 井底钻铤下端旋转台肩式连接

单位为毫米

钻铤外径	底部内螺纹连接代号[a]	倒角直径 ±0.4
104.8～114.3	2 7/8 REG	91.7
120.6～127.0	3 1/2 REG	104.4
152.4～177.8	4 1/2 REG	135.3
177.8～184.2	5 1/2 REG	165.1
196.8～228.6	6 5/8 REG	186.9
241.3～254.0	7 5/8 REG	215.1
279.4	8 5/8 REG	242.5

[a] 代号为订货提供信息和帮助。

表 20 附加的无磁钻铤

1	2	3	4	5	6
钻铤号	外径 D[a] mm	内孔 d $^{+1.6}_{0}$ mm	长度 L $^{+0.152}_{0}$ m	倒角直径 D_F ±0.4 mm	参考的弯曲 强度比[b] BSR
NC50-67	171.5	71.4	9.14 or 9.45	159.5	2.37∶1

注：钻铤结构见图 8。

[a] 公差见表 15。

[b] 内孔为 71.4 mm 的 NC50-67 旋转台肩式连接具有 2.37∶1 的弯曲强度比，对于标准钢钻铤，其外螺纹强度要高于一般接受的水平，但对无磁钻铤已证明是可接受的。

表 21 钻铤卡瓦槽、吊卡槽和吊卡内孔尺寸

单位为毫米

1	2	3	4	5	6	7	8
基于钻铤外径的槽尺寸						基于钻铤外径的吊卡内孔	
钻铤外径范围	吊卡槽深度 l_E[a] ±0.2	R_1[c]	角度 α[b]	卡瓦槽深度 l_S[a] ±0.4	角度 β[b]	上部内孔 $^{0}_{-0.8}$	下部内孔 $^{+1.6}_{0}$
101.6～117.5	5.6	3.2±0.4	4°	4.8	3.5°	OD-7.9	OD+3.2
120.6～142.9	6.4	3.2±0.4	5°	4.8	3.5°	OD-9.5	OD+3.2
146.0～168.3	7.9	3.2±0.4	6°	6.4	5°	OD-12.7	OD+3.2
171.4～219.1	9.5	4.8±0.8	7.5°	6.4	5°	OD-14.3	OD+3.2
≥222.2	11.1	6.4±0.8	9°	6.4	5°	OD-15.9	OD+3.2

[a] 尺寸 l_E 和 l_S 来自钻铤的公称外径。

[b] 角度 α 和 β 是参考近似值。

[c] R_1 为冷加工半径。

单位为毫米(英寸)

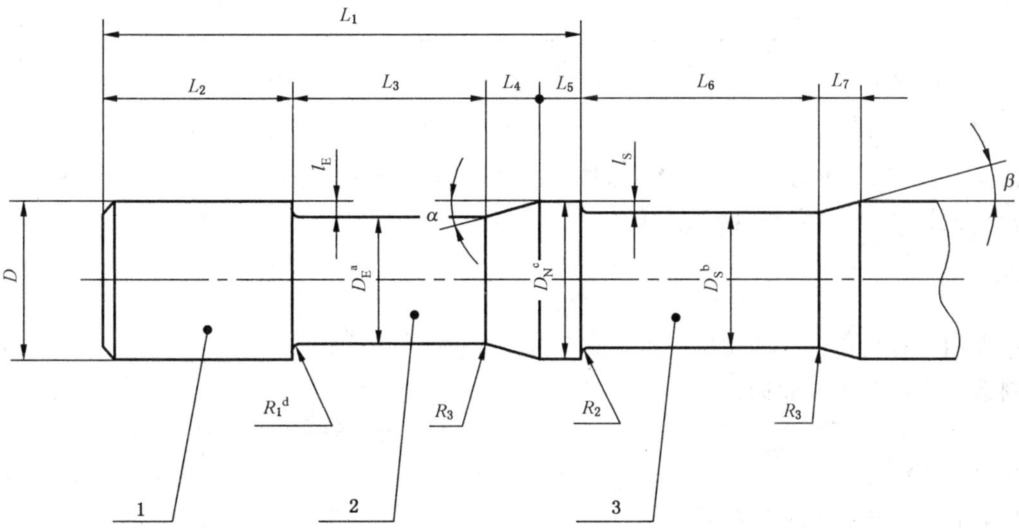

L_1	L_2	L_3	L_4	L_5	L_6	L_7	R_2	R_3
1 067(42) 参考	508^{+51}_{0} (20^{+2}_{0})	406^{+25}_{0} (16^{+1}_{0})	76(3) 参考	76(3) 参考	457^{+51}_{0} (18^{+2}_{0})	76(3) 参考	25.4(1) 参考	50.8(2) 参考

1——内螺纹端；

2——吊卡槽；

3——卡瓦槽。

[a] $D_E = D - 2 \times l_E$；

[b] $D_S = D - 2 \times l_S$；

[c] $D_N = D + 1.6(1/16)$最大值；

[d] 尺寸见表 21。

图 9 钻铤卡瓦槽和吊卡槽

9 钻井钻头和取芯钻头

9.1 牙轮钻头和刮刀钻头

9.1.1 规格

牙轮钻头和刮刀钻头均应按订购单规定的规格提供。

注：一般使用的牙轮钻头规格见 API RP 7G。

9.1.2 公差

钻头直径应符合表 22 中规定的直径公差。

表 22 牙轮钻头和刮刀钻头直径公差

钻头规格 mm	公差 mm
44.4～349.2	$^{+0.8}_{0}$
355.6～444.5	$^{+1.6}_{0}$
≥447.7	$^{+2.4}_{0}$

9.1.3 旋转台肩式连接

牙轮钻头应按表 23 所示的外螺纹连接的规格和型式提供。刮刀钻头应按表 24 所示的旋转台肩式连接规格和型式提供，并应为外螺纹或内螺纹。

9.1.4 标志

钻头应在扭矩台肩面以外的位置用钢印打印如下信息：

a) 制造厂商的名称或商标；

b) 钻头规格；

c) "GB/T 22512.1"；

d) 旋转台肩式连接规格和型式。

示例：一只具有 4 1/2 REG 旋转台肩式连接的外径为 200 mm(7 7/8 in)的钻头，应打印如下：

AB 公司(或商标)　200　GB/T 22512.1　4 1/2 REG

9.2 金刚石钻头、金刚石取芯钻头和聚晶金刚石复合片(PDC)钻头

9.2.1 金刚石钻头公差

金刚石钻头、金刚石取芯钻头和 PDC 钻头应符合表 25 所示的外径公差。

9.2.2 金刚石钻头和 PDC 钻头的旋转台肩式连接

金刚石钻头和 PDC 钻头应按表 26 所示的外螺纹连接的规格和型式提供。所有连接螺纹均应是右旋。

由于所有权的性质，未给出金刚石取芯钻头的旋转台肩式连接型式。

9.2.3 金刚石钻头和 PDC 钻头的测量

9.2.3.1 总则

所有的金刚石钻头和 PDC 钻头应采用 9.2.3.2 和 9.2.3.3 给出的环规尺寸准则检验其外径。

9.2.3.2 量规规范

通规和止规宜按图 10 所示和如下说明制造：

a) 通规和止规宜为外径等于钻头公称尺寸加 38.1 mm(1 1/2 in)，高 25.4 mm(1 in)的钢制圆环；

b) 通规内径宜等于钻头公称尺寸加 0.05 mm(0.002 in)的间隙，公差为＋0.08 mm，0(＋0.003 in，0)；

c) 止规内径宜等于钻头最小尺寸(公称尺寸减最大负公差)减 0.05 mm(0.002 in)过盈，公差为 0，—0.08 mm(0，—0.003 in)。

9.2.3.3 测量方法

通规和止规宜按下列规定使用：

a) 钻头若接收，宜通过通规(产品不能太大)；

b) 钻头若接收，不宜通过止规(产品不能太小)；

c) 为测量准确，通规和止规与钻头或取芯钻头的温度差宜在 11 ℃(20 ℉)范围内。

9.2.4 标志

金刚石钻头、金刚石取芯钻头和 PDC 钻头应标志如下：

a) 金刚石钻头和 PDC 钻头应在扭矩台肩面以外的位置，永久性的和清晰的标志出如下信息：

1) 制造厂商的名称或商标；

2) 钻头规格；

3) “GB/T 22512.1”；

4) 旋转台肩式连接的规格与型式。

示例：一只具有 4 1/2 REG 旋转台肩式连接的 190.5 mm(7 1/2 in)钻头应按如下打印：

AB 公司(或商标)　190.5　GB/T 22512.1　4 1/2 REG

b) 金刚石取芯钻头应在扭矩台肩面以外的位置，永久性的和清晰的标志出制造厂商的名称或商标和“GB/T 22512.1”。如：

AB 公司(或商标)　GB/T 22512.1

由于所有权的性质，未给出金刚石取芯钻头的旋转台肩式连接型式。标志“GB/T 22512.1”表明其他尺寸要求已符合本部分的规定。

单位为毫米(英寸)

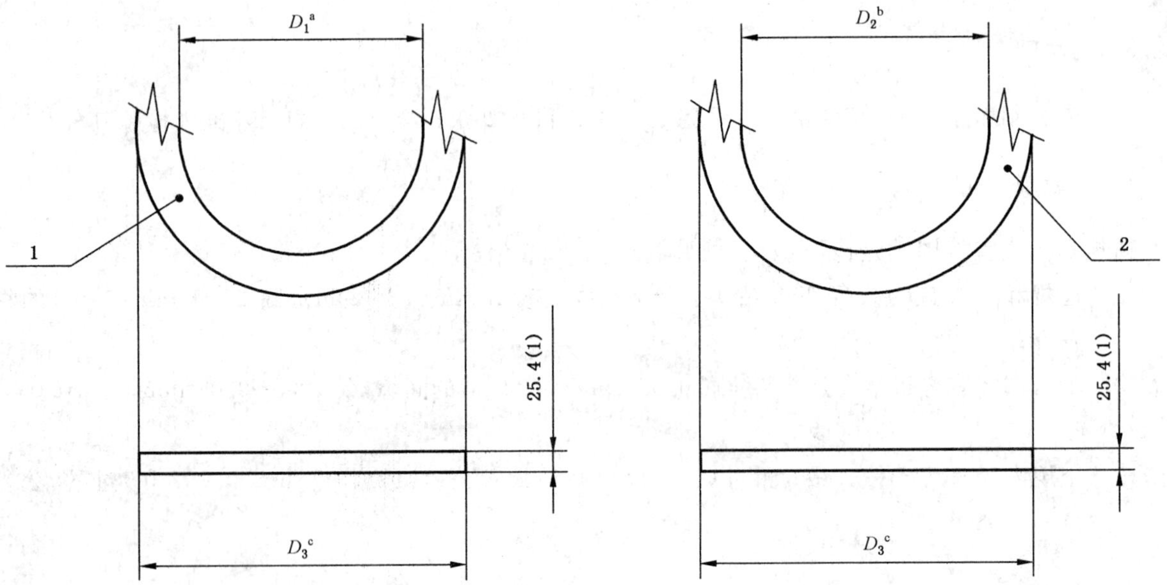

说明：

1——通规；

2——止规。

[a] D_1＝钻头尺寸＋0.05(＋0.002),公差为$^{+0.08}_{0}$($^{+0.003}_{0}$)。

[b] D_2＝钻头尺寸－负公差－0.05(－0.002),公差为$^{0}_{-0.08}$($^{0}_{-0.003}$)。

[c] D_3＝钻头公称尺寸＋38.1(1.5)最小值。

图 10　金刚石钻头和 PDC 钻头的量规尺寸

表 23　牙轮钻头旋转台肩式连接

单位为毫米

1	2	3	4
钻头规格外径	旋转台肩式外螺纹连接代号[a]	钻头转换接头倒角直径 ±0.4	钻头倒角直径 ±0.4
44.4～56.9	1 REG[b]	37.3	38.1
57.2～88.6	1 1/2 REG[c]	49.2	50.0
88.9～114.3	2 3/8 REG	77.4	78.2
117.5～127.0	2 7/8 REG	91.7	92.5
130.2～187.3	3 1/2 REG	104.4	105.2
190.5～238.1	4 1/2 REG	135.3	136.1
241.3～365.1	6 5/8 REG	186.9	187.7
368.3～469.9	6 5/8 REG 或	186.9	187.7
	7 5/8 REG	215.1	215.9
473.1～660.4	7 5/8 REG 或	215.1	215.9
	8 5/8 REG	242.5	243.3

表 23（续）

单位为毫米

1	2	3	4
钻头规格外径	旋转台肩式外螺纹连接代号[a]	钻头转换接头倒角直径 ±0.4	钻头倒角直径 ±0.4
≥685.8	8 5/8 REG	242.5	243.3

[a] 代号为订货提供信息和帮助。
[b] 1 REG 可和大多数的 1 MT,1 AMT 和 1 AMMT 螺纹互换。
[c] 1 1/2 REG 可和大多数的 1 1/2 MT,1 1/2 AMT 和 1 1/2 AMMT 螺纹互换。

表 24　刮刀钻头旋转台肩式连接

单位为毫米

1	2	3	4
钻头规格外径	旋转台肩式连接代号[a]	钻头转换接头倒角直径 ±0.4	钻头倒角直径 ±0.4
44.4～56.9	1 REG[b]	37.3	38.1
57.2～88.6	1 1/2 REG[c]	49.2	50.0
88.9～114.3	2 3/8 REG,外螺纹或内螺纹	77.4	78.2
117.5～127.0	2 7/8 REG,外螺纹或内螺纹	91.7	92.5
130.2～187.3	3 1/2 REG,外螺纹或内螺纹	104.4	105.2
190.5～215.9	4 1/2 REG,外螺纹或内螺纹	135.3	136.1
219.1～250.8	5 1/2 REG,外螺纹或内螺纹	165.1	165.9
>250.8	6 5/8 REG,外螺纹或内螺纹	186.9	187.7

[a] 代号为订货提供信息和帮助。
[b] 1 REG 可和大多数的 1 MT、1 AMT 和 1 AMMT 螺纹互换。
[c] 1 1/2 REG 可和大多数的 1 1/2 MT、1 1/2 AMT 和 1 1/2 AMMT 螺纹互换。

表 25　金刚石钻头、金刚石取芯钻头和 PDC 钻头的公差

单位为毫米

1	2
钻头规格外径	外径公差[a]
≤171.4	0 −0.38
172.2～228.6	0 −0.51
229.4～349.2	0 −0.76
350.0～444.5	0 −1.14
≥445.3	0 −1.60

[a] 应认可某种用途的 PDC 钻头可不按表 25 所示的公差制造,这些钻头的制造不属于本部分的范围。

表 26 金刚石钻头和 PDC 钻头的旋转台肩式连接

单位为毫米

1	2	3	4
钻头规格	旋转台肩式外螺纹连接代号[a]	钻头转换接头倒角直径 ±0.4	钻头倒角直径 ±0.4
44.4～56.9	1 REG[b]	38.1	38.9
57.2～88.6	1 1/2 REG[c]	49.2	50.0
88.9～114.3	2 3/8 REG	77.4	78.2
115.1～127.0	2 7/8 REG	91.7	92.5
127.8～187.3	3 1/2 REG	104.4	105.2
188.1～238.1	4 1/2 REG	135.3	136.1
238.9～368.3	6 5/8 REG	186.9	187.7
369.9～469.9	6 5/8 REG 或	186.9	187.7
	7 5/8 REG	215.1	215.9
≥471.5	7 5/8 REG 或	215.1	215.9
	8 5/8 REG	242.5	243.3

[a] 代号为订货提供信息和帮助。

[b] 1 REG 可和多数的 1 MT、1 AMT 和 1 AMMT 螺纹互换。

[c] 1 1/2 REG 可和多数的 1 1/2 MT、1 1/2 AMT 和 1 1/2 AMMT 螺纹互换。

10 加重钻杆(HWDP)

10.1 总则

本部分给出了通常应用在井底组合的加重钻杆的制造规范。本产品不宜与按照 API Spec 5DP 制造的厚壁(或加重)钻杆相混淆。本部分规定的材料通常不认为适应酸性或其他高腐蚀性的钻井工况,若该钻井工况可以预料,建议使用者在签订购买协议之初加以考虑。

10.1.1 规格

加重钻杆(HWDP)应按表 27 和图 11 所示的规格和尺寸提供。

单位为毫米(英寸)

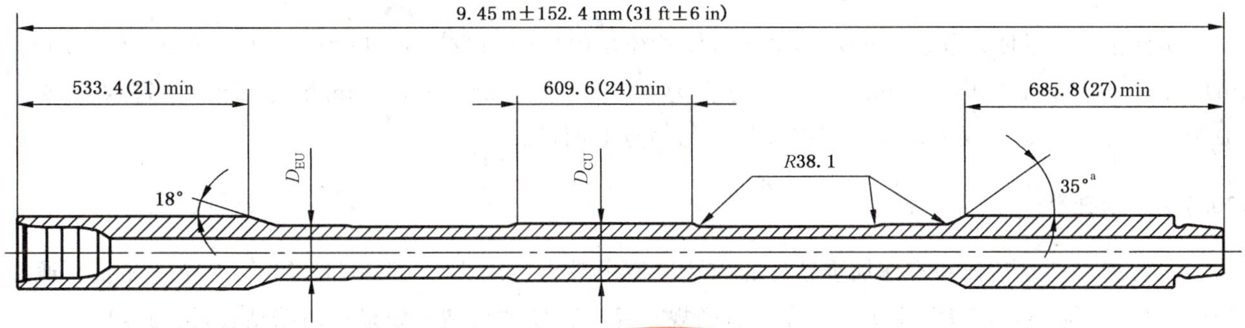

[a] 制造商可在外螺纹端选择35°的锥形台肩。

中部加厚段应大约位于管体的中间。

注：上述尺寸适用于整体加重钻杆和焊接加重钻杆。

图 11　加重钻杆尺寸

10.1.2　外径公差

管体和钻杆接头的外径和内径的尺寸和公差应符合表27的规定。

表 27　加重钻杆尺寸

单位为毫米

规格	管体外径 +1.6 −0.8	管体内径[a]	钻杆接头外径 +1.6[b] −0.8	钻杆接头内径 +3.2 0	旋转台肩式连接	吊卡加厚端最大直径 D_{eu}	中部加厚段直径 +1.6 −0.8 D_{cu}	通径规最小直径[c]
88.9	88.9	57.2	120.6 (123.8,127)	57.2	NC38	98.4	101.6	50.8
		52.4		52.4				46.0
101.6	101.6	63.5	133.4	63.5	NC40	106.4	114.3	57.2
		65.1		65.1				58.7
114.3	114.3	68.3	158.8	68.3	NC46	119.1	127.0	61.9
		69.8		69.8				63.5
		71.4		71.4				65.1
127.0	127.0	76.2	168.3	76.2	NC50	130.2	139.7	69.8
139.7	139.7	82.6	177.8 (184.2,190.5)	82.6	5 1/2FH	144.5	152.4	76.2
		85.7		85.7				79.4
		98.4		98.4				92.1
		101.6		101.6				95.2
168.3	168.3	101.6	203.2 (209.6,215.9)	101.6	6 5/8FH	176.2	181.0	95.2
		114.3		114.3				108.0
		127.0		127.0				120.6

[a] 最大管体内径比名义尺寸增大3.2 mm。最小管体内径由通径规控制。

[b] 经买方和制造商同意，可选用圆括号内所列的钻杆接头外径。

[c] 通径规直径基于中部加厚段管体的内径公差。

10.1.3 钻杆接头对管体的对中要求

钻杆接头对管体的最大角度误差,对于管体外径≤101.6 mm(4 in)的应为0.010 mm/mm(0.010 in/in),对于管体外径>101.6 mm (4 in)的应为0.008 mm/mm(0.008 in/in)。最大平行误差应为3.2 mm(0.125 in)。误差应在钻杆接头外径的中点上测量。

10.1.4 内孔

所有焊接加重钻杆和整体加重钻杆的内孔应使用最小长度为3.05 m(10 ft)的通径规测量。通径规的最小直径应不小于表27所示的最小通径规直径。整体加重钻杆如果从两端钻孔,接刀点应位于中部加厚段。

10.1.5 材料检测要求

10.1.5.1 整体加重钻杆管体与所有的钻杆接头

用于制造加重钻杆接头或整体加重钻杆的每一只棒材或管材均应按照本部分第11章进行表面缺陷和内部缺陷的检测。

10.1.5.2 焊接加重钻杆的管体

由正火态材料制造的管体应对其外径和内径进行目测检查。由调质态材料制造的管体应按照本部分第11章进行表面缺陷和内部缺陷的检测。

10.1.5.3 缺陷的处理

在钻孔或检测中发现的所有缺陷应在允许的公差范围内去除。

10.1.6 外表面状态

中部加厚段的外表面应是热轧精整的或者更好。热轧精整缺陷可通过磨削的方式去除。如果去除缺陷,去除的深度应符合表28的规定,并应按加厚端的表面轮廓磨削。

如果管体外径机加工部分的外表面缺陷深度小于1.6 mm(1/16 in),可通过局部圆滑过渡去除。

直径公差不应适用于去除缺陷的部位。

表28 允许的表面缺陷修磨量

单位为毫米

1	2
中部加厚段直径 D_{cu}	基体最大修磨量
>63.5~88.9	1.83
>88.9~114.3	2.29
>114.3~139.7	2.79
>139.7~165.1	3.18
>165.1	3.94

10.1.7 旋转台肩式连接

10.1.7.1 规格和型式

加重钻杆应按列于表 27 的上端内螺纹、下端外螺纹的旋转台肩式连接提供。旋转台肩式连接应符合 GB/T 22512.2 中规定的尺寸与测量要求。

注意：本部分不包含表 27 中未列出的可选旋转台肩式连接。当用户在购买协议中指定可选旋转台肩式连接时，该旋转台肩式连接应符合制造商关于可选旋转台肩式连接的力学性能、尺寸、标志和测量要求。

10.1.7.2 旋转台肩式连接的应力分散结构

应力分散结构是可选的。当购买协议中规定时，应力分散槽应按 GB/T 22512.2 中规定的尺寸提供。

应力分散结构的表面应无应力集中，如刀痕和模板压痕。实验室疲劳试验与实际使用条件下的试验表明，在外螺纹连接台肩处和内螺纹连接根部减轻应力集中的结构均能产生有利效果。若应力集中处产生的疲劳破坏会导致严重后果，推荐采用应力分散结构。

对于内螺纹连接，推荐后扩孔应力分散结构。但是，内螺纹连接的应力分散槽设计也同样取得了有利效果。它可作为后扩孔设计的替代结构。

应力分散结构导致外螺纹连接的抗拉强度和截面模量略有降低。但在大多数情况下，降低疲劳失效的风险足以抵消横截面减小带来的影响。对预期的超高拉伸载荷，宜对其影响进行计算。

10.1.7.3 螺纹根部的冷加工

当购买协议中规定时，应进行螺纹根部的冷加工。冷加工的方法由制造商选择。

对于应力分散结构，实验室疲劳试验与实际使用条件下的试验表明，在旋转台肩式连接的螺纹根部进行冷加工能产生有利效果。若应力集中处产生的疲劳破坏会导致严重后果，推荐进行冷加工。

如果螺纹进行冷加工，则应在冷加工前按照 GB/T 22512.2 的要求测量。

螺纹冷加工后，测量紧密距会发生变化，可能导致旋转台肩式连接不符合规定的测量紧密距，但这不影响旋转台肩式连接的互换性，而且可改善旋转台肩式连接的抗疲劳性能。因此，若冷加工前螺纹符合紧密距要求，则该旋转台肩式连接允许按照 GB/T 22512.2 的要求标志。在这种情况下，该旋转台肩式连接应用带圆圈的字母“CW”标志，表示其螺纹在检测后进行了冷加工。该标志在旋转台肩式连接处的位置应如下：

a) 外螺纹连接——外螺纹的小端端面；

b) 内螺纹连接——内螺纹的扩锥孔内。

10.1.8 螺纹和密封台肩的抗磨损处理

加重钻杆两端旋转台肩式连接的螺纹与密封台肩应采用磷酸锌或磷酸锰的抗磨损处理（磷化处理）。磷化处理应在所有测量完成后进行。处理形式应由制造商选择。

10.2 力学性能

10.2.1 钻杆接头

10.2.1.1 拉伸要求

用于制造加重钻杆接头的材料的拉伸性能应符合表 29 的要求。

拉伸性能应由每炉及每热处理批材料中所取的一根试样进行拉伸试验来验证。

拉伸性能应按 GB/T 228.1,规定塑性延伸强度(R_p)的要求,采用圆柱试样进行试验确定。

注:对本条款而言,ASTM A370 与 GB/T 228.1 等效。

拉伸试样可从棒材或管材的任意一端截取。加工拉伸试样应使标距中点距棒材或管材一端至少 100 mm(4 in)。拉伸试样应沿纵向截取,且试样的中心线应位于螺纹基面直径处或下方的材料中。

10.2.1.2 硬度要求

硬度试验应在每一根用于制造钻杆接头的棒材或管材上进行。硬度试验应在棒材或管材的外径上进行,优先选用符合 GB/T 231.1 的布氏硬度方法(可用 C 标尺洛氏硬度代替)。硬度值应符合表 29 的要求。

注:对本条款而言,ASTM A 370 与 GB/T 231.1 等效。

表 29 钻杆接头的力学性能

1	2	3	4	5
钻杆接头外径范围 mm	最小屈服强度 MPa	最小抗拉强度 MPa	四倍直径标距长度的最小伸长率 %	最小布氏硬度 HBW
79.4～174.6	758	965	13	285
＞174.6	689	931	13	285

10.2.1.3 冲击强度要求

10.2.1.3.1 总则

夏比 V 型缺口冲击试验应在 21 ℃±3 ℃(70 ℉±5 ℉)下进行,且应符合 GB/T 229 的要求。在较低温度下进行试验时,若符合 10.2.1.3.4 的要求也可接受。

注:对本条款而言,ASTM A370 和 ASTM E 23 与 GB/T 229 等效。

10.2.1.3.2 试样

每炉及每热处理批应进行三个试样为一组的冲击试验。

冲击试样应从螺纹基面直径处或下方的材料中取得。

试样纵向截取,径向开槽。

10.2.1.3.3 试样尺寸

材料不足以切取全尺寸试样(10 mm×10 mm)时,应采用可获得的下一级别的小尺寸标准试样,除此之外,应采用全尺寸试样。

如果需要采用小尺寸试样,验收准则应乘以表 2 所列的适当的修正系数。不允许采用宽度小于 5 mm 的小尺寸试样。

10.2.1.3.4 验收准则

三个试样的冲击功平均值应不小于 54 J(40 ft·lbs),且单个值不小于 47 J(35 ft·lbs)。

10.2.2 管体

10.2.2.1 焊接加重钻杆管体

管体应由经正火,正火和回火或调质的无缝合金钢管制造,力学性能应符合以下要求:

最小抗拉强度 MPa(psi)　655(95 000)
最小屈服强度 MPa(psi)　379(55 000)
最小伸长率(%)　18

10.2.2.2　整体加重钻杆管体

整体加重钻杆管体材料应符合本部分 10.2.1(钻杆接头)的要求。

10.3　组装

钻杆接头和管体焊接的设计应不使焊缝位于管体加厚端与钻杆接头锥形台肩间的圆角内。焊缝的设计应确保焊缝的强度(焊缝的横截面面积乘以焊缝的最小屈服强度)超过管体部分的强度(管体的最小横截面面积乘以管体的最小屈服强度)。

焊接应按照书面工艺执行,该工艺规定了主要焊接参数和次要焊接参数。焊接工艺应包括焊后热处理,以确保硬度小于 37 HRC 和最小屈服强度满足要求。焊接工艺应由破坏性试验来评定,以证明焊缝的最小屈服强度和硬度满足要求。焊接操作人员资格应由证明其完成满足要求的焊缝的文件来确定。

每一个焊接区应在热影响区进行硬度试验,以验证焊接区的表面硬度小于 37 HRC。硬度试验方法由制造商选择。

10.4　追溯

加重钻杆制造商应建立和遵循保持炉号标志的工艺规程。保持标志的方法应由制造商选择。这些工艺规程应提供钻杆接头和管体相关的炉号,化学分析报告和规定的机械试验结果的追溯方法。在所有试验完成并符合所规定的要求之前,该批标志应保持。

10.5　标志

符合本部分的加重钻杆应在外螺纹端的锥形台肩和/或钻杆接头外径或中部加厚段上用钢印打印制造商的名称或商标,GB/T 22512.1 和追溯标志。如果在中部加厚段采用开槽的方法,槽深不应低于管体外径。不应在高应力区上进行打印,如管体和钻杆接头锥形台肩间的圆角,焊缝或管体外径。

举例说明这些标志要求:

示例:A B Co.(或商标)　GB/T 22512.1　追溯标志

11　棒材和管材的无损检测

11.1　总则

所有标准钢的棒材和管材均应进行表面裂纹和全体积内部缺陷的检测。

无磁的棒材和管材应进行全体积内部缺陷的检测。如果外表面已加工,不要求进行表面缺陷的检测。

无损检测应在所有热处理完成后进行。

11.2　无损检测人员的资格和鉴定

制造商应制定无损检测(NDE)人员资格认证的程序文件。至少 GB/T 9445 应作为无损检测人员资格认证的基础。

注:对本条款而言,ASNT RP SNT-TC-1A 与 GB/T 9445 等效。

制造商应对无损检测(NDE)人员资格认证的程序管理负有职责。

无损检测应由具备1级、2级或3级证书的检测人员实施。

11.3 表面缺陷

11.3.1 外表面裂纹

每根标准钢的棒材或管材均应进行外表面缺陷的检测。优先选用超声检测(UT)或磁粉检测(MT)。作为一种选择,其他的方法(如涡流检测)也可采用,只要能说明该种检测系统和方法有能力检测表16所示的缺陷指示。

如果无磁棒材或管材的外表面已加工,则不要求外表面的无损检测。但是,制造商和买方若有协议,也可进行外表面的无损检测。如果认为有必要检测无磁棒材的外表面,则应采用超声检测(UT)或渗透法检测(PT)。

用于外表面检测的方法应由制造商决定。

11.3.2 内表面裂纹

每根管材的内表面应采用超声波斜束(剪切波)检测(UT)。该要求仅适用于热处理前为管状的材料。热处理时为实心的棒材和热处理后钻孔的材料不作为管材检测。

11.3.3 超声检测方法

如果采用超声检测(UT)外表面或内表面,每根棒材或管材应进行全长度,360°搭接扫描检测表面缺陷。可采用斜束法(剪切波)或者直束偏置(产生剪切波)液浸法。

除了以下条款,检测应根据制造商制定的书面规程执行,棒材检测应符合ASTM E587,管材检测应符合GB/T 5777(直接接触法或液浸法)。

a) 每班工作或被检材料公称外径改变时,应使用参考试块校准检测系统及验证检测设备和规程的有效性至少一次。
b) 参考试块应由长度适宜的一段棒材或管材制备,其与被检物体具有相同的公称外径、材料及热处理状态。
c) 参考试块不应产生干扰参考槽检测的不连续信号或其他信号。
d) 实心棒材的参考试块的外表面应有纵向(轴向)参考槽。
e) 管材的参考试块的外表面和内表面均应有纵向(轴向)参考槽。
f) 被检棒材或管材的纵向参考槽的最大深度应如表16所示。制造商也可选用较浅的槽。
g) 纵向参考槽的最大长度应为152.4 mm(6 in),宽度小于或等于1.02 mm(0.040 in)。

注:对本条款而言,ASTM E213与GB/T 5777等效。

经过制造商和买方的双方认可,孔反射体可替代上述参考槽。孔径应产生与上述参考槽相同或更敏感的反射信号。在任何一种情况下,使用自动扫描仪扫描零件时,参考信号波幅不应用来确定零件的接收或拒收。接收和拒收准则应利用明确的判定技术、采用特定的方法结合本规程的要求确定。

动态标定检查应在每班工作开始时进行,至少连续两次以生产速度检测参考标准块以确保重复性。如果一次操作中缺口的反射波幅小于另外一次波幅的79%(2 dB),系统应被校准,重复动态标定。

制造商应确定无损检测(NDE)设备具有适宜的频率,以保证所有产品符合本部分的要求。如果设备已按本部分的条款进行校准或检定后,经历了异常或恶劣的情况,导致精确性不可靠,则应在继续使用之前重新校准或检定。

11.3.4 磁粉检测

如果采用磁粉检测(MT)标准钢外表面,每根棒材或管材均应采用干磁粉或湿磁粉的方法进行全长度纵向缺陷的检测。

管材的检测应按照制造商制定的符合 ISO 13665 的书面规程进行。

注 1：对本条款而言，ASTM E709 与 ISO 13665 等效。

棒材的检测应按照制造商制定的符合 GB/T 15822.1 的书面规程进行。

注 2：对本条款而言，ASTM E709 与 GB/T 15822.1 等效。

11.3.5 渗透检测

如果采用渗透法检测外表面，每根棒材或管材均应采用液体渗透的方法进行全长度的检测，使用溶剂去除型或水洗型的着色渗透剂或荧光渗透剂。

检测应按照制造商制定的符合 GB/T 18851.1 的书面规程进行。

注：对本条款而言，ASTM E1209、ASTM E1219、ASTM E1220 和 ASTM E1418 与 GB/T 18851.1 等效。

11.3.6 缺陷指示评定

由超声检测方法发现的外表面缺陷指示，若波幅小于标准参考槽产生波幅的 20%，则该缺陷指示可以接收。

由超声检测方法发现的外表面缺陷指示，若波幅等于或高于标准参考槽产生波幅的 20%，则该缺陷指示应判定深度。

由磁粉或渗透检测法发现的所有外表面缺陷指示应判定深度

判定外表面缺陷应开槽至缺陷指示底部的部位，然后测量其深度，与表 16 中规定的最大允许基体修磨量相比较。

缺陷指示的深度可用机械仪器测量(如深度仪)，通过磨削或其他便于测量的手段去除材料的深度不应大于表 16 规定的值。

管材内径不适合进行缺陷指示的判定。

11.3.7 验收准则

深度小于表 16 中规定的最大允许基体修磨量的缺陷指示可以通过磨削去除缺陷指示得到补救。棒材或管材只有在完全去除缺陷指示后才可接收。所有磨削应圆滑过渡，使棒材或管材的外表面近似为圆形。

深度大于表 16 中规定的最大允许基体修磨量的缺陷指示应拒收。

超声检测的管材内表面缺陷指示，其波幅等于或大于标准参考槽产生波幅高度的 50%时，应拒收。

11.4 内部缺陷

11.4.1 总则

每根棒材或管材应采用超声检测(UT)内部缺陷。

11.4.2 内部纵向缺陷

11.4.2.1 总则

每根标准钢棒材或管材应采用斜束(剪切波)超声波转换器和直束(压缩波)超声波转换器进行全长度的 360°搭接扫描检测纵向缺陷。

无磁棒材或管材的检测应仅限于采用直束(压缩波)超声波方法。

每一种规格的被检棒材或管材应采用参考试块校准检测设备。

除了以下条款，直束检测应按照制造商制定的符合 GB/T 5777 的书面规程进行。

a） 用于压缩波的参考试块应选用棒材或管材的一段完好的部分；

b） 应采用10.3.3中述及的参考试块建立剪切波检测的参考水平；

c） 转换器应选用1 MHz～3.5 MHz的频率。低于1 MHz的检测可用于无磁材料。

注：对本条款而言，ASTM E114、ASTM E 214和ASTM E1001与GB/T 5777等效。

11.4.2.2 内部纵向缺陷的验收准则

棒材中央出现的任何缺陷指示，若导致参考试块背反射衰减50%或更多，且不能通过钻孔去除，则应认为是一个缺陷，应拒收。

棒材或管材在壁厚中心的缺陷指示，若导致参考试块背反射衰减40%或更多，则应拒收，除非制造商确定背反射的衰减是由于晶粒粗大、表面状况或扫查面与反射面不平行造成的。

棒材或管材在壁厚中心的缺陷指示，其波幅大于参考试块背反射波幅的5%，则应认为是一个缺陷，应拒收。

11.4.3 内部横向缺陷

11.4.3.1 总则

每根棒材应进行内部横向缺陷的检测，应采用下列方法中的一种：

a） 直接接触直束法：转换器置于棒材或管材端部（平面）；

b） 直接接触剪切波法：声束方向为棒材的纵向轴线以便与估计的缺陷垂直相交。

采用方法应由制造商选择。

管材不需要进行横向缺陷的检测。

11.4.3.2 内部横向缺陷的验收准则

所有不能通过钻孔去除的内部横向缺陷指示都应拒收。

附 录 A
（资料性附录）
以美国惯用单位制表示的表

表 A.1 静水压试验压力

最大工作压力 psi	静水压阀体试验压力 （仅用于新阀） psi
5 000	10 000
10 000	15 000
15 000	22 500

表 A.2 冲击试样的修正系数

试样尺寸 in×in	修正系数
0.394×0.394	1.00
0.394×0.295	0.833
0.394×0.197	0.667

表 A.3 使用类别定义

等级号	使用类别	压力密封的设计性能要求
1 级[a]	仅用于地面	阀体和钻柱密封件应承受等于壳体试验压力的内部压力[b]； 密封机构将承受来自于井下 250 psi 的低压和等于最大工作压力的高压
2 级	地面和井下	阀体和钻柱密封件应承受等于壳体试验压力的内部压力； 钻柱密封件应承受外部压力，低压为 250 psi 和最低的高压为 2 000 psi[c]； 密封机构应承受来自于井下 250 psi 的低压和等于最大工作压力的高压； 密封机构应承受来自于上方 250 psi 的低压和等于最大工作压力的高压[d]； 密封件的温度范围由试验确定[e]

[a] 按照 API Spec7 39 版本或更早的版本制造的阀按 1 级阀鉴定，现有阀重新评定为 2 级阀需按照 5.4.3、5.4.4 和 5.4.5 的要求试验。

[b] 制造的每一个阀，壳体试验仅需按照表 1 给定的值试验一次。

[c] 每一次阀设计时，钻柱密封件的性能均需验证一次，已制成的阀并不需要。

[d] 只适用于球形阀。

[e] 每一次阀设计时，密封件的温度范围均需验证一次，已制成的阀并不需要。

表 A.4　四方钻杆驱动部分

1	2	3	4	5	6	7	8	9	10	11
方钻杆规格[a]	驱动部分长度 ft		总长 ft		对边宽 D_{FL}[b] in	对角宽 D_C[c] in	对角宽 D_{CC} $^{0}_{-0.015}$ in	半径 R_C ±1/16 in	半径 R_{CC} in (仅供参考)	偏心孔最小壁厚 t in
	标准 L_D $^{+0.50}_{-0.42}$	选用 L_D $^{+0.50}_{-0.42}$	标准 L $^{+0.50}_{0}$	选用 L $^{+0.50}_{0}$						
2 1/2	37	—	40	—	2 1/2	3 9/32	3.250	5/16	1 5/8	0.450
3	37	—	40	—	3	3 15/16	3.875	3/8	1 15/16	0.450
3 1/2	37	—	40	—	3 1/2	4 17/32	4.437	1/2	2 7/32	0.450
4 1/4	37	51	40	54	4 1/4	5 9/16	5.500	1/2	2 3/4	0.475
5 1/4	37	51	40	54	5 1/4	6 29/32	6.750	5/8	3 3/8	0.625

注：四方钻杆驱动部分的结构见图 2。

[a] 四方钻杆规格一列数值与第六列的对边宽 D_{FL}(对边间的距离)数值相同。

[b] D_{FL} 的公差，对规格 2 1/2～3 1/2 为：$^{+5/64}_{0}$ in；对规格 4 1/4～5 1/4 为：$^{+3/32}_{0}$ in，见 6.2 套筒量规检测。

[c] D_C 的公差，对规格 2 1/2～3 1/2 为：$^{+1/8}_{0}$ in；对规格 4 1/4～5 1/4 为：$^{+5/32}_{0}$ in。

表 A.5　四方钻杆加厚端与旋转台肩式连接　　单位为英寸

1	2	3	4	5	6	7	8	9	10	11
方钻杆规格[b]		上端内螺纹连接[a]				下端外螺纹连接[a]				
		代号[c]	外径 D_U ±1/32	倒角直径 D_F ±1/64	上加厚端长度 L_U $^{+2½}_{0}$	连接代号[c]	外径 D_{LR} ±1/32	内径 d $^{+1/16}_{0}$	倒角直径 D_F ±1/64	下加厚端长度 L_L $^{+2½}_{0}$
2 1/2	标准	6 5/8 REG	7 3/4	7 21/64	16	NC26	3 3/8	1 1/4	3 17/64	20
	选用	4 1/2 REG	5 3/4	5 19/64	16	NC26	3 3/8	1 1/4	3 17/64	20
3	标准	6 5/8 REG	7 3/4	7 21/64	16	NC31	4 1/8	1 3/4	3 61/64	20
	选用	4 1/2 REG	5 3/4	5 19/64	16	NC31	4 1/8	1 3/4	3 61/64	20
3 1/2	标准	6 5/8 REG	7 3/4	7 21/64	16	NC38	4 3/4	2 1/4	4 37/64	20
	选用	4 1/2 REG	5 3/4	5 19/64	16	NC38	4 3/4	2 1/4	4 37/64	20
4 1/4	标准	6 5/8 REG	7 3/4	7 21/64	16	NC46	6 1/4	2 13/16	5 23/32	20
	标准	6 5/8 REG	7 3/4	7 21/64	16	NC50	6 3/8	2 13/16	6 1/16	20
	选用	4 1/2 REG	5 3/4	5 19/64	16	NC46	6 1/4	2 13/16	5 23/32	20
	选用	4 1/2 REG	5 3/4	5 19/64	16	NC50	6 3/8	2 13/16	6 1/16	20

表 A.5（续）

单位为英寸

1	2	3	4	5	6	7	8	9	10	11
方钻杆规格[b]	上端内螺纹连接[a]					下端外螺纹连接[a]				
		代号[c]	外径 D_U ±1/32	倒角直径 D_F ±1/64	上加厚端长度 L_U $^{+2½}_{0}$	连接代号[c]	外径 D_{LR} ±1/32	内径 d $^{+1/16}_{0}$	倒角直径 D_F ±1/64	下加厚端长度 L_L $^{+2½}_{0}$
5 1/4	标准	6 5/8 REG	7 3/4	7 21/64	16	5 1/2 FH	7	3 1/4	6 23/32	20
	标准	6 5/8 REG	7 3/4	7 21/64	16	NC56	7	3 1/4	6 47/64	20

注：四方钻杆加厚端的结构见图 2。

[a] 旋转台肩式连接要求见 6.3。

[b] 四方钻杆规格一列数值与表 A.4 第六列的对边宽 D_{FL}（对边间的距离）数值相同。

[c] 代号为订货提供信息和帮助。

表 A.6　六方钻杆驱动部分

1	2	3	4	5	6	7	8	9	10	11
方钻杆规格[a]	驱动部分长度 ft		总长 ft		对边宽 D_{FL} $^{+1/32}_{0}$ in	对角宽 D_C ±1/32 in	对角宽 D_{CC} $^{0}_{-0.015}$ in	半径 R_C ±1/32 in	半径 R_{CC} in（仅供参考）	偏心孔最小壁厚 t in
	标准 L_D $^{+0.50}_{-0.42}$	选用 L_D $^{+0.50}_{-0.42}$	标准 L $^{+0.50}_{0}$	选用 L $^{+0.50}_{0}$						
3	37	—	40	—	3	3 3/8	3.375	1/4	1 11/16	0.475
3 1/2	37	—	40	—	3 1/2	3 31/32	3.937	1/4	1 31/32	0.525
4 1/4	37	51	40	54	4 1/4	4 13/16	4.781	5/16	2 25/64	0.625
5 1/4	37	51	40	54	5 1/4	5 31/32	5.900	3/8	2 61/64	0.625
6	37	51	40	54	6	1 13/16	6.812	3/8	3 13/32	0.625

注：六方钻杆驱动部分的结构见图 3。

[a] 六方钻杆规格一列数值与第六列的对边宽 D_{FL}（对边间的距离）数值相同。

表 A.7　六方钻杆加厚端与旋转台肩式连接

单位为英寸

1	2	3	4	5	6	7	8	9	10	11
方钻杆规格[b]	上端内螺纹连接[a]					下端外螺纹连接[a]				
		代号[c]	外径 D_U ±1/32	倒角直径 D_F ±1/64	上加厚端长度 L_U $^{+2½}_{0}$	代号[c]	外径 D_{LR} ±1/32	内径 d $^{+1/16}_{0}$	倒角直径 D_F ±1/64	下加厚端长度 L_L $^{+2½}_{0}$
3	标准	6 5/8 REG	7 3/4	7 21/64	16	NC26	3 3/8	1 1/4	3 17/64	20
	选用	4 1/2 REG	5 3/4	5 19/64	16	NC26	3 3/8	1 1/4	3 17/64	20
3 1/2	标准	6 5/8 REG	7 3/4	7 21/64	16	NC31	4 1/8	1 3/4	3 61/64	20
	选用	4 1/2 REG	5 3/4	5 19/64	16	NC31	4 1/8	1 3/4	3 61/64	20
4 1/4	标准	6 5/8 REG	7 3/4	7 21/64	16	NC38	4 3/4	2 1/4	4 37/64	20
	选用	4 1/2 REG	5 3/4	5 19/64	16	NC38	4 3/4	2 1/4	4 37/64	20
5 1/4	标准	6 5/8 REG	7 3/4	7 21/64	16	NC46	6 1/4	3 d	5 23/32	20
	标准	6 5/8 REG	7 3/4	7 21/64	16	NC50	6 3/8	3 1/4 d	6 1/16	20
6	标准	6 5/8 REG	7 3/4	7 21/64	16	5 1/2 FH	7	3 1/2	6 23/32	20
	标准	6 5/8 REG	7 3/4	7 21/64	16	NC56	7	3 1/2	6 47/64	20

注：六方钻杆加厚端的结构见图 3。

[a] 旋转台肩式连接要求见 6.3。

[b] 六方钻杆规格一列数值与表 A.6 第六列的对边宽 D_{FL}(对边间的距离)数值相同。

[c] 代号为订货提供信息和帮助。

[d] 对于规格为 5 1/4 的六方钻杆，2 13/16 的内孔应是可选的。

表 A.8　方钻杆套筒量规

单位为英寸

方钻杆规格	量规最小长度 L_G	对边宽		最大棱角半径	
		四方 D_{FL}[ab]	六方 D_{FL}[ab]	四方 R_S	六方 R_H
2 1/2	10	2.594	—	1/4	—
3	10	3.094	3.036	5/16	3/16
3 1/2	10	3.594	3.536	7/16	3/16
4 1/4	12	4.375	4.286	7/16	1/4
5 1/4	12	5.375	5.286	9/16	5/16
6	12	—	6.036	—	5/16

注：方钻杆套筒量规的结构见图 4。

[a] 所有规格的 D_{FL} 的公差为 $^{+0.005}_{0}$ in。

[b] 相邻边之间的公称夹角公差为±0.5°。

表 A.9　新方钻杆（所有规格）的力学性能和试验

下加厚端外径 OD in	下加厚端最小 屈服强度 psi	下加厚端最小 抗拉强度 psi	最小 伸长率 %	最小 布氏硬度 HBW
3 3/8～6 7/8	110 000	140 000	13	285
7	100 000	135 000	13	285

表 A.10　钻柱转换接头

1	2	3	4
型式	种类	上端相连的构件	下端相连的构件
A 或 B	方钻杆转换接头	方钻杆	钻杆接头
A 或 B	钻杆转换接头	钻杆接头	钻杆接头
A 或 B	过渡转换接头	钻杆接头	钻铤
A 或 B	钻铤转换接头	钻铤	钻铤
A 或 B	钻头转换接头	钻铤	钻头
C	水龙头转换接头	水龙头中心管	方钻杆
D	提升短节	吊卡	钻铤

表 A.11　B 型钻柱转换接头 DR 的最小表面硬度

1	2
大径 D in	小径 D_R 的最小表面布氏硬度 HBW
3 1/8～6 7/8	285
7～10	277

表 A.12　提升短节上端直径尺寸

单位为英寸

吊卡槽直径 D_P ±1/32	提升短节台肩直径 （锥形或直角） D_L $^{+1/8}_{0}$	总长 L_1 $^{+3}_{-1}$	顶部长度 L_2 ±1/8	吊卡槽长度 L_3 参考	底部长度 L_4 ±1/2
2 3/8	3 3/8	36	4	18	14
2 7/8	4 1/8	36	4	18	14
3 1/2	4 3/4	36	4	18	14
4	6	36	4	18	14

表 A.12（续） 单位为英寸

吊卡槽直径 D_P ±1/32	提升短节台肩直径 （锥形或直角） D_L $^{+1/8}_{0}$	总长 L_1 $^{+3}_{-1}$	顶部长度 L_2 ±1/8	吊卡槽长度 L_3 参考	底部长度 L_4 ±1/2
4 1/2	6 1/4	36	4	18	14
5	6 1/2	36	4	18	14
5 1/2	7	36	4	18	14
6 5/8	8	36	4	18	14

表 A.13 钻头转换接头内浮阀槽 单位为英寸

阀总成的直径 D 参考	浮阀槽的直径 D_{FR}[a] $^{+1/64}_{0}$	阀总成的长度 L_{FV} 参考	钻头转换接头内螺纹连接 API REG			其他旋转台肩式连接	
			代号[b]	L_R ±1/16	D_{BP} $^{+1/32}_{0}$	代号[b]	L_R ±1/16
1 21/32	1 11/16	5 7/8	2 3/8 REG	9 1/8	1 5/16	NC23	9 1/8
1 29/32	1 15/16	6 1/4	2 7/8 REG	10	1 1/2	NC26	9 1/2
2 13/32	2 7/16	6 1/2	3 1/2 REG	10 1/2	1 29/32	NC31	10 1/4
2 13/16	2 27/32	10	—	—	—	3 1/2 FH	14
3 1/8	3 5/32	10	—	—	—	NC38	14 1/4
3 15/32	3 1/2	8 5/16	4 1/2 REG	12 13/16	2 15/16	NC44	13 1/16
3 21/32	3 11/16	12	—	—	—	NC46	16 3/4
3 7/8	3 29/32	9 3/4	5 1/2 REG	14 3/4	3 3/8	NC50	14 1/2
4 25/32	4 13/16	11 3/4	6 5/8 REG	17	4 9/32	5 1/2 IF	17
4 25/32	4 13/16	11 3/4	7 5/8 REG	17 1/4	4 9/32	5 1/2 FH	17
4 25/32	4 13/16	11 3/4	8 5/8 REG	17 3/8	4 9/32	NC61	17 1/2
5 11/16	5 23/32	14 5/8	8 5/8 REG	20 1/4	5 3/16	6 5/8 IF	19 7/8

[a] 直径 D_{FR} 等于 D+1/32 in。

[b] 代号为订货提供信息和帮助。

表 A.14 钻铤

1	2	3	4	5	6
钻铤号和代号[ab]	外径[c] D in	内径 d in $^{+1/16}_{0}$	长度 L ft ±6 in[d]	倒角直径 D_F in ±1/64 in	参考的弯曲强度比 BSR[e]
NC23-31	3 1/8	1 1/4	30	3	2.57 : 1
NC26-35	3 1/2	1 1/2	30	3 17/64	2.42 : 1
NC31-41	4 1/8	2	30 或 31	3 61/64	2.43 : 1

表 A.14（续）

1	2	3	4	5	6
钻铤号和 代号[ab]	外径[c] D in	内径 d in $^{+1/16}_{0}$	长度 L ft ±6 in[d]	倒角直径 D_F in ±1/64 in	参考的弯曲 强度比 BSR[e]
NC35-47	4 3/4	2	30 或 31	4 33/64	2.58∶1
NC38-50	5	2 1/4	30 或 31	4 49/64	2.38∶1
NC44-60	6	2 1/4	30 或 31	5 11/16	2.49∶1
NC44-60	6	2 13/16	30 或 31	5 11/16	2.84∶1
NC44-62	6 1/4	2 1/4	30 或 31	5 7/8	2.91∶1
NC46-62	6 1/4	2 13/16	30 或 31	5 29/32	2.63∶1
NC46-65	6 1/2	2 1/4	30 或 31	6 3/32	2.76∶1
NC46-65	6 1/2	2 13/16	30 或 31	6 3/32	3.05∶1
NC46-67	6 3/4	2 1/4	30 或 31	6 9/32	3.18∶1
NC50-70	7	2 1/4	30 或 31	6 31/64	2.54∶1
NC50-70	7	2 13/16	30 或 31	6 31/64	2.73∶1
NC50-72	7 1/4	2 13/16	30 或 31	6 43/64	3.12∶1
NC56-77	7 3/4	2 13/16	30 或 31	7 19/64	2.70∶1
NC56-80	8	2 13/16	30 或 31	7 31/64	3.02∶1
6 5/8 REG	8 1/4	2 13/16	30 或 31	7 45/64	2.93∶1
NC61-90	9	2 13/16	30 或 31	8 3/8	3.17∶1
7 5/8 REG	9 1/2	3	30 或 31	8 13/16	2.81∶1
NC70-97	9 3/4	3	30 或 31	9 5/32	2.57∶1
NC70-100	10	3	30 或 31	9 11/32	2.81∶1
8 5/8 REG	11	3	30 或 31	10 1/2	2.84∶1

注：钻铤结构见图 8。

[a] 代号为订货提供信息和帮助。

[b] 钻铤号由一连字号分开的两部分组成。第一部分是 NC 型旋转台肩式连接代号。第二部分以两位(或三位)数组成，以英寸的整数和十分之几英寸表示钻铤外径。8 1/4 in、9 1/2 in 和 11 in 外径的钻铤，由于在推荐的弯曲强度比范围内没有 NC 型旋转台肩式连接，而采用所示的 6 5/8 REG、7 5/8 REG 和 8 5/8 REG。

[c] 公差见表 15。

[d] 无磁钻铤公差见 8.3.1.1。

[e] 在弯曲强度比的计算中，没有考虑应力分散槽。

表 A.15　钻铤外径公差

单位为英寸

1	2	3	4
外径	公差		不圆度[a]
	上偏差	下偏差	
>2 1/2～3 1/2	3/64	0	0.035
>3 1/2～4 1/2	1/16	0	0.046
>4 1/2～5 1/2	5/64	0	0.058
>5 1/2～6 1/2	1/8	0	0.070
>6 1/2～8 1/4	5/32	0	0.085
>8 1/4～9 1/2	3/16	0	0.100
>9 1/2	1/4	0	0.120

[a] 不圆度为在同一截面上测得的棒材或管材的最大和最小直径差，但不包括 8.1.4 所述及的表面缺陷修磨量。

表 A.16　钻铤表面缺陷修磨量和标准缺口深度参考值

单位为英寸

1	2	3
外径	基体最大修磨量	标准缺口最大深度参考值
>2 1/2～3 1/2	0.072	0.072
>3 1/2～4 1/2	0.090	0.090
>4 1/2～5 1/2	0.110	0.110
>5 1/2～6 1/2	0.125	0.125
>6 1/2～8 1/4	0.155	0.155
>8 1/4～9 1/2	0.203	0.203
>9 1/2	0.480	0.240

表 A.17　新标准钢钻铤的力学性能和试验

1	2	3	4	5
钻铤外径范围 in	最小屈服强度 psi	最小抗拉强度 psi	四倍直径标距长度的最小伸长率 %	最小布氏硬度 HBW
3 1/8～6 7/8	110 000	140 000	13	285
7～11	100 000	135 000	13	285

表 A.18 新无磁钻铤的力学性能和试验

钻铤外径范围 in	不锈钢			铍铜		
	最小 屈服强度 psi	最小 抗拉强度 psi	最小 伸长率 %	最小 屈服强度 psi	最小 抗拉强度 psi	最小 伸长率 %
3 1/2～6 7/8	110 000	120 000	18	110 000	140 000	12
7～11	100 000	110 000	20	100 000	135 000	13

表 A.19 井底钻铤下端旋转台肩式连接

单位为英寸

钻铤外径	底部内螺纹连接代号[a]	倒角直径 ±1/16
4 1/8～4 1/2	2 7/8 REG	3 39/64
4 3/4～5	3 1/2 REG	4 7/64
6～7	4 1/2 REG	5 21/64
7～7 1/4	5 1/2 REG	6 1/2
7 3/4～9	6 5/8 REG	7 23/64
9 1/2～10	7 5/8 REG	8 15/32
11	8 5/8 REG	9 35/64

[a] 代号为订货提供信息和帮助。

表 A.20 附加的无磁钻铤

1	2	3	4	5	6
钻铤号	外径 D[a] in	内孔 d $^{+1/16}_{0}$ in	长度 L $^{+0.5}_{0}$ ft	倒角直径 D_F ±1/64 in	参考的弯曲 强度比[b] BSR
NC50-67	6 3/4	2 13/16	30 或 31	6 9/32	2.37∶1

注：钻铤结构见图 8。

[a] 公差见表 15。

[b] 内孔为 2 13/16 的 NC50-67 旋转台肩式连接具有 2.37∶1 的弯曲强度比，对于标准钢钻铤，其外螺纹强度要高于一般接受的水平，但对无磁钻铤已证明是可接受的。

表 A.21 钻铤卡瓦槽、吊卡槽和吊卡内孔尺寸

单位为英寸

1	2	3	4	5	6	7	8
基于钻铤外径的槽尺寸						基于钻铤外径的吊卡内孔	
钻铤外径范围	吊卡槽深度 I_E[a] ±0.008	R_1[c]	角度 α[b]	卡瓦槽深度 I_S[a] ±1/64	角度 β_b	上部内孔 $^{0}_{-1/32}$	下部内孔 $^{+1/16}_{0}$
4～4 5/8	7/32	1/8±1/64	4°	3/16	3.5°	OD-5/16	OD+1/8
4 3/4～5 5/8	1/4	1/8±1/64	5°	3/16	3.5°	OD-3/8	OD+1/8
5 3/4～6 5/8	5/16	1/8±1/64	6°	1/4	5°	OD-1/2	OD+1/8
6 3/4～8 5/8	3/8	3/16±1/32	7.5°	1/4	5°	OD-9/16	OD+1/8
≥8 3/4	7/16	1/4±1/32	9°	1/4	5°	OD-5/8	OD+1/8

[a] 尺寸 I_E 和 I_S 来自钻铤的公称外径。

[b] 角度 α 和 β 是参考近似值。

[c] R_1 为冷加工半径。

表 A.22 牙轮钻头和刮刀钻头公差

钻头规格 in	公差 in
1.75～13 3/4	$^{+1/32}_{0}$
14～17 1/2	$^{+1/16}_{0}$
≥17 5/8	$^{+3/32}_{0}$

表 A.23 牙轮钻头旋转台肩式连接

单位为英寸

1	2	3	4
钻头规格 外径	旋转台肩式外螺纹 连接代号[a]	钻头转换接头倒角直径 ±1/64	钻头倒角直径 ±1/64
1.75～2.24	1 REG[b]	1 15/32	1 1/2
2.25～3.49	1 1/2 REG[c]	1 15/16	1 31/32
3 1/2～4 1/2	2 3/8 REG	3 3/64	3 5/64
4 5/8～5	2 7/8 REG	3 39/64	3 41/64
5 1/8～7 3/8	3 1/2 REG	4 7/64	4 9/64
7 1/2～9 3/8	4 1/2 REG	5 21/64	5 23/64
9 1/2～14 3/8	6 5/8 REG	7 23/64	7 25/64

表 A.23（续） 单位为英寸

1	2	3	4
钻头规格 外径	旋转台肩式外螺纹 连接代号[a]	钻头转换接头倒角直径 ±1/64	钻头倒角直径 ±1/64
14 1/2～18 1/2	6 5/8 REG 或	7 23/64	7 25/64
	7 5/8 REG	8 15/32	8 1/2
18 5/8～26	7 5/8 REG 或	8 15/32	8 1/2
	8 5/8 REG	9 35/64	9 37/64
≥27	8 5/8 REG	9 35/64	9 37/64

[a] 代号为订货提供信息和帮助。
[b] 1 REG 可和大多数的 1 MT、1 AMT 和 1 AMMT 螺纹互换。
[c] 1 1/2 REG 可和大多数的 1 1/2 MT、1 1/2 AMT 和 1 1/2 AMMT 螺纹互换。

表 A.24 刮刀钻头旋转台肩式连接 单位为英寸

1	2	3	4
钻头规格 外径	旋转台肩式 连接代号[a]	钻头转换接头倒角直径 ±1/64	钻头倒角直径 ±1/64
1.75～2.24	1 REG[b]	1 15/32	1 1/2
2.25～3.49	1 1/2 REG[c]	1 15/16	1 31/32
3 1/2～4 1/2	2 3/8 REG,外螺纹或内螺纹	3 3/64	3 5/64
4 5/8～5	2 7/8 REG,外螺纹或内螺纹	3 39/64	3 41/64
5 1/8～7 3/8	3 1/2 REG,外螺纹或内螺纹	4 7/64	4 9/64
7 1/2～8 1/2	4 1/2 REG,外螺纹或内螺纹	5 21/64	5 23/64
8 5/8～9 7/8	5 1/2 REG,外螺纹或内螺纹	6 1/2	6 17/32
>9 7/8	6 5/8 REG,外螺纹或内螺纹	7 23/64	7 25/64

[a] 代号为订货提供信息和帮助。
[b] 1 REG 可和大多数的 1 MT、1 AMT 和 1 AMMT 螺纹互换。
[c] 1 1/2 REG 可和大多数的 1 1/2 MT、1 1/2 AMT 和 1 1/2 AMMT 螺纹互换。

表 A.25 金刚石钻头、金刚石取芯钻头和 PDC 钻头的公差 单位为英寸

1	2
钻头规格 外径	外径公差[a]
≤6 3/4	$^{0}_{-0.015}$
6 25/32～9	$^{0}_{-0.020}$

表 A.25（续）

单位为英寸

1	2
钻头规格 外径	外径公差[a]
9 1/32～13 3/4	0 −0.030
13 25/32～17 1/2	0 −0.045
≥17 17/32	0 −0.063

[a] 应认可某种用途的PDC钻头可不按表25所示的公差制造，这些钻头的制造不属于本部分的范围。

表 A.26 金刚石钻头和PDC钻头的旋转台肩式连接

单位为英寸

1	2	3	4
钻头规格	旋转台肩式外螺纹 连接代号[a]	钻头转换接头倒角直径 ±1/64	钻头倒角直径 ±1/64
1.75～2.24	1 REG[b]	1 1/2	1 17/32
2.25～3.49	1 1/2 REG[c]	1 15/16	1 31/32
3 1/2～4 1/2	2 3/8 REG	3 3/64	3 5/64
4 17/32～5	2 7/8 REG	3 39/64	3 41/64
5 1/32～7 3/8	3 1/2 REG	4 7/64	4 9/64
7 13/32～9 3/8	4 1/2 REG	5 21/64	5 23/64
9 13/32～14 1/2	6 5/8 REG	7 23/64	7 25/64
14 9/16～18 1/2	6 5/8 REG 或	7 23/64	7 25/64
	7 5/8 REG	8 15/32	8 1/2
≥18 9/16	7 5/8 REG 或	8 15/32	8 1/2
	8 5/8 REG	9 35/64	9 37/64

[a] 代号为订货提供信息和帮助。

[b] 1 REG可和多数的1 MT、1 AMT和1 AMMT螺纹互换。

[c] 1 1/2REG可和多数的1 1/2 MT、1 1/2 AMT和1 1/2 AMMT螺纹互换。

表 27 加重钻杆尺寸

单位为英寸

规格	管体外径 +1/16 −1/32	管体内径[a]	钻杆接头 外径 +1/16[b] −1/32	钻杆接头 内径 +1/8 0	旋转台肩式 连接	吊卡加厚端 最大直径 D_{eu}	中部加厚段 直径 +1/16 −1/32 D_{cu}	通径规最小 直径[c]
3 1/2	3 1/2	2 1/4	4 3/4	2 1/4	NC38	3 7/8	4	2
		2 1/16	(4 7/8,5)	2 1/16				1 13/16

表 27（续）

单位为英寸

规格	管体外径 +1/16 −1/32	管体内径[a]	钻杆接头外径 +1/16[b] −1/32	钻杆接头内径 +1/8 0	旋转台肩式连接	吊卡加厚端最大直径 D_{eu}	中部加厚段直径 +1/16 −1/32 D_{cu}	通径规最小直径[c]
4	4	2 1/2	5 1/4	2 1/2	NC40	4 3/16	4 1/2	2 1/4
		2 9/16		2 9/16				2 5/16
4 1/2	4 1/2	2 11/16	6 1/4	2 11/16	NC46	4 11/16	5	2 7/16
		2 3/4		2 3/4				2 1/2
		2 13/16		2 13/16				2 9/16
5	5	3	6 5/8	3	NC50	5 1/8	5 1/2	2 3/4
5 1/2	5 1/2	3 1/4	7 (7 1/4,7 1/2)	3 1/4	5 1/2FH	5 11/16	6	3
		3 3/8		3 3/8				3 1/8
		3 7/8		3 7/8				3 5/8
		4		4				3 3/4
6 5/8	6 5/8	4	8 (8 1/4,8 1/2)	4	6 5/8FH	6 15/16	7 1/8	3 3/4
		4 1/2		4 1/2				4 1/4
		5		5				4 3/4

[a] 最大管体内径比名义尺寸增大 1/8。最小管体内径由通径规要求控制。

[b] 可选用的钻杆接头外径列于圆括号内，需得到买方和制造商的同意。

[c] 通径规直径基于中部加厚段管体的内径公差。

表 A.28　允许的表面缺陷修磨量

单位为英寸

1	2
中部加厚段直径 D_{cu}	基体最大修磨量
>2 1/2～3 1/2	0.072
>3 1/2～4 1/2	0.090
>4 1/2～5 1/2	0.110
>5 1/2～6 1/2	0.125
>6 1/2	0.155

表 A.29 钻杆接头的力学性能

1	2	3	4	5
钻杆接头外径范围 in	最小屈服强度 psi	最小抗拉强度 psi	四倍直径标距长度的最小伸长率 %	最小布氏硬度 HBW
3 1/8～6 7/8	110 000	140 000	13	285
＞6 7/8	100 000	135 000	13	285

参 考 文 献

[1] ISO 11961 Petroleum and natural gas industries—Steel pipes for use as drill pipe—Specification

[2] ISO 13535 Petroleum and natural gas industries—Drilling and production equipment—Hoisting equipment

[3] API Spec 5D Drill Pipe

[4] API Spec 8A Drilling and Production Hoisting Equipment

[5] API Spec 8C Drilling and Production Hoisting Equipment(PSL 1&PSL 2)

[6] ASNT RP SNT-TC-1A:1984 Personnel qualifications and certification in non- destructive testing

[7] ASTM A 370 Standard Test Methods and Definitions for Mechanical Testing of Steel Products

[8] ASTM E 23 Standard Test Methods for Notched Bar Impact Testing of Metallic Materials

[9] ASTM E 114 Standard Practice for Ultrasonic Pulse-Echo Straight-Beam Examination by the Contact Method

[10] ASTM E 213 Standard Practice for Ultrasonic Examination of Metal Pipe and Tubing

[11] ASTM E 214 Standard Practice for Immersed Ultrasonic Examination by the Reflection Method Using Pulsed Longitudinal Waves

[12] ASTM E 709 Standard Guide for Magnetic Particle Evaluation

[13] ASTM E 1001 Standard Practice for Detection and Evaluation of Discontinuities by the Immersed Pulse-Echo Ultrasonic Method Using Longitudinal Waves

[14] ASTM E 1209 Standard Test Method for Fluorescent Liquid Penetrant Examination Using the Water-Washable Process

[15] ASTM E 1219 Standard Test Method for Fluorescent Liquid Penetrant Examination Using the Solvent-Removable Process

[16] ASTM E 1220 Standard Test Method for Method for Visible Penetrant Examination Using the Solvent-Removable Process

[17] ASTM E 1418 Standard Test Method for Visible Penetrant Examination Using the Water-Washable Process

[18] NACE MR0175 Sulfide Stress Cracking Resistant Metallic Materials for Oilfield Equipment

ICS 27.010
F 01

中华人民共和国国家标准

GB/T 23331—2012/ISO 50001:2011
代替 GB/T 23331—2009

能源管理体系 要求

Energy management systems—Requirements

(ISO 50001:2011,IDT)

2012-12-31 发布 2013-10-01 实施

中华人民共和国国家质量监督检验检疫总局
中国国家标准化管理委员会 发布

前言

本标准等同采用国际标准 ISO 50001:2011《能源管理体系　要求及使用指南》。

本标准按照 GB/T 1.1—2009 给出的规则起草。

本标准代替 GB/T 23331—2009,与 GB/T 23331—2009 相比主要变化如下:

——增加了"边界"(见 3.1)、"持续改进"(见 3.2)、"纠正"(见 3.3)、"纠正措施"(见 3.4)、"能源消耗"(见 3.7)、"能源管理团队"(见 3.10)、"能源绩效参数"(见 3.13)、"能源评审"(见 3.15)、"能源服务"(见 3.16)、"能源使用"(见 3.18)、"相关方"(见 3.19)、"内部审核"(见 3.20)、"不符合"(见 3.21)、"组织"(见 3.22)、"预防措施"(见 3.23)、"程序"(见 3.24)、"记录"(见 3.25)、"范围"(见 3.26)、"主要能源使用"(见 3.27)和"最高管理者"(见 3.28)等术语;

——修改了"能源"(见 3.5)、"能源基准"(见 3.6)和"能源绩效"(见 3.12)的定义;

——修改了有关"总要求"(见 4.1)、"管理职责"(见 4.2)、"能源方针"(见 4.3)、"策划"(见 4.4)、"实施与运行"(见 4.5)、"检查"(见 4.6)、"管理评审"(见 4.7)等各部分内容的具体要求;

——删除了"能源因素"和"能源管理标杆"术语。

本标准中"能源"、"能源使用"、"能源消耗"等术语与我国能源领域中的习惯定义存在差别,此类术语仅应用于能源管理体系的实施、应用过程,从而确保与 ISO 50001 协调一致。

本标准还做了下列编辑性修改:

——删除了部分有关术语来源参考文件的批注;

——删除了部分与我国应用情况无关的批注;

——附录 B 中,将 ISO 相关标准修改为等同转化的国家标准并进行比较。

本标准由国家发展和改革委员会、国家标准化管理委员会提出。

本标准由全国能源基础与管理标准化技术委员会(SAC/TC 20)归口。

本标准起草单位:中国标准化研究院、方圆标志认证集团、德州市能源利用监测中心、中国合格评定国家认可中心、宝山钢铁集团、中国电力企业联合会标准化管理中心、中国建材检验认证集团股份有限公司。

本标准主要起草人:王赓、李爱仙、李铁男、王世岩、朱春雁、李燕[1]、黄进、梁秀英、任香贵、桂其林、杨德生、李燕[2]、刘立波、周璐、周湘梅、张娣、石新勇。

本标准于 2009 年 3 月首次发布,本次为第一次修订。

1) 中国合格评定国家认可中心。

2) 中国标准化研究院。

引　言

制定本标准的目的是引导组织建立能源管理体系和必要的管理过程，提高其能源绩效，包括提高能源利用效率和降低能源消耗。本标准的实施旨在通过系统的能源管理，降低能源成本、减少温室气体排放及其他相关环境影响。本标准适用于所有类型和规模的组织，不受其地理位置、文化及社会条件等的影响。本标准能否成功实施取决于组织各职能层次的承诺，尤其是最高管理者的承诺。

本标准规定了能源管理体系的要求，使组织能够根据法律法规要求和主要能源使用的信息来制定和实施能源方针，建立能源目标、指标及能源管理实施方案。能源管理体系可使组织实现其承诺的能源方针，采取必要的措施来改进能源绩效，并证实体系符合本标准的要求。本标准适用于组织控制下的各项活动，并可根据体系的复杂程度、文件化程度及资源等特殊要求灵活运用。

本标准基于策划—实施—检查—改进的(PDCA)持续改进模式(如图1所示)，使能源管理融入组织的日常活动中。

能源管理过程中PDCA方法总结如下：

——策划：实施能源评审，明确能源基准和能源绩效参数，制定能源目标、指标和能源管理实施方案，从而确保组织依据其能源方针改进能源绩效；

——实施：履行能源管理实施方案；

——检查：对运行的关键特性和过程进行监视和测量，对照能源方针和目标评估确定实现的能源绩效，并报告结果；

——改进：采取措施，持续改进能源绩效和能源管理体系。

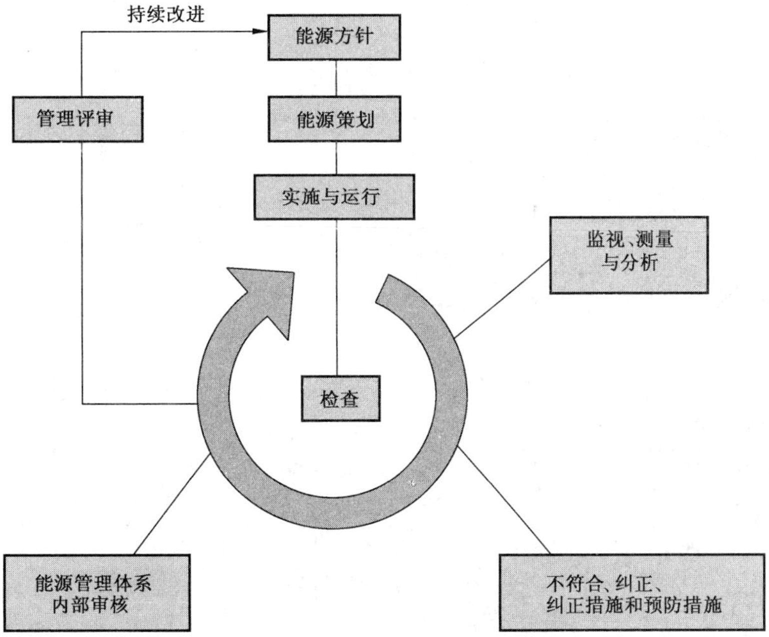

图1　能源管理体系运行模式

本标准的广泛使用将有利于有限能源资源的有效使用，提升组织竞争力，减少温室气体排放和其他环境影响。本标准适用于所有类型的能源。

本标准可用于对组织能源管理体系进行认证、评价和组织的自我声明。本标准除要求在能源方针中承诺遵守适用的法律法规和其他要求外，并未对能源绩效水平提出绝对要求，所以两个从事类似活动但具有不同能源绩效水平的组织，可能都符合本标准的要求。

本标准的制定基于管理体系标准的通用要素，确保与 GB/T 19001 和 GB/T 24001 保持相同的水准。

组织可将本标准与其他管理体系要求相结合，如质量、环境或职业健康安全等管理体系要求。

能源管理体系　要求

1　范围

本标准规定了组织建立、实施、保持和改进能源管理体系的要求，旨在使组织能够采用系统的方法来实现能源绩效目标，包括能源利用效率、能源使用和消耗状况的持续改进。

本标准规定了能源使用和消耗的相关要求，包括测量，文件化和报告，设备、系统、过程的设计和采购，以及对能源绩效有影响的人员。

本标准考虑对能源绩效有影响、并且能够被组织监视和施加影响的所有变量。但本标准未规定具体的能源绩效水平要求。

本标准可单独使用，也可与其他管理体系整合使用。

本标准适用于任何自我声明能源方针并希望保证实现和展示其符合程度的组织，其符合性可通过自我评价、自我声明或外部的能源管理体系认证来确认。

2　规范性引用文件

无规范性引用文件。列出本条款是为了与其他管理体系标准的条款序列保持一致。

3　术语与定义

下列术语与定义适用于本文件。

3.1

边界　boundaries

组织确定的物理界限、场所界限或次级组织界限。

注：边界可以是一个或一组过程，一个场所、一个完整的组织或一个组织所控制的多个场所。

3.2

持续改进　continual improvement

不断提升能源绩效和能源管理体系的循环过程。

注1：建立目标并发现改进机会的过程是一个持续的过程。

注2：持续改进能实现整体能源绩效的不断改进，并与组织的能源方针相一致。

3.3

纠正　correction

为消除已发现的**不符合**(3.21)所采取的措施。

3.4

纠正措施　corrective action

为消除已发现的**不符合**(3.21)的原因所采取的措施。

注1：可能存在导致不符合行为的多个原因。

注2：采取纠正措施是为了防止再发生，而采取预防措施是为了防止发生。

3.5

能源 energy

电、燃料、蒸汽、热力、压缩空气以及其他类似介质。

注1：在本标准中，能源包括可再生能源在内的各种形式，可被购买、贮存、处置、在设备或过程中使用以及被回收利用。

注2：能源可被定义为一个系统产生外部活动或开展工作的动力。

3.6

能源基准 energy baseline

用作比较能源绩效的定量参考依据。

注1：能源基准反映的是特定时间段的能源利用状况。

注2：能源基准可采用影响能源使用、能源消耗的变量来规范，例如：生产水平、度日数(户外温度)等。

注3：能源基准也可作为能源绩效改进方案实施前后的参照来计算节能量。

3.7

能源消耗 energy consumption

使用能源的量。

3.8

能源效率 energy efficiency

输出的能源、产品、服务或绩效，与输入的能源之比或其他数量关系。如：转换效率，能源需求/能源实际使用，输出/输入，理论运行的能源量/实际运行的能源量。

注：输入和输出都需要在数量及质量上进行详细说明，并且可以测量。

3.9

能源管理体系 energy management system(EnMS)

用于建立能源方针、能源目标、过程和程序以实现能源绩效目标的一系列相互关联或相互作用的要素的集合。

3.10

能源管理团队 energy management team

负责有效地实施能源管理体系活动并实现能源绩效持续改进的人员。

注：组织的规模、性质、可用资源的多少将决定团队的大小。团队可以是一个人，如管理者代表。

3.11

能源目标 energy objective

为满足组织的能源方针而设定、与改进能源绩效相关的、明确的预期结果或成效。

3.12

能源绩效 energy performance

与**能源效率**(3.8)、**能源使用**(3.18)和**能源消耗**(3.7)有关的、可测量的结果。

注1：在能源管理体系中，可根据组织的能源方针、能源目标、能源指标以及其他能源绩效要求取得可测量的结果。

注2：能源绩效是能源管理体系绩效的一部分。

3.13

能源绩效参数 energy performance indicator(EnPI)

由组织确定，可量化能源绩效的数值或量度。

注：能源绩效参数可由简单的量值、比率或更为复杂的模型表示。

3.14

能源方针 energy policy

最高管理者发布的有关能源绩效的宗旨和方向。

注：能源方针为设定能源目标、指标及采取的措施提供框架。

3.15

能源评审 energy review

基于数据和其他信息，确定组织的能源绩效水平，识别改进机会的工作。

注：在一些国际或国家标准中，如对能源因素或能源概况的识别和评审的表述都属于能源评审的内容。

3.16

能源服务 energy services

与能源供应、能源利用有关的活动及其结果。

3.17

能源指标 energy target

由能源目标产生，为实现能源目标所需规定的具体、可量化的绩效要求，它们可适用于整个组织或其局部。

3.18

能源使用 energy use

使用能源的方式和种类。如通风、照明、加热、制冷、运输、加工、生产线等。

3.19

相关方 interested party

与组织能源绩效有关的或可受到组织影响的个人或群体。

3.20

内部审核 internal audit

获得证据并对其进行客观评价，考核能源管理体系要求执行程度的系统、独立、文件化的过程。

3.21

不符合 nonconformity

不满足要求。

3.22

组织 organization

具有自身职能和行政管理的公司、集团公司、商行、企事业单位、政府机构、社团或其结合体，或上述单位中具有自身职能和行政管理的一部分，无论其是否具有法人资格、公营或私营。

注：组织可以由一个人或一个群体组成。

3.23

预防措施 prevention action

为消除潜在的**不符合**(3.21)的原因所采取的措施。

注1：可能存在多个潜在不符合的原因。

注2：预防措施是为了防止不符合行为，而纠正措施是为了防止其重复发生。

3.24

程序 procedure

为进行某项活动或过程所规定的途径。

注1：程序可以形成文件，也可以不形成文件。

注2：程序一旦形成文件，“形成文件的程序”将被频繁使用。

3.25

记录 record

阐明所取得的结果或提供所从事活动证据的文件。

注：记录可用作可追溯性文件，并提供验证、预防措施和纠正措施的证据。

3.26

范围　scope

组织通过能源管理体系来管理的活动、设施及决策的范畴，可包括多个边界。

注：范围可包含与运输活动相关的能源。

3.27

主要能源使用　significant energy use

在能源消耗中占有较大比例或在能源绩效改进方面有较大潜力的能源使用。

注：重要程度由组织决定。

3.28

最高管理者　top management

在最高管理层指挥和控制组织的人员。

注：最高管理者在能源管理体系的范围和边界内控制组织。

4　能源管理体系要求

4.1　总要求

组织应：

a）按照本标准要求，建立能源管理体系，编制和完善必要的文件，并按照文件要求组织具体工作的实施；体系建立后应确保日常工作按照文件要求持续有效运行，并不断完善体系和相关文件；

b）界定能源管理体系的管理范围和边界，并在有关文件中明确；

c）策划并确定可行的方法，以满足本标准各项要求，持续改进能源绩效和能源管理体系。

4.2　管理职责

4.2.1　最高管理者

最高管理者应承诺支持能源管理体系，并持续改进能源管理体系的有效性，具体通过以下活动予以落实：

a）确立能源方针，并实践和保持能源方针；

b）任命管理者代表和批准组建能源管理团队；

c）提供能源管理体系建立、实施、保持和持续改进所需要的资源，以达到能源绩效目标；

注：资源包括人力资源、专业技能、技术和财务资源等。

d）确定能源管理体系的范围和边界；

e）在内部传达能源管理的重要性；

f）确保建立能源目标、指标；

g）确保能源绩效参数适用于本组织；

h）在长期规划中考虑能源绩效问题；

i）确保按照规定的时间间隔评价和报告能源管理的结果；

j）实施管理评审。

4.2.2　管理者代表

最高管理者应指定具有相应技术和能力的人担任管理者代表，无论其是否具有其他方面的职责和权限，管理者代表在能源管理体系中的职责权限应包括：

a） 确保按照本标准的要求建立、实施、保持和持续改进能源管理体系；
b） 指定相关人员，并由相应的管理层授权，共同开展能源管理活动；
c） 向最高管理者报告能源绩效；
d） 向最高管理者报告能源管理体系绩效；
e） 确保策划有效的能源管理活动，以落实能源方针；
f） 在组织内部明确规定和传达能源管理相关的职责和权限，以有效推动能源管理；
g） 制定能够确保能源管理体系有效控制和运行的准则和方法；
h） 提高全员对能源方针、能源目标的认识。

4.3 能源方针

能源方针应阐述组织为持续改进能源绩效所作的承诺。最高管理者应制定能源方针，并确保其满足：

a） 与组织能源使用和消耗的特点、规模相适应；
b） 包括改进能源绩效的承诺；
c） 包括提供可获得的信息和必需的资源的承诺，以确保实现能源目标和指标；
d） 包括组织遵守节能相关的法律法规及其他要求的承诺；
e） 为制定和评审能源目标、指标提供框架；
f） 支持高效产品和服务的采购，及改进能源绩效的设计；
g） 形成文件，在内部不同层面得到沟通、传达；
h） 根据需要定期评审和更新。

4.4 策划

4.4.1 总则

组织应进行能源管理策划，形成文件。策划应与能源方针保持一致，并保证持续改进能源绩效。

策划应包含对能源绩效有影响活动的评审。

注：关于能源策划的概念图如图 A.2 所示。

4.4.2 法律法规及其他要求

组织应建立渠道，获取节能相关的法律法规及其他要求。

组织应确定准则和方法，以确保将法律法规及其他要求应用于能源管理活动中，并确保在建立、实施和保持能源管理体系时考虑这些要求。

组织应在规定的时间间隔内评审法律法规和其他要求。

4.4.3 能源评审

组织应将实施能源评审的方法学和准则形成文件，并组织实施能源评审，评审结果应进行记录。能源评审内容包括：

a） 基于测量和其他数据，分析能源使用和能源消耗，包括：
——识别当前的能源种类和来源；
——评价过去和现在的能源使用情况和能源消耗水平。
b） 基于对能源使用和能源消耗的分析，识别主要能源使用的区域等，包括：
——识别对能源使用和能源消耗有重要影响的设施、设备、系统、过程及为组织工作或代表组织工作的人员；

——识别影响主要能源使用的其他相关变量；

——确定与主要能源使用相关的设施、设备、系统、过程的能源绩效现状；

——评估未来的能源使用和能源消耗。

c) 识别改进能源绩效的机会，并进行排序，识别结果须记录。

注：机会可能与潜在的能源、可再生能源和其他可替代能源（如余能）的使用有关。

组织应按照规定的时间间隔定期进行能源评审，当设施、设备、系统、过程发生显著变化时，应进行必要的能源评审。

4.4.4 能源基准

组织应使用初始能源评审的信息，并考虑与组织能源使用和能源消耗特点相适应的时段，建立能源基准。组织应通过与能源基准的对比测量能源绩效的变化。

当出现以下一种或多种情况时，应对能源基准进行调整：

a) 能源绩效参数不再能够反映组织能源使用和能源消耗情况时；

b) 用能过程、运行方式或用能系统发生重大变化时；

c) 其他预先规定的情况。

组织应保持并记录能源基准。

4.4.5 能源绩效参数

组织应识别适用于对能源绩效进行监视测量的能源绩效参数。确定和更新能源绩效参数的方法学应予以记录，并定期评审此方法学的有效性。

组织应对能源绩效参数进行评审，适用时，与能源基准进行比较。

4.4.6 能源目标、能源指标与能源管理实施方案

组织应建立、实施和保持能源目标和指标，覆盖相关职能、层次、过程或设施等层面，并形成文件。组织应制定实现能源目标和指标的时间进度要求。

能源目标和指标应与能源方针保持一致，能源指标应与能源目标保持一致。

建立和评审能源目标指标时，组织应考虑能源评审中识别出的法律法规和其他要求、主要能源使用以及改进能源绩效的机会。同时也应考虑财务、运行、经营条件、可选择的技术以及相关方的意见。

组织应建立、实施和保持能源管理实施方案以实现能源目标和指标。能源管理实施方案应包括：

a) 职责的明确；

b) 达到每项指标的方法和时间进度；

c) 验证能源绩效改进的方法；

d) 验证结果的方法。

能源管理实施方案应形成文件，并定期更新。

4.5 实施与运行

4.5.1 总则

组织在实施和运行体系过程中，应使用策划阶段产生的能源管理实施方案及其他结果。

4.5.2 能力、培训与意识

组织应确保与主要能源使用相关的人员具有基于相应教育、培训、技能或经验所要求的能力，无论这些人员是为组织或代表组织工作。组织应识别与主要能源使用及与能源管理体系运行控制有关的培

训需求，并提供培训或采取其他措施来满足这些需求。

组织应保持适当的记录。

组织应确保为其或代表其工作的人员认识到：

a) 符合能源方针、程序和能源管理体系要求的重要性；

b) 满足能源管理体系要求的作用、职责和权限；

c) 改进能源绩效所带来的益处；

d) 自身活动对能源使用和消耗产生的实际或潜在影响，其活动和行为对实现能源目标和指标的贡献，以及偏离规定程序的潜在后果。

4.5.3 信息交流

组织应根据自身规模，建立关于能源绩效、能源管理体系运行的内部沟通机制。

组织应建立和实施一个机制，使得任何为其或代表其工作的人员能为能源管理体系的改进提出建议和意见。

组织应决定是否与外界开展与能源方针、能源管理体系和能源绩效有关的信息交流，并将此决定形成文件。如果决定与外界进行交流，组织应制定外部交流的方法并实施。

4.5.4 文件

4.5.4.1 文件要求

组织应以纸质、电子或其他形式建立、实施和保持信息，描述能源管理体系核心要素及其相互关系。

能源管理体系文件应包括：

a) 能源管理体系的范围和边界；

b) 能源方针；

c) 能源目标、指标和能源管理实施方案；

d) 本标准要求的文件，包括记录；

e) 组织根据自身需要确定的其他文件。

注：文件的复杂程度因组织的不同而有所差异，取决于：

——组织的规模和活动类型；

——过程及其相互关系的复杂程度；

——人员能力。

4.5.4.2 文件控制

组织应控制本标准所要求的文件、其他能源管理体系相关的文件，适当时包括技术文件。

组织应建立、实施和保持程序，以便：

a) 发布前确认文件适用性；

b) 必要时定期评审和更新；

c) 确保对文件的更改和现行修订状态作出标识；

d) 确保在使用处可获得适用文件的相关版本；

e) 确保字迹清楚，易于识别；

f) 确保组织策划、运行能源管理体系所需的外来文件得到识别，并对其分发进行控制；

g) 防止对过期文件的非预期使用。如需将其保留，应作出适当的标识。

4.5.5 运行控制

组织应识别并策划与主要能源使用相关的运行和维护活动，使之与能源方针、目标、指标和能源管

理实施方案一致,以确保其在规定条件下按下列方式运行:

a) 建立和设置主要能源使用有效运行和维护的准则,防止因缺乏该准则而导致的能源绩效的严重偏离;

b) 根据运行准则运行和维护设施、设备、系统和过程;

c) 将运行控制准则适当地传达给为组织或代表组织工作的人员。

注:在策划意外事故、紧急情况或潜在灾难的预案时(包含设备采购),组织可选择将能源绩效作为决策的依据之一。

4.5.6 设计

组织在新建和改进设施、设备、系统和过程的设计时,并对能源绩效具有重大影响的情况下,应考虑能源绩效改进的机会及运行控制。

适当时,能源绩效评价的结果应纳入相关项目的规范、设计和采购活动中。

4.5.7 能源服务、产品、设备和能源采购

在购买对主要能源使用具有或可能具有影响的能源服务、产品和设备时,组织应告知供应商,采购决策将部分基于对能源绩效的评价。

当采购对能源绩效有重大影响的能源服务、设备和产品时,组织应建立和实施相关准则,评估其在计划的或预期的使用寿命内对能源使用、能源消耗和能源效率的影响。

为实现高效的能源使用,适用时,组织应制定文件化的能源采购规范。

4.6 检查

4.6.1 监视、测量与分析

组织应确保对其运行中的决定能源绩效的关键特性进行定期监视、测量和分析,关键特性至少应包括:

a) 主要能源使用和能源评审的输出;

b) 与主要能源使用相关的变量;

c) 能源绩效参数;

d) 能源管理实施方案在实现能源目标、指标方面的有效性;

e) 实际能源消耗与预期的对比评价。

组织应保存监视、测量关键特性的记录。

组织应制定和实施测量计划,且测量计划应与组织的规模、复杂程度及监视和测量设备相适应。

注:测量方式可以只用公用设施计量仪表(如:对小型组织),若干个与应用软件相连、能汇总数据和进行自动分析的完整的监视和测量系统。测量的方式和方法由组织自行决定。

组织应确定并定期评审测量需求。组织应确保用于监视测量关键特性的设备所提供的数据是准确、可重现的,并保存校准记录和采取其他方式以确立准确度和可重复性。

组织应调查能源绩效中的重大偏差,并采取应对措施。

组织应保持上述活动的结果。

4.6.2 合规性评价

组织应定期评价组织对与能源使用和消耗相关的法律法规和其他要求的遵守情况。

组织应保存合规性评价结果的记录。

4.6.3 能源管理体系的内部审核

组织应定期进行内部审核,确保能源管理体系:

a) 符合预定能源管理的安排,包括符合本标准的要求;

b) 符合建立的能源目标和指标;

c) 得到了有效的实施与保持,并改进了能源绩效。

组织应考虑审核的过程、区域的状态和重要性,以及以往审核的结果制定内审方案和计划。

审核员的选择和审核的实施应确保审核过程的客观性和公正性。

组织应记录内部审核的结果并向最高管理者汇报。

4.6.4 不符合、纠正、纠正措施和预防措施

组织应通过纠正、纠正措施和预防措施来识别和处理实际的或潜在的不符合,包括:

a) 评审不符合或潜在的不符合;

b) 确定不符合或潜在不符合的原因;

c) 评估采取措施的需求确保不符合不重复发生或不会发生;

d) 制定和实施所需的适宜的措施;

e) 保留纠正措施和预防措施的记录;

f) 评审所采取的纠正措施或预防措施的有效性。

纠正措施和预防措施应与实际的或潜在问题的严重程度以及能源绩效结果相适应。

组织应确保在必要时对能源管理体系进行改进。

4.6.5 记录控制

组织应根据需要,建立并保持记录,以证实符合能源管理体系和本标准的要求,以及所取得的能源绩效成果。

组织应对记录的识别、检索和留存进行规定,并实施控制。

相关活动的记录应清楚、标识明确,具有可追溯性。

4.7 管理评审

4.7.1 总则

最高管理者应按策划或计划的时间间隔对组织的能源管理体系进行评审,以确保其持续的适宜性、充分性和有效性。

组织应保存管理评审的记录。

4.7.2 管理评审的输入

管理评审的输入应包括:

a) 以往管理评审的后续措施;

b) 能源方针的评审;

c) 能源绩效和相关能源绩效参数的评审;

d) 合规性评价的结果以及组织应遵循的法律法规和其他要求的变化;

e) 能源目标和指标的实现程度;

f) 能源管理体系的审核结果;

g) 纠正措施和预防措施的实施情况;

h) 对下一阶段能源绩效的规划;

i) 改进建议。

4.7.3 管理评审的输出

管理评审的输出应包括与下列事项相关的决定和措施：

a） 组织能源绩效的变化；

b） 能源方针的变化；

c） 能源绩效参数的变化；

d） 基于持续改进的承诺，组织对能源管理体系的目标、指标和其他要素的调整；

e） 资源分配的变化。

附 录 A
（资料性附录）
标准使用指南

A.1 总要求

本附录增补的内容完全是资料性的，目的是防止对本标准第4章要求的错误理解。本附录阐述第4章的要求，并与之相一致，无意增加、减少或修改这些要求。

依据本标准实施能源管理体系的目的在于改进能源绩效。因此，应用本标准的前提是定期评审、评价能源管理体系，确定改进的机会并付诸实施。组织可灵活掌握持续改进过程的速度、程度和时间进度，并考虑自身经济状况和其他客观条件。

组织可依据范围和边界的概念自行决定能源管理体系所包含的范围。

能源绩效包括能源使用、能源消耗和能源效率，所以组织可选择的改进能源绩效活动的范围广泛。例如，组织可降低能源需求、利用余热余能，或者改进体系的运行、过程或设备。

图A.1对能源绩效进行了概念性的示意。

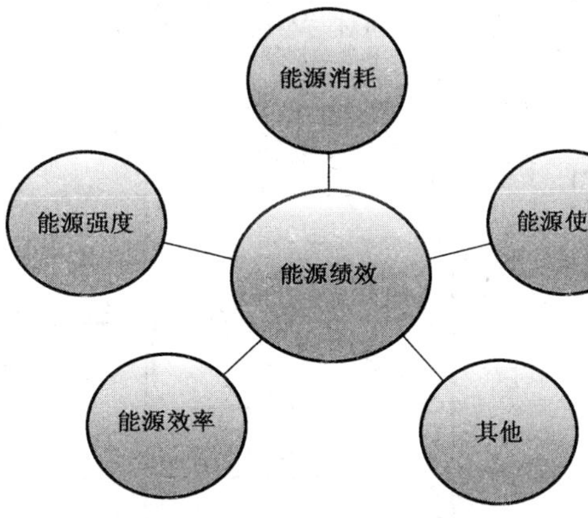

图 A.1 能源绩效概念

A.2 管理职责

A.2.1 最高管理者

最高管理者或其指派的代表在组织内部进行沟通时，要通过员工参与的活动，包括授权、激励、赞誉、培训、奖励和参股等来提升能源管理的地位。

组织在制定长期规划时应考虑能源管理的内容，如能源资源、能源绩效和能源绩效的改进。

A.2.2 管理者代表

管理者代表可以是组织现有的、新录用的或合同制的员工。管理者代表可以负责全部或部分的能源管理工作。管理者代表的技术和能力要求可根据组织的规模、文化和复杂性而定，也可根据法律法规和其他要求而定。

能源管理团队应确保能源绩效改进过程的顺利进行。团队的规模根据组织的复杂性而定：

——对于小型组织而言，可以是一个人，如管理者代表；

——对于较大组织而言，跨职能的团队能够采用有效机制，调动组织的各部门策划、实施能源管理体系。

A.3 能源方针

能源方针促使能源管理体系和能源绩效在组织规定的范围和边界内得以实施和改进。能源方针应简明扼要，使组织成员能够快速理解并应用到工作中。能源方针的宣传可促进对组织行为的管理。

组织运输时所产生的能源使用和能源消耗可纳入能源管理体系的范围和边界中。

A.4 策划

A.4.1 总则

图 A.2 是能源策划的过程图。该图不是为了展示某一个组织的策划细节。由于组织的不同或环境的不同会出现其他具体内容，因此能源策划图中的信息并不能够穷尽。

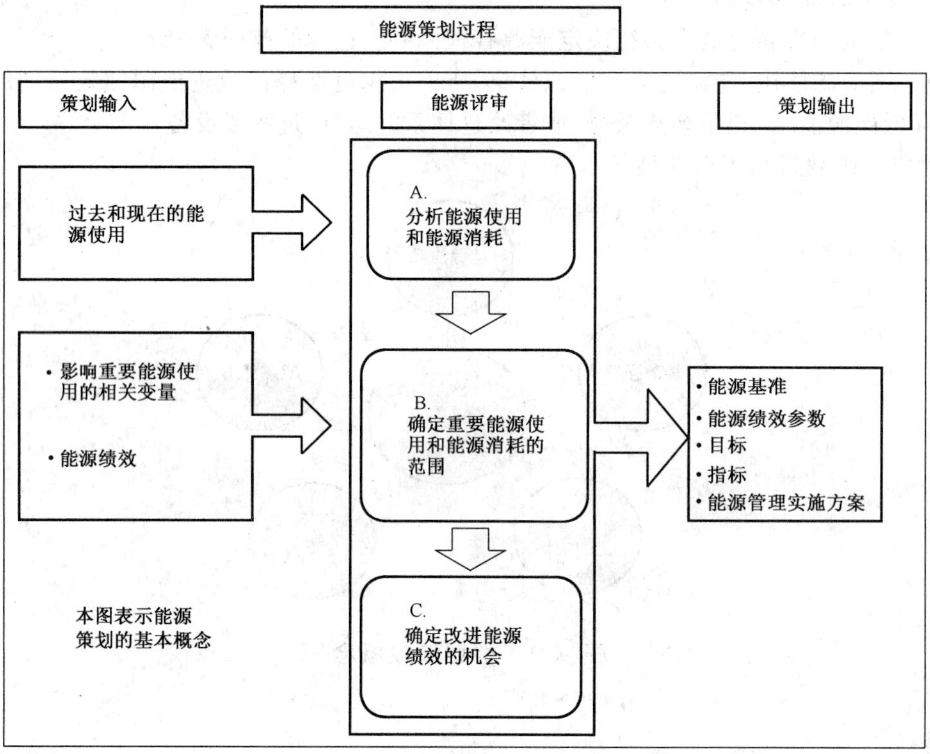

图 A.2 能源策划过程概念图

本条款着重说明组织的能源绩效，以及保持和持续改进能源绩效的手段。

设定标杆是对能源绩效数据进行收集和分析的过程，目的是在组织内部及用能单位间评价和比较能源绩效。存在不同类型的标杆，可以是为了鼓励组织内部良好工作行为的内部标杆，也可以是为了在设备、设施或相同领域的具体产品和服务中建立最好的行业绩效而设立的外部标杆。设立标杆的过程可以在这部分或全部的要素中实施。如果可获得相关的准确数据，标杆的设立可作为能源评审(见 4.4.3)、能源目标和指标(见 4.4.6)最终确定的有效输入。

A.4.2 法律法规及其他要求

法律法规包括国际、国家、区域及地区的要求，这些要求可应用到能源管理体系的范围内。例如，法律法规可以包括国家节能相关法律或行政法规等；其他要求可以包括与客户签订的协议、自愿原则或守则、自愿计划及其他。

A.4.3 能源评审

组织应在界定主要能源使用的区域内，识别和评估能源使用的过程，并识别改进能源绩效的机会。

代表组织工作的人员可包括服务承包商、兼职人员和临时员工。

潜在能源可以包括组织先前未使用过的常规能源。替代能源可以包括化石或非化石燃料。

能源评审的更新意味着更新与分析确定能源绩效改进机会和其重要性有关的信息。

能源审计或评估包括对组织、过程的能源绩效进行细致的评审。它基于适当的对于实际能源绩效的测量和观察。

典型的审计输出包括当前能源消耗和能源绩效的信息，同时提供一系列经排序用于改进能源绩效的建议。

能源审计作为识别和优选改进能源绩效机会的一部分应进行策划和执行。

A.4.4 能源基准

一个合适的数据时段是指组织在这个时间段内，能够明确地说明法定要求或各种变量是如何影响能源使用和能源消耗的，这些变量可以包括气候、季节、业务活动周期和其他情况。

组织应对能源基准进行维护和记录，并作为组织确定记录保存时间段的一种手段。对能源基准的调整亦可视为维护活动，相关要求应在标准中规定。

A.4.5 能源绩效参数

能源绩效参数可以是简单的参数、比率，也可以是复杂的模型。举例来说，能源绩效参数包括单位时间能源消耗、单位产品能源消耗或多变量模型。组织可选取能源绩效参数，说明其运行的能源绩效状况，并在由于商业活动或基准发生变化影响到能源绩效参数相关性的情况下，对能源绩效参数进行适当的改进。

A.4.6 能源目标、能源指标与能源管理实施方案

能源管理实施方案除了针对具体的能源绩效改进外，也可针对整个能源管理或能源管理体系过程的改进。这种管理改进型的能源管理实施方案，可描述如何验证方案取得的结果。例如：组织的能源管理实施方案可以是提高员工和承包者的节能意识，组织应使用确定的方法验证意识提高的程度及取得的其他结果，并将这种方法写入能源管理实施方案中。

A.5 实施与运行

A.5.1 总则

无增补说明内容。

A.5.2 能力、培训与意识

组织根据自身需求确定能力、培训和意识的要求。能力可从教育经历、培训经历、技能和经验等方面体现。

A.5.3 信息交流

无增补说明内容。

A.5.4 文件

仅本标准明确规定须文件化的程序是必须形成文件的程序。组织可以制定任何认为必要的文件，以有效展示能源绩效和支持能源管理体系。

A.5.5 运行控制

组织应评价主要能源使用的运行状况，并采取措施确保运行是可控制的或能减少相关的负面影响，使运行能够满足能源方针与能源目标和指标的要求。运行控制应包含运行的所有方面，包括维护活动。

A.5.6 设计

无增补说明内容。

A.5.7 能源服务、产品、设备和能源采购

采购是通过使用高效的产品和服务以改进能源绩效的机会，同时还可以借此影响供应链合作伙伴改善能源行为。

能源采购规范的使用可根据市场的变化来调整，能源采购规范的要求可考虑能源质量、可获得性、成本结构、环境影响和可再生能源等。

组织可适当考虑使用能源供应商所建议的规范。

A.6 检查

A.6.1 监视、测量与分析

无增补说明内容。

A.6.2 合规性评价

无增补说明内容。

A.6.3 能源管理体系内部审核

能源管理体系的内部审核可由组织的内部人员进行或者由组织挑选的外部人员进行。无论何种情况，审核员都应能胜任工作，并公正、客观地进行审核。在小型组织中，可通过将审核员与被审核项目的责任分离来保持审核员的独立性。

如果组织希望将其能源管理体系的内部审核与其他内部审核相结合，应明确规定每项内容的目的和范围。

能源审计或评估(见A.4.3)与能源管理体系或能源管理体系能源绩效的内审概念不同。

A.6.4 不符合、纠正、纠正措施和预防措施

无增补说明内容。

A.6.5 记录控制

无增补说明内容。

A.7 管理评审

A.7.1 总则

管理评审应覆盖能源管理体系的所有范围，但并非需要一次完成所有要素的评审工作，评审工作可在一段时期内分次进行。

A.7.2 管理评审的输入

无增补说明内容。

A.7.3 管理评审的输出

无增补说明内容。

附 录 B
（资料性附录）
GB/T 23331—2012、GB/T 19001—2008、GB/T 24001—2004 和 GB/T 22000—2006 之间的联系

表 B.1 列出了 GB/T 23331—2012、GB/T 19001—2008、GB/T 24001—2004 和 GB/T 22000—2006 之间的对应情况。

表 B.1 GB/T 23331—2012、GB/T 19001—2008、GB/T 24001—2004 和 GB/T 22000—2006 的对应情况

GB/T 23331—2012		GB/T 19001—2008		GB/T 24001—2004		GB/T 22000—2006	
条款号	条款标题	条款号	条款标题	条款号	条款标题	条款号	条款标题
—	前言	—	前言	—	前言	—	前言
—	引言	—	引言	—	引言	—	引言
1	范围	1	范围	1	范围	1	范围
2	规范性引用文件	2	规范性引用文件	2	规范性引用文件	2	规范性引用文件
3	术语和定义	3	术语和定义	3	术语和定义	3	术语和定义
4	能源管理体系要求	4	质量管理体系	4	环境管理体系要求	4	食品安全管理体系
4.1	总要求	4.1	总要求	4.1	总要求	4.1	总要求
4.2	管理职责	5	管理职责	—	—	5	管理职责
4.2.1	最高管理者	5.1	管理承诺	4.4.1	资源、作用、职责和权限	5.1	管理承诺
4.2.2	管理者代表	5.5.1 5.5.2	职责和权限 管理者代表	4.4.1	资源、作用、职责和权限	5.4 5.5	职责和权限 食品安全小组组长
4.3	能源方针	5.3	质量方针	4.2	环境方针	5.2	食品安全方针
4.4	策划	5.4	策划	4.3	策划	5.3 7	食品安全管理体系策划 安全产品的策划和实现
4.4.1	总则	5.4.1 7.2.1	质量目标 与产品有关的要求的确定	4.3	策划	5.3 7.1	食品安全管理体系策划 总则
4.4.2	法律、法规及其他要求	7.2.1 7.3.2	与产品有关的要求的确定 设计和开发输入	4.3.2	法律法规和其他要求	7.2.2 7.3.3	（无标题） 产品特性
4.4.3	能源评审	5.4.1 7.2.1	质量目标 与产品有关的要求的确定	4.3.1	环境因素	7	安全产品的策划和实现
4.4.4	能源基准	—	—	—	—	7.4	危害分析
4.4.5	能源绩效参数	—	—	—	—	7.4.2	危害识别和可接受水平的确定

表 B.1（续）

GB/T 23331—2012		GB/T 19001—2008		GB/T 24001—2004		GB/T 22000—2006	
条款号	条款标题	条款号	条款标题	条款号	条款标题	条款号	条款标题
4.4.6	能源目标、能源指标与能源管理实施方案	5.4.1 7.1	质量目标 产品实现的策划	4.3.3	目标、指标和方案	7.2	前提方案(PRPs)
4.5	实施与运行	7	产品实现	4.4	实施与运行	7	安全产品的策划与实现
4.5.1	总则	7.5.1	生产和服务提供的控制	4.4.6	运行控制	7.7.2	(无标题)
4.5.2	能力、培训与意识	6.2.2	能力、培训和意识	4.4.2	能力、培训和意识	6.2.2	能力、意识和培训
4.5.3	信息交流	5.5.3	内部沟通	4.4.3	信息交流	5.6.2	内部沟通
4.5.4	文件	4.2	文件要求	—	—	4.2	文件要求
4.5.4.1	文件要求	4.2.1	总则	4.4.4	文件	4.2.1	总则
4.5.4.2	文件控制	4.2.3	文件控制	4.4.5	文件控制	4.2.2	文件控制
4.5.5	运行控制	7.5.1	生产和服务提供的控制	4.4.6	运行控制	7.6.1	HACCP 计划
4.5.6	设计	7.3	设计和开发	—	—	7.3	实施危害分析的预备步骤
4.5.7	能源服务、产品、设备和能源的采购	7.4	采购	—	—	—	—
4.6	检查	8	测量、分析和改进	4.5	检查	8	食品安全管理体系的确认、验证和改进
4.6.1	监视、测量与分析	8.2.3 8.2.4 8.4	过程的监视和测量 产品的监视和测量 数据分析	4.5.1	监测和测量	7.6.4	关键控制点的监视系统
4.6.2	合规性评价	7.3.4	设计和开发评审	4.5.2	合规性评价	—	—
4.6.3	能源管理体系的内部审核	8.2.2	内部审核	4.5.5	内部审核	8.4.1	内部审核

表 B.1（续）

GB/T 23331—2012		GB/T 19001—2008		GB/T 24001—2004		GB/T 22000—2006	
条款号	条款标题	条款号	条款标题	条款号	条款标题	条款号	条款标题
4.6.4	不符合、纠正、纠正措施和预防措施	8.3 8.5.2 8.5.3	不合格品控制 纠正措施 预防措施	4.5.3	不符合、纠正措施和预防措施	7.10	不符合控制
4.6.5	记录控制	4.2.4	记录控制	4.5.4	记录控制	4.2.3	记录控制
4.7	管理评审	5.6	管理评审	4.6	管理评审	5.8	管理评审
4.7.1	总则	5.6.1	总则	4.6	管理评审	5.8.1	总则
4.7.2	管理评审的输入	5.6.2	评审输入	4.6	管理评审	5.8.2	评审输入
4.7.3	管理评审的输出	5.6.3	评审输出	4.6	管理评审	5.8.3	评审输出

参 考 文 献

[1] GB/T 19000—2008 质量管理体系 基础和术语
[2] GB/T 19001—2008 质量管理体系 要求
[3] GB/T 24001—2004 环境管理体系 要求及使用指南
[4] GB/T 22000—2006 食品安全管理体系 食品链中各类组织的要求

ICS 91.100.60
H 30

中华人民共和国国家标准

GB/T 23615.2—2012

铝合金建筑型材用辅助材料 第2部分:聚氨酯隔热胶材料

Accessorial material for architectural aluminum alloy profiles—
Part 2: Material for thermal barrier polyurethane

2012-05-11 发布 2013-02-01 实施

中华人民共和国国家质量监督检验检疫总局
中国国家标准化管理委员会 发布

前　　言

GB/T 23615《铝合金建筑型材用辅助材料》分为两个部分：

——第1部分：聚酰胺隔热条；

——第2部分：聚氨酯隔热胶材料。

本部分为GB/T 23615的第2部分。

本部分按照GB/T 1.1—2009给出的规则起草。

本部分是参考AAMA TIR A8-08《建筑铝合金隔热型材结构性能》中有关隔热材料的要求编制的。本部分与AAMA TIR A8-08的一致性程度为非等效。

本部分由全国有色金属标准化技术委员会(SAC/TC 243)归口。

本部分负责起草单位：亚松聚氨酯(上海)有限公司、国家化学建筑材料测试中心。

本部分参加起草单位：巴斯夫聚氨酯(中国)有限公司、大连固得聚氨酯科技发展有限公司、广东坚美铝型材厂有限公司、福建省南平铝业有限公司、苏州罗普斯金铝业有限公司、广东豪美铝业有限公司、佛山澳美铝业有限公司、浙江乐祥铝业有限公司、广东兴发创新股份有限公司。

本部分主要起草人：乔鸿、赵观新、何振程、丁金海、夏建军、黄钟亮、卢继延、林洁、颜廷柱、周春荣、谭兴元、金祥龙、陈文泗。

铝合金建筑型材用辅助材料
第2部分:聚氨酯隔热胶材料

1 范围

GB/T 23615的本部分规定了铝合金建筑型材用聚氨酯隔热胶材料(以下简称隔热胶)用的异氰酸酯类混合物、多元醇树脂(以下统称为原胶)的要求、试验方法、检验规则和标志、包装、运输、贮存及质量证明书与订货单(或合同)内容。

本部分适用于经化学反应法转化成铝合金建筑型材用隔热胶的原胶。

2 规范性引用文件

下列文件对于本文件的应用是必不可少的。凡是注日期的引用文件,仅注日期的版本适用于本文件。凡是不注日期的引用文件,其最新版本(包括所有的修改单)适用于本文件。

GB/T 1033.1—2008 塑料 非泡沫塑料密度的测定 第1部分:浸渍法、液体比重瓶法和滴定法

GB/T 1036 塑料－30 ℃～30 ℃线膨胀系数测定石英膨胀计法

GB/T 1040.2—2006 塑料 拉伸性能的测定 第2部分:模塑和挤塑塑料的试验条件

GB/T 1634.1—2004 塑料 负荷变形温度的测定 第1部分:通用试验方法

GB/T 1843—2008 塑料 悬臂梁冲击强度的测定

GB/T 2411—2008 塑料和硬橡胶 使用硬度计测定压痕硬度(邵氏硬度)

GB 5237.1 铝合金建筑型材 第1部分:基材

GB 5237.4 铝合金建筑型材 第4部分:粉末喷涂型材

GB 5237.6—2012 铝合金建筑型材 第6部分:隔热型材

GB/T 10295 绝热材料稳态热阻及有关特性的测定 热流计法

GB/T 16422.3 塑料实验室光源暴露试验方法 第3部分:荧光紫外灯

GB/T 28289 铝合金隔热型材复合性能试验方法

3 术语和定义

下列术语和定义适用于本文件。

3.1

隔热胶 thermal barrier polyurethane

在铝合金隔热型材中起减少热传导并具有结构连接作用的由异氰酸酯类混合物和多元醇树脂作为原料经化学反应法制成的聚氨酯化合物。

3.2

隔热胶样板 reference sample for thermal barrier polyurethane

将异氰酸酯类混合物和多元醇树脂按供方提供的、生成隔热胶所需的比例,采用专用浇注设备注入专用模具中发生化学反应,生成的聚氨酯化合物胶板称为隔热胶样板。

3.3

隔热型材标准样品　reference sample for thermal barrier profiles

将异氰酸酯类混合物和多元醇树脂按供方提供的、生成隔热胶所需的比例，采用专用浇注设备注入表面经色号为 RAL9016 的聚酯粉末喷涂处理的、符合 GB 5237.4 要求的、6063-T5 铝合金型材的浇注槽口（Ⅰ级原胶选择 GB 5237.6—2012 表 C.1 中所示 BB 槽口，Ⅱ级原胶选择 GB 5237.6—2012 表 C.1 中所示 DD 槽口）中，制成的浇注式隔热型材称为隔热型材标准样品。

4　要求

4.1　产品分类

原胶类别、类别代号、成分、性能等级见表 1。

表 1

类别	类别代号	成分	性能等级
异氰酸酯类混合物	I	以>50%异氰酸酯为主要成分，其余为添加剂	Ⅰ级、Ⅱ级
多元醇树脂	P	以>50%多元醇为主要成分，其余为添加剂	

4.2　外观质量、手动凝固时间

4.2.1　外观质量

以 0.5 m 距离观测原胶，应色泽均匀、无夹杂。

4.2.2　手动凝固时间

手动凝固时间应符合表 2 的要求。

表 2

项目	要求	
	Ⅰ级原胶	Ⅱ级原胶
手动凝固时间/s	≤38	≤21

4.3　隔热胶样板

4.3.1　采用原胶制成的隔热胶样板的性能应符合表 3 的规定。

表 3

项目	要求	
	Ⅰ级原胶制成的隔热胶样板	Ⅱ级原胶制成的隔热胶样板
外观质量	光滑、色泽均匀、无杂质	
密度/(g/cm^3)	≥1.149	
负荷变形温度(0.455 MPa)/℃	≥60	≥75

表 3（续）

项目		要求	
		Ⅰ级原胶制成的隔热胶样板	Ⅱ级原胶制成的隔热胶样板
导热系数/[W/(m·K)]		≤0.19	
悬臂梁缺口冲击强度/(J/m)		≥72	≥75
邵氏硬度(HD)		≥65	
室温抗拉强度/MPa		≥26	
断裂应变/%		≥20	
低温抗拉强度/MPa		≥31	
耐紫外线老化性能(200 h)	室温抗拉强度/MPa	≥24	
	悬臂梁缺口冲击强度/(J/m)	≥65	≥68

4.3.2 需方对高温抗拉强度、线膨胀系数有要求时，由供需双方协商确定，并在订货单(或合同)中注明。

4.4 固化放热温度

需方对固化放热温度有要求时，由供需双方协商确定，并在订货单(或合同)中注明。

4.5 湿性收缩率

需方对湿性收缩率有要求时，由供需双方协商确定，并在订货单(或合同)中注明。

4.6 隔热型材标准样品

采用原胶制成的隔热型材标准样品纵向剪切试验、横向拉伸试验、热循环试验性能应符合表 4 的规定。

表 4

试验项目		试验结果						
		纵向抗剪特征值 N/mm			横向抗拉特征值 N/mm			隔热材料变形量平均值 mm
		室温	低温	高温	室温	低温	高温	
纵向剪切试验和横向拉伸试验	Ⅰ级原胶制成的隔热型材标准样品	≥30	≥30	≥24	≥24	≥24	≥12	—
	Ⅱ级原胶制成的隔热型材标准样品	≥32	≥32	≥24	≥30	≥30	≥20	—
60 次热循环试验	Ⅰ级原胶制成的隔热型材标准样品	≥30	—	—	—	—	—	≤0.6
90 次热循环试验	Ⅱ级原胶制成的隔热型材标准样品	≥32	—	—	—	—	—	≤0.6

4.7 铝合金型材表面处理的适用性

需方要求检验铝合金型材表面处理的适用性时，应在订货单(或合同)中注明。适用性检验中得到的室温纵向抗剪特征值应符合 GB 5237.6—2012 表 2 的规定。

5 试验方法

5.1 外观质量

外观质量以目视检查。

5.2 手动凝固时间

5.2.1 在试验室温度为 23 ℃±2 ℃、相对湿度为 50%±10%条件下，将一个试验纸杯置于分析天平(感量为 0.5 g)上，称量纸杯质量。

5.2.2 从密闭容器中取约 50 g 的异氰酸酯类混合物放入该试验纸杯中，再称量，计算异氰酸酯类混合物质量。按供方提供的、生成隔热胶所需的比例，计算出所需多元醇树脂质量，并从密闭容器中取出相应量的多元醇树脂放入该试验纸杯中。

5.2.3 用一搅拌棒搅拌试验纸杯中的混合物，使其充分混合，并同时启动秒表。搅拌 12 s，停止 3 s，随即将搅拌棒上下移动，直至搅拌棒完全黏在隔热胶上不能移动，从启动秒表至搅拌棒不能移动为止的时间记为本次试验手动凝固时间。

5.2.4 重复 5.2.1～5.2.3 两次，取三次试验所得手动凝固时间的算术平均值，保留到整数位，作为手动凝固时间试验结果。

5.3 隔热胶样板

5.3.1 试样制备

用尺寸不小于 300 mm×300 mm×12 mm 和 170 mm×170 mm×12 mm 的模具注塑隔热胶板，在室温条件下放置 168 h 后，用切削、冲切等机加工方法制成试样。

5.3.2 外观质量

在散射自然光下，距离 0.5 m 处目视检查。

5.3.3 密度

按照 GB/T 1033.1—2008 的浸渍法进行检测。

5.3.4 负荷变形温度

按照附录 A 规定的试验方法进行检测。

5.3.5 导热系数

按照 GB/T 10295 的规定进行检测。

5.3.6 悬臂梁缺口冲击强度

按照附录 B 规定的试验方法进行检测。

5.3.7 **邵氏硬度**

采用 GB/T 2411—2008 规定的 D 型邵氏硬度计进行测量。以下压板与试样完全接触后 1 s 内的读数作为试验结果。

5.3.8 **室温抗拉强度、断裂应变、低温抗拉强度**

5.3.8.1 试样尺寸如图 1 所示。

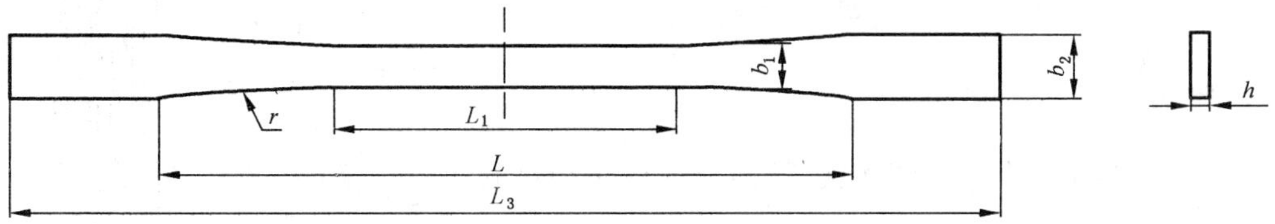

说明：

L_3——总长，165 mm±0.5 mm；

L ——夹具间距，115 mm±0.5 mm；

L_1——狭窄部分的长度，57 mm±0.5 mm；

b_1 ——狭窄部分的宽度，13 mm±0.5 mm；

b_2 ——总宽，19 mm±0.5 mm；

h ——厚度，3.2 mm±0.4 mm；

r ——内圆角半径，76 mm±0.5 mm。

图 1 室温抗拉强度、断裂应变、低温抗拉强度试样图

5.3.8.2 按照 GB/T 1040.2—2006 规定的试验方法进行检测。试验速度应为 50 mm/min。

5.3.8.3 当进行低温拉伸性能试验时，应将试样在−30 ℃±2 ℃环境下恒温 30 min 后，并在该温度下，按照 GB/T 1040.2—2006 规定的试验方法进行拉伸试验。

5.3.9 **耐紫外线老化试验方法**

按 GB/T 16422.3 的规定进行耐紫外线老化试验，老化时间为 200 h。按照 5.3.8 和附录 B 的要求测量室温下的抗拉强度和悬臂梁缺口冲击强度。

5.3.10 **高温抗拉强度**

在 60 ℃±2 ℃环境下恒温 30 min 后，在该温度下，按照 GB/T 1040.2—2006 规定的试验方法进行拉伸试验，试验速度应为 50 mm/min。

5.3.11 **线膨胀系数**

按照 GB/T 1036 规定的方法检测线膨胀系数。

5.4 **固化放热温度**

5.4.1 采用专用浇注设备，将总量约 50 g 的异氰酸酯类混合物和多元醇树脂按供方提供的、生成隔热胶所需的比例注入试验纸杯中，用红外测温仪测量隔热胶固化过程的最高温度值。

5.4.2 重复 5.4.1 两次，取 3 次试验所得最高温度的算术平均值，保留到整数位，记为固化放热温度。

5.5 **湿性收缩率**

5.5.1 将异氰酸酯类混合物和多元醇树脂按供方提供的、生成隔热胶所需的比例，采用专用浇注设备注入长度(L)为6 000 mm±0.5 mm,符合GB 5237.1要求的、6063-T5铝合金型材的浇注槽口(Ⅰ级原胶选择GB 5237.6—2012表C.1中所示BB槽口,Ⅱ级原胶选择GB 5237.6—2012表C.1中所示DD槽口)中。

5.5.2 隔热胶完全固化1 h后,用刻度值为0.02 mm的游标卡尺,测量型材两端处的隔热胶收缩尺寸(A,B)。

5.5.3 计算隔热胶收缩尺寸之和($A+B$)与型材长度(L)的百分比值,即$((A+B)/L)\cdot 100\%$,即湿性收缩率。

5.5.4 重复5.5.1~5.5.3两次,计算3次试验所得百分比值的算术平均值,保留到小数点后两位。

5.6 隔热型材标准样品

隔热型材标准样品的纵向剪切试验、横向拉伸试验和热循环试验按GB/T 28289的规定进行检测。

5.7 铝合金型材表面处理的适用性

5.7.1 将符合GB 5237.1要求的、具有GB 5237.6—2012表C.1中所示BB或DD浇注槽口(Ⅰ级原胶选择BB槽口,Ⅱ级原胶选择DD槽口)的、6063-T5铝合金型材按需方提供的方法进行表面处理。

5.7.2 采用专用注胶设备,将异氰酸酯类混合物和多元醇树脂按供方提供的、生成隔热胶所需的比例,注入经表面处理后的铝合金型材的浇注槽口中,制成浇注式隔热型材。

5.7.3 在浇注式隔热型材上切取纵向剪切试验试样,试样数量和长度符合GB 5237.6—2012的规定。

5.7.4 将试样在温度为23 ℃±2 ℃、相对湿度为50%±10%的环境条件下放置168 h。按GB/T 28289进行纵向剪切试验。

5.7.5 将纵向剪切试验结果与GB 5237.6—2012表2相比对。

6 检验规则

6.1 检查和验收

6.1.1 原胶应由供方进行检验,保证原胶质量符合本部分及订货单(或合同)的规定,并填写质量证明书。

6.1.2 需方应对收到的原胶产品按本部分的规定进行检验。检验结果与本部分及订货单(或合同)的规定不符时,应以书面形式向供方提出,由供需双方协商解决。属于外观质量的异议,应在收到产品之日起一个月内提出,属于其他性能的异议,应在收到产品之日起三个月内提出。如需仲裁,可委托供需双方认可的单位进行,并在需方共同取样。

6.2 组批

原胶应成批提交验收。每批应由同一成分的原胶组成。连续生产时每24 h为一批;间歇生产时,不足24 h仍以一批计。

6.3 检验项目及取样

6.3.1 每批原胶出厂前应进行外观质量和手动凝固时间的检验。出现下列任一情况时,应进行型式检验:

a) 新产品试制鉴定时;

b) 正式生产后,如结构、材料、工艺有较大改变,可能影响产品性能时;

c) 连续3年未进行型式检验时。

6.3.2 原胶的检验项目及取样应符合表5的规定。

表 5

<table>
<tr><th colspan="3">检验项目</th><th>取样规定</th><th>要求的章条号</th><th>试验方法的章条号</th></tr>
<tr><td colspan="3">外观质量</td><td>每批随机抽检 200 mL 原胶</td><td rowspan="2">4.2</td><td>5.1</td></tr>
<tr><td colspan="3">手动凝固时间</td><td>从原胶桶中各取约 100 g 异氰酸酯类混合物和多元醇树脂</td><td>5.2</td></tr>
<tr><td rowspan="13">隔热胶样板</td><td colspan="2">外观质量</td><td>所有隔热胶样板性能(外观质量除外)检测用试样,在其性能检测前,先进行外观质量的检验</td><td rowspan="13">4.3</td><td>5.3.2</td></tr>
<tr><td colspan="2">密度</td><td>符合 GB/T 1033.1—2008 的规定</td><td>5.3.3</td></tr>
<tr><td colspan="2">负荷变形温度</td><td>每批取至少 2 个试样,试样尺寸为:127 mm×12.7 mm×6.4 mm</td><td>5.3.4</td></tr>
<tr><td colspan="2">导热系数</td><td>符合 GB/T 10295 的规定</td><td>5.3.5</td></tr>
<tr><td colspan="2">悬臂梁缺口冲击强度</td><td>每批取至少 10 个试样,试样尺寸为:63.5 mm×12.7 mm×6.4 mm</td><td>5.3.6</td></tr>
<tr><td colspan="2">邵氏硬度(HD)</td><td>符合 GB/T 2411—2008 的规定</td><td>5.3.7</td></tr>
<tr><td colspan="2">室温抗拉强度</td><td rowspan="2">每批取至少 5 个试样,尺寸见图 1</td><td rowspan="3">5.3.8</td></tr>
<tr><td colspan="2">断裂应变</td></tr>
<tr><td colspan="2">低温抗拉强度</td><td>每批取至少 5 个试样,尺寸见图 1</td></tr>
<tr><td rowspan="2">耐紫外线老化后性能</td><td>室温抗拉强度</td><td>每批取至少 5 个试样,尺寸见图 1</td><td rowspan="2">5.3.9</td></tr>
<tr><td>悬臂梁缺口冲击强度</td><td>每批取至少 10 个试样,试样尺寸为:63.5 mm×12.7 mm×6.4 mm</td></tr>
<tr><td colspan="2">高温抗拉强度</td><td>每批至少取 5 个试样,尺寸见图 1</td><td>5.3.10</td></tr>
<tr><td colspan="2">线膨胀系数</td><td>每批至少取 3 个试样,尺寸为 100 mm×6.4 mm×6.4 mm</td><td>5.3.11</td></tr>
<tr><td colspan="3">固化放热温度</td><td>每批取总量约 50 g 的异氰酸酯类混合物和多元醇树脂</td><td>4.4</td><td>5.4</td></tr>
<tr><td colspan="3">湿性收缩率</td><td>见 5.5</td><td>4.5</td><td>5.5</td></tr>
<tr><td colspan="3">隔热型材标准样品</td><td>在隔热型材标准样品上切取纵向剪切试验、横向拉伸试验和热循环试验试样,试样数量和长度符合 GB 5237.6—2012 的规定</td><td>4.6</td><td>5.6</td></tr>
</table>

6.4 检验结果的判定

检验结果有任意指标不符合本部分或订货单(或合同)要求时,应另取双倍数量的样品对不合格项目进行重新检验,重新检验结果若全部合格,判该批原胶合格。否则判该批原胶不合格。

7 标志、包装、运输、贮存及质量证明书

7.1 标志

原胶外包装桶的明显部位应贴上包括如下内容的标签：

a) 供方名称、商标；

b) 产品名称、型号、级别、净重；

c) 生产日期、批号与有效期；

d) 供方质检部门检印；

e) 本部分编号。

7.2 包装

宜使用抗压性能良好的、有螺丝扣盖或其他形式的密封盖的铁桶或硬塑桶包装。

7.3 运输、贮存

7.3.1 在运输、贮存中，应避免与酸、碱、盐及有机溶剂接触，应避免日晒、雨淋，撞击或挤压。

7.3.2 原胶桶应水平放置，并存放于环境温度 10 ℃～37 ℃、通风、干燥、平整的场地。

7.4 质量证明书

每批原胶均应附有符合本部分要求的质量证明书，其上注明：

a) 供方名称；

b) 原胶型号、级别；

c) 各项分析检验结果(包括出厂检验结果及近期型式检验结果)和供方质检部门印记；

d) 生产日期或批号；

e) 数量；

f) 本部分编号。

8 订货单(或合同)内容

订购本部分所列产品的订货单(或合同)应包括下列内容：

a) 产品名称；

b) 原胶型号、级别；

c) 规格；

d) 包装类型；

e) 数量；

f) 本部分编号；

g) 其他要求。

附　录　A
（规范性附录）
负荷变形温度的测试方法

A.1　范围

本附录规定了隔热胶负荷变形温度的测试方法。
本附录适用于隔热胶负荷变形温度的测定。

A.2　原理

将标准试样以侧立方式承受三点弯曲恒定负荷，施加 0.455 MPa 的弯曲应力，在匀速升温条件下测量达到 0.25 mm 挠度时的温度。

A.3　试验设备

A.3.1　产生弯曲应力的装置

该装置由一个刚性金属框架构成，基本结构如图 A.1 所示。框架内有一个可在竖直方向自由移动的加荷杆，可使得负载垂直施加于试样顶部并介于支座中间。支座接触头和加载压头的接触圆角半径应为 3.0 mm±0.2 mm。

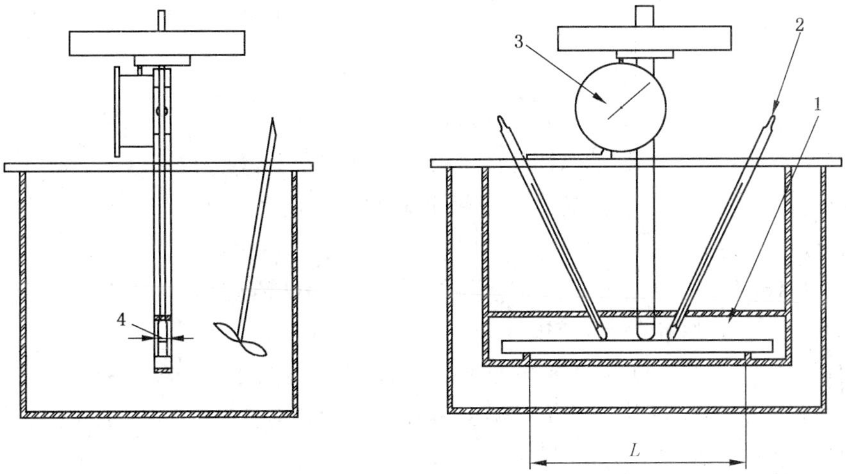

说明：
1 ——浸浴介质；
2 ——温度测量系统；
3 ——挠度测量装置；
4 ——加荷杆宽度，$D\geqslant 13$ mm；
L ——支座之间距离，100 mm±0.5 mm。

图 A.1　负荷变形温度试验装置示意图

A.3.2　加热装置

符合 GB/T 1634.1—2004 中 5.2 的要求。

A.3.3 挠曲测量仪器

已校正过的直读式测微计或其他合适的仪器，在试样支座跨度中点测得挠曲应精确到 0.01 mm 以内。

A.3.4 砝码

符合 GB/T 1634.1—2004 中 5.3 的要求。

A.3.5 温度测量仪器

符合 GB/T 1634.1—2004 中 5.4 的要求。

A.3.6 挠度测量仪器

符合 GB/T 1634.1—2004 中 5.5 的要求。

A.3.7 测微计和量规

符合 GB/T 1634.1—2004 中 5.6 的要求。

A.4 试样的准备

A.4.1 从胶板上切取至少 2 个试样，试样的横截面应为矩形。样品长度应该为 127 mm±0.5 mm，厚度为 12.7 mm±0.2 mm，宽度为 6.4 mm±0.2 mm。

A.4.2 试样表面应平坦、圆滑，无锯齿、凹痕或闪点。

A.5 试验步骤

A.5.1 试样在温度为 23 ℃±2 ℃、相对湿度为 50%±10%的环境条件下保存 168 h 后，对所有试样进行编号。用测微计沿着跨度在 3 个位置处测量每个试样的宽度和厚度，对这些不同的读数求平均值，获得试样的宽度和厚度，并进行记录。

A.5.2 按照 GB/T 1634.1—2004 的规定计算施加力和附加砝码的质量。

A.5.3 把试样侧立放在试验装置上，使试样长轴垂直于支座。

A.5.4 将温度计测温包或者温度测量装置的感温部件尽可能贴近试样(10 mm 内)，但不能触及到试样。要充分搅拌液传热介质以确保介质温度在距样品 10 mm 内任意一点的温差都在 1.0 ℃内。

A.5.5 试验开始时，浴液温度应为(23±2)℃。

A.5.6 将承载杆施加到试样上，然后把组件装置放入浴液内。

A.5.7 调整负载以获得所需的 0.455 MPa 应力。

A.5.8 施加负载 5 min 后，把挠曲测量装置调整为零或记录起始位置，然后以(2.0±0.2)℃/min 的速率对液体介质进行加热。

A.5.9 记录试样的挠曲变形量为 0.25 mm 时的液体传热介质温度为负荷变形温度。

A.5.10 重复 A.5.2～A.5.10，完成其他试样的测试。

A.6 结果表示

以受试试样负荷变形温度的算术平均值表示受试隔热胶的负荷变形温度，结果保留到整数位。

附　录　B
（规范性附录）
悬臂梁缺口冲击强度的测试方法

B.1　范围

本附录规定了隔热胶悬臂梁缺口冲击强度的测试方法。

本附录适用于隔热胶悬臂梁缺口冲击强度的测定。

B.2　原理

由已知能量的摆锤一次冲击支撑成垂直悬臂梁的试样，冲击线到缺口中心线为固定距离（见图 B.1），测量试样被破坏时所能吸收的能量。

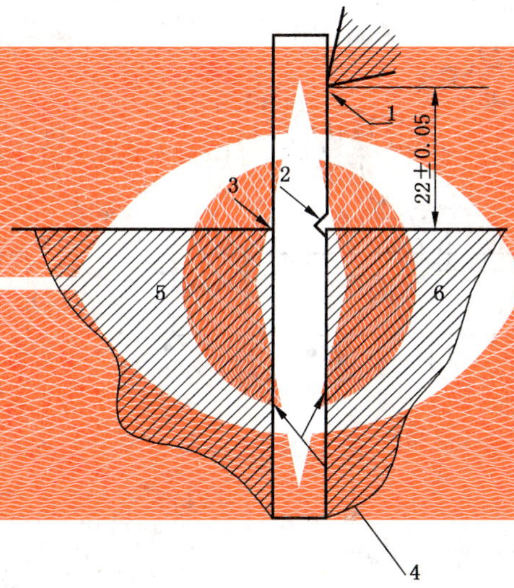

说明：

1——冲击刃半径，R0.80 mm±0.20 mm；

2——缺口；

3——夹具棱圆角半径，0.25 mm±0.12 mm；

4——与试样接触的夹具面；

5——固定夹具；

6——活动夹具。

图 B.1　夹具、试样（缺口）和冲击刃冲击示意图

B.3　试验设备

B.3.1　摆锤式冲击试验机

B.3.1.1　摆锤式冲击试验机应包括底座、用于在适当位置把试样牢牢夹紧（以便试样的长轴线是垂直的、并和虎钳顶平面成直角）的虎钳、连接在一起的架子、支撑物和摆锤式测试锤。试验机也必须具备支撑和释放摆锤的机械装置，有用于显示破坏试样能量的装置。

B.3.1.2 摆锤的锤头应为硬化处理的钢制成，为圆柱形表面，同时具有(0.80±0.20)mm 曲率半径，摆锤摆动时水平和垂直轴线在平面上。锤头的触点线应该位于摆锤冲击中心的±2.54 mm 范围内。

B.3.1.3 摆锤式冲击试验机应配备一个能提供(2.7±0.14)J 能量的基本摆锤，这种摆锤可以用于所有能吸收 85%能量的试样。需要更多能量来破坏的试样应该用更重的摆锤。

B.3.1.4 摆锤有效长度应该在(0.33～0.40)m 间。试验进行时应保证摆锤具有高出水平面 30°～60°的角度。

B.3.1.5 摆锤保持和释放的机械装置的位置要保证锤头垂直下落高度应为(610±2)mm。锤头在瞬间约有 3.5 m/s 的冲击速度。在机械装置的结构和操作保证没有把加速度和振动传给摆锤的情况下释放摆锤。

B.3.1.6 当摆锤自由悬挂时，冲击表面应该在接触标准试样的 0.2%比例范围内。在实际摆动过程中，这些元件和试样接触应该在高于虎钳顶表面(22.00±0.05)mm 的直线上。

B.3.2 量具

用于测量试样尺寸的量具精度为 0.02 mm。

B.4 试样

B.4.1 试样应经机加工方式获得至少 10 个试样。试样尺寸如图 B.2 所示。

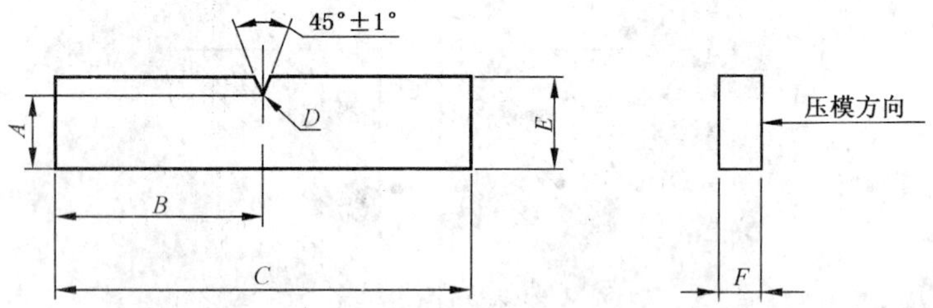

说明：

A——10.16 mm±0.05 mm；

B——31.8 mm±1.0 mm；

C——63.5 mm±2.0 mm；

D——曲率半径(R)，0.25 mm±0.05 mm；

E——12.7 mm±0.2 mm；

F——6.35 mm±0.05 mm。

图 B.2 试样尺寸

B.4.2 试样不应扭曲，相对表面应相互平行。所有试样表面和边缘应无划痕、凹陷和缩痕。

B.5 缺口制备

B.5.1 应用适当的加工工具上对试样做缺口。

B.5.2 切缺口内角应为(45±1)°，缺口底部应为(0.25±0.05)mm 的曲率半径。平面切分缺口角度应该在 2°范围内垂直于试样表面。

B.5.3 缺口试样剩余宽度应为(10.16±0.05)mm。

B.6 试验步骤

按照GB/T 1843—2008中第7章进行试验。

B.7 试验结果处理

B.7.1 按公式(B.1)计算各试样的悬臂梁缺口冲击强度 a_k，单位为焦耳每米(J/m)：

$$a_k = \frac{E_C}{F} \times 10^3 \qquad \text{(B.1)}$$

式中：

E_C ——已修正的缺口试样断裂吸收能量，单位为焦耳(J)；

F ——试样厚度，单位为毫米(mm)。

B.7.2 计算试样悬臂梁缺口冲击强度的算术平均值，以算术平均值为试验所得值，结果保留两位有效数字。

ICS 59.080.30
W 04

中华人民共和国国家标准

GB/T 24218.11—2012

纺织品 非织造布试验方法 第11部分:溢流量的测定

Textiles—Test methods for nonwovens—Part 11:Run-off

(ISO 9073-11:2002,MOD)

2012-06-29 发布 2012-12-01 实施

中华人民共和国国家质量监督检验检疫总局
中国国家标准化管理委员会 发布

前　　言

GB/T 24218《纺织品　非织造布试验方法》分为以下部分：

——第1部分：单位面积质量的测定；

——第2部分：厚度的测定；

——第3部分：断裂强力和断裂伸长率的测定(条样法)；

——第5部分：耐机械穿透性的测定(钢球顶破法)；

——第6部分：吸收性的测定；

——第8部分：液体穿透时间的测定(模拟尿液)；

——第10部分：落絮的测定；

——第11部分：溢流量的测定；

——第12部分：受压吸收性的测定；

——第13部分：液体多次穿透时间的测定；

——第14部分：包覆材料返湿量的测定；

——第15部分：透气性的测定；

——第16部分：抗渗水性的测定(静水压法)；

——第17部分：渗水性的测定(喷淋冲击法)；

——第18部分：断裂强力和断裂伸长率的测定(抓样法)；

——第101部分：抗生理盐水性能的测定(梅森瓶法)。

GB/T 24218《纺织品　非织造布试验方法》的上述部分(第101部分除外)与ISO 9073系列标准的相应部分对应。

与ISO 9073的第4部分、第7部分和第9部分相对应的国家标准如下：

——GB/T 3917.3　纺织品　织物撕破性能　第3部分：梯形试样撕破强力的测定(GB/T 3917.3—2009,ISO 9073-4:1997,MOD)；

——GB/T 18318.1　纺织品　弯曲性能的测定　第1部分：斜面法(GB/T 18318.1—2009,ISO 9073-7:1995,MOD)；

——GB/T 23329　纺织品　织物悬垂性的测定(GB/T 23329—2009,ISO 9073-9:2008,MOD)。

本部分为GB/T 24218的第11部分。

本部分按照GB/T 1.1—2009给出的规则起草。

本部分使用重新起草法修改采用ISO 9073-11:2002《纺织品　非织造布试验方法　第11部分：溢流量》(英文版)。

本部分与ISO 9073-11:2002的主要差异为：

——删除了前言和引言；

——简化了第1章；

——规范性引用文件中的国际标准由对应的国家标准代替，删除了对ISO 186的引用；

——在4.2.1中增加了试样台台面倾斜角度的允差；

——增加了4.2.5的注；

——细化了4.2.6中注的内容；

——修改了4.3和5.3的取样方法；

——增加了对式(1)中字母符号的解释；

——将 6.5 中注 1 的 4.5.10 拆分为 4.5.10 和 4.5.11。

本部分由中国纺织工业联合会提出。

本部分由全国纺织品标准化技术委员会基础标准分技术委员会(SAC/TC 209/SC 1)归口。

本部分起草单位:国家纺织制品质量监督检验中心、深圳市华测检测技术股份有限公司、中纺标(北京)检验认证中心有限公司。

本部分主要起草人:周世香、斯颖、朱平。

纺织品　非织造布试验方法
第 11 部分：溢流量的测定

1　范围

GB/T 24218 的本部分规定了一定质量的试验液体（模拟尿液）经非织造布试样吸收后，测定溢出液体质量的方法。

本部分可用来比较不同非织造布试样的溢流量，但不用于模拟最终产品的实际使用条件。

本部分规定了三种不同的试验方法：

a)　方法Ⅰ：基本试验方法，适用于亲水性非织造布；

b)　方法Ⅱ：重复试验方法，采用与 a）中相同的试验参数；

c)　方法Ⅲ：小角度试验方法，采用与 a）中不同倾斜度的试验台，适用于疏水性非织造布。

2　规范性引用文件

下列文件对于本文件的应用是必不可少的。凡是注日期的引用文件，仅注日期的版本适用于本文件。凡是不注日期的引用文件，其最新版本（包括所有的修改单）适用于本文件。

GB/T 6529　纺织品　调湿和试验用标准大气（GB/T 6529—2008，ISO 139：2005，MOD）

GB/T 6682　分析实验室用水规格和试验方法（GB/T 6682—2008，ISO 3696：1987，MOD）

GB/T 24218.6　纺织品　非织造布试验方法　第 6 部分：吸收性的测定（GB/T 24218.6—2010，ISO 9073-6：2000，MOD）

GB/T 24218.8　纺织品　非织造布试验方法　第 8 部分：液体穿透时间的测定（模拟尿液）（GB/T 24218.8—2010，ISO 9073-8：1995，MOD）

3　术语和定义

下列术语和定义适用于本文件。

3.1

溢流量　run-off

液体流经试样后的剩余液体量，单位为克（g）。

3.2

溢流百分比　percent run-off

液体溢流量占初始液体质量的百分比，%。

4　方法Ⅰ：基本试验方法

4.1　原理

试样与吸液垫重叠放置在具有一定倾斜角度的试验台上。在规定时间内，将一定质量的模拟尿液倾注到标准吸液垫上的试样上，放置于试样下端的标准接收垫收集经试样流出的剩余模拟尿液。称量并计算标准接收垫收集到的流出液体的质量。

4.2 设备和材料

4.2.1 **试样台**:丙烯酸树脂或类似材质,见图1,其台面可调整到需要的角度。

将试样台台面调整至25°,在台面两端标示出上、下两条参考线,其间距为(250.0±0.2)mm,见图2。

下参考线距离台面下端(3.0±0.2)mm,用来确定标准吸液垫下端位置;上参考线(约距试样上边缘25 mm)用来确定排液管的管轴位置。

单位为毫米

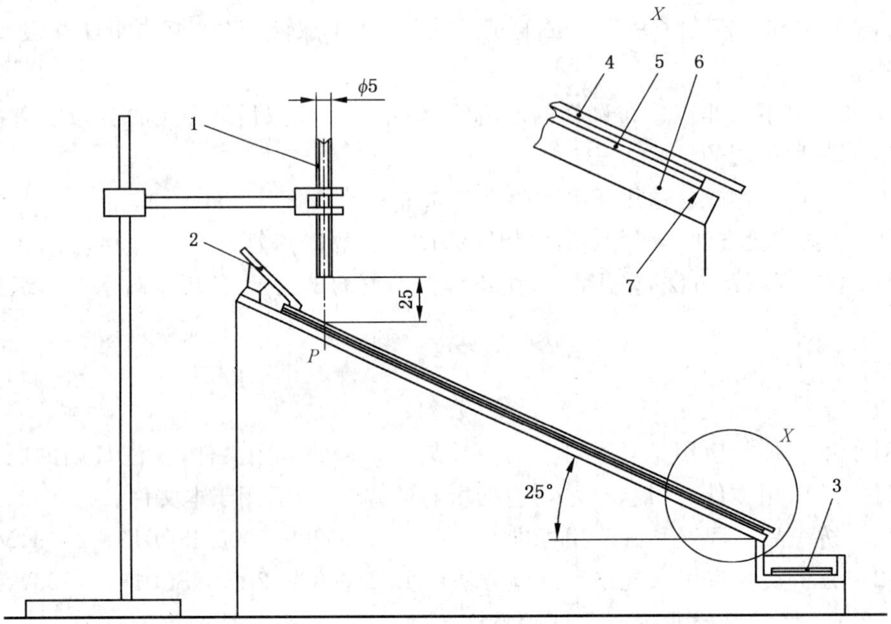

1——排液管;
2——夹具;
3——接收垫;
4——试样;
5——吸液垫;
6——试样台;
7——下参考线。

图1 试验装置

4.2.2 **夹具**:在(140.0±0.2)mm处标示出夹具的对称参考标记,以便将试样居中放置。

4.2.3 **水平仪**:确保排液管轴向排液。

4.2.4 **支座**:用于放置位于试样下端的标准接收垫。

4.2.5 **标准吸液垫**:由2层滤纸组成,每层滤纸尺寸为(140±1)mm×(275±1)mm,长边沿纵向。滤纸应满足以下条件:

——单位面积质量为(124±6)g/m^2;

——LAC为(500±30)%,LAC是按GB/T 24218.6规定测定的液体吸收量;

——STT为(3.0±0.5)s,STT是按GB/T 24218.8规定测定的液体穿透时间。

滤纸的光面朝上放置(光面可通过产品说明来确定,一般是指滤纸在生产过程中与传送金属网接触的表面,其网印可见)。

注:符合上述条件的其他吸液材料也可使用。

单位为毫米

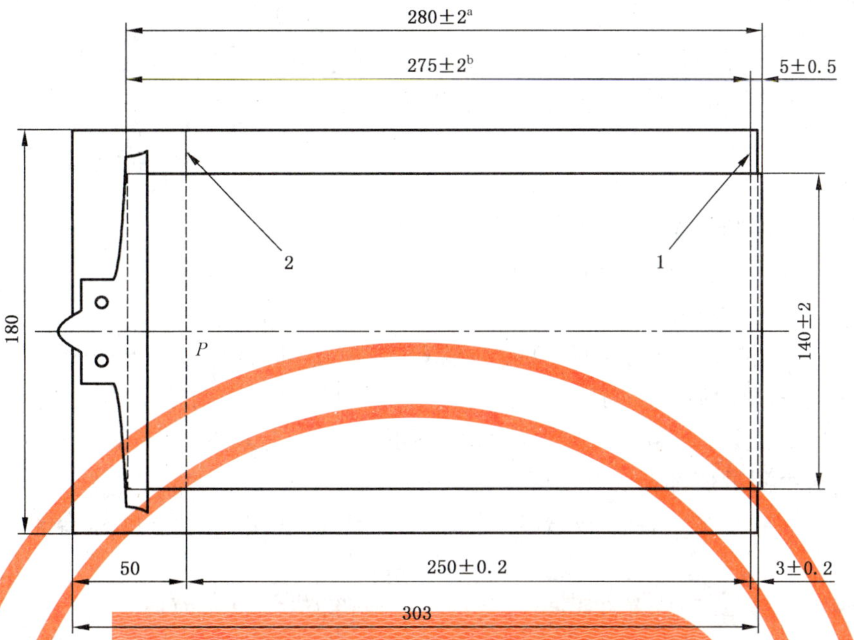

1——下参考线；

2——上参考线。

[a] 试样。

[b] 吸液垫。

图 2 试样台

4.2.6 **标准接收垫**：收集流经试样后剩余试验液体的吸液材料，尺寸与吸液垫相同，材料可采用 2 层滤纸或类似材料。

注：当溢流量较大，如溢流液体穿透吸液材料时，可直接采用接收盘进行试验（见 6.2 中的注）。

4.2.7 **模拟尿液**：采用 GB/T 6682 中规定的 3 级水配制浓度为 9 g/L 的氯化钠溶液，(20±2)℃时，此溶液的表面张力为(70±2)mN/m。

在(20±2)℃下使用模拟尿液。由于在储存过程中模拟尿液的表面张力可能会改变，因此，试验前宜检查其表面张力。

4.2.8 **排液管**：内径为 5 mm 的玻璃管。

4.2.9 **铁架台**。

4.2.10 **注液装置**：无泄漏，与排液管(4.2.8)相连，在(4.0±0.1)s 内通过排液管连续不断地排放(25.0±0.5)g 的试验液体(4.2.7)。由带有自动注射元件、真空泵或任何其他加压系统的漏斗或注射器组成。

注：如注液加压装置的刻度是以体积[单位为毫升(mL)]来表示，则计算液体密度以便将质量(g)转化为体积(mL)。

4.2.11 **计时器**：至少可测定 60 s，精确至 0.1 s。

4.2.12 **分析天平**：至少可测定 30 g，精确至 0.01 g。

4.2.13 **25°角板**。

4.3 取样

按产品标准相关规定或有关方协议取样。

4.4 试样制备和调湿

4.4.1 剪取至少5块试样，每块试样尺寸为(140±2)mm×(280±2)mm，其中长度方向沿纵向剪取。

4.4.2 试样应在GB/T 6529规定的标准大气中调湿。

4.5 试验步骤

4.5.1 调整试样台台面倾斜至25°±10′。

4.5.2 用水平仪(4.2.3)确保试样台顶部边缘保持水平。

4.5.3 设置排液管流速：在(4.0±0.1)s内，排放(25.0±0.5)g试验液体。

采用以下方法检查排放液体的质量：在排液管(4.2.8)底部，放置1个已知质量并且可容纳(25±0.5)g液体的洁净干燥的圆筒。启动计时器(4.2.11)，收集并称量排出的液体质量。如果收集液体的质量超过(25±0.5)g限度，通过控制泵调节发动机速度来调整液体的流速(见4.2.10)。继续测试和调整，直到至少3个连续测量值都在规定的限度内为止。

4.5.4 放置铁架台(4.2.9)，将排液管竖直放置，保证其下端口位于试样台上参考线中心上方27 mm处。

4.5.5 将标准吸液垫(4.2.5)放置在试样台上，滤纸(或吸液材料)光面向上，其下端刚好遮盖住下参考线。

4.5.6 将所有试样小心存放，以免在试验区域内受到污染。

4.5.7 将试样放置在标准吸液垫上面，测试面朝上，保证试样下端超出吸液垫下端(5±1)mm。

4.5.8 用夹具(4.2.2)居中固定(见4.2.1)吸液垫和试样。

4.5.9 调整排液管(4.2.8)与试样之间的垂直距离为(25±1)mm。

4.5.10 称量标准接收垫(4.2.6)的质量，记录其质量(m_1)，精确至0.01 g。

4.5.11 将接收垫放置在支座(4.2.4)上。

4.5.12 开始排放试验液体(4.2.7)。

4.5.13 试验液体排完后，等待5 s。

4.5.14 称量已收集液体的标准接收垫的质量，记录其质量(m_2)，精确至0.01 g。

4.5.15 在测定下一个试样前，保证试样台完全干燥且更换新的标准吸液垫。

4.5.16 按4.5.3～4.5.15步骤，对其他剩余试样进行测试。

4.6 结果表达

按式(1)计算每个试样的溢流量(RO)：

$$RO = m_2 - m_1 \quad \cdots\cdots(1)$$

式中：

RO ——溢流量，单位为克(g)；

m_2 ——收集溢出液体后接收垫的质量，单位为克(g)；

m_1 ——标准接收垫的初始质量，单位为克(g)。

计算RO的平均值(精确至0.01 g)和标准偏差。

如果需要，按式(2)计算溢流百分比(w)，精确至0.1%：

$$w = \frac{\overline{RO}}{25} \times 100 \quad \cdots\cdots(2)$$

式中：

w ——溢流百分比，%；

$\overline{RO}$——溢流量平均值，单位为克(g)。

4.7 试验报告

试验报告应包含以下内容：

a) 本部分标准编号；

b) 试验材料类型；

c) 单个溢流量，单位为克(g)；

d) 平均溢流量和标准偏差，单位为克(g)；

e) 如需要，溢流百分比，%；

f) 任何偏离本程序的细节。

5 方法Ⅱ：重复试验方法

5.1 原理

本方法的原理与基本试验方法(方法Ⅰ)中4.1的描述相同。本方法是对于同一试样采用同种方法连续测试3次，每次使用的试验液体用量相同。

本方法的试验目的是评估重复试验后非织造布性能的符合性。

5.2 设备和材料

除下列以外，其余与4.2规定的设备和材料相同。

5.2.1 3组标准吸液垫替代4.2.5中的1组。

5.2.2 3组标准接收垫替代4.2.6中的1组。

5.3 取样

按产品标准相关规定或有关方协议取样。

5.4 试样制备和调湿

5.4.1 剪取至少5块试样，每块试样尺寸为(140±2)mm×(280±2)mm，其中长度方向沿纵向剪取。

5.4.2 试样应在GB/T 6529规定的标准大气中调湿。

5.5 试验步骤

5.5.1 调整试样台台面倾斜至25°±10′。

5.5.2 用水平仪(4.2.3)确保试样台顶部边缘保持水平。

5.5.3 排液管流速：在(4.0±0.1)s内，排放(25.0±0.5)g试验液体。

采用以下方法定期检查排放液体是否为规定的质量：在排液管(4.2.8)底部，放置一个已知质量并且可容纳(25±0.5)g液体的洁净干燥的圆筒。启动计时器(4.2.11)，收集并称量排出的液体质量。如果收集液体的质量超过(25±0.5)g限度，通过控制泵调节发动机速度来调整液体的流速(见4.2.10)。继续测试和调整，直到至少测量的3个连续测量值都在规定的限度内为止。

5.5.4 放置铁架台(4.2.9)，将排液管竖直放置，保证其下端口位于试样台上参考线中心上方27 mm处。

5.5.5 在试样台(4.2.1)旁边准备3组标准吸液垫(4.2.5)。

5.5.6 将标准吸液垫放置在试样台上，滤纸(或吸液材料)光面向上，其下端刚好遮盖住下参考线。

5.5.7 将所有试样小心存放，以免在试验区域内受到污染。

5.5.8 将试样放置在标准吸液垫上面，测试面朝上，试样下端超出吸液垫下端(5±1)mm。

5.5.9　用夹具(4.2.2)居中固定(见 4.2.1)吸液垫和试样。

5.5.10　调整排液管(4.2.8)与试样之间的垂直距离为(25±1)mm。

5.5.11　称量标准接收垫(4.2.6)的质量,记录其质量(m_1),精确至 0.01 g。

5.5.12　将接收垫放置在支座(4.2.4)上。

5.5.13　开始排放试验液体(4.2.7)。

5.5.14　在试验液体排完后等待 5 s。

5.5.15　称量已收集液体的标准接收垫质量,记录其质量(m_2),精确至 0.01 g。

5.5.16　在 5.5.13 和 5.5.17 步骤之间等待 4 min。

5.5.17　将试样从试样台移至准备好的新标准吸液垫上面。

5.5.18　从试样台上移开湿的标准吸液垫。

5.5.19　在每次试验前,确保试样台完全干燥。

5.5.20　在同一块试样上,分别用 25 g 试验液体再重复试验两次,每次试验应采用新的标准吸液垫和新的标准接收垫。即:

——第 2 次试验,重复 5.5.3 步骤和 5.5.6～5.5.19 步骤;

——第 3 次试验,重复 5.5.3 步骤和 5.5.6～5.5.15 步骤。

5.5.21　按 5.5.3～5.5.20 步骤,对其他剩余试样进行测试。

5.6　结果表达

按式(3)、式(4)和式(5)计算每块试样的溢流量,用克(g)表示。

第 1 次试验:

$$RO_1 = m_{21} - m_{11} \quad \cdots\cdots (3)$$

第 2 次试验:

$$RO_2 = m_{22} - m_{12} \quad \cdots\cdots (4)$$

第 3 次试验:

$$RO_3 = m_{23} - m_{13} \quad \cdots\cdots (5)$$

计算 5 块试样的平均值(精确至 0.01 g)和标准偏差。

如需要,根据各自平均值计算溢流百分比:w_1,w_2,w_3。

5.7　试验报告

试验报告应包含以下信息:

a)　本部分标准编号;

b)　试验材料类型;

c)　每块试样在第 1、2、3 次试验的溢流量,单位为克(g);

d)　第 1、2、3 次试验的各自溢流量平均值,单位为克(g);或溢流百分比和标准偏差;

e)　任何偏离本程序的细节。

6　方法Ⅲ:小角度试验方法

6.1　原理

本方法的原理与基本试验方法(方法Ⅰ)中的 4.1 描述相同,仅改变了试样台的倾斜角度。

本试验方法适用于疏水性非织造布的抗湿性测试。

6.2　设备和材料

除试样台台面倾斜角度由 25°±10′调整为 10°±10′外,所用设备和材料均与 4.2 的规定相同。

注:测试疏水性非织造布时,可用接收盘直接收集流出的液体。接收盘可放置在天平上直接称量。

接收盘的长度应比试样台(4.2.1)本身宽度(180 mm)宽 20 mm。

6.3 取样

按 4.3 规定取样。

6.4 试样制备和调湿

按 4.4 规定制备试样和调湿试样。

6.5 试验步骤

试验按 4.5 规定的步骤进行。

注 1：当采用接收盘时，用以下内容替代 4.5.10、4.5.11 和 4.5.14 的相应内容。

4.5.10 替换为：称量接收盘，记录质量(m_1)。

4.5.11 替换为：将接收盘放置在支座上。

4.5.14 替换为：称量已收集液体的接收盘的质量，记录其质量(m_2)。

注 2：作为可选步骤或为校验上述步骤的结果时，可在试验前后称量标准吸液垫的质量。

当测试疏水性样品时，如试验液体沿试样流下但并不是全部流到接收盘中时，则舍弃该试验结果并重新进行试验。

6.6 结果计算和表达

按 4.6 规定执行。

6.7 试验报告

试验报告应包含 4.7 规定的内容。

附 录 A
（资料性附录）
其 他 特 性

在试验中可能要测试一些其他特性，或改变一些参数进行试验，例如：

a） 当观察到零溢流量时，可以测量试样表面润湿的长度，即“扩散长度”。

扩散长度是指上参考线与试验液体在试样上润湿的最低点之间的距离。

b） 也可记录液体穿透时间。

c） 进行比较试验时，可规定从起始点到结束点的时间。

d） 可以从试验液体接触试样的瞬间开启计时器，当最后一滴液体滴到试样上时，关闭计时器。

e） 可采用不同倾斜角度的试样台或不同倾斜角度的排液管。

f） 任何偏离本程序的细节可在报告中列出[见 4.7f)]。

ICS 59.080.30
W 04

中华人民共和国国家标准

GB/T 24218.12—2012

纺织品 非织造布试验方法 第12部分:受压吸收性的测定

Textiles—Test methods for nonwovens—
Part 12:Demand absorbency

(ISO 9073-12:2002,MOD)

2012-06-29 发布 2012-12-01 实施

中华人民共和国国家质量监督检验检疫总局
中国国家标准化管理委员会 发布

前　　言

GB/T 24218《纺织品　非织造布试验方法》分为以下部分：

——第1部分：单位面积质量的测定；

——第2部分：厚度的测定；

——第3部分：断裂强力和断裂伸长率的测定(条样法)；

——第5部分：耐机械穿透性的测定(钢球顶破法)；

——第6部分：吸收性的测定；

——第8部分：液体穿透时间的测定(模拟尿液)；

——第10部分：落絮的测定；

——第11部分：溢流量的测定；

——第12部分：受压吸收性的测定；

——第13部分：液体多次穿透时间的测定；

——第14部分：包覆材料返湿量的测定；

——第15部分：透气性的测定；

——第16部分：抗渗水性的测定(静水压法)；

——第17部分：渗水性的测定(喷淋冲击法)；

——第18部分：断裂强力和断裂伸长率的测定(抓样法)；

——第101部分：抗生理盐水性能的测定(梅森瓶法)。

GB/T 24218《纺织品　非织造布试验方法》的上述部分(第101部分除外)与ISO 9073系列标准的相应部分对应。

与ISO 9073的第4部分、第7部分和第9部分对应的国家标准如下：

——GB/T 3917.3　纺织品　织物撕破性能　第3部分：梯形试样撕破强力的测定(GB/T 3917.3—2009,ISO 9073-4:1997,MOD)；

——GB/T 18318.1　纺织品　弯曲性能的测定　第1部分：斜面法(GB/T 18318.1—2009,ISO 9073-7:1995,MOD)；

——GB/T 23329　纺织品　织物悬垂性的测定(GB/T 23329—2009,ISO 9073-9:2008,MOD)。

本部分为GB/T 24218的第12部分。

本部分按照GB/T 1.1—2009给出的规则起草。

本部分使用重新起草法修改采用ISO 9073-12:2002《纺织品　非织造布试验方法　第12部分：受压吸收性》。

本部分与ISO 9073-12:2002的主要差异为：

——删除国际标准的目录和前言；

——规范性引用文件中的国际标准由对应的国家标准代替；

——将附录B中表格内的时间0.766 s和1.500 s分别修正为0.666 s和1.600 s。

本部分由中国纺织工业联合会提出。

本部分由全国纺织品标准化技术委员会基础标准分技术委员会(SAC/TC 209/SC 1)归口。

本部分起草单位：国家纺织制品质量监督检验中心、上海华测品标检测技术有限公司、中纺标(北京)检验认证中心有限公司。

本部分主要起草人：姜慧霞、斯颖、郭勇。

纺织品　非织造布试验方法
第12部分:受压吸收性的测定

1　范围

GB/T 24218的本部分规定了试样在机械压力作用下,其一面与液体接触时液体吸收性的试验方法。

本部分用于比较非织造布类材料的吸收性,但不用于模拟最终产品的实际使用条件。

注:受压吸收性也称为受压润湿性。

2　规范性引用文件

下列文件对于本文件的应用是必不可少的。凡是注日期的引用文件,仅注日期的版本适用于本文件。凡是不注日期的引用文件,其最新版本(包括所有的修改单)适用于本文件。

GB/T 6529　纺织品　调湿和试验用标准大气(GB/T 6529—2008,ISO 139:2005,MOD)

GB/T 6682　分析实验室用水规格和试验方法(GB/T 6682—2008,ISO 3696:1987,MOD)

3　术语和定义

下列术语和定义适用于本文件。

3.1

最大吸收质量(A_f)　maximum absorbed mass

到 T_f 时刻为止试样吸收的液体质量,单位为克(g)。其中,试样到 T_f 时吸收的液体质量与到 T_f 之前5 s时吸收的液体质量的变化量小于 T_f 时吸收液体质量的1%。

3.2

受压吸收量　demand absorbency capacity;DAC

最大吸收质量 A_f 与试样质量 m 的比,单位为克每克(g/g)。

3.3

最大吸收速率　maximum absorption rate;MAR

单位时间间隔内吸收液体质量的最大变化量,单位为克每秒(g/s)。

注:根据在1 s内采集的数据计算最大吸收速率(MAR),采集数据的时间间隔不大于0.25 s。最大吸收速率在吸收液体质量与时间曲线图的拐点处获得。

4　原理

本方法测试在恒定压力作用下织物的液体吸收性。将试样放置在专用的多孔板上,多孔板通过虹吸管与蓄液池连接,蓄液池里的液面低于多孔板的上表面。通过测定蓄液池的质量随时间的变化来获得织物的受压吸收性。

5　仪器

试验装置见图1。

单位为毫米

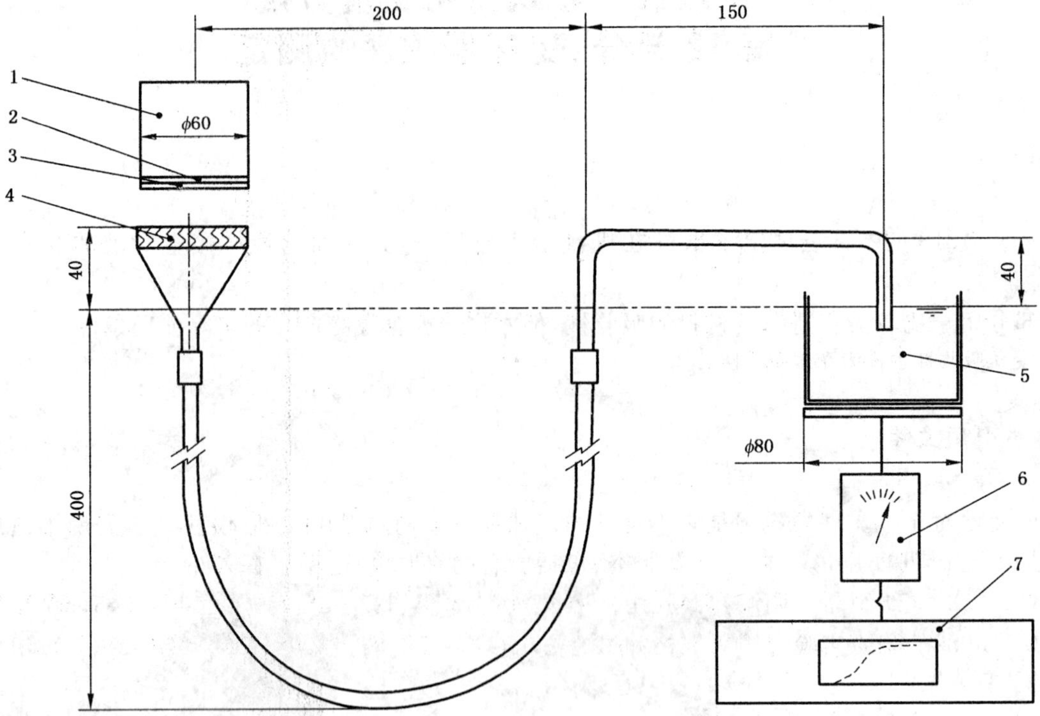

1——圆柱形重锤；

2——泡沫垫；

3——试样；

4——多孔玻璃板；

5——蓄液池；

6——电子天平；

7——数据采集系统。

图1 试验装置

5.1 **多孔玻璃板**：直径为(60±1)mm，厚度为(4±1)mm，孔隙等级为2(4 μm～90 μm)，嵌入最小口径为(7.0±0.2)mm的漏斗的顶部，在校准程序(见附录A)规定的条件下，液体流速为2.5 g/s～3.5 g/s。

5.2 **玻璃蓄液池**：圆柱形，直径≥80 mm。

5.3 **虹吸装置**：包括一个U形玻璃管和一段弹性硅橡胶管，内径均为(8.0±0.2)mm(见图1)。

5.4 **电子天平**：称量蓄液池及其所盛液体的质量，精度为0.01 g。

5.5 **数据采集系统**：记录蓄液池的质量随着时间变化的设备(例如微处理设备、数据分析和打印设备)。如果使用数字系统，采集的频率应不低于4次/s。

注：高吸收速率类材料，采集频率可为8次/s。(见9.4中的注1)

5.6 **疏水性聚醚型聚氨酯泡沫垫**：直径为(55±1)mm，厚度为(2.0±0.5)mm，密度为(28±3)kg/m^3，每厘米有20个规则的开孔。

5.7 **圆柱形重锤**：直径为(60±1)mm，重锤和泡沫垫的总重应为(605±5)g，从而保证施加在试样上的压强为(2.50±0.05)kPa。

5.8 **试验液**：一般为符合GB/T 6682规定的去离子水，其他满足要求的液体也可以采用，使用温度为(20±2)℃，采用的试验液应在报告中说明。

5.9 **清洁剂**。例如铬酸(1/3 浓度为 50 g/L 的 $k_2Cr_2O_7$ 和 2/3 浓度为 95%的 H_2SO_4 的混合液),或能达到同样效果的其他物质。

5.10 **水平仪**。

6 仪器安装

6.1 试验装置如图 1 所示,各组成部分应按照给定的尺寸安装。

6.2 用疏水性双面胶将疏水性泡沫垫(5.6)粘在重锤(5.7)的下面,以便泡沫垫可随时更换。

6.3 为了使仪器充满水而没有气泡,应该将所有的导管装满水,并根据图 2 所示在水下将其与装好多孔板的漏斗连接到一起。

6.4 用水平仪(5.10)调整多孔玻璃板的上表面和 U 形管(5.3)水平部分上端的外表面,使其处于同一水平面上,并且比蓄液池内液面高出(40±0.5)mm。

6.5 安装数据采集系统(5.5),检查其有效性。

注:导管的尺寸、形状,液面高度以及多孔板的孔隙会影响到测试结果,因此,为了获得良好的重现性有必要采用规定的仪器规格和操作程序。

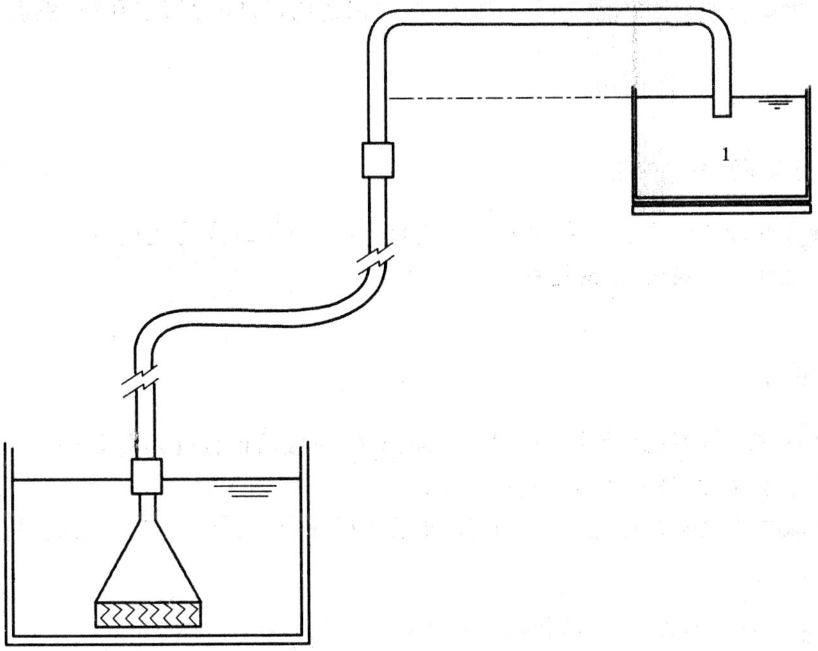

1——蓄液池。

图 2 导管和漏斗的连接方法

7 试样制备和调湿

7.1 在非织造布试样上做标记,以便于识别接触多孔板的一面。

7.2 从每个样品上裁剪 5 块直径为(55±1)mm 的试样。

7.3 按照 GB/T 6529 的规定,在标准大气中对试样进行调湿。

8 试验步骤

8.1 称量并记录试样的质量 m,单位为克。

8.2 必要时,用吹风机将粘在重锤上的泡沫垫吹干。

8.3 用三块面积 1 cm^2 的疏水性双面胶将试样粘到重锤(5.7)有泡沫垫的一面。

8.4 确保多孔板(5.1)和U形管(5.3)水平部分上端的外表面应比蓄液池液面高(40.0±0.5)mm。

8.5 称量蓄液池的质量 m_0,单位为克。

8.6 开启数据采集装置(5.5)。

8.7 将粘有泡沫垫(5.6)和试样的重锤放置到多孔板上。试样和多孔板接触时,尽量使试样表面与多孔板表面平行并且圆心重合。

8.8 利用数据采集系统记录蓄液池渐减的质量 m_t。

8.9 进行试验并记录质量,直到 5 s 内液体质量变化量小于最大吸收质量的 1%时,停止数据采集。

8.10 从多孔板上取下重锤,并将试样从重锤上取下。

8.11 重复 8.1～8.10 步骤,测试剩余 4 块试样。

8.12 测试完每一组的 5 块试样后,要更换新的试验液(5.8)。

8.13 测试完每一组的 5 块试样后,用铬酸或者其他清洗物质(5.9)清洁多孔板,然后用蒸馏水冲洗。

9 结果表达

9.1 吸收液体质量-时间(***A-t***)曲线

根据每块试样吸收液体的质量 A 随时间 t 的变化,可以获得试样的几项指标。

计算吸收量并绘制 A-t 曲线(示例见图 3)。

$$A_t = m_0 - m_t$$

9.2 最大吸收质量(A_f)

计算每块试样在 T_f 时的最大吸收质量 A_f,试样到 T_f 时吸收的液体质量与到 T_f 之前 5 s 时吸收的液体质量的变化量小于 T_f 时吸收液体质量的 1%。

实际中最大吸收质量是根据接近 5 s 的时间间隔 ΔT 进行计算的,ΔT 为数据采集间隔 Δt 的整数倍(n 倍)。即:

$$\Delta T = n\Delta t > 5\ \text{s},且(n-1)\Delta t < 5\ \text{s},同时,A_f - A_{(T_f-\Delta T)} < \frac{1}{100}A_f$$

注 1:数据采集间隔 $\Delta t \leqslant 0.25$ s。

通常,5 s 是 Δt 的整数倍且 $\Delta T = 5$ s,如果不能满足这个条件,ΔT 与 5 s 的最大差值可为 ±1%ΔT,这种差异对 T_f 及 A_f 造成的影响可以忽略。

注 2:根据这种计算方式,T_f 通常会产生较大的变异系数(最大吸收质量 A_f 则相反)。因此,如果需要,在报告中给出 T_f。

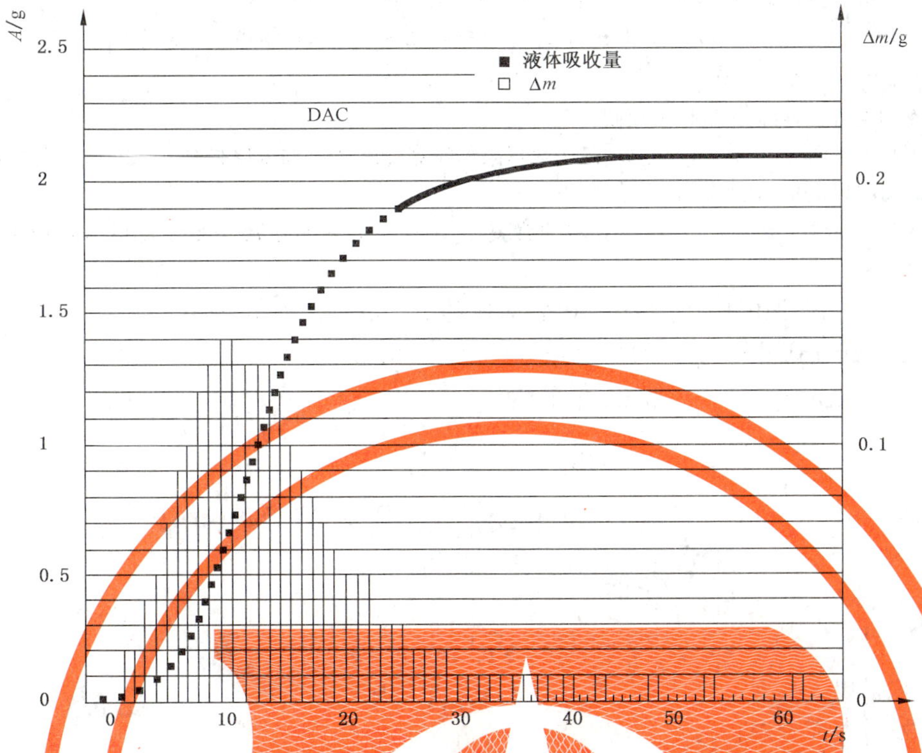

注：数据采集间隔=0.133 3 s。

图 3　吸收液体质量-时间(*A*-*t*)的关系曲线

9.3　受压吸收量(*DAC*)

计算每块试样的受压吸收量。

$DAC = A_f / m$

9.4　最大吸收速率(*MAR*)

通常：

$AR_x = |(m_x - m_{x-1})/(t_x - t_{x-1})|$

AR_x 指从 t_{x-1} 到 t_x 的吸收速率。

如果 $\Delta m_x = |m_x - m_{x-1}|$，并且 $\Delta t_x = (t_x - t_{x-1})$

在固定的采集间隔 Δt 内，$AR_x = \Delta m_x / \Delta t$。

因此，有必要计算每个采集间隔内的质量变化量 Δm，以获得最大变化量。其他采集间隔的质量变化量按照递减顺序排列，直到总的时间超过 1 s。

1 s 内的最大吸收速率 *MAR* 取决于各采集间隔内的最大变化量，其中各采集间隔的总和不超过 1 s。如采集间隔的总和小于 1 s，则最大质量变化量还包括下一个采集间隔内部分比例的质量变化量，该比例与达到 1 s 所需要的下一采集间隔内时间相关。

相关计算最好用表格列出。示例参见附录 B 所示数据列表。

计算每个采集间隔内的液体吸收质量 Δm，直到记录的质量不变。将 n 个最大变化质量 Δm 按照递减顺序进行排序，依次计作 Δm_{max}，Δm_{max-1}，Δm_{max-2}……Δm_n，其中，$n\Delta t > 1$ s 且 $(n-1)\Delta t \leqslant 1$ s。

如果$(n-1)\Delta t<1$ s，计算系数$k=[1-(n-1)\Delta t]/\Delta t$，则：

$MAR=\Delta m_{\max}+\Delta m_{\max-1}+\Delta m_{\max-2}+\cdots+\Delta m_{n-1}+k[\Delta m_{n-1}-k(\Delta m_{n-1}-\Delta m_{n})]$

如果$(n-1)\Delta t=1$ s，则$k=0$。

注1：高吸收速率类材料，可以采取以下规则：

如果最大吸收量的60%在1 s内完成，最大数据采集间隔应该从0.25 s降低到0.125 s，最大吸收速率MAR的计算时间应该从1 s减少到0.5 s。

注2：如果采集间隔Δt_x不是定值，相关计算将非常复杂，质量变化量将取决于吸收速率AR，而不是质量变化量Δm。

将最大的n个AR_x按照降序在表格中列出，对应的Δt_x也可以列出，即：

从$AR_{\max}$、$AR_{\max-1}$直到AR_n，分别对应着$\Delta t_{\max}$、$\Delta t_{\max-1}$到Δt_n，

$\sum_{x=\max}^{x=n}\Delta t_x>1$ s，并且$\sum_{x=\max}^{x=n-1}\Delta t_x\leqslant 1$ s，

计算系数$k'=[1-\sum_{x=\max}^{x=n-1}\Delta t_x]/\Delta t_n$，则：

$MAR=k'[AR_{n-1}-k'(AR_{n-1}-AR_n)]\Delta t_n+\sum_{x=\max}^{x=n-1}AR_x\Delta t_x$。

10 试验报告

试验报告应包括以下内容：

a) 试验是按照本部分进行的；

b) 试样描述；

c) 试样的测试面；

d) 试验液的描述，包括表面张力以及使用的测试方法；

e) 记录每个试样随时间(t)变化的吸收液体质量(A)；

f) 绘制每个试样的A-t曲线；

g) 受压吸收量(DAC)的各测量值及其平均值、最大值、最小值和变异系数；

h) 最大吸收速率(MAR)的各测量值及其平均值、最大值、最小值和变异系数；

i) 如果需要，最大吸收时间T_f的各测量值及其平均值、最大值、最小值和变异系数；

j) 任何偏离本部分的细节。

附 录 A
（规范性附录）
利用数据采集系统测试液体通过多孔板的流速

A.1 仪器

仪器与试验方法的规定相一致，见第5章。
试验液为去离子水。

A.2 安装

见第6章以及图 A.1。
杯形物是用胶带缠绕多孔玻璃板形成，杯形物不必是完全不漏水的，稍有渗漏不会影响到结果。

单位为毫米

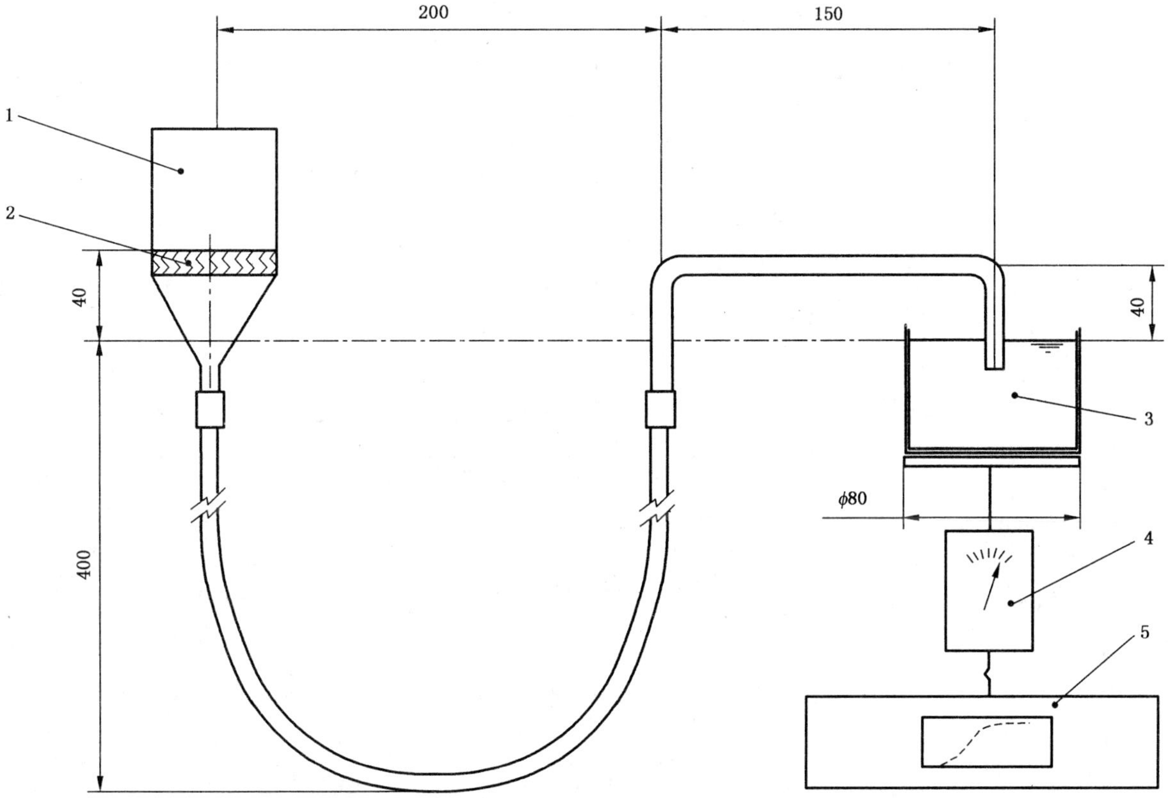

1——杯形物；
2——多孔玻璃板；
3——蓄液池；
4——电子天平；
5——数据采集系统。

图 A.1 校准装置

A.3 步骤

a) 开启数据采集系统；

b) 向杯形物内倒入 11 mL 去离子水；

c) 记录蓄液池及所盛液体随着时间不断增加的质量。确保增加的质量至少为 10 g；

d) 当液体不再流入蓄液池时，停止数据采集，绘制液体质量-时间曲线，见图 A.2；

e) 在曲线上确定液体增加的质量为 3 g 以及 7 g 时对应的时间为 t_3 和 t_7；

f) 按式(A.1)计算流速 FR，单位为克每秒(g/s)。

$$FR = \frac{4}{t_7 - t_3} \qquad \text{(A.1)}$$

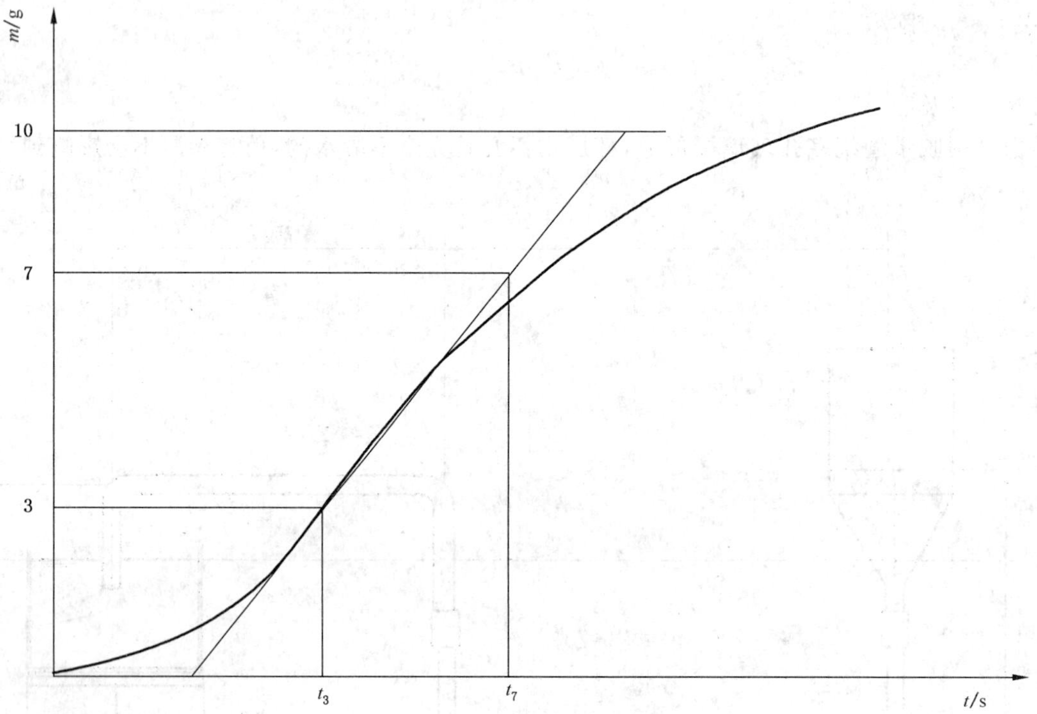

图 A.2 多孔板的校验

附 录 B
（资料性附录）
最大吸收速率 *MAR* 计算示例

最大吸收速率的计算示例见表 B.1。

注：在该示例中采集间隔为 0.133 s。

表 B.1 最大吸收速率计算示例

T/s	m/g	Δm/g	序号
0.133	243.270 m_0	0	—
0.266	243.260	0.010	—
0.400	243.220	0.040	—
……	……	……	……
0.666	242.920	0.130$=\Delta m_n$	8
0.800	242.770	0.150$=\Delta m_{n-1}$	7
0.933	242.600	0.170	3
1.066	242.440	0.160	4
1.200	242.250	0.190$=\Delta m_{\max}$	1
1.333	242.060	0.190$=\Delta m_{\max-1}$	2
1.466	241.900	0.160	5
1.600	241.750	0.150	6
……	……	……	……
2.266	241.590	0.040	—
2.400	241.560	0.030	—
2.533	241.560 m_f	0	—
2.666 $T_f-\Delta T$	241.560	0	—
……	……	……	……
7.600 T_f	241.560 m_f	0	—

注 1：根据 9.4 的算法，$n=8$，$n\Delta t=8\times0.133\ \text{s}=1.06\ \text{s}>1\ \text{s}$，$(n-1)\Delta t=7\times0.133\ \text{s}=0.93\ \text{s}<1\ \text{s}$。

注 2：系数 $k=[1-(n-1)\Delta t]/\Delta t=(1-7\times0.133)/0.133=0.52$。

注 3：$MAR=\Delta m_{\max}+\Delta m_{\max-1}+\Delta m_{\max-2}+\cdots+\Delta m_{n-1}+k[\Delta m_{n-1}-k(\Delta m_{n-1}-\Delta m_n)]$，

$MAR=0.19+0.19+0.17+0.16+0.16+0.15+0.15+0.52\times(0.15-0.01)=1.25\ \text{g/s}$。

附 录 C
（资料性附录）
精 密 度

表 C.1 和表 C.2 中列出了由欧洲用即弃材料及非织造布协会(EDANA)获得的本方法的重复性和再现性的研究结果。

表 C.1 受压吸收量

参数	试样			
	A	B	C	D
实验室数量	5	5	5	5
平均值/(g/g)	4.50	4.34	7.62	5.61
s_r	0.301	0.121	0.289	0.116
s_R	0.393	0.321	0.767	0.499
C_r/%	6.74	2.80	3.78	2.04
C_R/%	8.80	7.46	10.01	8.81
r	0.842	0.338	0.810	0.324
R	1.100	0.899	2.147	1.398

表 C.2 最大吸收速率

参数	试样			
	A	B	C	D
实验室数量	4	4	4	4
平均值/(g/s)	0.70	0.51	0.44	0.37
s_r	0.035	0.043	0.085	0.024
s_R	0.062	0.065	0.135	0.031
C_r/%	5.0	8.4	19.4	6.6
C_R/%	8.8	12.8	30.6	8.5
r	0.098	0.12	0.238	0.067
R	0.174	0.182	0.378	0.087

表 C.1、表 C.2 中：

s_r——重复性标准偏差；

s_R——再现性标准偏差；

C_r——重复性变异系数；

C_R——再现性变异系数；

r——重复性限($2.8\times s_r$)；

R——再现性限($2.8\times s_R$)。

ICS 43.040.60
T 26

中华人民共和国国家标准

GB 24406—2012
代替 GB 24406—2009

专用校车学生座椅系统及其车辆固定件的强度

The strength of student seat systems and their anchorages of special school bus

2012-04-10 发布 2012-05-01 实施

中华人民共和国国家质量监督检验检疫总局
中国国家标准化管理委员会 发布

前　言

本标准的第4章、第5章为强制性的，其余为推荐性的。

本标准按照GB/T 1.1—2009给出的规则起草。

本标准代替GB 24406—2009《专用小学生校车座椅及其车辆固定件的强度》。

本标准与GB 24406—2009的主要差异有：

a) 标准名称修改为《专用校车学生座椅系统及其车辆固定件的强度》；
b) 修改了标准适用范围，由专用小学生校车座椅扩展为专用校车学生座椅，并增加了校车上安装于座椅前方的约束隔板；
c) 为便于使用，增加了GB 13057中的相关术语(见3.3、3.4、3.5、3.7、3.8)，还增加了“座椅系统”(见3.1)、“学生座椅系统”(见3.2)、“固定件”(见3.6)、“基准平面”(见3.9)、“座椅间距”(见3.10)及“约束隔板”(见3.11)的术语及定义；
d) 将验证前倾性能和座椅靠背后部的吸能特性的静态试验方法修改为动态试验方法(见5.1，2009年版4.2.1和4.2.5)；
e) 由于试验方法的修改，相应修改了抗前倾性能要求(见4.1.2，2009年版3.1.1和3.1.5)；
f) 删除了车辆固定件试验(2009年版4.2.6)；
g) 增加了与动态试验方法相关的检测仪器要求(见附录A)和允许伤害指标的确定方法(见附录B)。

本标准参照ECE R80法规《就座椅及其固定点方面批准大型客车座椅和车辆的统一规定》及FMVSS 222《学童客车乘员座椅和碰撞保护》的内容修订。

本标准由中华人民共和国工业和信息化部提出。

本标准由全国汽车标准化技术委员会(SAC/TC 114)归口。

本标准负责起草单位：中国汽车技术研究中心、郑州宇通客车股份有限公司。

本标准参加起草单位：中国公路车辆机械有限公司、国家客车质量监督检验中心、南京依维柯汽车有限公司、丹东黄海汽车有限责任公司、江苏省公路学会、中国第一汽车股份有限公司、金龙联合汽车工业(苏州)有限公司、厦门金龙联合汽车工业有限公司、北汽福田汽车股份有限公司、安徽安凯汽车股份有限公司、成都客车股份有限公司、柳州五菱汽车有限责任公司。

本标准主要起草人：李维菁、袁健、赵伟丽、周慧慈、李弢、王欣、孙鹰、刁薇、金明新、白红、李桂兰。

本标准于2009年首次发布，本次为第一次修订。

专用校车学生座椅系统及其车辆固定件的强度

1 范围

本标准规定了专用校车的学生座椅系统(以下简称“座椅”)及其车辆固定件的术语和定义、要求及试验方法。

本标准适用于专用校车上的学生座椅以及用于安装该座椅的车辆固定件,也适用于专用校车上安装于座椅前方的约束隔板。

2 规范性引用文件

下列文件对于本文件的应用是必不可少的。凡是注日期的引用文件,仅注日期的版本适用于本文件。凡是不注日期的引用文件,其最新版本(包括所有的修改单)适用于本文件。

GB 13057—2003 客车座椅及其车辆固定件的强度

GB 14166 机动车成年乘员用安全带和约束系统

GB 14167 汽车安全带安装固定点

GB 24407—2012 专用校车安全技术条件

GB 27887 机动车儿童乘员用约束系统

ISO 6487 道路车辆 碰撞试验测量技术 检测仪器(Road vehicles—Measurement techniques in impact tests—Instrumentation)

3 术语和定义

GB 24407—2012 界定的以及下列术语和定义适用于本文件。为了便于使用,以下重复列出了 GB 13057—2003 中的某些术语和定义。

3.1

座椅系统 seat system

安装在车辆上可供一个或多个乘员乘坐的设施,包括完整的装饰及配件。

3.2

学生座椅系统 student seat system

专用校车上专门供幼儿和学生乘坐的座椅系统。

3.3

调整系统 adjustment system

一种可将座椅或其部件调节到适合乘客乘坐的装置。

[GB 13057—2003,定义 3.2]

3.4

位移系统 displacement system

在没有固定的中间位置情况下,一种可使座椅或某个部件横向或纵向移动、以方便乘客进出的装置。

[GB 13057—2003,定义 3.3]

3.5

锁止系统　locking system

一种保证座椅或其部件保持在其使用位置的装置。

[GB 13057—2003,定义 3.4]

3.6

固定件　anchorage

车辆车身上可用于固定座椅的部件。

3.7

连接件　attachment fittings

用来将座椅安装到车辆固定件上的螺栓等零件。

[GB 13057—2003,定义 3.5]

3.8

辅助座椅　auxiliary seat

动态试验中被试座椅后面安装假人的座椅,代表着车辆上使用的位于被试座椅后面的座椅。

[GB 13057—2003,定义 3.7]

3.9

基准平面　reference plane

假人两脚跟与地板接触点的平面。

3.10

座椅间距　seat spacing

后方座椅靠背前部凸起部分至前方座椅靠背后部凸起部分之间的距离,在座垫上表面最高点所处平面与其上方 200 mm 高度范围内水平测量。

3.11

约束隔板　restraining barrier

安装在车身结构上,用于在前方碰撞事故或紧急制动过程中约束位于其后方乘员的装置。

4　要求

4.1　座椅要求

4.1.1　总体要求

所有座椅应前向安装。所提供的每种调整系统和位移系统都应配备自动锁止装置,试验后座椅的调整系统和锁止系统允许产生变形、部分断裂,但不允许失效。

4.1.2　抗前倾性能

4.1.2.1　按照 5.1 的规定进行动态试验,应满足以下 4.1.2.2～4.1.2.6 的要求。

4.1.2.2　乘坐的乘客能被其前方座椅和(或)安全带恰当地约束住。即:对于幼儿专用校车座椅、小学生专用校车座椅,假人躯干和头部的任何部分向前位移不应超过位于辅助座椅 G 点前 1.1 m 的横向垂面;对于中小学生专用校车座椅,假人躯干和头部的任何部分向前位移不应超过位于辅助座椅 G 点前 1.2 m 的横向垂面。

4.1.2.3　乘坐的乘客未受严重伤害。按附录 A 和附录 B 确定的允许伤害指标应满足:

a)　头部允许指标(HIC) 小于 500;

b)　胸部允许指标(ThAC) 小于 30 g(总时间小于 3 ms 者除外)(g=9.81 m/s^2);

c) 在使用混合Ⅲ型第5百分位人体模型进行试验时,腿部允许指标(FAC)小于10 kN。

4.1.2.4 座椅系统及其固定件足够牢固。若满足以下要求,则认为满足本条规定:

a) 座椅、座椅连接件或配件不应在试验过程中完全脱离;

b) 即使车身上一个或几个固定点有部分脱离或其周边区域产生永久变形,座椅也不应与车身完全脱开;

c) 座椅靠背的装饰件或配件不应出现可能给乘员带来伤害的危险尖角。

4.1.2.5 在试验中,形成座椅靠背的所有配件不应对乘员造成伤害。头型接触的区域的曲率半径不应小于5 mm。

4.1.2.6 若安装在刚性靠背上的装饰件或配件材料的硬度小于邵氏A50,则4.1.2.5的要求仅对刚性部分适用。

4.1.2.7 紧临其后的座椅的G点与该座椅G点的高度差应不大于72 mm,如果大于72 mm,应按照实际装车位置关系进行试验。

4.1.2.8 当座椅后部不会被未约束的乘客所撞击时(即无前向座椅直接在被试座椅后面),可不做5.1.2和5.1.3规定的试验。

4.1.3 抗后倾性能

4.1.3.1 按照5.2的规定进行静态加载试验,应满足以下4.1.3.2~4.1.3.6的要求。

4.1.3.2 座椅靠背所受的力不应超过9 786 N。

4.1.3.3 座椅靠背的位移不应超过254 mm。

4.1.3.4 变形后的座椅不应进入相距其他座椅原始安装位置102 mm的范围内。

4.1.3.5 座椅、座椅连接件或配件不应在试验过程中完全脱离。

4.1.3.6 即使车身上一个或几个固定点有部分脱离或其周边区域产生永久变形,座椅也不应与车身完全脱开。

4.2 座垫要求

有座垫的座椅,在1 s~5 s内对座垫施加向上的大小相当于座垫重量5倍的力,保持5 s,任何安装点都不应分离。

4.3 座椅固定件要求

4.3.1 按照5.1和5.2的规定进行试验,应分别满足4.1.2.4、4.1.3.5、4.1.3.6的要求。

4.3.2 如果一种车型上有多于一种形式的固定件,每种形式的固定件都应进行试验。

4.3.3 如果几种形式的座椅其前后椅脚脚端之间的距离不等,且都能安装在相同的固定件上,试验应用脚端距离最短的座椅进行。

4.3.4 如果相应座椅位置的安全带固定点直接固定在座椅上,且这些安全带固定点符合GB 14167的要求,应认为座椅固定件符合4.3.1和4.3.2的要求。

5 试验方法

5.1 座椅动态试验

5.1.1 试验座椅或约束隔板的准备

5.1.1.1 试验座椅或约束隔板应安装在代表车身的试验平台上。

5.1.1.2　试验平台上试验座椅或约束隔板的固定件应与安装该座椅的车辆固定件相同，或具有相同的特性。

5.1.1.3　试验座椅或约束隔板的装饰件和附件应齐全，如座椅配有小桌，则应处于收起位置。

5.1.1.4　如座椅可横向调整，应处于最大伸开位置。

5.1.1.5　如座椅靠背可调整，应调整到尽可能接近制造厂推荐的正常使用值，如无制造厂特定的推荐值，应尽可能向垂线后方倾斜 25°。

5.1.1.6　如座椅靠背装有可调节高度的头枕，头枕应处于最低位置。

5.1.1.7　安装在辅助座椅和被试座椅上的安全带应符合 GB 14166 的规定。

5.1.2　试验 1

5.1.2.1　试验平台

试验平台应安装在模拟滑车上。

5.1.2.2　辅助座椅

辅助座椅可以与被试座椅型式相同，并应直接放置在被试座椅后面，两座椅高度相同，调整状态一致。对于幼儿专用校车座椅、小学生专用校车座椅，辅助座椅与被试座椅或约束隔板间距为 690 mm；对于中小学生专用校车座椅，辅助座椅与被试座椅或约束隔板间距为 780 mm。

5.1.2.3　假人

5.1.2.3.1　对于幼儿专用校车座椅，使用符合 GB 27887 中规定的 6 岁人体模型进行动态试验。对于小学生专用校车座椅、中小学生专用校车座椅，使用符合 GB 27887 中规定的 6 岁人体模型和国际通用的混合Ⅲ型第 5 百分位人体模型各进行一次动态试验。

5.1.2.3.2　假人应无约束地放在辅助座椅上，使其对称面同所述乘坐位置的对称面相一致。

5.1.2.3.3　假人的手应放在大腿上，肘部接触到靠背，腿处于最大伸展位置，如可能时应平行，脚跟接触地板。

5.1.2.3.4　每个所使用的假人应按下列程序安置在座椅上：

a）以尽可能接近所要求的位置将假人安放在座椅上；

b）将一块 76 mm×76 mm 的刚性平面尽可能低地放置在假人躯干的前面；

c）以 250 N～350 N 的水平力将此平面压向假人躯干；拉动假人的肩部，将躯干向前拉到垂直位置，然后再放回到靠背上，该动作做两次；躯干不移动时，头部应处于使头内支承测量仪器的平台为水平的位置，并保持头部中心平面平行于车辆的对称平面；

d）将该刚性平面小心地移去；

e）将座椅上的假人向前移动，重复上述安装步骤；

f）如果需要，下部肢体的位置应调整；

g）碰撞时，所装仪器应对假人的运动无任何影响；

h）试验前，测量仪器系统的温度应稳定，并尽可能保持在 19 ℃～26 ℃范围内。

5.1.2.4　碰撞模拟

5.1.2.4.1　模拟滑车的碰撞速度应为 30 km/h～32 km/h。

5.1.2.4.2　模拟滑车的减速度或加速度-时间的曲线，见图 1。

5.1.2.4.3　平均减速度或加速度应为 6.5g～8.5g。

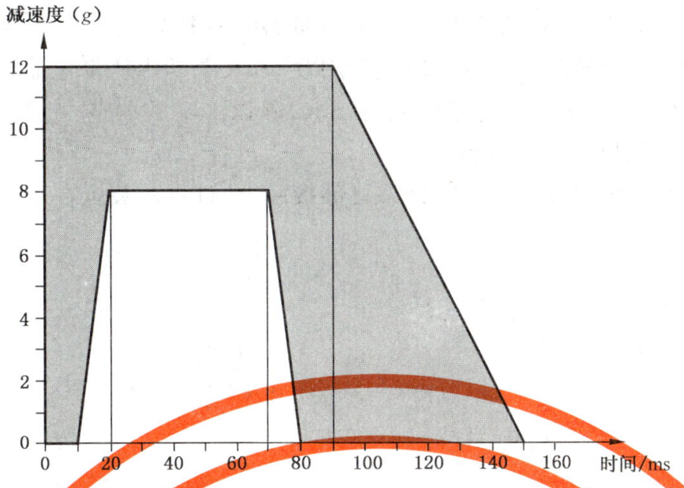

图 1　减速度或加速度-时间的曲线

5.1.3　试验 2

用坐在辅助座椅上的假人重复进行 5.1.2 规定的试验，假人佩戴安全带，并按制造厂的说明安装和调整。

5.2　静态加载试验

5.2.1　试验装置

5.2.1.1　静态试验装置模板的示意图见图 2，其曲率半径为 76 mm，加载模板的长度比每次试验中靠背宽度短 102 mm。

单位为毫米

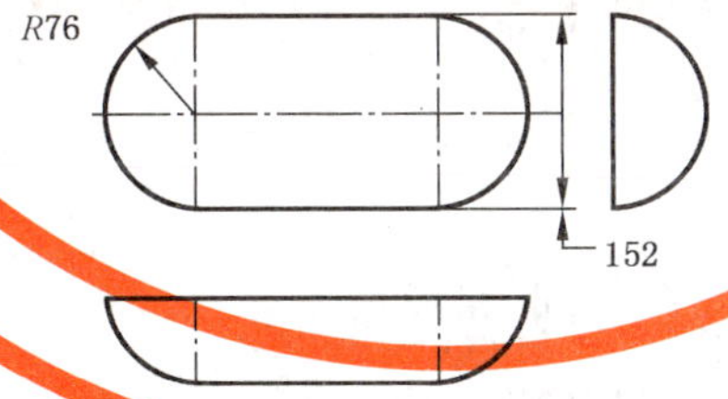

图 2　静态加载试验装置

5.2.1.2　与座椅部件接触的表面材料的硬度应不小于邵氏 A80。

5.2.1.3　每个圆柱面应至少安装一个力传感器，以测定 4.1.3.2 规定的力。

5.2.2　试验程序

5.2.2.1　试验座椅应安装在代表车身的试验平台上。

5.2.2.2　试验平台上试验座椅的固定件应与安装该座椅的车辆固定件相同，或具有相同的特性。

5.2.2.3　用 5.2.1 规定的试验装置对座椅靠背前部施力。其纵向中心轴在车辆横向平面内，施力方向水平且位于相应乘坐位置的垂直中心面内，从座椅背部向后，施力高度在座椅 R 点以上 343 mm 的水平面内。向后移动模板，直至力达到 222 N，确定模板的初始位置。

5.2.2.4 继续通过加载装置施力，在5 s～30 s内使座椅变形吸收的能量达到316 J与长条座椅座位数的乘积，在此位置保持5 s～10 s，然后在5 s～30 s内卸载。从初始位置开始测量加载装置的力-位移曲线，由曲线计算座椅变形吸收的能量。对于幼儿专用校车，长条学生座椅座垫宽度（mm）除以330后取整；对于小学生专用校车，长条学生座椅座垫宽度（mm）除以350后取整；对于中小学生专用校车，长条学生座椅座垫宽度（mm）除以380后取整。

5.2.2.5 在加载过程中应使试验装置与座椅靠背部接触，允许试验装置在水平面内转动。

附 录 A
（规范性附录）
应做的检测

A.1 总体要求

对所有应做的检测，其测量系统应符合 ISO 6487 的规定。

A.2 动态试验

A.2.1 在模拟滑车上做的测定

模拟滑车的减速度特性应通过其刚性结构件，用 CFC60 测量系统测得的减速度来确定。

A.2.2 在假人上做的测定

测量装置的读数应通过下列 CFC 独立数据通道记录：

a） 假人头部重心的三维合减速度（γ_r）应用 CFC600 测量；

b） 假人胸部重心的合减速度应用 CFC180 测量；

c） 假人腿部轴向压力应用 CFC600 测量。

附　录　B
（规范性附录）
允许伤害指标的确定

B.1　头部允许指标（HIC）

此指标应按附录 A 中 A.2.2a）测量的三维合减速度来计算，公式如下：

$$\mathrm{HIC}=(t_2-t_1)\left[\frac{1}{t_2-t_1}\int_{t_1}^{t_2}\gamma_{\mathrm{r}}\mathrm{d}t\right]^{2.5}$$

$$\gamma_{\mathrm{r}}{}^2=\gamma_{\mathrm{l}}{}^2+\gamma_{\mathrm{v}}{}^2+\gamma_{\mathrm{t}}{}^2$$

式中：

t_1——试验期间时间的任意值，单位为秒（s）；

t_2——试验期间时间的任意值，单位为秒（s）；

γ_{r}——头部合成加速度，g（9.81 m/s^2）；

γ_{l}——纵向瞬时加速度，g；

γ_{v}——垂直瞬时加速度，g；

γ_{t}——横向瞬时加速度，g。

B.2　胸部允许指标（ThAC）

此指标由合减速度（g）的绝对值和减速度持续时间（单位为 ms）确定，减速度按附录 A 中 A.2.2b）的规定测量。

B.3　腿部允许指标（FAC）

此指标由人体模型每条腿轴向传递的压载（按附录 A 中 A.2.2c）的规定测量，单位为 kN）和压载持续时间（单位为 ms）确定。

ICS 43.020
T 59

中华人民共和国国家标准

GB 24407—2012
代替 GB 24407—2009

专用校车安全技术条件

The safety technique specifications of special school

2012-04-10 发布　　2012-05-01 实施

中华人民共和国国家质量监督检验检疫总局
中国国家标准化管理委员会　发布

前　言

本标准的全部技术内容为强制性的。

本标准按照 GB/T 1.1—2009 给出的规则起草。

本标准代替 GB 24407—2009《专用小学生校车安全技术条件》。与 GB 24407—2009 相比，除编辑性修改外主要技术变化如下：

——标准名称修改为《专用校车安全技术条件》；

——标准范围(见第 1 章)进行了修改，修改为"本标准适用于幼儿园阶段 3 周岁以上及九年制义务教育阶段受教育的群体所乘坐的专用校车。"；

——修改了术语和定义(见第 3 章)：删除了 GB 24407—2009 中的 4 个术语"校车 school bus"、"小学生校车 school bus for schoolchildren"、"专用小学生校车 special school bus for schoolchildren"、"护板 fender"；修改了"专用校车 special school bus"；增加了"幼儿专用校车 special school buses for infants"、"小学生专用校车 special school buses for primary students"、"中小学生专用校车 special school buses for primary and junior middle school students"、"停车指示牌 stopping signal plate"；

——增加了"专用校车类型划分"(见第 4 章)；

——修改了前碰撞结构的要求和外观标识、车高限值、行李舱体顶部离地高度限值(见 5.1)；

——增加了动力性要求(见 5.2)；

——增加了幼儿专用校车的幼儿质量和中小学生专用校车的学生质量，修改了照管人员的质量，新增了各类专用校车的最大乘员数(见 5.3)；

——增加了转向系统(见 5.4)、制动系统(见 5.5)、传动系统(见 5.6)、行驶系统(见 5.7)、前后保险杠(见 5.8)、侧倾稳定性(见 5.9)、车身结构(见 5.10.1)、顶部结构强度(见 5.10.2)的要求；

——修改了上部结构强度的要求(见 5.10.3)；

——修改了出口的种类、位置、数量和尺寸的规定(见 5.10.4.1.1)：重新规定了乘客门的数量和位置，乘客门尺寸按照轻型和大中型分别进行了规定；增加了"应急门和应急窗不应位于排气管出口的上方，应急窗也不应位于停车指示牌的上方。"的要求；重新规定应急出口的种类和最少数量，其中应急门为基本应急出口；应急门、应急窗和撤离舱口的最小尺寸按 GB 13094 规定；

——修改了侧窗的结构要求(见 5.10.4.1.2)：增加了侧窗透明度的要求；

——修改了出口的技术要求(见 5.10.4.1.3)：增加了车辆后围上的应急门开启方式；乘客门和应急门上装玻璃窗的要求；高度小于 1 700 mm 的乘客门和应急门对乘员的安全防护要求；出口技术要求按轻型和大中型分别规定；加严了大中型专用校车对乘客门的要求；

——修改了踏步的要求(见 5.10.4.2)：补充了踏步的其他要求和伸缩踏步的要求；

——修改了乘客门引道(见 5.10.4.3.1)的要求：删除了 GB 24407—2009 图 1 中铅垂平板 2 对应的模型；删除了 GB 24407—2009 中 4.6.1.5 中对安装在轮罩上座椅前方范围的要求；删除了 GB 24407—2009 中 4.6.1.8 和 4.6.1.9；增加了引道处地板的坡度要求；

——修改了应急门引道(见 5.10.4.3.2)的要求：删除了 GB 24407—2009 中 4.6.2.2 的要求；

——修改了应急窗的通过性(见 5.10.4.3.3)：删除了 GB 24407—2009 中 4.6.3.3 中关于乘员数小于 33 人的车辆的应急出口的规定；

——修改了撤离舱口的通过性(见 5.10.4.3.4)：删除了地板出口的要求(见 GB 24407—2009 中 4.6.4.2)；

——修改了通道的要求(见 5.10.4.4):修改通道内对台阶的要求,要求车内通道内无台阶;要求 8 m 及以上专用校车通道测量装置下圆柱直径加大到 350 mm(GB 24407—2009 规定为 300 mm);要求大中型专用校车的通道高度不小于 1 800 mm;增加了通道坡度的要求;删除了GB 24407—2009 中 4.6.5.4 的规定;

——增加了驾驶员安全带及其固定点的要求(见 5.10.5.1.1.1 和 5.10.5.1.1.3);

——修改了照管人员座椅的要求(5.10.5.1.2):增加了幼儿专用校车和中小学生专用校车照管人员座位数量的要求,修改了照管人员座位位置的要求,修改了小学生专用校车上照管人员座位数量的要求;

——增加了幼儿座椅的要求,并修改了学生座椅的要求(见 5.10.5.1.3):修改了小学生安全带及其车辆固定点的要求,要求必须为 2 点式安全带,要求最多采用 2+3 座椅布置形式,增加了靠背厚度、靠背最大高度、靠背宽度的要求,调整了座椅扶手高度范围,要求驾驶员座椅 R 点所处的横向垂直平面以前不得设置幼儿及学生座椅,要求座椅必须软化处理;调整了单人座椅的宽度要求;增加了幼儿和中小学生座椅的相关项目要求;单人座椅的座垫宽度最小值由 400 mm 调整为 380 mm;删除了行动不便乘客的相应要求(GB 24407—2009 中 4.3.6);

——修改了就坐乘客空间的要求(见 5.10.5.1.4):增加了幼儿专用校车座椅座间距、中小学生专用校车座椅座间距、照管人员座椅座间距的要求,修改了座间距测量示意图;新增了位于隔离物或其他非座椅的刚性结构后面的乘客座椅座垫前沿到前部障碍物的水平距离最小限值;新增了幼儿座椅、中小学生专用校车座椅和照管人员座椅的就坐乘客的上方空间的要求;轮罩处的自由空间由1 200 mm 修改为 1 250 mm,外侧座椅椅脚靠近侧围处删除了一组尺寸;

——修改了座椅前方约束隔板的要求(见 5.10.5.2):约束隔板的位置确定由 GB 24407—2009 中的 R 点确定修改为根据 G 点确定,G 点按比 R 点靠后 100 mm;增加了幼儿专用校车座椅的约束隔板位置、中小学生专用校车座椅的约束隔板位置、照管人员座椅的约束隔板位置;增加了约束隔板软化的要求;修改细化了约束隔板下缘离地的高度要求;修改了约束隔板的要求;

——增加了适用于幼儿和小学生的扶手,完善细化了扶手的要求(见 5.10.5.3);

——增加了急救箱(见 5.10.5.5)、内装饰件(见 5.10.5.7)、信号系统(见 5.11)的要求;

——修改了火灾预防和火灾控制措施的要求(见 5.12):修改了导线耐高温和阻燃性的要求;修改了发动机舱、电涡流缓速器旁的材料阻燃性要求;增加了缓速器旁的温度报警装置配置要求;增加了电源总开关的布置要求;增加了应急开关;增加了排气系统、油路、电路的相对位置要求;增加了发动机舱灭火装备和报警装置配备要求;增加了乘员舱灭火器的要求;

——修改了驾驶员视野的要求(见 5.13):增加了乘客门关闭后驾驶员应能观察到车外乘客门附近情况的要求;增加了辅助倒车装置和前风窗除霜雾装置的要求;修改了车内视野装置的要求;

——修改了车内空气质量的要求(见 5.14):增加了车内空气成分的要求;

——修改了行车信息记录及处理系统的要求(见 5.15):增加了对行驶记录仪功能的要求和车内外录像监控系统的要求;

——增加了专用校车后围板上的停车提醒标示的要求(见 5.16);

——删除了 GB 24407—2009 中 4.10 视觉娱乐装置的位置要求;

——增加了标准实施的过渡期要求(见第 6 章);

——增加了“附录 A　顶部结构强度试验方法”、“附录 B　停车指示牌”。

本标准由中华人民共和国工业和信息化部提出。

本标准由全国汽车标准化技术委员会(SAC/TC 114)归口。

本标准负责起草单位:郑州宇通客车股份有限公司、中国汽车技术研究中心、中国公路学会客车分会。

本标准参加起草单位：国家客车质量监督检验中心、东风襄樊旅行车有限公司、南京依维柯汽车有限公司、丹东黄海汽车有限责任公司、金华青年汽车制造有限公司、扬州亚星客车股份有限公司、保定长安客车制造有限公司、中国第一汽车股份有限公司、金龙联合汽车工业（苏州）有限公司、厦门金龙联合汽车工业有限公司、北汽福田汽车股份有限公司、安徽安凯汽车股份有限公司、成都客车股份有限公司、泰乐玛汽车制动系统（上海）有限公司、江苏旷达汽车织物集团有限公司。

本标准主要起草人：周慧慈、汤望、吴晓光、马春新、张长庚、李维菁、董晓坤、张喆、卢长军、司俊德、王向阳、乔慧琳、孙鹰、刁薇、曹飞、李弢、邝勇、邓玉林、李桂兰、陈新弟、周建国、苏亮、赵天红、邓海。

本标准于2009年首次发布，本次为第一次修订。

专用校车安全技术条件

1 范围

本标准规定了专用校车术语和定义、类型划分、要求及试验方法。

本标准适用于幼儿园阶段3周岁以上及九年制义务教育阶段受教育的群体所乘坐的专用校车。

2 规范性引用文件

下列文件对于本文件的应用是必不可少的。凡是注日期的引用文件,仅注日期的版本适用于本文件。凡是不注日期的引用文件,其最新版本(包括所有的修改单)适用于本文件。

GB/T 2406.2 塑料 用氧指数法测定燃烧行为 第2部分:室温试验

GB/T 2408—2008 塑料 燃烧性能的测定 水平法和垂直法

GB 4351.1 手提式灭火器 第1部分:性能和结构要求

GB/T 5454 纺织品 燃烧性能试验氧指数法

GB 5768.2—2009 道路交通标志和标线 第2部分:道路交通标志

GB 8410—2006 汽车内饰材料的燃烧特性

GB/T 8627—2007 建筑材料燃烧或分解的烟密度试验方法

GB/T 12428—2005 客车装载质量计算方法

GB 12676 汽车制动系统 结构、性能和试验方法

GB 13057 客车座椅及其车辆固定件的强度

GB 13094—2007 客车结构安全要求

GB/T 13594 机动车和挂车防抱制动性能和试验方法

GB 13954—2009 警车、消防车、救护车、工程救险车标志灯具

GB 14166 机动车乘员用安全带、约束系统、儿童约束系统和ISOFIX 儿童约束系统

GB 14167 汽车安全带安装固定点、ISOFIX固定点及上固定点系统

GB/T 14172 汽车静侧翻稳定性台架试验方法

GB 15083 汽车座椅、座椅固定装置及头枕强度要求和试验方法

GB 15084 机动车辆后视镜的性能和安装要求

GB 17578 客车上部结构强度要求

GB/T 17729 长途客车内空气质量要求

GB/T 18833 公路交通标志反光膜

GB 18986 轻型客车结构安全要求

GB/T 19056 汽车行驶记录仪

GB/T 19596—2004 电动汽车术语

GB 24315 校车标识

GB 24406 专用校车学生座椅系统及其车辆固定件的强度

GB/T 24545 车辆车速限制系统技术要求

GB/T 28370 长途客车内空气质量检测方法

JT/T 782 营运客车爆胎应急安全装置技术要求

3 术语和定义

GB/T 12428—2005 和 GB 13094—2007 中界定的以及下列术语和定义适用于本文件。为了便于使用，以下重复列出了 GB/T 12428—2005 和 GB 13094—2007 中的某些术语和定义。

3.1

专用校车 special school buses

设计和制造上专门用于运送幼儿或学生的校车。

3.2

幼儿专用校车 special school buses for infants

运送 3 周岁以上学龄前幼儿上下学的专用校车。

3.3

小学生专用校车 special school buses for primary school students

运送小学生上下学的专用校车。

3.4

中小学生专用校车 special school buses for primary and junior middle school students

运送九年制义务教育阶段学生(小学生和初中生)上下学的专用校车。

3.5

停车指示牌 stopping signal plate

用于警示其他车辆不得超越已停驻、待学生上下车的校车的标牌。

3.6

出口 exit

乘客门或应急出口。

[GB 13094—2007，定义 3.6]

3.7

应急出口 emergency exit

应急门、应急窗或撤离舱口。

[GB 13094—2007，定义 3.7]

3.8

应急门 emergency door

仅在异常、紧急情况下作为乘客出口的车门。

[GB 13094—2007，定义 3.8]

3.9

应急窗 emergency window

仅在紧急情况下作为乘员出口的车窗，该车窗可以不装玻璃。

[GB 13094—2007，定义 3.9]

3.10

撤离舱口 escape hatch

仅在紧急情况下供乘客作为应急出口的车顶或地板上的开口，即安全顶窗和地板出口。

[GB 13094—2007，定义 3.11]

3.11

“前”和“后” ‘front’ and ‘rear’

按正常行驶方向的车辆的前或后，“向前”、“最前”、“向后”、“最后”等应作相应解释。

[GB 13094—2007，定义 3.26]

3.12

乘员 passengers and crew

客车上乘客、驾驶员和车组人员的总称。

[GB/T 12428—2005,定义 3.1]

4 专用校车类型划分

专用校车按车辆结构和用途划分的分类见表 1。

表 1 专用校车分类及基本特征

结构类型	用　　途	基本特征
轻型专用校车	幼儿专用校车	车长大于 5 m 且小于等于 6 m
	小学生专用校车	
	中小学生专用校车	
大中型专用校车	幼儿专用校车	车长大于 6 m 且小于等于 12 m
	小学生专用校车	
	中小学生专用校车	

5 要求和试验方法

5.1 外观标识和主要结构尺寸

5.1.1 专用校车应喷涂符合 GB 24315 要求的专用校车外观标识。

5.1.2 专用校车前部应设置碰撞安全结构。若为前横置发动机,则发动机曲轴中心线应位于前风窗玻璃最前点以前;若为前纵置发动机,则发动机第一缸和第二缸的中心线应位于前风窗玻璃最前点以前;若大中型专用校车其前部碰撞性能不低于前两种结构,可以不限定发动机布置形式。

注:发动机第一缸和第二缸的中心线指发动机第一缸和第二缸缸心距的中心线。

5.1.3 铰接客车和双层客车不应作为专用校车。

5.1.4 专用校车车高不得大于 3.7 m。

5.1.5 如果有侧围行李舱体,则行李舱体顶部离地面高度应小于 1.0 m。

5.1.6 专用校车不得设置车外行李架。

5.1.7 车内外不得有容易卡住幼儿和小学生手指的孔洞,并不应存在可能致人员受伤的突起、凹陷、尖角等缺陷。

5.2 动力性

专用校车(电动专用校车除外)的比功率应不小于 9.0 kW/t。

注 1:电动专用校车指 GB/T 19596—2004 中所定义的电动汽车种类:纯电动汽车、混合动力(电动)汽车、燃料电池电动汽车。

注 2:比功率为发动机最大净功率(或 0.9 倍的发动机额定功率或 0.9 倍的发动机标定功率)与机动车最大允许总质量之比。

5.3 乘员质量和最大乘员数

5.3.1 幼儿专用校车的每个幼儿的质量按 30 kg 计算,小学生专用校车的每个学生的质量按 48 kg 计算,中小学生专用校车的每个学生的质量按 53 kg 计算,每个照管人员的质量按 68 kg 计算,驾驶员的质量按 75 kg 计算。

5.3.2 幼儿专用校车的最大乘员数应不超过 45 人;小学生专用校车和中小学生专用校车的最大乘员数应不超过 56 人。

5.4 转向系统

专用校车应采用助力转向装置。

5.5 制动系统

5.5.1 专用校车应安装符合 GB/T 13594 规定的防抱制动装置。

5.5.2 前轮应安装盘式制动器。

5.5.3 长度大于 8 m 的专用校车应安装缓速器或其他辅助制动装置,辅助制动装置性能应符合 GB 12676 规定的ⅡA 型试验要求。

5.6 传动系统

5.6.1 专用校车应安装符合 GB/T 24545 规定的限速装置,出厂时调定的最高车速应不大于 80 km/h。

5.6.2 传动轴应有防止因传动轴滑动连接(花键或其他类似装置)脱离或断裂等故障而引起危险的防护装置。

5.7 行驶系统

5.7.1 专用校车应使用无内胎子午线轮胎。

5.7.2 总质量大于 4.5 t 的专用校车,后轮应安装双轮胎。

5.7.3 若安装轮胎爆胎应急安全装置,应符合 JT/T 782 的要求。

5.8 前后保险杠

5.8.1 专用校车应安装前、后保险杠。

5.8.2 保险杠应连接到车架或车身骨架上。前保险杠应向前伸出到散热器格栅、前照灯、引擎盖部分等的前面,向外延伸到轮罩的外缘,以提供最大的保护;后保险杠应包住车身后角。

5.8.3 保险杠上不应存在可能致人员受伤的突起、凹陷、尖角。

5.9 侧倾稳定性

按 GB/T 14172 规定的方法测试,在每个座椅的座垫上平面按 5.3.1 规定的乘员质量加载(若有行李舱,行李舱不应加载),且载荷要牢固固定到座椅上,测得的侧倾稳定角应不小于 32°;同时在空载状态下测量,测得的侧倾稳定角应不小于 35°。

5.10 车身结构、强度、出口及车内布置

5.10.1 车身结构

5.10.1.1 大中型专用校车应为车身骨架结构,同一横截面上的顶梁、立柱和底架主横梁应形成封闭环(轮罩与顶风窗处除外),从侧窗上纵梁到底横梁之间的车身立柱应采用整体结构,中间不得通过拼焊连接。若轻型专用校车车身结构未采用上述结构,则应采用覆盖件与加强梁共同承载的结构。

5.10.1.2 幼儿专用校车乘客区应采用平地板结构,除轮罩、检修口盖等的局部结构凸起外,地板上不

得有台阶。

5.10.1.3　乘坐区、过道区和引道区域的地板覆盖层应防滑、耐磨。

5.10.2　顶部结构强度

顶部结构强度按附录A进行试验，应满足以下要求：

a）试验中，车身结构应能够承受规定的载荷，车门没有开启，车身与底架没有分离；

b）试验中和试验后，每一座垫上方应有不小于900 mm的净高度（从未下陷座垫的最高点所在平面向上测量）；就座乘客搁脚的地板处向上应有不小于1 350 mm的净高度（对于轮罩处和质量小于等于3.5 t和座椅数小于等于12个的专用校车，地板处向上应有不小于1 200 mm的净高度）；轻型专用校车的通道高度应不小于1 440 mm，大中型专用校车的通道净高度应不小于1 670 mm；乘客门、应急门、应急窗和撤离舱口应能正常打开，位于车顶的撤离舱口不要求在试验过程中打开。

5.10.3　上部结构强度

在每个座椅上的乘员质量按5.3.1的规定，并按GB 17578的规定进行加载和测试，侧翻过程中和侧翻后的乘员生存空间均应符合GB 17578的规定。

5.10.4　出口、踏步、引道、通道

5.10.4.1　出口

5.10.4.1.1　出口的种类、位置、数量和尺寸

5.10.4.1.1.1　专用校车应只有一个乘客门并位于右侧前后轮之间。轻型专用校车的乘客门尺寸应符合GB 18986的规定。大中型专用校车的乘客门尺寸应符合GB 13094的规定。

5.10.4.1.1.2　车辆的左侧、右侧应至少各有一个出口。乘客区的前半部和后半部应至少各设一个出口。后围应至少有一个出口。

5.10.4.1.1.3　为满足紧急情况下的乘员撤离和车外救助，应急出口的种类、位置、最少数量应符合表2的规定。若车顶或地板上设有一个撤离舱口，应位于车辆中部范围内（该范围的长度等于车长的1/2）；若设有两个撤离舱口，二者相邻两边之间的距离（平行于车辆纵轴线测量）应至少为2 m。应急门和应急窗不应位于排气管出口的上方，应急窗也不应位于停车指示牌的上方。应急门、应急窗和撤离舱口的最小尺寸应符合GB 13094的规定。

表2　应急出口的种类、位置和最少数量

车长 L/m	基本应急出口	基本应急出口对应的附加应急出口
$L<6$	"后围应急门"，或者"左侧应急门＋后围应急窗"	1个左侧应急窗＋1个右侧应急窗
$6\leqslant L<9$	"后围应急门"，或者"左侧应急门＋后围应急窗"	1个左侧应急窗＋1个右侧应急窗＋1个顶部撤离舱口
$9\leqslant L<12$	"后围应急门"，或者"左侧应急门＋后围应急窗"	2个左侧应急窗＋2个右侧应急窗＋2个顶部撤离舱口

5.10.4.1.2　侧窗的结构

专用校车乘客区侧窗的结构应为高度方向上至少下部1/2封闭。所有车窗玻璃的可见光透射比均

应不小于50%,且不得张贴有不透明和带任何镜面反光材料的色纸或隔热纸。

5.10.4.1.3 出口的技术要求

5.10.4.1.3.1 车辆后围上的应急门应铰接于侧面并向外开启。

5.10.4.1.3.2 乘客门和应急门上应装玻璃窗,玻璃窗应采用安全玻璃。

5.10.4.1.3.3 乘客门和应急门的高度小于1 700 mm时,门洞顶部内侧整个宽度范围内应安装宽度不小于75 mm、厚度不小于20 mm、邵氏硬度不大于50的防撞垫。

5.10.4.1.3.4 应急出口的锁止装置应能从车内和车外手动解锁开启,解锁力和开启力应不超过178 N。

5.10.4.1.3.5 出口的其他技术要求,对轻型专用校车应符合GB 18986的相关规定,对大中型专用校车应符合GB 13094的相关规定。

5.10.4.2 踏步

5.10.4.2.1 乘客门踏步

在车辆整备质量状态下,从地面至乘客门的第一级踏步高度D(图1)应不大于350 mm,允许使用伸缩踏步达到要求,其他各级踏步的高度E应不大于250 mm。一级踏步深度F,对轻型专用校车应不小于230 mm,对大中型专用校车应不小于300 mm。踏步的其他要求应符合GB 13094的规定。

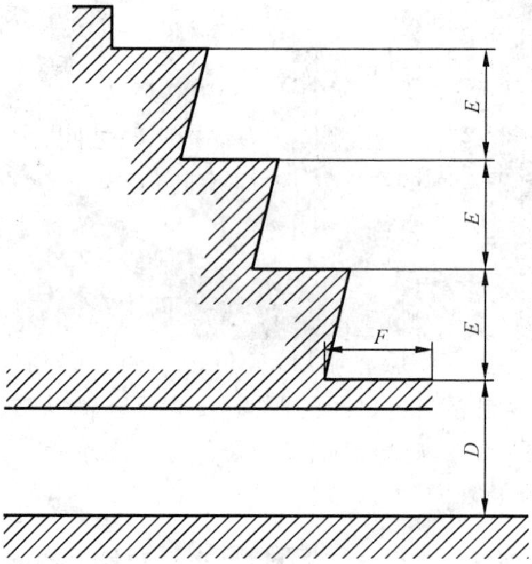

图1 乘客门踏步尺寸

5.10.4.2.2 伸缩踏步的技术要求

轻型专用校车的伸缩踏步的技术要求应符合GB 18986的规定;大中型专用校车的伸缩踏步的技术要求应符合GB 13094的规定。

5.10.4.3 引道

5.10.4.3.1 乘客门引道

5.10.4.3.1.1 从乘客门向车内的延伸空间应允许厚度20 mm的垂直平板1(见图2)自由通过。垂直平板1在起始位置时,靠近车辆内侧的板面应切于车门开口的最外边缘,移动时板面应保持与乘客的出入方向垂直，移动方向与乘客的出入方向一致。

单位为毫米

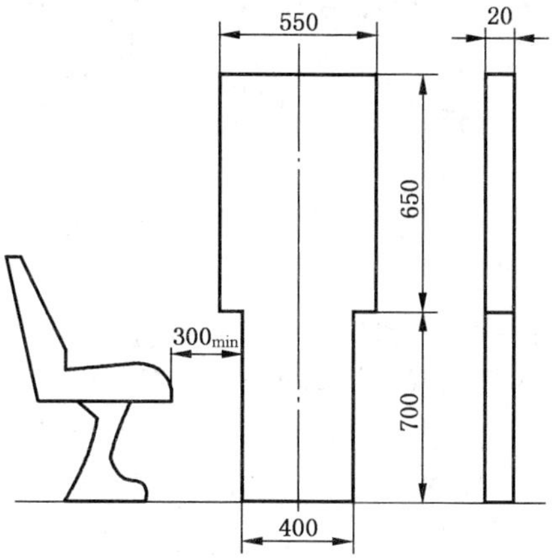

图 2　乘客门引道和垂直平板 1 图示

5.10.4.3.1.2　当垂直平板 1 的中心线从起始位置移过 300 mm 时，将平板底部接触踏步表面并保持在此位置。

5.10.4.3.1.3　用来检查通道空间的圆柱体(见图 5 和表 3)从通道开始沿乘客离开车辆的运动方向移动，直到其中心线达到最上一级踏步外边缘所在的垂直平面或上圆柱接触垂直平板 1 并保持在此位置(见图 3)。

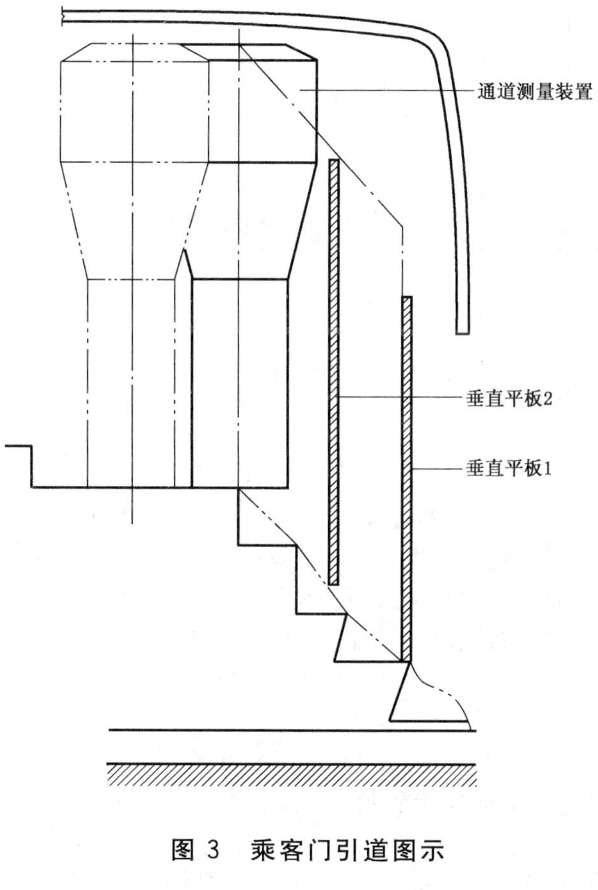

图 3　乘客门引道图示

5.10.4.3.1.4 在上述位置的圆柱体同5.10.4.3.1.2所述位置的垂直平板1之间应允许垂直平板2自由通过(见图3)。垂直平板2的形状和尺寸与5.10.4.4.1所述的圆柱体的中心截面相同,其厚度不大于20 mm。垂直平板2从与圆柱体相切的位置移动到其外侧板面与垂直平板1接触,其底部触及由踏步外边缘形成的平面,移动方向与乘客出入乘客门的方向一致。

5.10.4.3.1.5 上述测量装置自由通过的净空间,不应包括前向座椅未压缩座垫前300 mm的范围内,高度从地板至座垫最高点的空间。

5.10.4.3.1.6 对照管人员专用的折叠座椅,若符合下列要求,则允许在其折叠位置测量:

a) 在车上清楚地标示,此座椅仅供照管人员使用;
b) 座椅不使用时应能自动折叠,以便满足5.10.4.3.1.1～5.10.4.3.1.5的要求;
c) 无论该座椅处于使用位置或折叠位置,其任何部位均不得位于驾驶员座椅(处于最后位置时)座垫上表面中心与车外右后视镜中心连线所在的垂直平面的前方。

5.10.4.3.1.7 当车辆处于整车运行状态质量且车身降低系统不工作时,引道处地板的坡度不应超过5%。

5.10.4.3.2 应急门引道

5.10.4.3.2.1 在通道和应急门之间的自由空间应允许叠加圆柱(见图4)自由通过。

单位为毫米

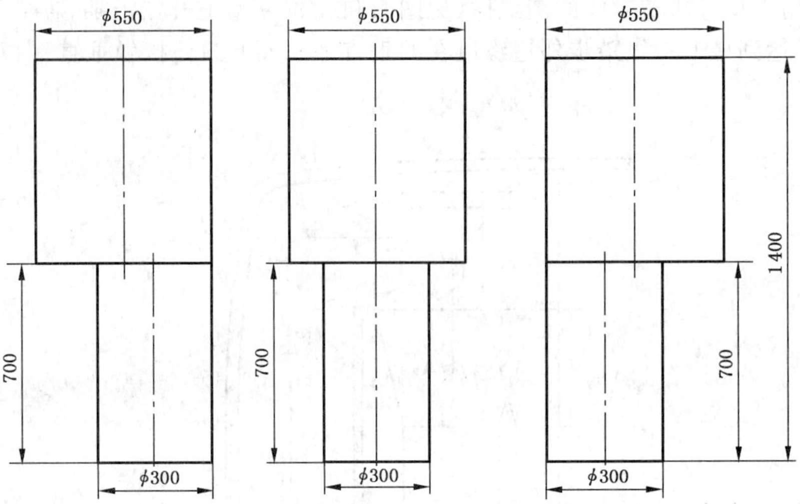

注:上圆柱直径可在顶部减为400 mm,其过渡斜面与水平面夹角不超过30°。

图4 应急门引道测量装置

5.10.4.3.2.2 下圆柱体的底部应在上圆柱体的投影内,二者可以相对位移。

5.10.4.3.2.3 沿引道侧面设有折叠座椅时,叠加圆柱通过的自由空间应在该座椅打开位置时测量。如该座椅在不使用时能自动折叠,则允许在其折叠位置测量。

5.10.4.3.2.4 可用5.10.4.4.1规定的圆柱体(见图5)替代叠加圆柱。

5.10.4.3.3 应急窗的通过性

5.10.4.3.3.1 每个应急窗应能使相应的测试量具从通道经应急窗移到车外。

5.10.4.3.3.2 测试量具的运动方向应与乘客从车内撤出的方向一致,其正面(最大端面)应与运动方向保持垂直。

5.10.4.3.3.3 测试量具是尺寸为600 mm×400 mm、圆角半径200 mm的薄板,但若应急窗在车辆后围,其尺寸可改为1 400 mm×350 mm、圆角半径175 mm。

5.10.4.3.4 撤离舱口的通过性

大中型专用校车撤离舱口的通过性应符合 GB 13094 的规定。

5.10.4.4 通道

5.10.4.4.1 对于轻型专用校车，通道应允许Ⅰ型通道测量装置自由通过；对于长度小于 8 m 的大中型专用校车，通道应允许Ⅱ型通道测量装置自由通过；对于长度大于或等于 8 m 的专用校车，通道应允许Ⅲ型通道测量装置自由通过(通道测量装置见图 5 和表 3)。通道内不应有台阶，通道应防滑，通道内的盖板高出通道表面应不大于 8 mm。

单位为毫米

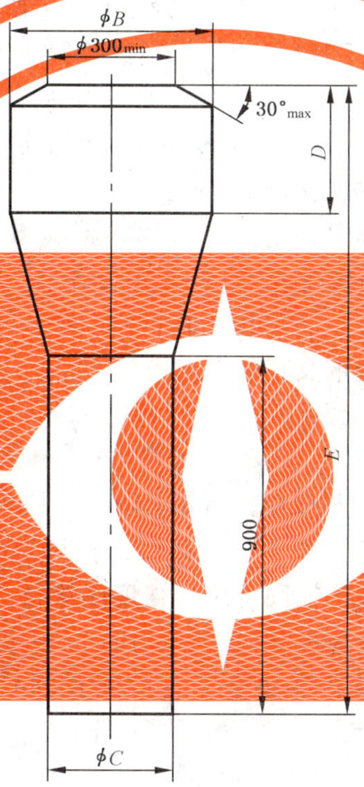

图 5 通道测量装置

表 3 通道测量装置尺寸

项 目	Ⅰ型通道测量装置	Ⅱ型通道测量装置	Ⅲ型通道测量装置
下圆柱直径 C/mm	300	300	350
上圆柱直径 B/mm	450	450	550
上圆柱高度 D/mm	300	300	300
总高 E/mm	1 500	1 800	1 800

5.10.4.4.2 当车辆处于整车运行状态质量且车身降低系统不工作时，通道纵向坡度不应大于 8%，横向坡度(垂直于车辆纵向轴线的平面上)不应大于 5%。

5.10.5 车内布置

5.10.5.1 座椅

5.10.5.1.1 驾驶员座椅

5.10.5.1.1.1 驾驶员座椅应配备3点式安全带。

5.10.5.1.1.2 驾驶员座椅及其车辆固定件的强度应符合GB 15083的规定。

5.10.5.1.1.3 驾驶员座椅的安全带及其固定点应分别符合GB 14166和GB 14167的规定。

5.10.5.1.2 照管人员座椅

5.10.5.1.2.1 专用校车应至少安装一个照管人员座椅。当幼儿专用校车上的幼儿座椅数大于等于20个且小于40个时应安装2个或3个照管人员座椅，大于等于40个时应安装3个或4个照管人员座椅。当小学生专用校车、中小学生专用校车上的学生座椅数大于等于40个时应安装2个或3个照管人员座椅。当只有1个照管人员座椅时，照管人员座椅应位于车辆通道前端并靠近乘客门；当照管人员座椅超过1个时，应至少有1个照管人员座椅靠近应急门。

5.10.5.1.2.2 照管人员座椅应有标识。

5.10.5.1.2.3 照管人员座椅应配备安全带。

5.10.5.1.2.4 前向安装的照管人员座椅及其车辆固定件的强度应符合GB 13057的规定。

5.10.5.1.2.5 照管人员座椅的安全带及其固定点应分别符合GB 14166和GB 14167的规定。

5.10.5.1.3 幼儿及学生座椅

5.10.5.1.3.1 幼儿及学生座椅应前向布置。幼儿及学生座椅不应是折叠座椅，驾驶员座椅R点所处的横向垂直平面以前不得设置幼儿及学生座椅。幼儿及学生座椅在车辆横向上最多采用“2＋3”布置。

5.10.5.1.3.2 幼儿及学生座椅及其车辆固定件的强度应符合GB 24406的要求。

5.10.5.1.3.3 每个幼儿及学生座椅应配备满足GB 14166规定的两点式安全带。

5.10.5.1.3.4 单人幼儿及学生座椅的座垫宽度应不小于380 mm。若为长条幼儿及学生座椅，应符合表4的规定。

表4 幼儿及学生座椅的尺寸

车型	幼儿专用校车	小学生专用校车	中小学生专用校车
每人座垫宽/mm	≥330	≥350	≥380
座垫深/mm	≥300	≥350	≥350
座垫高/mm	220～300	280～380	300～450
靠背厚度/mm	≥40	≥40	≥40
靠背高度 H/mm	600≤H≤710	710≤H≤860	710≤H≤860

5.10.5.1.3.5 每个幼儿及学生座椅应带有靠背，靠背高度和厚度按表4的规定，靠背宽不应小于座垫宽度，座椅靠背在座垫上平面与座垫上方510 mm处的水平面之间的部分在车身横向垂直平面内的投影面积不应小于0.9×510 mm×座垫宽。幼儿及学生座椅应软化。

5.10.5.1.3.6 靠近通道的幼儿及学生座椅应在通道一侧设置平行于椅垫面的座椅扶手，扶手距离座垫上平面150 mm～230 mm，并应软化处理，扶手应有足够的强度，并应使乘坐幼儿及学生易于抓握，且每个扶手的表面应防滑。幼儿及学生座椅靠背后不应有扶手等硬质物品。

5.10.5.1.4　就坐乘客空间

5.10.5.1.4.1　座间距

座间距为座椅靠背的前面与前排座椅靠背后面之间的距离(H),在座垫上表面最高点所处水平面与其上方200 mm高度范围内水平测量(见图6),幼儿专用校车座椅的座间距应不小于500 mm,小学生专用校车座椅的座间距应不小于550 mm,中小学生专用校车座椅的座间距应不小于650 mm,照管人员座椅的座间距应不小于650 mm。所有数据均在通过(单人)座椅中心线的垂直平面内测量,且座垫和靠背都未被压陷。

单位为毫米

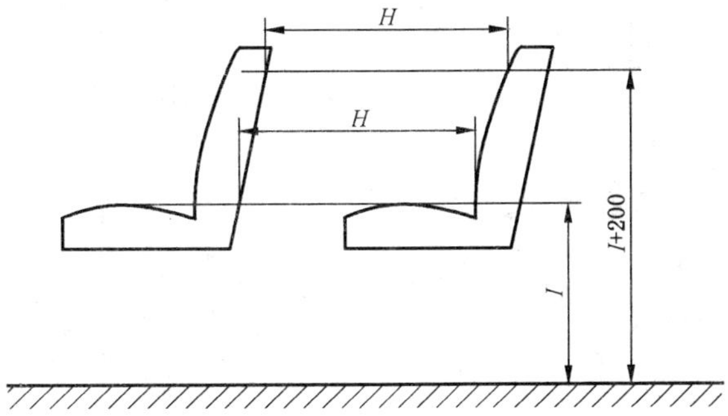

注:I为座垫上平面最高点距离地板的高度。

图6　座间距的测量方法示意图

5.10.5.1.4.2　就坐乘客的前方空间

位于隔离物或其他非座椅的刚性结构后面的乘客座椅座垫前沿到前部障碍物的水平距离为L(见图7),幼儿专用校车就坐乘客的前方空间不小于220 mm,小学生专用校车就坐乘客的前方空间不小于250 mm,中小学生专用校车就坐乘客的前方空间不小于280 mm。

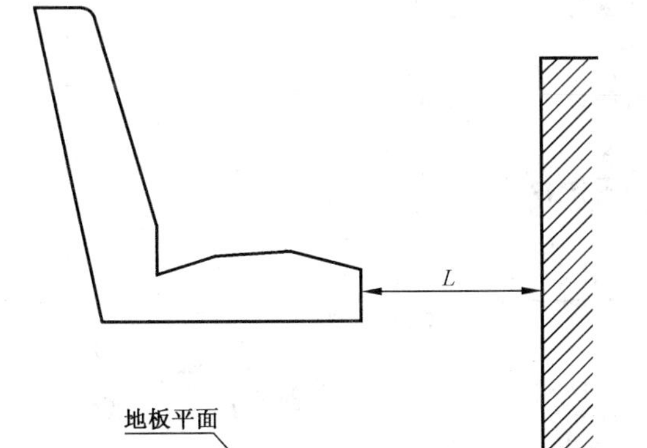

图7　就坐乘客前方的自由空间

5.10.5.1.4.3　座椅上方的自由空间

每个座位上方的自由空间:

a)　每个座椅均应有一垂直净空间,从未压陷座垫的最高点所处平面向上应不小于900 mm,从就坐乘客搁脚的地板处向上应不小于 1 350 mm(见图 8),对于轮罩处和后排座椅处,可减小为 1 250 mm。

b) 这个净空间应包括下述的全部水平区域:
   1) 横向区域:幼儿专用校车学生座椅中心垂直平面两侧各 165 mm 处的纵向垂直平面之间;小学生专用校车学生座椅中心垂直平面两侧各 175 mm 处的纵向垂直平面之间;中小学生专用校车学生座椅中心垂直平面两侧各 190 mm 处的纵向垂直平面之间;照管人员座椅中心垂直平面两侧各 200 mm 处的纵向垂直平面之间;
   2) 纵向区域:幼儿专用校车通过座椅靠背上部最后点的横向垂直平面和通过未压缩座垫前端向前 200 mm 的横向垂直平面之间;小学生专用校车通过座椅靠背上部最后点的横向垂直平面和通过未压缩座垫前端向前 200 mm 的横向垂直平面之间;中小学生专用校车通过座椅靠背上部最后点的横向垂直平面和通过未压缩座垫前端向前 280 mm 的横向垂直平面之间;通过照管人员座椅靠背上部最后点的横向垂直平面和通过未压缩座垫前端向前 280 mm 的横向垂直平面之间。测量在座椅中心垂直平面进行。

c) 该净空间可以不包括下列区域:
   1) 靠窗座椅上方邻靠侧围的横截面为一个倒置直角三角形的区域,三角形顶点位于地板上方 650 mm,底边宽 100 mm(见图 8)。
   2) 靠窗座椅上方邻靠侧围的横截面为 150 mm 高、100 mm 宽的矩形区域(见图 9)。
   3) 靠窗座椅的椅脚靠近侧围处,横截面积不超过 3×10^4 mm^2、最大宽度不超过 150 mm 的区域(见图 9)。

d) 该净空间应允许另一座椅靠背的侵入。

单位为毫米

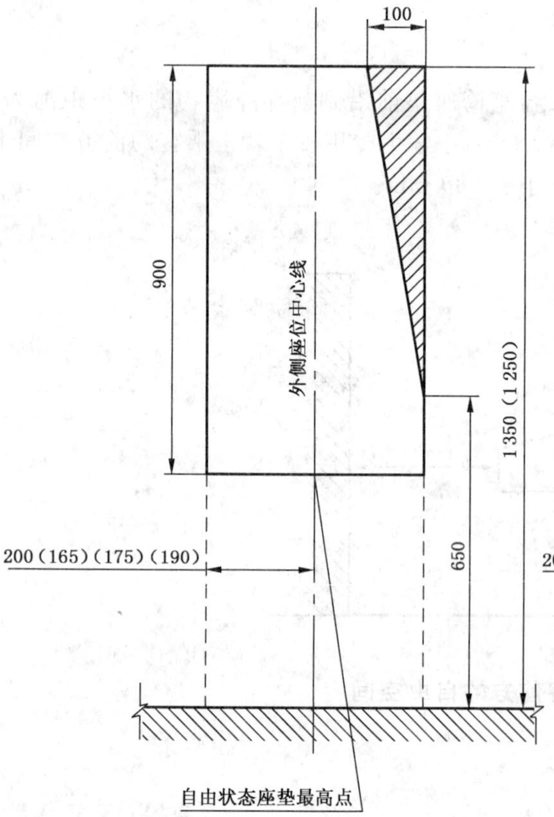

图 8 座椅上方的自由空间

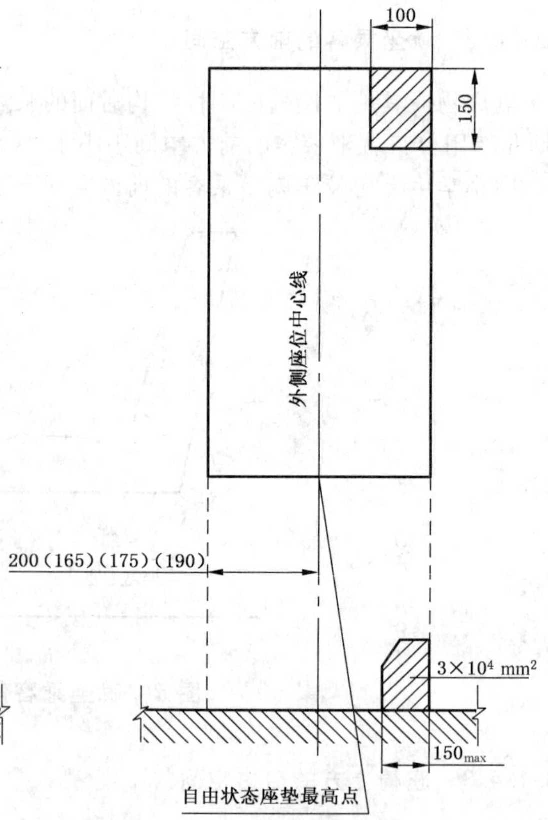

图 9 外侧座椅空间的允许侵入

5.10.5.2 座椅前方约束隔板

5.10.5.2.1 从座椅 G 点沿纵向水平方向向前一定距离(该距离对幼儿专用校车和小学生专用校车座椅为 710 mm,对中小学生专用校车座椅为 800 mm,对照管人员座椅为 850 mm)内没有另一座椅的后表面时,应在该座椅前安装约束隔板,约束隔板应使用外敷厚度不小于 20 mm 且邵氏硬度不大于 50 的软化材料。

5.10.5.2.2 约束隔板上缘距地板高度应不小于其后座椅高度,幼儿专用校车约束隔板下缘应紧贴地板,小学生专用校车和中小学生专用校车约束隔板下缘距离地板高度应不大于 200 mm 并避免卡住脚部,宽度应不小于前排此类座椅靠背对应的宽度。

5.10.5.2.3 按 GB 24406 规定的试验方法进行试验后,约束隔板应满足:

a) 隔板的变形不应影响车门正常开关;

b) 隔板的任何安装固定点不得脱开;

c) 隔板的任何部件不得分离。

5.10.5.3 乘客门扶手

专用校车乘客门处应安装高、低扶手,扶手上不应存在可能致伤的凸起、毛刺。

大中型专用校车高扶手应符合 GB 13094 的规定,轻型专用校车高扶手应符合 GB 18986 的规定。

低扶手应符合图 10 的规定,要求:

a) 在垂直方向:位于地面或每一级踏步(不包括伸缩踏步)上方 600 mm~800 mm 之间;

b) 在水平方向:

1) 对地面上的乘客:由第一级踏步板(不包括伸缩踏步)向里不超过 250 mm;

2) 对任一级踏步板(不包括伸缩踏步)上的乘客:由踏步板外缘向里不超过 450 mm。

单位为毫米

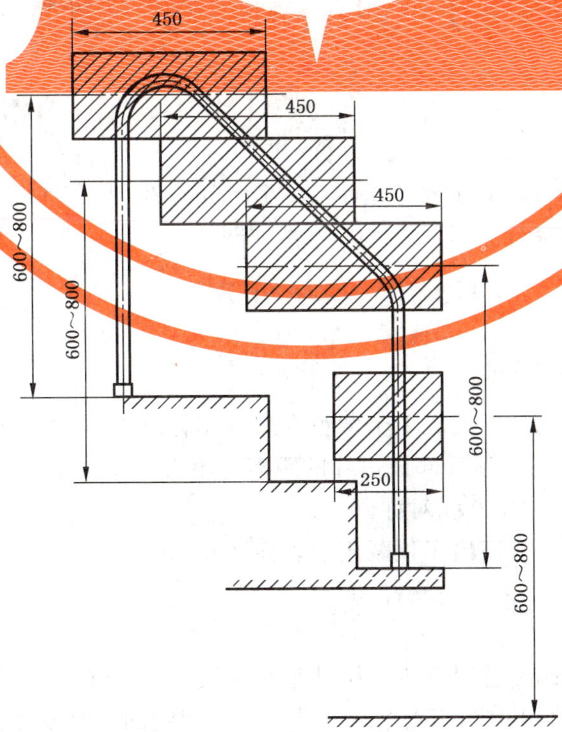

图 10 低扶手位置示意图

5.10.5.4　地板上的活动盖板

车辆地板上如果设置活动盖板(如用于检修的口盖),但不是作为撤离舱口的地板出口,应安装紧固,需借助工具或钥匙方能移动或开启,提升或关闭装置凸出于地板平面以上不应超过 8 mm(若处于乘客不使用的位置,可不满足此项要求),突出的边缘应圆角过渡。

5.10.5.5　急救箱

专用校车内应设计至少一个急救箱的安装位置和安装支架。急救箱外形尺寸应不小于 240 mm×200 mm×200 mm,其安装位置处应清晰标示“急救箱”或国际通用符号,安装支架应保证医药箱安装牢靠,且便于取用。安装支架上不应存在可能使人致伤的尖角、锐边、毛刺。

5.10.5.6　车内照明

5.10.5.6.1　车内照明应覆盖如下区域:

——全部乘客区、车组人员区;

——所有踏步;

——所有出口的引道和靠近乘客门的区域;

——所有出口的内部标志和内部控制件;

——所有存在障碍物之处。

5.10.5.6.2　至少应有两条内部照明线路,当一条线路出故障时不应影响另一条线路的照明。用于进出口处常规照明的线路可作为其中之一。

5.10.5.6.3　应采取防护措施,避免驾驶员受车内照明和反射光的影响。

5.10.5.7　内装饰件

内装饰件应牢固固定在车辆上,并不应存在可能使人致伤的尖角、锐边、毛刺。

5.11　信号系统

5.11.1　停车指示牌

专用校车应按附录 B 的规定安装停车指示牌,当上、下学生时,停车指示牌应伸出以提醒后方车辆停车等候。

5.11.2　专用校车标志灯

5.11.2.1　安装位置和数量

专用校车应在车外顶部前后各安装 2 个黄色专用校车标志灯,前标志灯与车顶前部最边缘的距离应不大于 400 mm;后标志灯与车顶后部最边缘的距离应不大于 400 mm。左右两个标志灯应尽量靠近车身左右侧外缘,并与车辆纵向中心线对称。

专用校车标志灯安装后不应高出车顶蒙皮上表面 200 mm。

5.11.2.2　技术要求

5.11.2.2.1　灯具应有一个圆形透明灯罩且绕其垂直轴线 360°发光。

5.11.2.2.2　发光强度应符合 GB 13954—2009 的 5.7 中规定的二级发光强度要求。

5.11.2.2.3　外观、光源、电气性能、色度特性、闪烁特性、电源适应性、防水性能、防尘性能、耐高温性能、耐低温性能、耐盐雾腐蚀性能、耐碰撞性能、耐振动性能、机械强度、表面硬度、耐人工加速老化性能应符合 GB 13954—2009 的要求。

5.11.2.3 电路控制

专用校车标志灯由驾驶员通过手动或脚动进行控制，当处于开启状态时应通过声觉或视觉对驾驶员进行报警，以提示标志灯处于工作状态。

5.11.3 倒车信号

专用校车应有倒车语音提示系统。

5.12 火灾预防和火灾控制措施

5.12.1 燃油箱及燃油供给系统

燃油箱及燃油供给系统应符合 GB 13094 的规定。

5.12.2 电器系统

5.12.2.1 电器及导线

电器设备及导线应能耐受其环境温度和湿度，尤其能耐受发动机舱内的温度和各种污染物可能带来的损害。导线应满足负荷要求、绝缘良好并具有阻燃性能，发动机舱内和其他热源附近的线束应采用耐温不低于 125 ℃ 的阻燃导线，其他部位应采用耐温不低于 105 ℃ 的阻燃导线，波纹管应达到 GB/T 2408—2008 中表 1 规定的 V-0 级，所有电器导线均应捆扎成束、布置整齐、固定卡紧、接头牢固并在接头处有绝缘套，在导线穿越孔洞时应装设阻燃耐磨绝缘套管，电器元件应连接可靠，乘员舱外部的接插件应有防水要求。导线应妥善防护，安全地固定在不会被划伤、磨损、腐蚀的位置，除非提供专门的绝缘和保护（例如对控制排气阀的电磁线圈），否则不应与油管、排气系统接触或承受过高温度。蓄电池安装应符合 GB 13094 的规定。

5.12.2.2 电路保护

除起动机、点火线圈（强制点火）、电热塞、发动机停机装置、充电线路和蓄电池地线外，每个电气设备的供电线路都应有熔断器或断路器。但对于低耗电设备的供电线路，如额定电流总和不超过 16 A，可设置公共熔断器或公共断路器来保护。

5.12.2.3 电源总开关

专用校车应设置电源总开关，但如在蓄电池端对所有供电线路均设置了保险装置，或车辆用电设备由电子控制单元直接驱动且具有负载监控功能、电子控制单元供电线路和个别直接供电的线路均设置有保险装置时，可不设电磁式电源总开关。车长不小于 6 m 的专用校车，还应设置能切断蓄电池和所有电路连接的手动机械断电开关。

5.12.2.4 应急开关

为降低火灾发生后造成的损失，应在驾驶员座椅附近安装有安全应急开关，可使驾驶员在其座椅上进行操作，并应采用保护盖或其他方式避免误操作，将操作方法清晰标示在应急开关处，例如“移开罩盖，打开开关！仅当车辆停稳后操作！”。

启动应急开关后，应能同时实现以下功能：

——发动机迅速停止工作；

——加热器的冷却风扇能够延时关闭；

——乘客门开启和关闭的控制系统能够正常工作；

——起动车内应急照明(部分厢灯和乘客门踏步灯)；

——接通车辆危险警告信号；

——切断电磁式电源总开关,如果没有电磁式电源总开关,在满足5.12.2.4上述要求的功能外所有电路都应该切断；

——以上功能的实现不仅可以通过应急开关实现,而且还可以通过独立的操作来完成,但在紧急状态下这些操作不能影响应急开关功能的实现。

5.12.3 电涡流缓速器

若安装电涡流缓速器,则电涡流缓速器与车辆其他部分之间应安装隔热材料,使用的隔热材料、用于联接隔热材料的固定夹、垫圈等的燃烧特性应达到GB 8410—2006中4.6规定的A级要求;安装部位应设置温度报警系统或自动灭火装置。

5.12.4 排气系统

在排气系统周围100 mm内不应有可燃材料,除非将其有效屏蔽。排气系统不应布置在燃油系统下方,且排气系统和燃油系统之间应适当屏蔽。排气尾管不应从加油口下面伸出。

5.12.5 发动机舱

5.12.5.1 发动机舱油路

应合理布置发动机舱并采取设置泄油孔等预防措施,尽可能避免燃料、润滑油或其他易燃物积聚在发动机舱内。

5.12.5.2 发动机舱隔热材料

发动机舱应安装隔热材料,并不应使用易浸吸燃料、润滑油或其他易燃而又无防渗透覆盖层的材料;使用的隔热材料、用于联接隔热材料的固定夹、垫圈等的燃烧特性应达到GB 8410—2006中4.6规定的A级要求。

5.12.5.3 发动机舱灭火装备

发动机舱应安装自动灭火装置,其灭火剂喷射范围应包括发动机舱至少两处具有着火隐患的热源(如增压器、排气管等),启动工作时应能通过视觉或声觉信号向驾驶员报警。

5.12.6 乘员舱内饰材料及灭火器

5.12.6.1 内饰材料

5.12.6.1.1 按GB 8410—2006规定的方法进行试验时,材料的最大水平燃烧速度应不大于70 mm/min。

5.12.6.1.2 内饰材料的氧指数OI≥22%,对于不同材料的试验方法按以下执行:

a) 针对纺织品及塑料、橡胶类涂附织物,试样应从距离布边1/10幅宽的部位剪取,每个试样的尺寸为150 mm×58 mm。对因尺寸太小无法按照规定尺寸制样的产品不做此条要求。试验方法按GB/T 5454的规定执行。

b) 其他塑料材料,试样应按照表5规定取样。对因尺寸太小无法按照规定尺寸制样的产品不做此要求。试验方法按GB/T 2406.2的规定执行。

表 5　其他塑料材料取样要求

类型	型式	长/mm		宽/mm	
		基本尺寸	极限偏差	基本尺寸	极限偏差
自撑材料	Ⅰ	80～150	—	10	±0.5
	Ⅱ				
	Ⅲ				
	Ⅳ	70～150		6.5	
非自撑材料	Ⅴ	140	−5	52	

5.12.6.1.3　塑料类内饰材料烟密度等级(SDR)≤75,试验方法按 GB/T 8627—2007 的规定执行。

5.12.6.2　**灭火器**

乘员舱内应配备灭火器,应保证至少一个照管人员座椅附近和驾驶员座椅附近各有 1 只至少 2 kg 重的 ABC 型干粉灭火器,其要求应符合 GB 4351.1 的规定。灭火器的安装位置应清晰或清楚标识,在紧急情况易于取用。灭火器的压力表应在不移动灭火器的条件下能观察到压力情况。

5.13　**驾驶员视野**

5.13.1　**车外视野装置**

按 GB 15084 的规定确定驾驶员视野的眼点位置。驾驶员视野应满足附录 C 的要求。不应设置影响驾驶员车外视野的装置;乘客门关闭后,驾驶员应能观察到乘客门车外附近的情况。

5.13.2　**辅助倒车装置**

专用校车应安装后视系统,以保证驾驶员在正常驾驶状态下能看清后风窗玻璃后缘正下方地面上长 3.6 m、宽 2.5 m 范围内的情况。

5.13.3　**车内视野装置**

驾驶员在正常驾驶状态下,应能通过内视镜观察到所有乘客区。内视镜边缘无尖角、锐边。

5.13.4　**前风窗除霜雾装置**

专用校车应安装前风窗除霜雾装置。

5.14　**车内空气质量**

如果不能自然通风,则应安装强制通风装置。车内空气中的成分应符合 GB/T 17729 的规定,测试方法按 GB/T 28370 的规定。允许采用具有杀菌、消除有害气体功能的空气净化装置达到空气质量的要求。

5.15　**行车信息记录及处理系统**

专用校车应安装具有卫星定位功能并符合 GB/T 19056 规定的行驶记录仪;行驶记录仪的显示部分应易于观察,数据接口应便于移动存储介质的插拔。

专用校车应安装车内和车外录像监控系统。车内监控系统应能监控到驾驶员行为和车内通道的状况;车外监控系统应能监控到车辆前方和乘客门外的状况。

5.16 专用校车后围板上的停车提醒标示

专用校车应在车后围板外表面、后方车辆接近时可以看到的区域,清晰标示“请停车等候”及“当停车指示牌伸出时”红色字样。

“当停车指示牌伸出时”字样应在“请停车等候”字样的下方;“请停车等候”字样高度至少应为200 mm。“当停车指示牌伸出时”字样高度至少为130 mm,见图11。

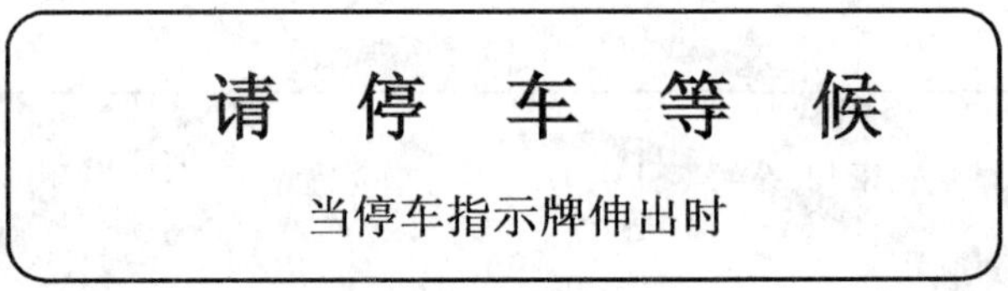

图11 后围板上的停车提醒标示示意图

6 标准实施的过渡期要求

已获得许可或通过认证的产品自本标准实施之日起第13个月开始执行。

附　录　A
（规范性附录）
顶部结构强度试验方法

A.1　试验条件

A.1.1　环境温度

环境温度介于 0 ℃～40 ℃之间。

A.1.2　车辆条件

车窗、车门和应急出口处于完全关闭，且为拴上而不是锁住的状态。

A.2　试验装备

试验设备应能以不超过 13 mm/s 的加载速度自动完成加载及载荷保持。

A.3　试验过程

A.3.1　试验样品为整车，或按实车结构焊装在底架上并包含有车门和地板的车身骨架（骨架结构的车辆可不装内外蒙皮、附件等）。

A.3.2　试验载荷通过一个长度和宽度不小于试验车身长度和宽度的刚性平板均匀、垂直地施加在试验样品顶部结构上。

A.3.3　将施力板置于车顶，使其刚性面与垂直纵平面垂直，且与车顶的接触点不少于两处，且若从车顶向下投影观察，其纵向中心线应与车辆纵向中心线重合，施力板投影应覆盖所有乘员区。

A.3.4　试验样品安装：试验样品为整车时，应通过多处刚性支撑车辆底（车）架下平面的方式消除悬架和轮胎的变形，试验车辆的安装应保证底（车）架固定牢固；试验样品为骨架车身时，样品的安装应保证底（车）架固定牢固。

A.3.5　试验时，以不超过 13 mm/s 的加载速度沿垂直向下方向进行加载，直至达到整备质量 1.5 倍的试验载荷，并保持不少于 5 s 直至变形稳定为止。

A.3.6　检查试验期间车身结构变形状态，车门状态，车身与底架联接状态等。

附　录　B
（规范性附录）
停车指示牌

B.1　安装要求

在车辆左侧应装有一个停车指示牌。停车指示牌伸出时应在如下位置：

a）垂直于车辆侧边，其安装允差为±5°。

b）停车指示牌上边缘平行于与驾驶员后面乘员窗下边缘相切的水平面并位于其下方，且相距不超过 150 mm。停车指示牌的纵向安装位置，应在驾驶员能观察到的区域内。

c）停车指示牌伸出时，其外边缘距离车辆与停车指示牌安装接触处不大于 610 mm。

d）停车指示牌收起时，其外边缘距离车辆与停车指示牌安装接触处不大于 160 mm，且应该往车辆的后方收起。

B.2　停车指示牌技术要求

B.2.1　停车指示牌的颜色、形状、字符、图形按 GB 5768.2—2009 的图 71 执行，外接圆直径为 500 mm 或 450 mm，白边宽度为 20 mm，表面不应有可能导致伤害的尖锐凸起或拐角。

B.2.2　停车指示牌的两面应一致，其使用的逆反射材料符合 GB/T 18833 规定的二级或一级反光膜的要求。

B.2.3　在停车指示牌的外边缘沿旋转轨迹相切处施加 50 N 的力时，停车指示牌应该沿施加力的方向旋转，当旋转到与车辆平行时，停车指示牌应停止旋转；外力消除后应该能够通过电动或手动操作使停车指示牌回到正常位置。

B.2.4　如果停车指示牌出现损坏或控制系统失效，则可以通过手动使其回到收起位置。

B.2.5　停车指示牌伸出或收起时间应不超过 10 s。

B.3　控制要求

B.3.1　停车指示牌的伸出和收起由驾驶员通过手动或脚动进行控制，操作机构应在驾驶员坐在驾驶员座椅上可触及的位置。当停车指示牌伸出时，应能通过视觉或声觉信号向驾驶员报警。

B.3.2　若车辆起步时停车指示牌未收起，当车速超过 5 km/h 时，停车指示牌应能自动收起。

附　录　C
（规范性附录）
驾驶员视野的试验方法

C.1　试验条件

C.1.1　专用校车应保证驾驶员能看清图 C.1 所示圆柱体的整个顶面。

C.1.2　圆柱体 A～O 的高度和直径均为 0.3 m;圆柱体 P 的直径为 0.3 m,高度为 0.91 m。

C.1.3　圆柱体的颜色应与车辆所停靠路面形成强烈的对比。

C.2　试验步骤

将圆柱体放置在 C.2.1～C.2.7 规定的位置上,如图 C.1 所示。图 C.1 中所示距离为一个圆柱体到另一个圆柱体的俯视图的中心距离。

C.2.1　放置圆柱体 G、H 和 I,使它们与一个横向垂直平面相切,该横向垂直平面是与车辆前保险杠最前方表面相切的平面。放置圆柱体 D、E 和 F,使它们的中心位于一个横向垂直平面内,该横向垂直平面在穿过圆柱体 G、H 和 I 中心的横向垂直平面前方 1.8 m 处。放置圆柱体 A、B 和 C,使它们的中心位于一个横向垂直平面内,该横向垂直平面在穿过圆柱体 G、H 和 I 中心的横向垂直平面前方 3.6 m 处。

C.2.2　放置圆柱体 B、E 和 H,使它们的中心位于一个纵向垂直平面上,该纵向垂直平面穿过车辆纵向中心线。

C.2.3　放置圆柱体 A、D 和 G,使它们的中心位于一个纵向垂直平面上,该纵向垂直平面与汽车前保险杠左侧最外侧边缘相切。

C.2.4　放置圆柱体 C、F 和 I,使它们的中心位于一个纵向垂直平面上,该纵向垂直平面与汽车前保险杠右侧最外侧边缘相切。

C.2.5　放置圆柱体 J,使它的中心在一个纵向垂直平面上,该纵向垂直平面在穿过圆柱体 A、D 和 G 的纵向垂直平面的左方 0.3 m 处,且 J 的中心在穿过车辆前轮轴中心线的横向垂直平面上。

C.2.6　放置圆柱体 K,使它的中心在一个纵向垂直平面上,该纵向垂直平面在穿过圆柱体 C、F 和 I 的纵向垂直平面的右方 0.3 m 处,且 K 的中心在穿过车辆前轮轴中心线的横向垂直平面上。

C.2.7　放置圆柱体 L、M、N、O 和 P,使它们的中心位于通过车辆后轴中心线的横向垂直平面上。放置圆柱体 L,使它的中心在距离相切于车辆左边最外侧表面(包括后视镜系统)的纵向垂直平面 1.8 m 的纵向垂直平面上。放置圆柱体 M,使它的中心在距离相切于车辆左边最外侧表面的纵向垂直平面 0.3 m 的纵向垂直平面上。放置圆柱体 N,使它的中心在距离相切于车辆右边最外侧表面的纵向垂直平面 0.3 m 的纵向垂直平面上。放置圆柱体 O,使它的中心在距离相切于车辆右边最外侧表面的纵向垂直平面 1.8 m 的纵向垂直平面上。放置圆柱体 P,使它的中心在距离相切于车辆右边最外侧表面的纵向垂直平面 3.6 m 的纵向垂直平面上。

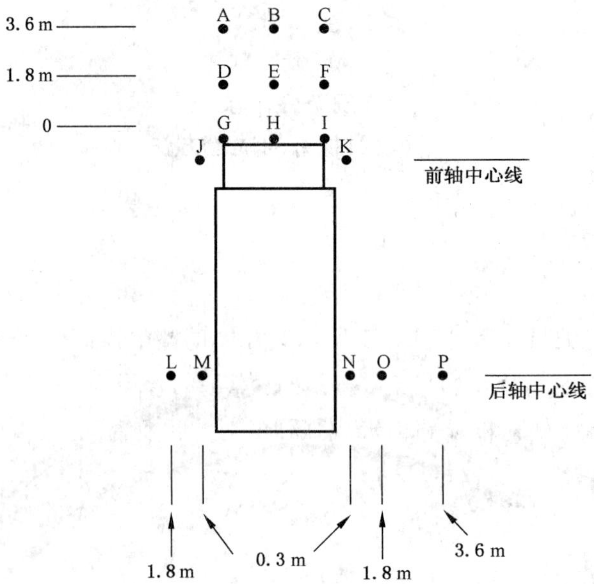

说明：

●——试验圆柱。

图 C.1 视野检验中检验圆柱体的位置

ICS 03.020
A 20

中华人民共和国国家标准

GB/T 24438.2—2012

自然灾害灾情统计
第2部分：扩展指标

Natural disaster information statistics
—Part 2:Extended indicators

2012-12-31 发布　　2013-05-01 实施

中华人民共和国国家质量监督检验检疫总局
中国国家标准化管理委员会　发布

前 言

GB/T 24438《自然灾害灾情统计》分为三个部分：

——第 1 部分：基本指标；

——第 2 部分：扩展指标；

——第 3 部分：灾情统计调查方法。

本部分为 GB/T 24438 的第 2 部分。

本部分按照 GB/T 1.1—2009 给出的规则起草。

本部分由中华人民共和国民政部提出。

本部分由全国减灾救灾标准化技术委员会(SAT/TC 307)归口。

本部分起草单位：民政部国家减灾中心。

本部分主要起草人：闫志壮、张云霞、赵飞、范春波、汪洋、张妮娜、刘南江、刘哲。

自然灾害灾情统计
第2部分:扩展指标

1 范围

GB/T 24438的本部分规定了自然灾害灾情统计的扩展指标。

本部分适用于自然灾害管理部门及其他相关机构的灾情统计。

2 规范性引用文件

下列文件对于本文件的应用是必不可少的。凡是注日期的引用文件,仅注日期的版本适用于本文件。凡是不注日期的引用文件,其最新版本(包括所有的修改单)适用于本文件。

GB/T 7408 数据元和交换格式信息交换日期和时间表示法

3 术语和定义

下列术语和定义适用于本文件。

3.1

旱地 dry land

无灌溉设施,主要靠天然降水种植旱生农作物的耕地,包括没有灌溉设施,仅靠引洪淤灌的耕地。

[GB/T 19231—2003,定义4.2.2.1.4]

3.2

白地 untilled farmland

因季节等因素暂时未播种的耕地。

3.3

大牲畜 large domestic animal

可以作为劳动资料、体形较大,且需饲养2年以上才能发育成熟的牲畜。

注:例如,牛、马、驴、骡、骆驼。

4 扩展指标

4.1 灾害时空特征指标

4.1.1 灾害发生时间

自然灾害造成损失的开始时间。采用公历日期和时间的表示法,并符合GB/T 7408的有关规定。

4.1.2 灾害结束时间

自然灾害损失不再继续扩大或者受自然灾害影响区域内人员不再受到灾害的直接影响时的具体时刻。采用公历日期和时间的表示法,并符合GB/T 7408的有关规定。

4.1.3 受灾区域面积

受到自然灾害影响，且造成破坏的区域面积。

4.1.4 受淹区县数量

受自然灾害影响，水位升高致使主要街区进水，居民住房、企事业单位等受淹，造成经济损失或人员伤亡的县级行政区个数。

4.1.5 主要街道最大水深

因自然灾害导致城区进水受淹，造成城区主干道及重要街道积水深度的最大值。

4.2 人口受灾指标

4.2.1 因灾重伤人口数量

自然灾害为直接原因导致肢体残废、容貌被毁、听觉丧失、视觉丧失、其他器官功能丧失或者对人身健康造成其他重大伤害的人口数量。

4.2.2 因灾三孤人员数量

自然灾害为直接原因造成的孤儿、孤老和孤残人员（即无生活来源、无劳动能力、无法定扶养人的儿童、老年人、残疾人）数量。

4.2.3 干旱影响人口数量

在固定时间段内，因干旱灾害导致缺水，受定时、定量、减压等限水措施影响的人口总数。

4.3 房屋受灾指标

4.3.1 倒塌钢结构与钢混结构房屋数量

因自然灾害造成钢结构与钢混结构的房屋整体结构塌落，或承重构件多数倾倒或严重损坏，应进行重建的房屋数量。

4.3.2 损坏钢结构与钢混结构房屋数量

因自然灾害造成钢结构与钢混结构的房屋部分承重构件出现损坏，或非承重构件出现明显裂缝，或附属构件破坏，需进行修复的房屋数量。

4.3.3 倒塌砖混结构房屋数量

因自然灾害造成砖混结构的房屋整体结构塌落，或承重构件多数倾倒或严重损坏，应进行重建的房屋数量。

4.3.4 损坏砖混结构房屋数量

因自然灾害造成砖混结构的房屋部分承重构件出现损坏，或非承重构件出现明显裂缝，或附属构件破坏，需进行修复的房屋数量。

4.3.5 倒塌砖木结构房屋数量

因自然灾害造成砖木结构的房屋整体结构塌落，或承重构件多数倾倒或严重损坏，应进行重建的房屋数量。

4.3.6 损坏砖木结构房屋数量

因自然灾害造成砖木结构的房屋部分承重构件出现损坏，或非承重构件出现明显裂缝，或附属构件破坏，需进行修复的房屋数量。

4.3.7 倒塌土木结构房屋数量

因自然灾害造成土木结构房、土坯房、土窑洞等简易结构房屋整体结构塌落，或承重构件多数倾倒或严重损坏，应进行重建的房屋数量。

4.3.8 损坏土木结构房屋数量

因自然灾害造成木结构房、土坯房、土窑洞等简易结构房屋部分承重构件出现损坏，或非承重构件出现明显裂缝，或附属构件破坏，需进行修复的房屋数量。

4.3.9 倒塌其他结构房屋数量

因自然灾害造成除钢结构、钢混结构、砖混结构、砖木结构、土木结构之外结构类型房屋整体结构塌落，或承重构件多数倾倒或严重损坏，应进行重建的房屋数量。

4.3.10 损坏其他结构房屋数量

因自然灾害造成除钢结构、钢混结构、砖混结构、砖木结构、土木结构之外结构类型房屋部分承重构件出现损坏，或非承重构件出现明显裂缝，或附属构件破坏，需进行修复的房屋数量。

4.3.11 倒塌乡村居民住房数量

乡村地区因灾倒塌房屋中以居住为使用目的，且正在使用的居民住房数量。

4.3.12 损坏乡村居民住房数量

乡村地区因灾损坏房屋中以居住为使用目的，且正在使用的居民住房数量。

4.3.13 倒塌城镇居民住房数量

城镇地区因灾倒塌房屋中以居住为使用目的，且正在使用的居民住房数量。

4.3.14 损坏城镇居民住房数量

城镇地区因灾损坏房屋中以居住为使用目的，且正在使用的居民住房数量。

4.3.15 乡村居民住房经济损失

因自然灾害直接导致乡村地区居民住房倒塌或损坏造成的直接经济损失。

4.3.16 城镇居民住房经济损失

因自然灾害直接导致城镇地区居民住房倒塌或损坏造成的直接经济损失。

4.3.17 厂房受损面积

因自然灾害导致生产车间、原料库房、产品库房等厂房结构损坏的面积。

4.3.18 城镇非住宅用房经济损失

因自然灾害直接导致城镇地区办公用房、厂房等非住宅用房倒塌或损坏造成的直接经济损失。

4.4 农、林、牧渔业受灾指标

4.4.1 农业受灾指标

4.4.1.1 可复垦耕地面积

因自然灾害导致耕作田耕作条件完全丧失、但通过工程措施可以恢复耕种的耕地面积。

4.4.1.2 农作物受旱面积

因干旱灾害导致在田农作物正常生长受到影响的面积。

4.4.1.3 农作物轻旱面积

对旱作区，是指因自然灾害导致农作物在播种后或生长期间，土壤墒情低于农作物的需水量造成出苗率低于8成，作物叶子出现萎蔫或20厘米耕作层土壤相对湿度低于60%但大于等于40%的面积。对水稻区，是指因自然灾害导致插秧后各生育期内不能及时按需供水，稻田脱水，禾苗出现萎蔫的面积。

4.4.1.4 农作物重旱面积

对旱作区，是指因自然灾害导致农作物出苗率低于6成；叶片枯萎或有死苗现象或20厘米耕作层土壤相对湿度小于40%的面积。对水稻区，是指田间严重缺水，稻田发生龟裂，禾苗出现枯萎死苗的面积。

4.4.1.5 严重缺墒面积

在播种季节，要播种的耕地20厘米耕作层土壤相对湿度低于40%，影响适时播种或需要造墒播种的面积。

4.4.1.6 水田缺水面积

在水稻栽播季节，因水源不足造成水田不能适时泡田、整田或栽插秧苗的面积。

4.4.1.7 旱(白)地缺墒面积

在播种季节，要播种的耕地20厘米耕作层土壤相对湿度低于60%，影响适时播种或需要造墒播种的面积。

4.4.1.8 农作物病虫草鼠害发生面积

通过各类有代表性田块的抽样调查，其病虫发生密度(或为害率)达到防治指标的面积。

注：尚未确定防治指标的病虫，按应治面积计算。对发生明显多代(次)病虫的发生面积，要按代(次)分别统计；一种病(虫)为害多种作物或一种作物同时发生多种病虫时，要按作物和病(虫)种类分别统计。草害发生面积是指达到二级以上的面积。

4.4.1.9 因灾减产粮食

因自然灾害造成的在田粮食作物损失产量。

4.4.1.10 **经济作物损失**

因自然灾害造成棉花、油料、麻类、桑柞丝、茶叶、糖料、蔬菜、烟叶、果品、药材等经济作物的直接经济损失。

4.4.1.11 **损坏温室大棚数量**

因自然灾害造成温室大棚损坏的个数或面积。

4.4.1.12 **农业机械损失**

因自然灾害导致农业机械损毁造成的直接经济损失。

4.4.2 **林业受灾指标**

4.4.2.1 **受灾森林面积**

因自然灾害导致森林、灌木、疏林地等不能正常生长的面积。

4.4.2.2 **损失成林蓄积**

因自然灾害导致单位面积成林损毁或死亡的总蓄积量。

注：此处成林是指造林后保存株数大于或等于造林设计株数的80%，已经郁闭的林地。

4.4.2.3 **损失幼林株数**

因自然灾害导致幼林损毁或死亡的总株数。

注：此处幼林是指造林后保存株数大于或等于造林设计株数的80%，尚未郁闭但有成林希望的新造林地。

4.4.2.4 **森林病虫鼠害发生面积**

森林病虫鼠害发生后，在不防治的情况下，能够对林木造成危害的面积。

4.4.2.5 **森林病虫鼠害受灾面积**

森林病虫害发生后，已实际造成轻度危害的受害林木面积。

4.4.2.6 **森林病虫鼠害成灾面积**

森林病虫害发生后，已造成中度危害但未达到重度危害的受害林木面积。

4.4.2.7 **森林病虫鼠害严重成灾面积**

森林病虫害发生后，已造成重度危害的受害林木面积。

4.4.2.8 **林业机械损失**

因自然灾害导致林业机械损毁造成的直接经济损失。

4.4.3 **畜牧业受灾指标**

4.4.3.1 **圈舍倒塌损毁面积**

因自然灾害造成禽畜养殖圈舍倒塌或损坏，需进行修复的建筑面积。

4.4.3.2 受灾家禽数量

因自然灾害导致死亡、伤病的家禽数量。

4.4.3.3 受灾家畜数量

因自然灾害导致死亡、伤病的家畜数量。

4.4.3.4 饮水困难大牲畜数量

因自然灾害造成饮用水水源枯竭、污染或破坏，短期内发生饮水困难的大牲畜数量。

4.4.3.5 因灾死亡大牲畜数量

因自然灾害直接导致死亡的大牲畜数量。

4.4.3.6 因灾伤病大牲畜数量

因自然灾害直接导致受伤或引发疾病的大牲畜数量。

4.4.3.7 因灾死亡野生经济动物数量

因自然灾害直接导致死亡的鹿、貂、水獭、麝等驯养的野生经济动物数量。

4.4.3.8 草场受灾面积

因自然灾害造成牧草减产的草场面积。

4.4.4 渔业受灾指标

4.4.4.1 水产养殖受灾面积

因自然灾害毁坏的水产养殖面积。

4.4.4.2 损毁船只数量

因自然灾害造成船只被潮水或海浪损毁、沉没，或船体损坏需进行修复的船只数量。

4.4.4.3 水产养殖业损失

因自然灾害导致水产养殖品死亡、流失和水产养殖设施损毁造成的直接经济损失。

4.4.4.4 渔业机械损失

因自然灾害导致渔业机械损毁造成的直接经济损失。

4.5 工矿企业受灾指标

4.5.1 工业直接经济损失

因自然灾害造成的工业直接经济损失，包括厂房和附属设备等固定资产的损失，原材料、半成品及产成品的损失及其他相关损失等。

4.5.2 矿山损毁数量

因自然灾害造成正在开采中的矿山矿产存储量减少、开采难度加大或者无法再进行开采的矿山数量。

4.5.3 采矿业直接经济损失

因自然灾害造成的采矿业直接经济损失，包括采矿业办公及生产用房和附属设备等固定资产的损失，原材料、半成品及产成品的损失及其他相关损失。

4.6 基础设施受灾指标

4.6.1 交通受灾指标

4.6.1.1 铁路中断条次

因自然灾害导致出现铁轨扭曲断裂、路基下沉陷落等严重影响行车安全的现象，造成铁路干线停运的条次数。

4.6.1.2 公路中断条次

因自然灾害导致公路发生位移、路基下沉陷落、路面裂缝或被掩埋等现象，严重影响交通安全，造成的公路停运的条次数。

4.6.1.3 机场、港口关停个次

因自然灾害造成机场、港口关闭或者停运的个次数。

4.6.1.4 损毁桥梁数量

因自然灾害导致铁路桥梁、公路桥梁桥面结构、梁体、墩台、台后填土、线路等发生变形或损毁现象，严重影响行车安全、需经修复或重建才能恢复使用的桥梁个数。

4.6.1.5 损毁隧道长度

因自然灾害导致隧道发生洞壁破损、陷落或被掩埋等现象，严重影响交通安全的隧道长度。

4.6.2 水利设施受灾指标

4.6.2.1 水库干涸数量

因干旱灾害，造成水干见底的水库个数。

4.6.2.2 机电井出水不足数量

因干旱灾害导致地下水位下降，造成水泵出水不足或抽不上水的机电井数。

4.6.2.3 水库垮坝数量

因自然灾害造成垮坝的水库座数。

4.6.2.4 损坏堤防数量

因自然灾害造成渗水、滑坡、裂缝、坍塌、管涌、漫溢等影响防洪安全的堤防的处数和长度。

4.6.2.5 堤防决口长度

因自然灾害造成防洪堤防决口的长度。

4.6.2.6 损坏护岸数量

因自然灾害冲坏的保护防洪堤防的护岸工程的处数。

4.6.2.7 损坏水闸数量

因自然灾害造成闸体损坏，不能正常运行的防洪(潮)闸的座数。

4.6.2.8 冲毁塘坝数量

因自然灾害损毁的塘坝(含拦泥坝、淤地坝)的座数。

4.6.2.9 损坏灌溉设施数量

灌区因自然灾害损坏而不能正常运行的渠首建筑、干渠及干渠上的渠系建筑物(渡槽、倒虹、闸门、涵洞等)的处数。

4.6.2.10 损坏机电井数量

因自然灾害损坏严重影响运行的机电井个数。

4.6.2.11 损坏机电泵站数量

因自然灾害损坏严重影响运行的机电泵站数。

4.6.2.12 损坏水电站数量

因自然灾害损坏严重影响运行的水电站座数。

4.6.2.13 水利设施直接经济损失

因自然灾害造成的水库、堤防、大坝、渠道、水电站、机井等水利工程设施的直接经济损失。

4.6.3 海洋设施受灾指标

4.6.3.1 损毁海塘堤防长度

因自然灾害造成海洋沿岸或岛屿四周修筑的堤防(含堤防构筑物)及护滩、保岸、促淤工程损坏需进行修复的长度。

4.6.3.2 损毁海洋工程数量

因自然灾害造成围海工程、河口治理工程、海上疏浚工程、沿海渔业设施工程、环境保护设施工程、海上平台等海洋工程损坏需进行修复的工程数量。

4.6.4 电力设施受灾指标

4.6.4.1 供电中断条次

因自然灾害造成乡(镇)以上主要输电线路损毁，导致生活生产用电受到严重影响中断的条次数。

4.6.5 市政公用设施受灾指标

4.6.5.1 损毁市政道路长度

因遭受自然灾害导致市政道路出现裂缝、变形或被毁，影响交通甚至交通中断的道路长度。

4.6.5.2 损毁市政道路面积

因遭受自然灾害导致市政道路出现裂缝、变形或被毁，影响交通甚至交通中断的道路面积。

4.6.5.3 损毁市政桥梁座数

因遭受自然灾害导致城市立交桥、过街桥、高架桥等市政桥梁遭受损失的座数。

4.6.5.4 受损供气管道长度

因自然灾害造成供气管道损坏的长度。

4.6.5.5 受损热力管道长度

因自然灾害造成热力管道损坏的长度。

4.6.5.6 受损排水管道长度

因自然灾害造成排水管道损坏的长度。

4.6.5.7 市政公共设施损失

因自然灾害造成的市政道路、市政桥梁及供气、热力、排水管道等市政公共设施的直接经济损失。

4.6.6 通信设施受灾指标

4.6.6.1 通信中断次数

因自然灾害造成通信设施、传输线路等损毁，严重影响通信服务造成通信中断的条次数。

4.6.7 其他受灾指标

4.6.7.1 损坏专业测站数量

站房、缆道、测船、测井及设备等设施被自然灾害损坏的水文、气象、地震、海洋等专业测站个数。

4.6.7.2 生命线系统中断历时

因自然灾害直接导致的供水、供电、供气、交通等生命线中断或瘫痪的时间。

4.6.7.3 生命线工程设施损失

因自然灾害直接导致的供水排水系统、供电系统、供气系统、供暖系统、通信系统等工程设施倾倒、折断、变形、开裂、淤埋等，使其功能完全丧失或部分丧失，从而导致的直接经济损失。

4.7 社会事业损失指标

4.7.1 教育系统直接经济损失

因自然灾害造成教育系统的直接经济损失，包括办公设备、运输工具、归属于教育系统的物资等的损失。统计对象包括高校、中专、职业学校、中学、小学、幼儿园，不包括教育机构的主管部门。

4.7.2 科技系统直接经济损失

因自然灾害造成科技系统的直接经济损失，包括办公设备、运输工具、归属于科技系统的物资等的损失。统计对象包括科技场馆和科研机构，不包括科技系统的主管部门。

4.7.3 卫生系统直接经济损失

因自然灾害造成卫生系统的直接经济损失，包括办公设备、运输工具、归属于卫生系统的物资等的损失。统计对象包括医院、急救中心(站)、社区卫生服务中心、乡镇卫生院、门诊部、诊所、医务室、卫生所、村卫生室、妇幼保健、专科疾病防治院(所、站)、采供血机构、疾病预防控制中心、卫生监督所以及其他卫生机构，不包括卫生系统的主管部门。

4.7.4 文化系统直接经济损失

因自然灾害造成文化系统的直接经济损失，包括办公设备、运输工具、归属于文化系统的物资等的损失。统计对象包括图书馆、文化馆、美术展览馆、剧场(影剧院)、流动放映车、博物馆、文管所、考古所以及文化遗产，不包括文化系统的主管部门。

4.7.5 社会福利系统直接经济损失

因自然灾害造成社会福利系统的直接经济损失，包括办公设备、运输工具、归属于社会福利系统的物资等的损失。统计对象包括干部休养所、敬老院及福利院，不包括社会福利系统的主管部门。

4.8 其他损失指标

4.8.1 政权组织直接经济损失

因自然灾害造成政权组织的直接经济损失，包括办公设备、运输工具、归属于政权组织的物资等的损失。统计对象包括中国共产党机关、国家机构、人民政协和民主党派。

4.8.2 公共组织直接经济损失

因自然灾害造成公共组织的直接经济损失，包括办公设备、运输工具、归属于公共组织的物资等的损失。统计对象包括群体团体、社会团体和宗教组织、基层群众自治组织以及国际组织。

4.8.3 受损公园绿地数量

因自然灾害造成的公园绿地(含综合公园、居住区公园、动物园、植物园等专类公园、带状公园和街旁绿地等)受损面积。

4.8.4 受损城市行道树数量

因自然灾害造成的城市行道树受损的数量。

4.8.5 城市园林绿化直接经济损失

因自然灾害造成的城市园林绿化直接经济损失。

4.8.6 受损风景名胜区数量

因自然灾害造成的国家级、省级风景名胜区受到损失的面积。

4.8.7 风景名胜区直接经济损失

因自然灾害造成的国家级、省级风景名胜区受到的直接经济损失。

4.8.8 受损自然保护区数量

因自然灾害造成的林业、环保、农业、海洋、地质、水利等部门确立的国家级、省级及其他等级自然保护区受到损失的面积。

4.8.9 自然保护区直接经济损失

因自然灾害造成的林业、环保、农业、海洋、地质、水利等部门确立的国家级、省级及其他等级自然保护区受到的直接经济损失。

4.8.10 自然遗产、文化和自然双遗产经济损失

因自然灾害造成的自然遗产、文化和自然双遗产的直接经济损失。

4.8.11 受损文物保护单位数量

因自然灾害造成的世界级、国家级、省级、市县级重点文物保护单位受损个数。

4.8.12 受损可移动文物数量

因自然灾害造成的珍贵文物、一般文物受损件(套)数。

4.8.13 受损历史文化名城数量

因自然灾害造成的历史文化名城受损数量。

4.8.14 受损历史文化名镇数量

因自然灾害造成的历史文化名镇受损数量。

4.8.15 受损历史文化名村数量

因自然灾害造成的历史文化名村受损数量。

4.8.16 文化遗产经济损失

因自然灾害造成的物质文化遗产和非物质文化遗产的直接经济损失。

4.8.17 受灾珍稀野生动物数量

受自然灾害影响，受国家保护的珍稀野生动物受到损失的物种名称和数量。

4.8.18 受损野外种群栖息地数量

受自然灾害影响，野生动物种群主分布区、觅食区、集群活动区、繁殖地等栖息地受到破坏的面积。

5 扩展指标单位

自然灾害灾情统计扩展指标单位及符号见表1～表8。

注：在实际工作中部分指标不宜使用单位符号，因此表中未标注。

表 1 灾害基本指标

序号	指标名称	指标单位	单位符号
1	灾害发生时间	公历年月日和 24 小时标准计时	
2	灾害结束时间	公历年月日和 24 小时标准计时	
3	受灾区域面积	公顷	hm^2
4	受淹区县数量	个	
5	主要街道最大水深	厘米、米	cm、m

表 2 人口受灾指标

序号	指标名称	指标单位	单位符号
1	因灾重伤人口数量	人、万人	
2	因灾三孤人员数量	人、万人	
3	干旱影响人口数量	人、万人	

表 3 房屋受灾指标

序号	指标名称	指标单位	单位符号
1	倒塌钢混结构房屋数量	间、万间、平方米	m^2
2	损坏钢混结构房屋数量	间、万间、平方米	m^2
3	倒塌砖混结构房屋数量	间、万间、平方米	m^2
4	损坏砖混结构房屋数量	间、万间、平方米	m^2
5	倒塌砖木结构房屋数量	间、万间、平方米	m^2
6	损坏砖木结构房屋数量	间、万间、平方米	m^2
7	倒塌土木结构房屋数量	间、万间、平方米	m^2
8	损坏土木结构房屋数量	间、万间、平方米	m^2
9	倒塌其他结构房屋数量	间、万间、平方米	m^2
10	损坏其他结构房屋数量	间、万间、平方米	m^2
11	倒塌乡村居民住房数量	间、万间、平方米	m^2
12	损坏乡村居民住房数量	间、万间、平方米	m^2
13	倒塌城镇居民住房数量	间、万间、平方米	m^2
14	损坏城镇居民住房数量	间、万间、平方米	m^2
15	农村居民住房经济损失	元、万元、亿元	
16	城镇居民住房经济损失	元、万元、亿元	
17	厂房受损面积	平方米	m^2
18	城镇非住宅用房经济损失	元、万元、亿元	

表 4 农、林、牧渔业受灾指标

序号	指标名称	指标单位	单位符号
1	可复垦耕地面积	公顷	hm^2
2	农作物受旱面积	公顷	hm^2
3	农作物轻旱面积	公顷	hm^2
4	农作物重旱面积	公顷	hm^2
5	严重缺墒面积	公顷	hm^2
6	水田缺水面积	公顷	hm^2
7	旱(白)地缺墒面积	公顷	hm^2
8	农作物病虫草鼠害发生面积	公顷	hm^2
9	因灾减产粮食	吨	t
10	经济作物损失	元、万元、亿元	
11	损坏温室大棚数量	平方米、个	
12	农业机械损失	元、万元、亿元	
14	受灾森林面积	公顷	hm^2
15	损失成林蓄积	立方米、万立方米	m^3
16	损失幼林株数	株、万株	
17	森林病虫鼠害发生面积	公顷	hm^2
18	森林病虫鼠害受灾面积	公顷	hm^2
19	森林病虫鼠害成灾面积	公顷	hm^2
20	森林病虫鼠害重灾面积	公顷	hm^2
21	林业机械损失	元、万元、亿元	
22	圈舍倒塌损毁面积	公顷	hm^2
23	受灾禽畜数量	头、只	
24	受灾家畜数量	头、只	
25	饮水困难大牲畜数量	头、只	
26	因灾死亡大牲畜数量	头、只	
27	因灾伤病大牲畜数量	头、只	
28	因灾死亡野生经济动物数量	头、只	
29	草场受灾面积	公顷	hm^2
30	水产养殖受灾面积	公顷	hm^2
31	损毁船只数量	只	
32	水产养殖业损失	元、万元、亿元	
33	渔业机械损失	元、万元、亿元	

表 5 工矿企业受灾指标

序号	指标名称	指标单位	单位符号
1	工业直接经济损失	元、万元、亿元	
2	矿山损毁数量	座	
3	采矿业直接经济损失	元、万元、亿元	

表 6 基础设施受灾指标

序号	指标名称	指标单位	单位符号
1	铁路中断条次	条次	
2	公路中断条次	条次	
3	机场、港口关停个次	个次	
4	损毁桥梁数量	座	
5	损毁隧道长度	米、千米	m、km
6	水库干涸数量	座	
7	机电井出水不足数量	个	
8	水库垮坝数量	座	
9	损坏堤防数量	米、千米	m、km
10	堤防决口长度	米、千米	m、km
11	损坏护岸数量	米、千米	m、km
12	损坏水闸数量	座	
13	冲毁塘坝数量	个	
14	损坏灌溉设施数量	个	
15	损坏机电井数量	个	
16	损坏机电泵站数量	个	
17	损坏水电站数量	个	
18	水利设施直接经济损失	元、万元、亿元	
19	损毁海塘堤防长度	米、千米	m、km
20	损毁海洋工程数	座	
21	供电中断条次	条次	
22	损毁市政道路长度	米、千米	m、km
23	损毁市政道路面积	平方米	m^2
24	损坏市政桥梁数量	座	
25	受损供气管道长度	米、千米	m、km
26	受损热力管道长度	米、千米	m、km
27	受损排水管道长度	米、千米	m、km
28	市政公共设施损失	元、万元、亿元	

表 6（续）

序号	指标名称	指标单位	单位符号
29	通信中断次数	次	
30	损坏专业测站数量	个	
31	生命线系统中断历时	小时	h
32	生命线工程设施损失	元、万元、亿元	

表 7　社会事业受灾指标

序号	指标名称	指标单位	单位符号
1	教育系统直接经济损失	元、万元、亿元	
2	科技系统直接经济损失	元、万元、亿元	
3	卫生系统直接经济损失	元、万元、亿元	
4	文化系统直接经济损失	元、万元、亿元	
5	社会福利系统直接经济损失	元、万元、亿元	

表 8　其他损失指标

序号	指标名称	指标单位	单位符号
1	政权组织直接经济损失	元、万元、亿元	
2	公共组织直接经济损失	元、万元、亿元	
3	受损公园绿地数量	平方米	m^2
4	受损城市行道树数量	株、万株	
5	城市园林绿化直接经济损失	元、万元、亿元	
6	受损风景名胜区数量	平方米	m^2
7	风景名胜区直接经济损失	元、万元、亿元	
8	受损自然保护区数量	个	
9	自然保护区直接经济损失	元、万元、亿元	
10	自然遗产、文化和自然双遗产经济	元、万元、亿元	
11	受损文物保护单位数量	个	
12	受损可移动文物数量	件、套	
13	受损历史文化名城数量	个	
14	受损历史文化名镇数量	个	
15	受损历史文化名村数量	个	
16	文化遗产经济损失	元、万元、亿元	
17	受灾珍稀野生动物数量	只	
18	受损野外种群栖息地数量	平方米	m^2

参 考 文 献

[1] GB/T 19231—2003 土地基本术语
[2] GB/T 18635—2002 动物防疫 基本术语
[3] 司法部,最高人民法院,最高人民检察院,公安部.人体重伤鉴定标准.1990.
[4] 高庆华,张业成.自然灾害灾情统计标准化研究.北京:海洋出版社,1997.

ICS 03.020
A 20

中华人民共和国国家标准

GB/T 24438.3—2012

自然灾害灾情统计
第3部分：分层随机抽样统计方法

Natural disaster information statistics—
Part 3: Stratified random sampling survey statistical methods

2012-10-12 发布 2013-02-01 实施

中华人民共和国国家质量监督检验检疫总局
中国国家标准化管理委员会 发布

前　言

GB/T 24438《自然灾害灾情统计》分为三个部分：

——第1部分：基本指标；

——第2部分：扩展指标；

——第3部分：分层随机抽样统计方法。

本部分为GB/T 24438的第3部分。

本标准按照GB/T 1.1—2009给出的规则起草。

本部分由全国减灾救灾标准化技术委员会(SAC/TC 307)提出并归口。

本部分由民政部国家减灾中心起草。

本部分主要起草人：范春波、张云霞、张鹏、赵飞、刘南江、张妮娜、丁一。

自然灾害灾情统计
第3部分:分层随机抽样统计方法

1 范围

GB/T 24438的本部分规定了自然灾害灾情统计的分层随机抽样统计方法。

本部分适用于自然灾害管理部门及其他相关机构统计或评估自然灾害损失。

2 规范性引用文件

下列文件对于本文件的应用是必不可少的。凡是注日期的引用文件,仅注日期的版本适用于本文件。凡是不注日期的引用文件,其最新版本(包括所有的修改单)适用于本文件。

GB/T 10111　随机数的产生及其在产品质量抽样检验中的应用程序

3 术语和定义

下列术语和定义适用于本文件。

3.1

分层随机抽样　stratified random sampling survey

将总体单元按其属性特征分成若干层(类型),然后在层(类型)中随机抽取样本单元。

3.2

样本损失指标　loss indicators in sample

在分层抽样中,损失调查的指标项。

注:本标准调查指标为:受灾人口、农作物受灾面积、农作物绝收面积、倒塌房屋间数、损坏房屋间数。

4 分层随机抽样层的确定与样本选择

4.1 分层(类型)的确定

以灾害过程所有受灾行政单元为抽样总体,利用累计平方根法,计算分层(类型)分割节点,将受灾县总体分为Ⅰ层、Ⅱ层、Ⅲ层。

a) 将灾情指标区间[A, B]作10等分,计算灾情指标值落入各子区间中的样本的频数 f_k($k=1, 2, \cdots, 10$)。

b) 计算 f_k 的平方根$\sqrt{f_k}$累积和 $\sum_{k=1}^{10}\sqrt{f_k}$,以 $\sum_{k=1}^{10}\sqrt{f_k}/3$ 为步长。

c) 查找使 $\sum_{k=1}^{L}\sqrt{f_k}$ 最接近1倍步长和2倍步长的区间序号 L,并以 L 对应的区间右端点为层分割节点。

4.2 样本选择要求

在受灾行政单元(省、县)范围内,依据GB/T 10111按每层样本总数随机选取10%作为抽样样本。

5 抽样调查与结果推算

5.1 入户调查

在确定分层抽样样本行政村后，调查人员根据最终确定的入户调查行政村名单，进行实地调查，并根据实地调查结果填写《样本行政村灾害损失调查表》(见表 A.1)。

5.2 结果推算

5.2.1 县级结果推算

根据分层抽样公式推算样本县级行政单元损失指标并将结果填入《样本县级行政单元灾害损失推算结果表》(见表 A.2)。

a) 按式(1)计算县级分层各项指标的总体均值估计。

$$\bar{x}=\sum_{k=1}^{K}\left(\frac{C_k}{N}\right)\bar{x}_k \qquad \cdots\cdots(1)$$

式中：

$\bar{x}$ ——县(省)级总体均值的估计；

K ——对县(省)级样本分层的总层数；

$\bar{x}_k$ ——第 k 层中所有样本的均值，$k=1,2,\cdots,K$；

C_k ——第 k 层样本个数，$k=1,2,\cdots,K$；

N ——总体样本数，$N=C_1+C_2+\cdots+C_K$。

b) 按式(2)计算县级分层各项指标的标准差估计。

$$S=\sqrt{\frac{1}{N^2}\sum_{k=1}^{K}C_k(C_k-n_k)\frac{s_k^2}{n_k}} \qquad \cdots\cdots(2)$$

式中：

S ——县(省)总体均值标准差的估计值；

n_k ——第 k 层中抽样数，$k=1,2,\cdots,K$；

s_k ——第 k 层抽样样本的标准差，$k=1,2,\cdots,K$。

在分层抽样中，一般取置信度为 95%，总体均值估计为：

$$\bar{x}\pm 2S \qquad \cdots\cdots(3)$$

c) 填写《样本县级行政区灾害损失推算结果表》(见表 A.2)。

5.2.2 省级结果推算

a) 按式(1)计算省级分层各项指标的总体均值估计。

b) 按式(2)计算省级分层各项指标的标准差估计。

c) 按式(3)计算省级总体均值估算。

d) 填写《省级行政单元灾害损失推算结果表》(见表 A.3)。

附　录　A
（规范性附录）
调查与结果推算表

表 A.1　样本行政村灾害损失调查表

单位：人次、公顷、间

行政村	人口受灾情况	农作物受灾情况		损失情况		类型
	受灾人口	受灾面积	绝收面积	倒塌房屋间数	损坏房屋间数	

填表人：　　　　　　　　　　　　　　　　　　　　　　　　填表日期：

表 A.2 样本县级行政单元灾害损失推算结果表

单位：人次、公顷、间

县级行政单元	估值类型	人口受灾情况	农作物受灾情况		损失情况		类型
		受灾人口	受灾面积	绝收面积	倒塌房屋间数	损坏房屋间数	
	总体均值估计						
	标准差估计						
	总体估值						

填表人：　　　　　　　　　　　　　　　　　　　　　　填表日期：

表 A.3 省级行政单元灾害损失推算结果表

单位:万人次、千公顷、万间

省级行政单元	估值类型	人口受灾情况	农作物受灾情况		损失情况	
		受灾人口	受灾面积	绝收面积	倒塌房屋间数	损坏房屋间数
	总体均值估计					
	标准差估计					
	总体估值					

填表人：　　　　　　　　　　　　　　　　　填表日期：

附 录 B
（资料性附录）
分层算例

表 B.1 某省某次自然灾害过程受灾人口分县数据

地　　区	受灾人口/人	地　　区	受灾人口/人
A县	18 560	K县	220 000
B县	16 855	L县	20 000
C县	27 000	M县	78 000
D县	3 400	N县	29 460
E县	9 680	O县	3 920
F县	6 001	P县	25 772
G县	4 500	Q县	2 193
H县	106 200	R县	21 304
I县	15 000	S县	52 095
J县	10 000	T县	69 000

表 B.2 某省某次自然灾害过程受灾人口分布及其最优分层

等分区间		f_k	$\sqrt{f_k}$	累计 $\sqrt{f_k}$
2 193	23 974	12.0	3.464 102	3.464 102
23 974	45 754	3.0	1.732 051	5.196 152
45 754	67 535	1.0	1	6.196 152
67 535	89 316	2.0	1.414 214	7.610 366
89 316	111 097	1.0	1	8.610 366
111 097	132 877	0.0	0	8.610 366
132 877	154 658	0.0	0	8.610 366
154 658	176 439	0.0	0	8.610 366
176 439	198 219	0.0	0	8.610 366
198 219	220 000	1.0	1	9.610 366

$\sqrt{f_k}$累计结果是9.610 366，分三层，则应平均每隔9.610 366/3＝3.203 455分一层，因而2个分点应是使累计最接近以下值：3.203 455，6.406 911。最后可得较合理的分层应是：受灾人口≤23 974；23 974＜受灾人口≤67 535；受灾人口＞67 535。

ICS 77.060
H 25

中华人民共和国国家标准

GB/T 24513.3—2012/ISO 11844-3:2006

金属和合金的腐蚀 室内大气低腐蚀性分类 第3部分:影响室内大气腐蚀性的环境参数测定

Corrosion of metals and alloys—Classification of low corrosivity of indoor atmospheres—Part 3: Measurement of environmental parameters affecting indoor corrosivity

(ISO 11844-3:2006,IDT)

2012-06-29 发布　　2013-03-01 实施

中华人民共和国国家质量监督检验检疫总局
中国国家标准化管理委员会　发布

前　言

GB/T 24513《金属和合金的腐蚀　室内大气低腐蚀性分类》分为3个部分：

——第1部分：室内大气腐蚀性的测定与评价；

——第2部分：室内大气腐蚀性的测定；

——第3部分：影响室内大气腐蚀性的环境参数测定。

本部分为GB/T 24513的第3部分。

本部分按照GB/T 1.1—2009给出的规则起草。

本部分使用翻译法等同采用国际标准ISO 11844-3:2006《金属和合金的腐蚀　室内大气低腐蚀性分类　第3部分：影响室内大气腐蚀性的环境参数测定》。

本部分由中国钢铁工业协会提出。

本部分由全国钢标准化技术委员会(SAC/TC 183)归口。

本部分起草单位：中国科学院金属研究所、冶金工业信息标准研究院、国家材料环境腐蚀野外科学研究试验站网综合研究中心。

本部分主要起草人：王振尧、韩薇、冯超、侯捷、王彬彬、刘宝石。

金属和合金的腐蚀 室内大气低腐蚀性分类 第3部分:影响室内大气腐蚀性的环境参数测定

1 范围

GB/T 24513的本部分规定了环境参数的测定方法,利用这些参数对作用于金属和合金的室内大气的腐蚀性进行分类。

2 规范性引用文件

下列文件对于本文件的应用是必不可少的。凡是注日期的引用文件,仅注日期的版本适用于本文件。凡是不注日期的引用文件,其最新版本(包括所有的修改单)适用于本文件。

GB/T 19292.3—2003 金属和合金的腐蚀 大气腐蚀性 污染物的测量(ISO 9225:1992,IDT)

GB/T 24513.1—2009 金属和合金的腐蚀 室内大气低腐蚀性分类 第1部分:室内大气腐蚀性的测定与评价(ISO 11844-1:2006,IDT)

ISO 7708:1995 空气质量 与健康相关的采样的粒度分数定义(Air quality—Particle size fraction definitions for health-related sampling)

EN 12341:1998 空气质量 悬浮颗粒 PM_{10} 系数的测定 标准方法和验证测量方法标准等效性的现场试验程序(Air quality—Determination of the PM_{10} fraction of suspended particulate matter—Reference method and field test procedure to demonstrate reference equivalence of measurement methods)

3 原理

环境参数的不同组合影响室内大气的腐蚀性。在检测方式确定之前,需要获得可能的环境效应源头方面的信息。利用环境参数来表征室内大气的腐蚀性比利用金属试样来测定腐蚀性要复杂的多。但是在很多情况下,环境参数的测定对于环境腐蚀性的确定有良好的指示作用,并且结合GB/T 24513.1—2009提供的信息对确定材料在选定环境下的腐蚀性类别亦有良好的指示作用。

4 环境参数

与表征户外大气腐蚀性相比,表征室内大气腐蚀性时往往要用到更为复杂的环境参数组合。通常需要测定两组参数:

——湿度和温度;

——空气污染物,例如气体和颗粒。

温度和湿度的波动,尤其在湿度较大的时候,可能导致在较冷表面上出现结露。对于发生在室内的腐蚀来说,结露的频率和时间是一个很重要的因素。

这两组参数对腐蚀的作用通常是相互影响的。相对湿度达到某一特定值时腐蚀才开始。这一相对湿度的特定值因污染物的种类不同而变化。多种污染物的协同作用可能会加快腐蚀过程。

5 湿度和温度参数

5.1 相对湿度

应使用连续测量仪器(例如自动湿度记录计、温度湿度记录器或湿度记录计)来测量相对湿度。

为了包含季节性的变化,测量周期以1年为宜。如果需要较短的测量周期,应选择相对湿度变化较大的时期。每个季节的测量周期最少为1个月。

应以月值来记录数据,应记录每月的平均值、最大值及最小值。

在测量周期内,计算相对湿度随时间的变化是非常有用的。

5.2 温度

应使用连续测量仪器(例如温度湿度记录器或温度记录计)来测量温度。

为了包含季节性的变化,测量周期以1年为宜。如果需要较短的测量周期,应选择温度变化较大的时期。每个季节的测量周期最少为1个月。

应以月值来记录数据,应记录每月的平均值、最大值及最小值。

在测量周期内,计算温度随时间的变化是非常有用的。

5.3 温度-湿度

综合温度和湿度连续测量的数据,用于提供计算结露的频率和时间。

6 空气中的气体污染物

6.1 原理

有多种技术能够测量气体的浓度或沉积量:

——气体浓度连续测量仪;

——通过一个主动采样器和气泵测量气体的平均浓度;

——通过一个被动采样器测量气体的平均浓度;

——气体平均沉积量测量装置。

浓度测量法得到的结果以 $\mu g/m^3$ 表示,沉积量测量法则以 $mg/(m^2 \cdot d)$表示。通过这两种方法获得的结果不宜做比较。

6.2 测量仪器的放置

在同一房间里,不同点的大气腐蚀性可能相差很大。冷的区域会因湿气结露造成较强的腐蚀作用。角落里污染物浓度通常高,而且空气流动性较室内其他地方差。如果以上这些情况处于一个特定的区域,那么测量就在那个特定区域进行。如果是一个普遍的问题,则测量应当在一个开放的中心区域进行。

6.2.1 连续气体测量仪

仪器应避免无关人员接触。通过聚乙烯或聚四氟乙烯管子来采集室内所选择区域的空气样品。管子的长度不应超过2 m。

6.2.2 主动采样器

主动采样器应按照连续气体测量仪的安置原则进行放置。

6.2.3 被动采样器

被动采样器应安置在室内空气能自由流动的地方。采样仪器的开口端应向下放置。

6.2.4 气体沉积仪器

仪器应安置在室内空气能自由流动的地方。仪器应有护罩保护，以防沉降的颗粒对气体分析造成干扰。

6.3 测量方法及持续时间

6.3.1 连续测量法

测量的周期以1年为宜，以记录气体污染物季节性的变化。连续测量仪器应记录月平均值以及每月的最大值和最小值。

标准仪器的检测极限范围为 $1\times10^{-6}\sim4\times10^{-5}$（体积分数）。特别设计仪器的测量极限可达到以上数值的十分之一。

6.3.2 主动采样器的测量方法及计算

此方法是将抽取来的空气通过一个带有活性表面或者液体的吸收装置来吸收，并由随后的实验室分析确定气体的吸收量。得到的数值是采样期间的平均值。采样时间应为1周或更长。采样周期以1年为宜，或者每个季节中至少要有1个月的时间。

通过主动采样器，吸收气体的体积是已知的，平均浓度可由公式(1)得到。

$$C=\frac{m}{V} \quad \cdots\cdots(1)$$

式中：

C——平均浓度，单位为微克每立方米（$\mu g/m^3$）；

m——吸收气体的质量，单位为微克（μg）；

V——通过吸收器的气体的体积，单位为立方米（m^3）。

数据应当每周采集一次，记为周平均值，四周的数值转换为月平均值。应记录采样期间的最大值与最小值。

注：气体浓度的检测极限取决于分析仪器的灵敏度和采样的持续时间。普通仪器的灵敏度都在 0.01 $\mu g/cm^3$ 左右，因此在这种检测极限下，周平均值检测极限小于 0.1 $\mu g/m^3$ 很容易实现。

6.3.3 被动采样器的测量方法及计算

利用被动采样仪器可以计算出平均气体浓度。被动采样器的原理如图1所示。

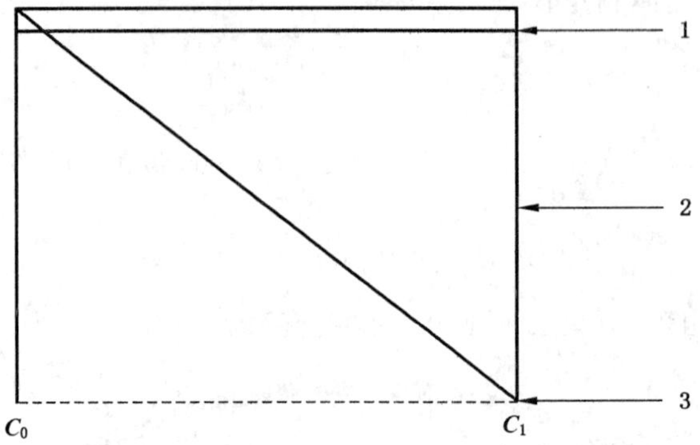

说明：

1——吸收剂；

2——管子；

3——气体渗透膜；

C_1——环境中气体浓度；

C_0——被完全吸收时的气体浓度，其值为零。

图 1 被动采样仪器的结构原理

使用被动采样器的基本原理是基于气体在管道内侧扩散时的菲克第一定律。如果在管道内的空气是滞留的，并且管子上部开口处的吸收剂完全吸收了到达表面的气体，那么此处适用菲克第一定律［公式(2)］。

$$F_1 = -D_1 \frac{\mathrm{d}C}{\mathrm{d}z} \quad \cdots\cdots(2)$$

式中：

F_1 ——气体通量(单位时间和单位面积上气体的净传输量)；

D_1 ——气体的扩散系数，单位为平方厘米每秒(cm^2/s)；

$\mathrm{d}C/\mathrm{d}z$ ——浓度梯度，与流动方向相反。

当 D_1 已知而且气体污染物的吸收量 Q 也被测定，菲克定律可被转换为公式(3)。

$$C_1 = \frac{Q \cdot z}{D_1 \cdot A \cdot t} \quad \cdots\cdots(3)$$

式中：

Q ——吸收气体的总量，单位为微克(μg)；

C_1 ——空气中的气体浓度，单位为微克每立方厘米($\mu g/cm^3$)；

A ——吸收剂的表面积，单位为平方厘米(cm^2)；

t ——暴露时间，单位为秒(s)；

D_1——气体的扩散系数，单位为平方厘米每秒(cm^2/s)；

z ——扩散距离，单位为厘米(cm)。

气体在空气中扩散系数大小与温度有密切关系。但是在正常的气候条件下，其调整并不大。预期的变化范围是 0.2%/℃。

在实践中，所有不同类型的商品型被动采样器都要在上述一次方程的基础上做些调整。检测空气浓度极限的影响因素有气体的扩散速率、分析仪器的灵敏度以及采样的持续时间。对于周平均值来说，正常灵敏度在 0.1 $\mu g/m^3$ 左右。

6.3.4 气体污染物沉积速率的测量和计算

沉积发生在一个吸收性表面上，这个表面与被动采样器中的表面相类似。当气体到达表面时会发生反应。因为吸收系统是开放的，沉积速率取决于空气的流动。气体(SO_2)沉积速率表达见公式(4)。

$$R_{SO_2} = \frac{m}{A \cdot t} \quad \cdots\cdots\cdots\cdots (4)$$

式中：

R_{SO_2}——沉积速率，单位为毫克每平方米天[$mg/(m^2 \cdot d)$]；

m ——检测面上气体的总质量，单位为毫克(mg)；

A ——检测面积，单位为平方米(m^2)；

t ——暴露时间，单位为天(d)。

灵敏度取决于分析仪器和采样的持续时间。

GB/T 19292.3—2003 提供了关于 SO_2 的完整描述。

7 空气中的颗粒污染物

7.1 原理

颗粒能以不同的方式影响腐蚀过程。水溶性颗粒，如海盐悬浮颗粒沉积在表面上，如果有足够高的湿度，其将会与大部分的金属发生反应。烟灰会吸附像 SO_2 类的气体从而在金属表面发生酸式反应。固体颗粒能够在部分表面上形成灰尘层，从而在金属上产生沉积腐蚀。

颗粒既可以用浓度来测量，单位为微克每立方米($\mu g/m^3$)，也可以用在表面上的沉积量来测量，单位为毫克每平方米天[$mg/(m^2 \cdot d)$]。尘埃通常被定义为粒级从 1 μm～100 μm 的各个颗粒组。有多种不同类型的测定颗粒浓度的仪器。使用的这些仪器对颗粒的尺寸都有一个截止值，这个值远小于 100 μm；其与健康效应的容许极限有关。许多仪器能够将不同的颗粒分成不同的粒级。

注：环境空气中颗粒的容许极限值通常考虑到人体健康因素。欧盟对可吸入颗粒物(PM_{10})浓度的容许极限值定为在 24 h 内的均值不得高于 50 $\mu g/m^3$。在美国，环境空气质量标准规定的可入肺颗粒物($PM_{2.5}$)的容许极限值为 65 $\mu g/m^3$。

7.2 容量浓度测量

颗粒分级中的几个最重要限度如下：

——PM_{10}：空气动力学直径小于 10 μm 的颗粒。这种颗粒可被人体吸入。最大的颗粒会粘附在呼吸道和口腔中，而更小的部分将会进入人体更深的部位。这些更小的部分($PM_{2.5}$)将会到达肺部。

——$PM_{2.5}$：空气动力学直径小于 2.5 μm 的颗粒。

——悬浮颗粒总量(TSP)包括全部颗粒，没有截止直径。在室内大气中，TSP 的结果经常用来和 PM_{10} 的结果做比较。

可以用能记录 PM_{10} 颗粒的适当的采样器来收集颗粒。如果 PM_{10} 符合 ISO 7708:1995 的规范，那么依照 EN 12341:1998，这些采集的试样适合对 PM_{10} 的测量。

采样器应有一个直接与过滤层衬底相连的 PM_{10} 采样口，并且要有一调节径流装置，以保持采样期间气流的稳定。接下来通过重量分析来确定所收集到的 PM_{10} 的质量。所得结果以浓度记录数值等于过滤后滤网上颗粒的质量除以采样期间的总流量，单位为微克每立方米($\mu g/m^3$)。

注：依照 EPA-454/R-98-012，可以利用适当的采样器对 $PM_{2.5}$ 进行采样。

正常情况下推荐采样持续时间为 24 h,但是在室内应用时,采样时间可达到 1 周。总的采样周期以 1 年为宜,或者在 1 年中每个季节有 1 个月的时间。

对于腐蚀作用来说,测量总的颗粒物中水溶性部分的量是很重要的。当试样中颗粒物总量被测定后,用去离子水冲洗试样,然后分析水中的 Cl^-、$SO_4{}^{2-}$ 和 $NO_3{}^-$ 的浓度。所得结果用 μg/m³ 表示。

7.3 颗粒沉积量的测量

可以在选定的时间周期内,通过暴露一指定的干净表面来测量水溶性颗粒物在表面的沉积速率,时间通常为 1 周到 1 个月。暴露后表面应当用已知量的去离子水来清洗。应把清洗后的水收集起来并分析其中最重要的离子。一种离子的沉积速率[mg/(m²·d)]可以用收集到的此种离子的总质量除以暴露面积及暴露时间来计算。室内采样设备相当简单。

注:当需要评估现有表面的腐蚀危险性时,可根据 GB/T 18570.6 来进行水盐的采集。

附 录 A
（资料性附录）
用于主动及被动采样器的试剂

A.1 二氧化硫(SO_2)

最常用的 SO_2 吸收剂是 KOH 或 Na_2CO_3。为了保持表面潮湿，经常在吸收剂中加入甘油。在相对湿度较高的地方不推荐使用 KOH，因为它能够吸收水和 CO_2。

离子色谱法是分析二氧化硫最常用的方法。

在 25 ℃时 SO_2 的扩散系数为 1.32×10^{-5} m^2/s。

A.2 二氧化氮(NO_2)

最常用的 NO_2 分析方法是使用三乙醇胺（TEA）吸收，然后用离子色谱法或分光光度法以亚硝酸盐的形式来分析 NO_2。在较长的暴露时间和高温下，建议使用 NaI＋Na_2CO_3，KI＋亚砷酸盐或 NaI＋NaOH 作为吸收剂。用分光光度计分析亚硝酸盐是最常用的方法。

在 25 ℃时 NO_2 的扩散系数为 1.54×10^{-5} m^2/s。

A.3 硫化氢(H_2S)

硫化物被硝酸银吸收。被吸收的硫的量可由电感耦合等离子体-原子发射光谱（ICP-AES）来分析测定。

在 25 ℃时 H_2S 的扩散系数为 1.81×10^{-5} m^2/s。

A.4 氨(NH_3)

氨会被草酸、柠檬酸、酒石酸等有机酸吸收。NH_3 可由光谱类仪器来分析。

在 25 ℃时 NH_3 的扩散系数为 2.54×10^{-5} m^2/s。

A.5 臭氧(O_3)

被动采样器采集臭氧是在 20 世纪 90 年代引入的。采用 $NaNO_2$＋K_2CO_3＋甘油或缓冲至 pH＝9 的 KI 两种溶液作为吸收剂。通常用分光光度计来分析臭氧。

在 25 ℃时 O_3 的扩散系数为 1.62×10^{-5} m^2/s。

A.6 甲酸

采用被动采样器来吸收甲酸。K_2CO_3 水溶液可用作甲酸吸收剂。用甲酸盐离子色谱法作最终分析。

在 25 ℃时甲酸的扩散系数为 1.2×10^{-5} m^2/s。

A.7 乙酸

采用被动采样器来吸收乙酸。K_2CO_3 水溶液可用作乙酸的吸收剂。用乙酸盐离子色谱法作最终分析。

在 25 ℃时乙酸的扩散系数为 1.1×10^{-5} m^2/s。

参 考 文 献

[1] GB/T 18570.6—2005 涂覆涂料前钢材表面处理 表面清洁度的评定试验 第6部分:可溶性杂质的取样 Bresle法(ISO 8502-6:1995,IDT)

[2] EPA-454/R-98-012,(Guidance for using continuous monitors in $PM_{2.5}$ monitoring networks)

ICS 25.020
J 30

中华人民共和国国家标准

GB/T 24737.1—2012

工艺管理导则 第1部分:总则

Guide for technological management—Part 1:General

2012-05-11 发布 2012-12-01 实施

中华人民共和国国家质量监督检验检疫总局
中国国家标准化管理委员会 发布

前　言

GB/T 24737《工艺管理导则》分为9个部分：

——第1部分：总则；

——第2部分：产品工艺工作程序；

——第3部分：产品结构工艺性审查；

——第4部分：工艺方案设计；

——第5部分：工艺规程设计；

——第6部分：工艺优化与工艺评审；

——第7部分：工艺定额编制；

——第8部分：工艺验证；

——第9部分：生产现场工艺管理。

本部分为GB/T 24737的第1部分。

本部分按照GB/T 1.1—2009给出的规则起草。

本部分由全国技术产品文件标准化技术委员会(SAC/TC 146)提出并归口。

本部分起草单位：中机生产力促进中心、重庆大江信达车辆股份有限公司。

本部分主要起草人：奚道云、丁红宇、蒋世清、张秀芬、韩琳琳、肖承翔。

工艺管理导则　第1部分:总则

1　范围

GB/T 24737的本部分规定了企业工艺管理的基本任务、工艺管理的工作内容及工艺管理组织机构和工艺人员配备。

本部分适用于机械制造企业的工艺管理。

2　规范性引用文件

下列文件对于本文件的应用是必不可少的。凡是注日期的引用文件,仅注日期的版本适用于本文件。凡是不注日期的引用文件,其最新版本(包括所有的修改单)适用于本文件。

GB/T 4863—2008　机械制造工艺基本术语

GB/T 24736—2009(所有部分)　工艺装备设计管理导则

GB/T 24737.2—2012　工艺管理导则　第2部分:产品工艺工作程序

GB/T 24737.3—2009　工艺管理导则　第3部分:产品结构工艺性审查

GB/T 24737.4—2012　工艺管理导则　第4部分:工艺方案设计

GB/T 24737.5—2009　工艺管理导则　第5部分:工艺规程设计

GB/T 24737.6—2012　工艺管理导则　第6部分:工艺优化与工艺评审

GB/T 24737.7—2009　工艺管理导则　第7部分:工艺定额编制

GB/T 24737.8—2009　工艺管理导则　第8部分:工艺验证

GB/T 24737.9—2012　工艺管理导则　第9部分:生产现场工艺管理

3　术语和定义

GB/T 4863—2008界定的术语和定义适用于本文件。

4　工艺管理的基本任务

工艺管理的基本任务是结合企业的实际情况,应用现代管理科学理论和信息化技术,对各项工艺工作进行规划、计划、组织和控制,使之按一定的原则、程序和方法协调有效地进行,以保证产品质量、提高生产效率、降低环境影响,实现经济效益和社会效益协调发展。

5　工艺管理工作的主要内容

5.1　内容分类

工艺管理工作的主要内容分为三大类:综合性工艺管理、产品生产工艺准备管理和制造过程工艺控制管理。

5.2　综合性工艺管理

5.2.1　编制工艺发展规划

5.2.1.1 编制工艺发展规划的原则与要求

a) 为了提高企业的工艺水平，适应产品发展需要，各企业应结合本企业的战略目标编制工艺发展规划，并纳入企业总体发展规划；

b) 编制工艺发展规划应贯彻远近结合、先进与适用结合、技术与经济结合的方针；

c) 编制工艺发展规划必须有相应的配套措施和实施计划。

5.2.1.2 工艺发展规划的种类

a) 工艺技术措施规划，如新工艺、新装备研究开发规划，技术攻关规划等；

b) 工艺组织措施规划，如工艺路线调整规划，工艺技术改造规划等。

5.2.2 编制工艺改造计划

主要包括工艺设备更新、工艺改造项目的规划、论证、评审、工艺设计等。

5.2.3 编制生产布局计划

主要包括工艺布局及其调整、工艺流程设计等。

5.2.4 组织、制定、贯彻工艺标准和工艺管理制度。

5.2.5 组织开展工艺技术改造和合理化建议活动。

5.2.6 开展工艺情报信息的搜集、整理、分析研究及工艺信息管理。

5.2.7 开展工艺技术研究与创新

工艺技术研究与创新主要包括：

a) 工艺发展规划中的研究开发项目；

b) 生产工艺准备中新技术、新工艺、新材料、新装备的试验研究；

c) 为解决现场生产中重大产品质量问题或有关技术问题而需进行的攻关性试验研究；

d) 对引进项目进行验证性试验研究。

5.3 产品生产工艺准备管理

5.3.1 新产品开发和老产品改进工艺调研及改进产品的工艺考察(见 GB/T 24737.2)。

5.3.2 分析与审查产品结构工艺性(见 GB/T 24737.3)。

5.3.3 设计工艺方案(见 GB/T 24737.4)。

5.3.4 设计工艺路线(见 GB/T 24737.2)。

5.3.5 设计工艺规程和其他有关工艺文件(见 GB/T 24737.5)。

5.3.6 工艺优化与工艺评审(见 GB/T 24737.6)。

5.3.7 编制工艺定额(见 GB/T 24737.7)。

5.3.8 设计制造专用工艺装备[见 GB/T 24736—2009(所有部分)]。

5.3.9 进行工艺验证(见 GB/T 24737.8)。

5.3.10 进行工艺总结(见 GB/T 24737.2)。

5.3.11 进行工艺整顿(见 GB/T 24737.2)。

5.4 制造过程工艺控制管理

5.4.1 科学分析产品零部件工艺流程。

5.4.2 监督和指导工艺文件的正确实施。

5.4.3 及时发现工艺设计上的问题，并按照既定工作流程及时纠正。

5.4.4 确定工艺过程质量控制点，进行工序质量控制。

5.4.5 生产现场工艺管理(见 GB/T 24737.9)。

6 工艺管理组织机构和工艺人员配备

6.1 为了加强工艺管理，提高工艺水平，企业应建立健全统一、有效的工艺管理体系。

6.2 企业应本着有利于提高产品质量和工艺水平的原则，结合本企业的规模和生产类型，建立健全有效的工艺管理机构。

6.3 企业应根据产品复杂程度和工作任务大小配备相应素质和数量的工艺人员。

ICS 25.020
J 30

中华人民共和国国家标准

GB/T 24737.2—2012

工艺管理导则
第2部分:产品工艺工作程序

Guide for technological management—
Part 2: Technological work procedure of products

2012-05-11 发布　　2012-12-01 实施

中华人民共和国国家质量监督检验检疫总局
中国国家标准化管理委员会　发布

前　言

GB/T 24737《工艺管理导则》分为9个部分：

——第1部分：总则；

——第2部分：产品工艺工作程序；

——第3部分：产品结构工艺性审查；

——第4部分：工艺方案设计；

——第5部分：工艺规程设计；

——第6部分：工艺优化与工艺评审；

——第7部分：工艺定额编制；

——第8部分：工艺验证；

——第9部分：生产现场工艺管理。

本部分为GB/T 24737的第2部分。

本部分按照GB/T 1.1—2009给出的规则起草。

本部分由全国技术产品文件标准化技术委员会(SAC/TC 146)提出并归口。

本部分起草单位：中机生产力促进中心、北京第二机床厂有限公司、北京奔驰汽车有限公司、济南重工股份有限公司、重庆大江信达车辆股份有限公司、中国电子科技集团公司第三十八研究所。

本部分主要起草人：奚道云、陈秀娟、张秀兰、蔺桂芝、张秀芬、柳承波、燕云龙、蒋世清、孙宁、高宏伟。

工艺管理导则
第2部分:产品工艺工作程序

1 范围

GB/T 24737 的本部分规定了产品工艺工作程序和相应阶段的主要工作内容。

本部分适用于机械制造企业新产品试制、生产或老产品改进工艺工作。

2 规范性引用文件

下列文件对于本文件的应用是必不可少的。凡是注日期的引用文件,仅注日期的版本适用于本文件。凡是不注日期的引用文件,其最新版本(包括所有的修改单)适用于本文件。

GB/T 4863—2008 机械制造工艺基本术语

GB/T 24736.3—2009 工艺装备设计管理导则 第3部分:工艺装备设计程序

GB/T 24736.4—2009 工艺装备设计管理导则 第4部分:工艺装备验证规则

GB/T 24737.3—2009 工艺管理导则 第3部分:产品结构工艺性审查

GB/T 24737.4—2012 工艺管理导则 第4部分:工艺方案设计

GB/T 24737.5—2009 工艺管理导则 第5部分:工艺规程设计

GB/T 24737.6—2012 工艺管理导则 第6部分:工艺优化与工艺评审

GB/T 24737.7—2009 工艺管理导则 第7部分:工艺定额编制

GB/T 24737.8—2009 工艺管理导则 第8部分:工艺验证

GB/T 24737.9—2012 工艺管理导则 第9部分:生产现场工艺管理

3 术语和定义

GB/T 4863—2008 界定的术语和定义适用于本文件。

4 产品工艺工作程序

产品工艺工作是从新产品技术开发阶段的工艺调研开始到产品包装入库结束。

产品工艺工作程序流程图参见附录A。

5 产品工艺工作内容

5.1 产品设计调研阶段

5.1.1 了解该产品的结构及用户对该产品的相关要求。

5.1.2 了解同类产品或类似产品的工艺方法及工艺水平。

5.1.3 收集相关或相似工艺标准和资料。

5.1.4 对产品全生命周期的可制造性、可维修性、安全性、经济性、再利用性等进行分析。

5.2 产品方案设计阶段

5.2.1 分析设计任务书，协助产品设计部门制定设计方案。

5.2.2 对产品设计方案工艺的合理性和可行性进行分析，主要内容有：

——与同类或相似产品比较，对产品（或零部件）的通用化、系列化和组合化（模块化）程度进行分析；

——关键件、重要件可制造性分析；

——关键件、重要件制造成本和制造周期分析；

——产品可装配性和可拆卸性分析；

——采用新材料的工艺性分析；

——采用新工艺技术的可行性分析；

——整机产品制造周期及工艺成本分析；

——工艺节能、环保、安全要求分析；

——产品的可维修性、可回收利用性分析等。

5.3 产品结构工艺性审查

产品结构工艺性审查按 GB/T 24737.3—2009 的规定。

5.4 工艺方案设计

工艺方案设计按 GB/T 24737.4—2012 的规定。

5.5 工艺方案评审

工艺方案评审按 GB/T 24737.6—2012 的规定。

5.6 工艺路线设计

工艺路线设计包括：

——编制工艺路线表（或车间分工明细表）；

——关键件、重要件明细表；

——外协件明细表；

——外购件明细表；

——必要时需提出特种加工明细表（如：铸造、锻造、热处理、表面处理、焊接或其他需特别说明的加工工艺要求的明细表）。

5.7 工艺规程设计

工艺规程设计按 GB/T 24737.5—2009 的规定。

5.8 工艺装备设计

工艺装备设计按 GB/T 24736.3—2009 的规定。

5.9 工艺定额编制

工艺定额编制按 GB/T 24737.7—2009 的规定。

5.10 工艺文件审核及标准化审查

5.10.1 工艺文件审核

5.10.1.1 工艺文件的审核由产品主管工艺人员进行，关键或重要工艺文件由工艺部门责任人审核。

5.10.1.2 审核的主要内容：

——对工艺文件的正确性和完整性进行审核；

——对工艺规程文件进行审核；

——对专用工艺装备设计文件及设计图样审核。

5.10.2 标准化审查

5.10.2.1 工艺文件标准化审查主要审查工艺规程文件和工装设计文件及图样的规范性和标准符合性。

5.10.2.2 工艺规程标准化审查按 GB/T 24737.5—2009 中 8.2 规定。

5.10.2.3 工装设计文件及图样标准化审查可按企业产品标准化审查要求执行。

5.11 工艺文件批准

经会签的成套产品工艺文件应经企业技术主管或总工艺师批准后实施。

5.12 工艺、工装验证

5.12.1.1 工艺验证按 GB/T 24737.8—2009 的规定。

5.12.1.2 工装验证按 GB/T 24736.4—2009 的规定。

5.13 生产现场工艺管理

生产现场工艺管理按 GB/T 24737.9—2012 的规定。

5.14 工艺总结

产品试制及工艺验证、工装验证结束后，应进行工艺总结，总结报告包括：

——工艺准备阶段工作情况；

——试制中工艺问题和验证情况；

——下一步工艺改进建议。

5.15 工艺整顿

根据工艺验证和工艺总结，分析存在的问题，制定整改措施，修改有关工艺文件和工艺装备。

附 录 A
（资料性附录）
产品工艺工作流程图

产品工艺工作流程图见 A.1。

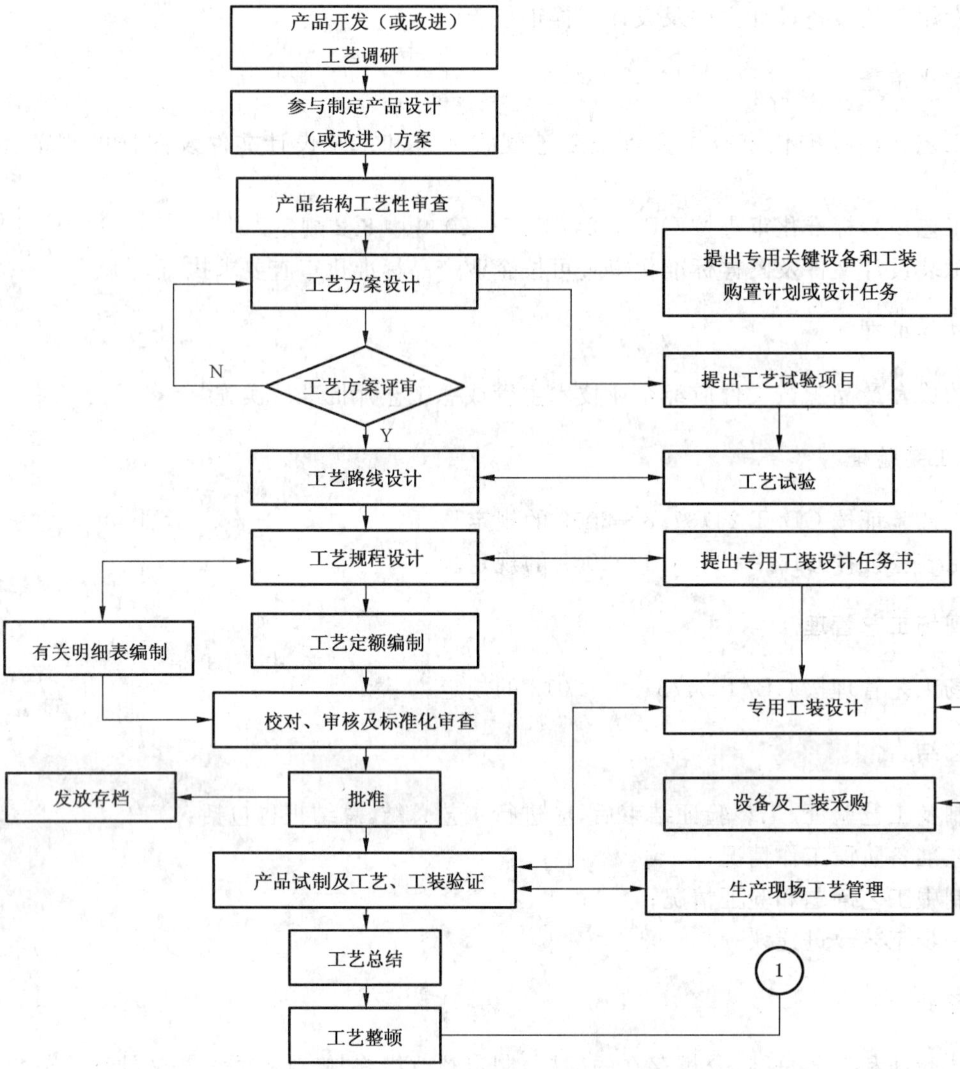

注：①可根据需要反馈到工艺方案设计、工艺路线设计、工艺规程设计或专用工装设计。

图 A.1　产品工艺工作流程图

ICS 25.020
J 30

GB

中华人民共和国国家标准

GB/T 24737.4—2012

工艺管理导则
第4部分：工艺方案设计

Guide for technological management—Part 4: Design of process program

2012-05-11 发布 2012-12-01 实施

中华人民共和国国家质量监督检验检疫总局
中国国家标准化管理委员会 发布

前　言

GB/T 24737《工艺管理导则》分为9个部分：

——第1部分：总则；

——第2部分：产品工艺工作程序；

——第3部分：产品结构工艺性审查；

——第4部分：工艺方案设计；

——第5部分：工艺规程设计；

——第6部分：工艺优化与工艺评审；

——第7部分：工艺定额编制；

——第8部分：工艺验证；

——第9部分：生产现场工艺管理。

本部分为GB/T 24737的第4部分。

本标准按照GB/T 1.1—2009给出的规则起草。

本部分由全国技术产品文件标准化技术委员会(SAC/TC 146)提出并归口。

本部分起草单位：中机生产力促进中心、北京奔驰汽车有限公司、北京第二机床厂有限公司、济南重工股份有限公司、先进成形技术与装备国家重点实验室、重庆大江信达车辆股份有限公司。

本部分主要起草人：奚道云、陈秀娟、蔺桂芝、张秀兰、张秀芬、杨家芳、于普涟、单忠德、蒋世清。

工艺管理导则
第4部分:工艺方案设计

1 范围

GB/T 24737 的本部分规定了工艺方案设计的原则、依据,工艺方案的分类、内容和设计、审批程序等。

本部分适用于机械产品工艺方案设计。

2 规范性引用文件

下列文件对于本文件的应用是必不可少的。凡是注日期的引用文件,仅注日期的版本适用于本文件。凡是不注日期的引用文件,其最新版本(包括所有的修改单)适用于本文件。

GB/T 4863—2008 机械制造工艺基本术语

GB/T 24737.6—2012 工艺管理导则 第6部分:工艺优化与工艺评审

3 术语和定义

GB/T 4863—2008 界定的术语和定义适用于本文件。

4 工艺方案设计原则

4.1 产品工艺方案是指导产品工艺准备工作的依据,机械产品生产一般应具有工艺方案。

4.2 工艺方案在确保产品质量的同时,应充分考虑生产类型、生产周期和生产成本,并且符合安全生产和绿色制造要求。

4.3 根据企业能力,积极采用国内外先进制造技术和工艺装备,不断提高企业产品设计和制造工艺水平。

5 工艺方案设计依据

工艺方案设计主要依据:

——产品设计图样、技术文件和用户要求;

——企业生产能力和产品生产纲领;

——产品生产周期及质量和成本目标;

——国内外同类产品的先进制造技术;

——有关技术政策及相关标准;

——企业对产品工艺工作的要求。

6 工艺方案分类

6.1 新产品样机试制工艺方案

样机试制工艺方案应在评价产品结构工艺性的基础上，提出样机试制所需的各项工艺技术准备工作，确定工艺技术准备的工作内容及采取的相应措施。

6.2 小批试制工艺方案

小批试制工艺方案应在总结样机试制工艺的基础上，提出小批试制前所需的各项工艺技术准备工作、具体任务和措施。

6.3 批量生产工艺方案

批量生产工艺方案应在总结小批试制情况的基础上，提出批量投产前需进一步改进、完善的工艺、工装、技术措施和生产组织措施的意见和建议。

6.4 产品改进工艺方案

产品改进工艺方案主要是提出产品改进设计后的工艺改进措施和工艺组织措施。

7 工艺方案设计内容

7.1 新产品样机试制工艺方案

新产品样机试制工艺方案应包括：

——评价产品结构工艺性及初步估计工艺工作量；

——提出外购件及划分自制件和外协件的初步方案；

——提出特殊材料及特种外购件清单；

——提出必要的设备和工艺装备(专用)购置、设计、代用、制造建议；

——关键件、重要件、关键工序的初步工艺方案；

——新材料、新工艺的试验方案；

——主要材料消耗和劳动消耗工艺定额的估算；

——方案的成本预算。

7.2 小批试制工艺方案

小批试制工艺方案应包括：

——对样机试制工艺方案的实施进行总结并提出改进措施；

——提出人员配置和培训计划；

——完善设备、工艺装备的购置、设计、改进建议；

——提出工艺、工装验证要求；

——提出主要铸、锻件毛坯的工艺方法及对特殊毛坯或原材料的要求；

——对自制件和外协件的调整建议；

——工艺关键件、重要件质量保证和关键工序的具体要求；

——工艺平面布局设计；

——生产节拍、工时要求及工艺关键件制造周期；

——成本预算及实施方案进度计划；
——提出涉及安全环保方面的工艺要求。

7.3 批量生产工艺方案

批量生产工艺方案应包括：
——对小批试制工艺方案的实施进行总结并提出改进措施；
——批量生产的人员规划及工艺培训要求；
——完善设备、工艺装备的配置方案，提出购置、设计、改进及验证要求；
——提出新工艺、新材料的采用要求；
——提出关键件、重要件质量攻关措施和关键工序质量控制点设置方案；
——提出装配方案和工艺平面布局的调整方案；
——专用设备或生产线的设计、制造意见；
——产能分析和对生产节拍及物料配送的安排；
——成本预算及实施方案进度计划。

7.4 产品改进工艺方案

产品改进工艺方案的内容可参照新产品的有关工艺方案设计内容。

8 工艺方案设计程序

8.1 收集工艺方案设计所需的相关资料。
8.2 进行新工艺、新材料、新设备工艺分析。
8.3 按本部分第7章的内容设计工艺方案，提出几种备选可行的方案。
8.4 优化工艺方案。
8.5 审核工艺方案。

9 工艺方案评审及审批

9.1 工艺方案评审

工艺方案评审按GB/T 24737.6—2012的规定。

9.2 工艺方案批准

审核后的工艺方案应由总工艺师或总工程师批准。

9.3 工艺方案的发放与归档

9.3.1 批准后的工艺方案应下发到相关部门并组织实施。
9.3.2 批准后的工艺方案(包括评审记录)应编号、归档。

ICS 25.020
J 30

中华人民共和国国家标准

GB/T 24737.6—2012

工艺管理导则
第6部分：工艺优化与工艺评审

Guide for technological management—Part 6: Process optimization and review

2012-05-11 发布　　　　2012-12-01 实施

中华人民共和国国家质量监督检验检疫总局
中国国家标准化管理委员会　发布

前　言

GB/T 24737《工艺管理导则》分为9个部分：

——第1部分：总则；

——第2部分：产品工艺工作程序；

——第3部分：产品结构工艺性审查；

——第4部分：工艺方案设计；

——第5部分：工艺规程设计；

——第6部分：工艺优化与工艺评审；

——第7部分：工艺定额编制；

——第8部分：工艺验证；

——第9部分：生产现场工艺管理。

本部分为GB/T 24737的第6部分。

本部分按照GB/T 1.1—2009给出的规则起草。

本部分由全国技术产品文件标准化技术委员会(SAC/TC 146)提出并归口。

本部分起草单位：中机生产力促进中心、北京奔驰汽车有限公司、合肥瑞齐信息科技有限公司、佛山市顺德区质量技术监督标准与编码所、济南重工股份有限公司、先进成形技术与装备国家重点实验室、中国电子科技集团公司第三十八研究所、北京第二机床厂有限公司。

本部分主要起草人：奚道云、陈秀娟、蔺桂芝、郭静、张深广、欧阳丹、李军生、张秀芬、杨家芳、于普涟、单忠德、孙宁、张秀兰。

工艺管理导则
第6部分：工艺优化与工艺评审

1 范围

GB/T 24737的本部分规定了产品工艺优化与评审的基本任务、基本原则、工作框架及主要内容。

本部分适用于机械产品研制、生产过程的工艺优化与评审。

2 规范性引用文件

下列文件对于本文件的应用是必不可少的。凡是注日期的引用文件，仅注日期的版本适用于本文件。凡是不注日期的引用文件，其最新版本(包括所有的修改单)适用于本文件。

GB/T 4863—2008 机械制造工艺基本术语

GB/T 19000—2008 质量管理体系 基础和术语

3 术语和定义

GB/T 4863—2008界定的以及下列术语和定义适用于本文件。

3.1

工艺优化(工艺过程优化) process optimization

根据一个(或几个)判据，对工艺过程及有关参数进行最佳方案的选择。

[GB/T 4863—2008，定义3.1.31]

3.2

工艺评审 process review

为确定工艺设计达到规定目标的适宜性、充分性和有效性所进行的活动。

注：改写GB/T 19000—2008，定义3.8.7。

3.3

关键件 key components

具有关键特性的零部件或产品。

注：关键特性指如果发生故障，会发生人身安全事故，丧失产品主要功能，严重影响产品使用性能和寿命的特性。

3.4

重要件 important parts

具有重要特性的零部件或产品。

注1：重要特性指如果发生故障，会影响产品使用性能和寿命的特性。

注2：关键件与重要件有时统称为关重件。

3.5

关键工序 key process

对产品质量起决定性作用的工序。它是主要质量特性形成的工序，也是生产过程中需要严格控制的工序。

3.6

特殊工序　special process

工序的加工质量不易或不能通过其后的常规检测方式方法得到充分验证，这种工序属于特殊工序。

4　总则

4.1　目的

工艺优化与评审的目的是尽早发现工艺设计存在的薄弱环节或工艺设计缺陷，及时纠正并加以改进，从而有效地提高产品质量、降低成本、缩短生产周期，减少生产过程中的环境污染、人体危害，降低安全风险。

4.2　重点内容

4.2.1　工艺优化重点内容

工艺优化重点内容一般应包括：

——工艺流程优化；

——工艺布局优化；

——工艺参数优化；

——工艺定额优化等。

4.2.2　工艺评审重点内容

工艺评审重点内容一般应包括：

——新产品研制到批量生产各阶段(或工艺改进)工艺方案评审；

——大型、复杂工装及非标设备的设计方案评审；

——关键件、重要件、关键工序及特殊工序工艺设计评审；

——新工艺、新技术应用评审；

——批量生产工序能力评审；

——研制或生产过程中关键工艺问题专项评审等。

4.3　基本原则

4.3.1　工艺优化应综合考虑生产质量、时间、成本、柔性、安全、环保等因素，提高生产系统的运行效率、生产变化的适应性和工艺绿色性。

4.3.2　工艺优化由工艺设计人员在新产品工艺设计(或工艺改进设计)过程中进行。

4.3.3　工艺评审点一般设置在各研制(或改进)阶段工艺设计完成后，产品生产开始前。

4.3.4　企业应根据产品的特点和研制程序建立分级、分阶段的工艺优化与评审制度。

4.3.5　针对具体产品确定优化项目、评审内容和要求，未按规定要求进行工艺评审或评审未通过时，研制工作不得转入下一阶段。

4.3.6　在研制过程中出现对产品质量、研制任务和成本目标有重大影响的工艺技术问题，可进行专项工艺优化与评审。

4.4　工艺优化与评审的主要依据

工艺优化与评审的主要依据：

——研制任务书和合同要求；

——产品设计图样和技术文件；
——有关法规、标准、规范、技术管理文件和质量保证文件；
——工艺技术水平及企业生产能力。

5 工艺优化与评审工作框架

工艺优化与评审工作框架见附录A。

6 工艺优化流程

工艺优化流程见图1。

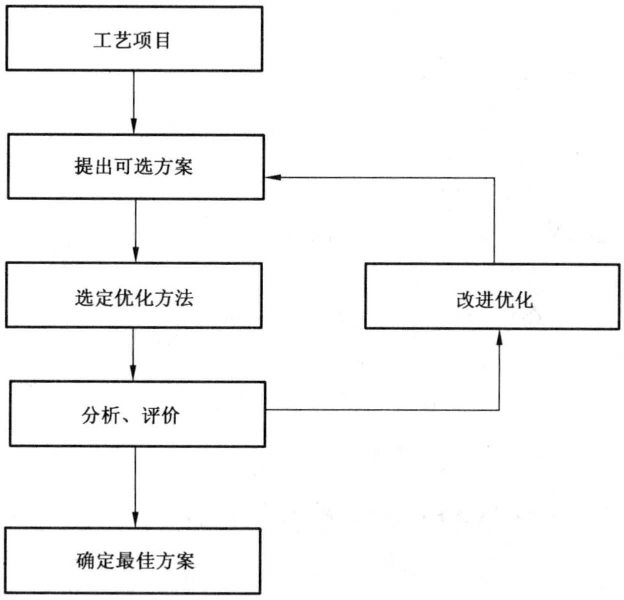

图1 工艺优化流程

7 工艺评审的主要内容

7.1 方案论证阶段工艺总方案的评审

主要内容包括：

a) 产品制造的可行性论证和实施方案；
b) 拟采用的新工艺、新技术的项目和实施途径；
c) 针对产品提出的重大工艺攻关项目；
d) 需增加的有关制造与检测的设施、设备和重大技术改造项目；
e) 工艺方案的经济性、绿色性；
f) 工艺文件编制原则和要求。

7.2 工艺总方案的评审

主要内容包括：

a) 对产品特点、结构、精度要求的工艺分析及说明；

b) 满足产品设计要求和保证质量的工艺措施；

c) 产品的工艺分工及工艺路线的确定；

d) 针对工艺薄弱环节的技术措施；

e) 工艺装备、试验设备、检测仪器选择的正确性、合理性及专用工艺装备系数的确定；

f) 工艺标准化程度；

g) 材料消耗工艺定额的确定及控制的原则；

h) 总体及各分系统的工艺协调原则；

i) 工艺总方案的正确性、先进性、经济性、绿色性、可靠性和可检验性。

注：工艺总方案的具体工艺评审内容参见附录B。根据不同型号不同研制阶段的特点，评审内容可以有所侧重、增删。

7.3 大型、复杂工装及非标准设备的设计评审

主要内容包括：

a) 设计方案满足工装(非标准设备)技术要求的程度；

b) 设计方案的技术先进性、可行性和经济合理性；

c) 设计的通用化、系列化、组合化程度；

d) 设计的技术协调性、安全性、维修性、再利用性情况；

e) 功能、生产工艺性及可靠性；

f) 所选原材料、元器件、成品件是否符合现有技术标准；

g) 设计文件是否符合有关工装管理制度。

7.4 关键件、重要件、关键工序、特殊工序工艺文件的评审

主要内容包括：

a) 关键件、重要件、关键工序确定的正确性及关键工序目录的完整性；

b) 特殊工序的必要性和可行性；

c) 关键工序质量控制点设置的合理性；

d) 关键工序、特殊工序技术措施的合理性、可行性；

e) 关键工序、特殊工序工艺方法、检测要求的合理性、可行性；

f) 关键工序、特殊工序质量控制措施等。

注：关键件、重要件、关键工序工艺文件的具体工艺评审内容参见附录C。

7.5 新工艺、新技术应用的评审

主要内容包括：

a) 采用新工艺、新技术的必要性、经济性、绿色性和创新性；

b) 新工艺、新技术应用的可行性；

c) 新工艺、新技术使用前的检测、试验、验证情况；

d) 新工艺、新技术实施计划及措施。

注：新工艺、新技术应用的工艺评审内容和要求参见附录D。

7.6 批量生产工序能力的评审

主要内容包括：

a) 产品批量生产能力的分析；

b) 批量生产工序的人、机、料、法、环、测六因素的控制措施；

c) 工序控制点保证精度及质量稳定性要求的能力；

d) 关键工序能力的测算及验证；

e) 工序质量控制方法可行性和有效性。

7.7 其他工艺项目的评审

在研制过程中关键工艺问题或生产中出现对产品质量、研制任务、成本目标和职业健康安全等有重大影响的工艺技术问题的评审，根据评审内容可参照本章7.1至7.6执行。

8 评审程序及要求

8.1 工艺方案设计单位提出工艺评审申请，制定工艺评审实施计划。

8.2 申请书经技术负责人批准后，成立工艺评审组。

8.3 工艺项目负责人向评审组提供评审依据和工艺设计有关资料。

8.4 召开评审会，找出工艺设计上的缺陷，对存在的问题提出改进建议，形成评审报告(评审报告格式见附录E)。

8.5 评审时提出的问题、建议，工艺部门应分析、研究，提出处理意见和改进、实施措施。

8.6 对评审意见不予采纳时，应阐明理由，经技术负责人审批后存档备案。

8.7 质量管理部门应对评审结论的处置意见及审批后的实施情况进行跟踪管理。

8.8 将工艺评审中形成的文件、资料整理成册，按工艺文件管理办法归档和保存。

附 录 A
（资料性附录）
工艺优化与评审工作框架图

工艺优化与评审工作框架见图 A.1。

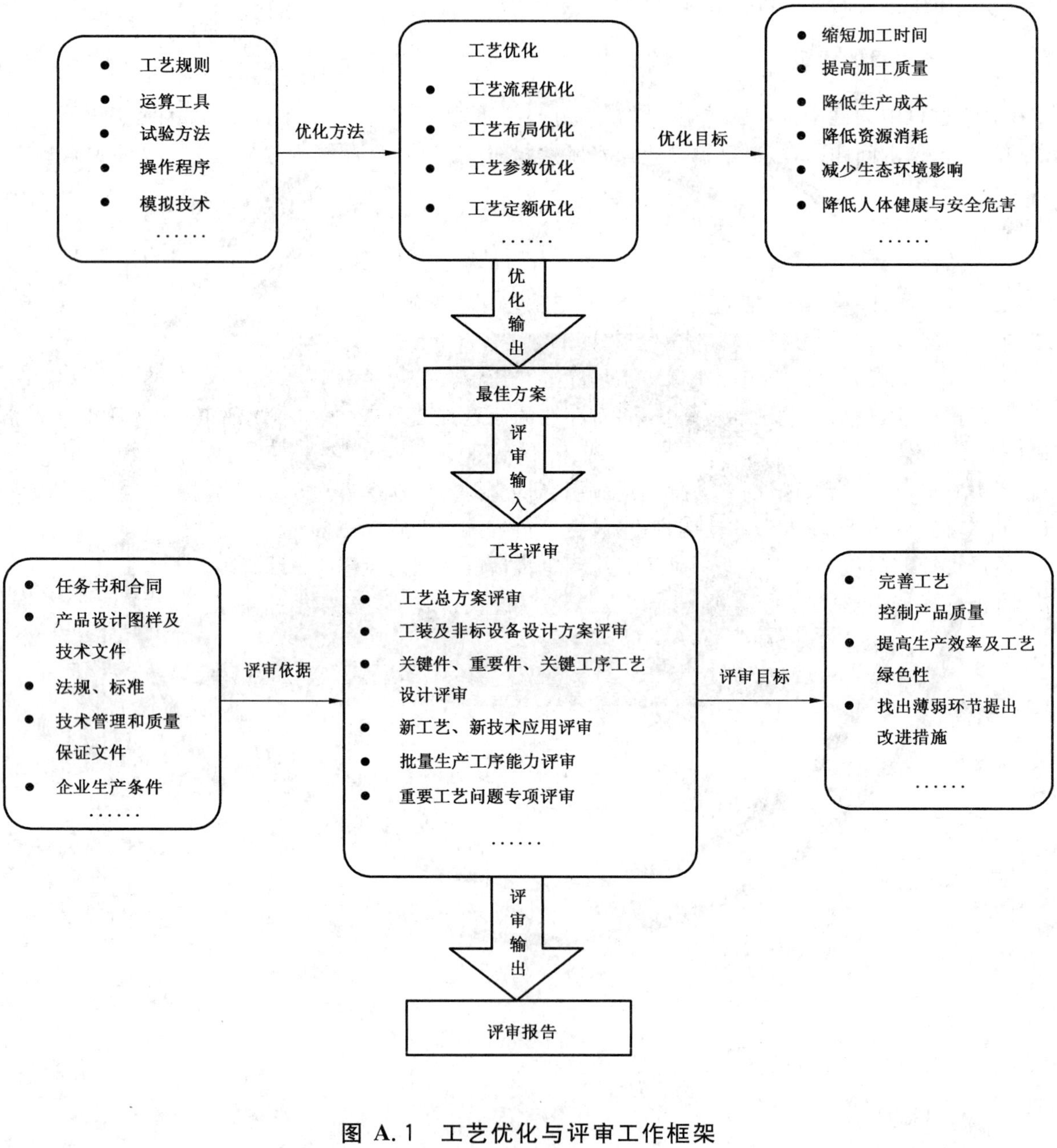

图 A.1 工艺优化与评审工作框架

附　录　B
（资料性附录）
工艺总方案的工艺评审内容和要求

B.1　对产品特点、结构、精度要求的工艺分析及说明

B.1.1　对产品特点、结构、技术要求的分析应准确。
B.1.2　对产品结构工艺性分析应恰当。

B.2　满足产品设计要求和保证质量的分析

B.2.1　工艺原则和措施满足设计要求、保证产品满足质量要求；主要工艺方法应保证产品的制造质量，应具有相应的保障条件。
B.2.2　互换协调原则应保证产品的精度和互换性。
B.2.3　对关键件、重要件的加工要求应有可靠的技术措施，确定的工艺关键项目应恰当，应有切实可行的工艺措施。
B.2.4　采用新工艺、新技术的项目应恰当，实施途径应可行。
B.2.5　主要检测、试验项目应保证产品的性能和可靠性，检测、试验的实施方案应可行。

B.3　产品的工艺分工及工艺路线的确定

B.3.1　工艺流程应严密、合理，便于组织生产。
B.3.2　自制件和外协件的划分应合理、可行。
B.3.3　生产线的建立或调整方案应合理、可行。
B.3.4　自制件的工艺分工与工艺路线的编排应合理、可行。

B.4　工艺薄弱环节的技术措施

B.4.1　工艺薄弱环节的确定应恰当。
B.4.2　所确定的技术措施应合理、可行。

B.5　工艺装备、试验设备、检测仪器选择的正确性、合理性及专用工艺装备系数的确定

B.5.1　所选择的工艺设备、试验设备、检测仪器应能保证产品制造精度。
B.5.2　须增添的主要设备应确有必要，且有实现的可能。
B.5.3　专用工艺装备系数的确定和配置原则应合理。

B.6　工艺标准化程度

工艺标准化综合要求应符合产品标准化大纲，采用的各类工艺标准应为现行标准，且有利于贯彻执行。

B.7 材料消耗工艺定额的确定及控制的原则

B.7.1 应符合产品设计要求，应与工艺方法相适应。

B.7.2 应与研制阶段及生产批量相适应。

B.8 工艺总方案的正确性、先进性、经济性、可靠性和可检验性

B.8.1 应符合上级下达的研制任务书或产品订购、协作合同。

B.8.2 应与研制、生产本产品的生产类型、规模以及研制、生产周期相适应。

B.8.3 应与承制方的生产条件和工艺水平相适应。

B.8.4 应符合职业安全卫生、环境保护方面的政策、法规，并能切实做到。

B.8.5 应能起到纲领性工艺文件的作用，应能做到生产布局合理、技术措施可行、组织分工严密、制造成本低廉。

B.9 工艺文件的完整、正确、统一、协调

B.9.1 工艺文件的编制原则和分工要求应合理、可行。

B.9.2 工艺文件的种类、数量应完整、统一、协调，应满足生产和管理需要。

附　录　C
（资料性附录）
关键件、重要件、关键工序工艺文件的工艺评审内容和要求

C.1　关键工序确定的正确性及关键工序文件的完整性

C.1.1　关键工序确定的正确性

C.1.1.1　应是设计文件规定的某些关键特性、重要特性所形成的工序。

C.1.1.2　应是生产周期长，原材料稀缺昂贵，出废品后经济损失较大的工序。

C.1.1.3　应是工艺有严格要求，加工难度大的工序。

C.1.1.4　应是质量不稳定的工序。

C.1.1.5　应是关键、重要的外购器材及外购件的入厂检验工序。

C.1.2　关键工序文件的完整性

C.1.2.1　关键工序明细表，表中应有关键工序号、工序名称、控制内容、内控标准等。

C.1.2.2　关键工序的工艺规程应编有质量控制要求和方法，编制“关键工序质量控制卡”或“关键工序作业指导书”。

C.1.2.3　工艺主管部门应会同质量部门选择或设计关键工序所需控制图(表)、关键工序检测数据记录表。

C.1.2.4　若关键工序所控制的产品质量特性有内控标准时，应将其纳入关键工序工艺规程及质量控制文件中。

C.1.2.5　对关键工序的工艺规程进行工艺评审时，应将关键工序的质量控制程序列为工艺评审的重要内容。

C.1.2.6　关键工序的工艺规程应保持稳定，企业应制定严格的关键工序修改程序，确需修改时，应严格按照程序执行。

C.1.2.7　关键工序明细表、关键工序工艺规程和“关键工序质量控制卡”或“关键工序作业指导书”应履行签署手续，应有质量会签。

C.2　关键件、重要件、关键工序的工艺规程的标记及工序控制点的设置

C.2.1　关键件、重要件、关键工序的工艺规程应按有关标准的规定进行标记。

C.2.2　工序控制点应按关键特性、重要特性进行设置，并按有关标准规定进行标记。

C.3　关键工序的工艺方法、检测要求的合理性和可行性

C.3.1　关键工序的工艺方法的合理性和可行性

C.3.1.1　关键工序的工艺方法，要能保证实现关键特性、重要特性及其工艺技术的要求。

C.3.1.2　关键工序的加工工艺流程，应科学合理，易于保证加工质量，提高生产效率。

C.3.1.3　关键工序的加工工艺内容应细化，有必要的工序图或工步图，便于工人操作和质量控制。

C.3.2 关键工序的检测要求的合理性和可行性

C.3.2.1 关键工序的检测要求应满足关键特性、重要特性的要求。

C.3.2.2 关键工序的检测项目、参数、器具的确定应恰当、可行。

C.3.2.3 关键工序的检测方法应满足检测要求,便于操作。

C.4 关键工序的技术措施

C.4.1 关键工序的技术难点应有明确的技术措施。

C.4.2 关键工序的技术措施内容,应能保证实现关键特性、重要特性的要求。

C.4.3 关键工序的技术措施应可行,与相关文件应协调一致。

C.5 关键工序的质量控制

C.5.1 关键工序是否按有关标准规定编制了工序质量控制文件。

C.5.2 编制的工序质量控制文件内容应完整齐全,文件要规定控制项目、内容及方法,工序质量控制文件应纳入到关键工艺规程中。

C.5.3 保留关键过程质量记录,保持产品质量可追溯性。

C.5.4 投入或转入关键工序的原材料、毛坯、元器件、零部件及重要的辅助材料等,应具有复检(或筛选)合格证明文件或合格标识。

C.5.5 需要外包(外协)时,应对外协工序提出质量控制措施或签订技术协议,并按规定的技术与质量协议对产品进行验收。

C.5.6 首件实行自检、互检、专检,并对产品特性作实测记录。

C.5.7 设立关键工序质量控制点,重点控制某些特性或因素。

C.5.8 关键工序应定人员、定工序、定设备。

附　录　D
（资料性附录）
新工艺、新技术应用的工艺评审内容和要求

D.1　采用新工艺、新技术的必要性、经济性

D.1.1　采用的新工艺、新技术国内外概况。

D.1.2　产品的特殊技术要求。

D.1.3　现有生产条件和工艺技术水平。

D.1.4　新工艺、新技术的经济性分析。

D.2　新工艺、新技术应用的可行性

D.2.1　工艺总方案对新工艺、新技术的要求。

D.2.2　新技术、新工艺的试用、验证情况分析；质量稳定性分析及鉴定结论。

D.2.3　新工艺、新技术的工艺文件应完整，配套检验方法和手段。

D.2.4　新材料的工艺性分析，新设备的适应性分析。

D.2.5　新工艺、新技术、新材料、新设备对劳动安全和环境保护法律法规的符合性。

D.3　新工艺、新技术实施计划及措施

D.3.1　实施计划应符合总工艺方案的要求。

D.3.2　质量控制措施符合质量控制体系的要求。

D.3.3　制定操作、检验人员培训计划。

D.3.4　其他实施计划。

附　录　E
（资料性附录）
工艺评审报告格式

E.1　工艺评审报告

工艺评审报告的封面、首页、续页见图 E.1～图 E.6。

工艺评审报告

工艺项目代号____________________

工艺项目名称____________________

年　　月　　日

图 E.1　评审报告封面格式

产品名称		产品代号	
评审地点		评审日期	
评审申请人		评审组织方	
评审主要内容：			
提供评审的文件目录			
序号	文件编号	评审用文件名称	页数

图 E.2　提供评审的文件目录页格式

存在的主要问题及改进建议

图 E.3 存在的主要问题及改进建议表格式

评审结论：   评审组长签名： 年　月　日
保留意见：   签　名： 年　月　日
工艺项目负责人意见：   签　名： 年　月　日

图 E.4　评审事项签字表格式

序号	待办事项	计划完成日期	负责人	监督人

图 E.5　待办事项登记表格式

	姓　名	职务及职称	工作单位	签　名	备　注
组长					
副组长					
成员					

图 E.6　评审组成员签署表格式

ICS 25.020
J 30

中华人民共和国国家标准

GB/T 24737.9—2012

工艺管理导则
第9部分：生产现场工艺管理

Guide for technological management—
Part 9: Technological management of production field

2012-05-11 发布　　2012-12-01 实施

中华人民共和国国家质量监督检验检疫总局
中国国家标准化管理委员会　发布

前　言

GB/T 24737《工艺管理导则》分为9个部分：

——第1部分：总则；

——第2部分：产品工艺工作程序；

——第3部分：产品结构工艺性审查；

——第4部分：工艺方案设计；

——第5部分：工艺规程设计；

——第6部分：工艺优化与工艺评审；

——第7部分：工艺定额编制；

——第8部分：工艺验证；

——第9部分：生产现场工艺管理。

本部分为GB/T 24737的第9部分。

本部分按照GB/T 1.1—2009给出的规则起草。

本部分由全国技术产品文件标准化技术委员会(SAC/TC 146)提出并归口。

本部分起草单位：中机生产力促进中心、佛山市顺德区质量技术监督标准与编码所、合肥瑞齐信息科技有限公司、济南重工股份有限公司、先进成形技术与装备国家重点实验室、北京第二机床厂有限公司、北京奔驰汽车有限公司。

本部分主要起草人：奚道云、陈秀娟、欧阳丹、李军生、柳承波、燕云龙、郭静、张深广、单忠德、张秀芬、张秀兰、蔺桂芝。

工艺管理导则
第9部分:生产现场工艺管理

1 范围

GB/T 24737的本部分规定了生产现场工艺管理的基本任务、主要内容和基本要求。

本部分适用于机械产品生产现场工艺管理。

2 规范性引用文件

下列文件对于本文件的应用是必不可少的。凡是注日期的引用文件,仅注日期的版本适用于本文件。凡是不注日期的引用文件,其最新版本(包括所有的修改单)适用于本文件。

GB/T 4863—2008 机械制造工艺基本术语

GB/T 24738—2009 机械制造工艺文件完整性

JB/T 5059—2006 特殊工序质量控制导则

3 术语、定义和缩略语

GB/T 4863—2008界定的以及下列术语和定义适用于本文件。

3.1

定置管理 fixation management

研究生产和工作现场人与物、人与环境、物与环境之间的关系,对现场的最佳固定位置进行设计、组织、实施、调整和控制,使其达到规范化、标准化和科学化的管理活动。

3.2 缩略语

IE:即工业工程(Industrial Engineering),简称为IE。是对人员、设备、物料、能源和信息等所组成的集成系统为主要研究对象,对该系统进行规划、设计、管理、改进和创新,使其达到降低成本、提高质量和效益的一门学科。

6S:是指对生产现场各种生产要素(主要是物的要素)所处的状态不断进行整理(Seiri)、整顿(Seiton)、清扫(Seiso)、清洁(Seiketsu)、提高素养(Shitsuke)和保障安全(Security)的活动。

4 生产现场工艺管理的目标

生产现场是生产零部件和装配产品的场所。生产现场工艺管理是通过计划、组织、控制和协调等方法,对生产现场人、机器、物料、方法、测量、能源、信息和环境等因素进行合理配置和有效控制,其目标为:

——确保产品质量;

——提高生产效率;

——减少材料和能源消耗;

——降低生产成本;

——改善生产环境,实现安全生产。

5 生产现场工艺管理主要内容及要求

5.1 人员要求

5.1.1 现场与生产相关的工作人员应经过岗位技能培训，合格后方可上岗工作。

5.1.2 重要设备（精密、大型、贵重等）操作人员及特殊工种（焊工、电工、无损检测等）人员应经过企业、地方相关部门的严格考试，并取得相应证书后才能上岗操作。

5.2 工艺设备、工艺装备管理

5.2.1 生产过程中使用的设备、工艺装备应保持既定精度和良好的工作状态，满足工艺技术要求。

5.2.2 生产过程中使用的量具、检具与仪器仪表应定期检验，保证精度合格，量值统一。

5.3 物料管理

5.3.1 生产产品用的物料（包括原材料、辅料、毛坯、半成品、外协件、外购件等）都必须经过质量检验部门检验，且符合有关设计和工艺要求后方可使用。

5.3.2 对产品质量有重要影响的物料应做好标记，并对其储存、运输和使用过程进行追踪，以保证产品质量的可追踪性。

5.4 工艺文件管理

5.4.1 工艺文件应正确、完整、统一、清晰。

5.4.2 使用的工艺文件的完整性应符合 GB/T 24738—2009 规定。

5.4.3 使用的所有工艺文件应为有效版本，并符合有关标准和规定。

5.4.4 工艺文件更改应符合文件管理程序和相关工艺管理要求，并及时修改相关的技术文件。

5.4.5 变更工艺文件的新版本时，旧文件应做标记并收回。

5.4.6 建立现场工艺技术档案，做好各种技术数据的记录和管理。

5.5 工序质量控制

工序过程应稳定保持产品质量的一致性，对关键工序应重点控制。生产现场关键工序质量控制应设置质量控制点，质量控制点的设置原则和工作内容参见附录 A。特殊工序质量控制按 JB/T 5059—2006 的规定执行。

5.6 工艺定额控制

依据工艺定额控制现场材料消耗和劳动消耗，对由于改进产品结构、采用新材料和新工艺、工艺优化或定额不合理等原因产生的定额与实际不符问题，及时反馈给定额编制部门，适时调整工时定额和材料消耗定额。

5.7 现场环境管理

5.7.1 工作场地的环境条件应符合工艺技术要求及相关标准规定，保证产品生产所需的温度、湿度、清洁度、防静电、电磁干扰等要求。

5.7.2 对现场物品进行定置管理，具体要求参见附录 B。

5.7.3 工作现场应干净、整洁、安全，符合 6S 规定。

5.7.4 现场安全、环境保护及职业健康措施应符合相关标准要求。

5.8 现场改进

5.8.1 应用IE技术优化工艺流程，改进操作方法，改善工作环境，整顿生产现场秩序，并加以标准化，有效消除各种浪费，提高质量、生产效率和经济效益。

5.8.2 改进的主要内容有：

——人员配置；

——工艺装备；

——工艺流程和工艺布局；

——工作程序和方法；

——现场环境等。

5.9 现场监测

5.9.1 指导和监督工艺流程的正确实施，发现工艺问题，应及时反馈给相关责任部门和责任人，并及时修改或调整工艺文件。

5.9.2 生产过程中应严格按照工艺文件，对影响产品的主要工艺要素和工艺参数进行监视和测量，并做好记录。

5.9.3 对新工艺、新技术、新材料和新设备的使用进行监视，发现问题及时反馈给有关部门，更改相关设计和工艺文件。

5.9.4 在产品加工、装配完成之后，按设计图样或标准对产品的精度和性能进行检测，以保证产品的性能和质量。

附 录 A
(资料性附录)
工序质量控制

A.1 工序质量控制点设置原则

A.1.1 对产品精度、性能、安全、寿命等有重要影响的部位或环节。

A.1.2 工艺上有特殊要求，对下道工序的加工、装配有重大影响的部位或环节。

A.1.3 内、外部质量信息反馈中出现质量问题较多的薄弱环节。

A.1.4 采用新技术、新工艺、新材料加工的部位或环节。

A.2 工序质量控制点的主要工作内容

A.2.1 工艺部门编制工序质量控制点明细表和涉及质量控制的有关文件，经质量部门会签。

A.2.2 复杂工序绘制“工序控制点流程图”，明确标出建立控制点的工序、质量特性、质量要求、检验方式、测量工具等。

A.2.3 分析或测定工序能力，当工序能力不足时应及时采取措施加以调整，工序能力指数的计算和判定宜符合 JB/T 3736.7 的规定。

A.2.4 分析工序质量缺陷因素，验证工序质量保证能力，编制工序质量分析表。

A.2.5 根据工序质量分析表，对质量影响因素进行整改。

A.2.6 根据需要设置工序控制图，常用控制图的形式参见 GB/T 4091—2001。

A.2.7 对工序质量控制点进行验收，做好工序质量的信息反馈及处理。

A.2.8 工序经过重点控制后，经过一段时间的验证，证实工序质量控制点的产品质量和工序能力满足要求，可提出书面申请，获批后该工序质量控制点可予以撤销。

附 录 B
（资料性附录）
生产现场定置管理

B.1 定置管理的目的

通过工艺路线分析和方法研究，对生产现场中人与物的结合状态加以改善，使之尽可能处于紧密结合状态，以清除或减少人的无效劳动和避免生产中的不安全因素，从而降低资源消耗、提高产品质量和生产效率。

B.2 定置管理的目标

B.2.1 建立规范安全的生产秩序，稳定和提高生产质量。

B.2.2 创造良好的生产环境，清除事故隐患，提高生产效率。

B.2.3 优化工艺流程，减少生产中的运输环节，避免物料积压，减少物料消耗，提高生产效率。

B.2.4 优化工艺布局，充分利用生产空间和场地，扩大生产能力。

B.2.5 建立物流信息，严格作业计划标准，实现均衡生产。

B.3 定置管理的范围

——生产现场的区域管理，如合格品区、待检区、返修品区、废品区、安全消防区、高压变电区、物流通道等；

——设备、工艺装备的定置管理；

——工具及工具箱内物品的定置管理；

——工件和原材料的定置管理；

——化学品、危险品、废弃物的定置管理；

——安全设施的定置管理；

——工序质量控制点的定置管理；

——操作者定置管理；

——其他事项的定置管理。

B.4 定置管理的程序

B.4.1 任务分析：

——分析现场的生产环境、机器设备、工艺流程；

——分析可采取的先进的工艺和加工方法；

——确定工艺路线和操作程序。

B.4.2 生产现场人、物与场地之间的结合状态分析（见表 B.1）。

表 B.1　生产现场人、物与场地之间的结合状态

代号	标志	颜色	结合状态特征	含意及物品举例
A	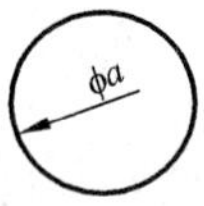	草绿色	紧密结合状态	正在加工或刚加工完的工件，如正在加工、实验的产品，正在装配的零部件，在用的量具、模具、工具等
B	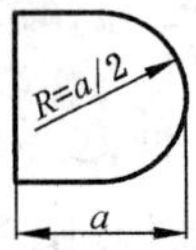	天蓝色	松弛结合状态	暂存放于生产现场不能马上进行加工或转运到下工序的工件，如计划内投料的毛坯、待装配的外购件、重复使用的工艺装备、运输工具等
C	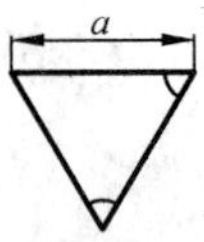	橙黄色	相对固定状态	非加工对象，如设备、工艺装备、生产中所用的辅助材料等
D	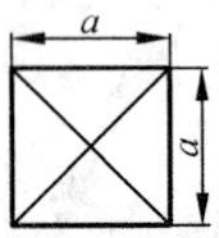	乳白色	废弃状态	各种废弃物品，如废料、废品、铁屑、垃圾及与生产无关的物品

B.4.3　物流、信息流分析。

B.4.4　划分定置区域。

B.4.5　设计物品与场地关系的定置图。

B.4.6　建立定置管理信息系统。

参 考 文 献

［1］ JB/T 3736.7 质量管理中常用的统计工具 工序能力指数
［2］ GB/T 4091—2001 常见控制图

ICS 35.040
L 80

中华人民共和国国家标准

GB/T 25068.1—2012/ISO/IEC 18028-1:2006

信息技术　安全技术　IT网络安全
第1部分:网络安全管理

Information technology—Security techniques—IT network security—Part 1:Network security management

(ISO/IEC 18028-1:2006,IDT)

2012-06-29 发布　　2012-10-01 实施

中华人民共和国国家质量监督检验检疫总局
中国国家标准化管理委员会　发布

前　言

GB/T 25068《信息技术　安全技术　IT 网络安全》分为以下 5 个部分：

——第 1 部分：网络安全管理；

——第 2 部分：网络安全体系结构；

——第 3 部分：使用安全网关的网间通信安全保护；

——第 4 部分：远程接入的安全保护；

——第 5 部分：使用虚拟专用网的跨网通信安全保护。

本部分为 GB/T 25068 的第 1 部分。

本部分按照 GB/T 1.1—2009 给出的规则起草。

本部分使用翻译法等同采用国际标准 ISO/IEC 18028-1:2006《信息技术　安全技术　IT 网络安全　第 1 部分：网络安全管理》。

本部分作了以下纠正：在第 4 章的缩略语中纠正一个缩略语的英文原文。纠正的缩略语的英文原文在所在页的边空白处用单竖线"|"标出。13.3.1 中原文有误，已纠正，在页边用单竖线"|"指示。

与本部分中规范性引用的国际文件有一致性对应关系的我国文件如下：

——GB/Z 20985—2007　信息技术　安全技术　信息安全事件管理指南(ISO/IEC TR 18044:2004,MOD)。

——GB/T 28454—2012　信息技术　安全技术　入侵检测系统的选择、部署和操作(ISO/IEC 18043:2006,MOD)

请注意本文件的某些内容可能涉及专利。本文件的发布机构不承担识别这些专利的责任。

本部分由全国信息安全标准化技术委员会(TC 260)提出并归口。

本部分起草单位：黑龙江省电子信息产品监督检验院、中国电子技术标准化研究所。

本部分主要起草人：王希忠、姜波、黄俊强、马遥、方舟、王大萌、树彬、张清江、宋超臣、段志鸣、上官晓丽、许玉娜、王运福、吴梅艳。

引　言

通信和信息技术业界一直在寻找经济有效的全面安全解决方案。安全的网络应受到保护，免遭恶意和无意的攻击，并且应满足业务对信息和服务的保密性、完整性、可用性、抗抵赖、可核查性、真实性和可靠性的要求。保护网络安全对于适当维护计费或使用信息的准确性也是必要的。产品的安全保护能力对于全网的安全(包括应用和服务)是至关重要的。然而，当更多的产品被组合起来以提供整体解决方案时，互操作性的优劣将决定这种解决方案的成功与否。安全不仅是对每种产品或服务的关注，还必须以促进全面的端到端安全解决方案中各种安全能力交合的方式来开发。因此，GB/T 25068的目的是为IT网络的管理、操作和使用及其互连等安全方面提供详细指南。组织中负责一般IT安全和特定IT网络安全的人员应能够调整GB/T 25068中的材料以满足他们的特定要求。GB/T 25068的主要目标如下：

——GB/T 25068.1定义和描述网络安全的相关概念，并提供网络安全管理指南——包括考虑如何识别和分析与通信相关的因素以确立网络安全要求，还介绍可能的控制领域和特定的技术领域(相关内容在GB/T 25068的后续部分中涉及)；

——GB/T 25068.2定义一个标准的安全体系结构，它描述一个支持规划、设计和实施网络安全的一致框架；

——GB/T 25068.3定义使用安全网关保护网络间信息流安全的技术；

——GB/T 25068.4定义保护远程接入安全的技术；

——GB/T 25068.5定义对使用虚拟专用网(VPN)建立的网络间连接进行安全保护的技术。

GB/T 25068.1与涉及拥有、操作或使用网络的所有人员相关。除了对信息安全(IS)和/或网络安全及网络操作负有特定责任的、或对组织的全面安全规划和安全策略开发负有责任的管理者和管理员外，还包括高级管理者和其他非技术性管理者或用户。

GB/T 25068.2与涉及规划、设计和实施网络安全体系结构方面的所有人员(例如IT网络管理者、管理员、工程师和IT网络安全主管)相关。

GB/T 25068.3与涉及详细规划、设计和实施安全网关的所有人员(例如IT网络管理者、管理员、工程师和IT网络安全主管)相关。

GB/T 25068.4与涉及详细规划、设计和实施远程接入安全的所有人员(例如IT网络管理者、管理员、工程师和IT网络安全主管)相关。

GB/T 25068.5与涉及详细规划、设计和实施VPN安全的所有人员(例如IT网络管理者、管理员、工程师和IT网络安全主管)相关。

信息技术 安全技术 IT网络安全 第1部分:网络安全管理

1 范围

GB/T 25068的本部分规定了网络和通信安全方面的指导,包括信息系统网络自身的互连以及将远程用户连接到网络。

本部分适用于那些负责信息安全管理,尤其是网络安全管理的相关人员。本部分支持识别和分析与通信相关的因素,这些因素宜在建立网络安全要求时考虑到;针对与通信网络连接相关的安全,介绍如何识别适当的控制域;综述可能的控制域,包括在GB/T 25068.2至GB/T 25068.5中详细论述的那些技术设计和实施主题。

2 规范性引用文件

下列文件对于本文件的应用是必不可少的。凡是注日期的引用文件,仅注日期的版本适用于本文件。凡是不注日期的引用文件,其最新版本(包括所有的修改单)适用于本文件。

GB/T 22081—2008 信息技术 安全技术 信息安全管理实用规则(ISO/IEC 27002:2005,IDT)

GB/T 25068.2—2012 信息技术 安全技术 IT网络安全 第2部分:网络安全体系结构(ISO/IEC 18028-2:2005,IDT)

GB/T 25068.3—2010 信息技术 安全技术 IT网络安全 第3部分:使用安全网关的网间通信安全保护(ISO/IEC 18028-3:2005,IDT)

GB/T 25068.4—2010 信息技术 安全技术 IT网络安全 第4部分:远程接入的安全保护(ISO/IEC 18028-4:2005,IDT)

GB/T 25068.5—2010 信息技术 安全技术 IT网络安全 第5部分:使用虚拟专用网的跨网通信安全保护(ISO/IEC 18028-5:2006,IDT)

ISO/IEC 18043:2006 信息技术 安全技术 入侵检测系统的选择、部署和操作(Information technology—Security techniques—Selection, deployment and operations of intrusion detection systems)

ISO/IEC TR 18044:2004 信息技术 安全技术 信息安全事件管理指南(Information technology—Security techniques—Information security incident management)

ISO/IEC 13335-1:2004 信息技术 安全技术 信息和通信技术安全管理 第1部分:信息和通信技术安全管理概念和模型(Information technology—Security techniques—Management of information and communications technology security—Part 1: Concepts and models for information and communications technology security management)

3 术语和定义

3.1 其他标准中的术语和定义

GB/T 9387(所有部分)和GB/T 22081中界定的术语和定义适用于本文件。

3.2 术语和定义

下列术语和定义适用于本文件。

3.2.1

报警 alert

“即时”指示信息系统和网络可能受到攻击或因意外事件、故障或人为错误而处于危险之中。

3.2.2

攻击者 attacker

故意利用技术性和非技术性安全控制措施的脆弱性，以窃取或损害信息系统和网络，或者损害合法用户对信息系统和网络资源可用性的任何人。

3.2.3

审计 audit

依照期望对事实进行的正规调查、正规检验或验证，以确认它们之间的符合性和一致性。

3.2.4

审计日志 audit logging

为了评审和分析以及持续监控而收集的有关信息安全事态的数据。

3.2.5

审计工具 audit tools

一种辅助分析审计日志内容的自动化工具。

3.2.6

业务持续性管理 business continuity management

当有任何意外或有害事件发生，且能够对基本业务功能和支持要素的持续性造成负面影响时，确保运行的恢复得到保障。

注：该过程还宜确保恢复工作按所要求的优先级、在规定的时间期限内完成，且随后将所有业务功能及支撑要素恢复到正常状态。这一过程的关键要素必须确保具有必要的规划和设施，且经过测试，它们包含信息、业务过程、信息系统和服务、语音和数据通信、人员和物理设施。

3.2.7

Comp128-1

早期被SIM卡默认使用的一种专有算法。

3.2.8

非军事区 demilitarized zone

插在网络之间作为“中立区”的边界网络(也称作屏蔽子网)。

注：它形成一个安全缓冲区。

3.2.9

拒绝服务 denial of service

阻止对系统资源的授权访问或延迟系统的运行和功能。

3.2.10

外联网 extranet

组织的内联网的扩展，特别是在公共网络基础设施上的扩展，通过提供对其内联网的有限访问，使得组织和与它有往来的其他组织和个人共享资源。

3.2.11

过滤 filtering

根据指定的准则，接受或拒绝数据流通过网络的过程。

3.2.12

防火墙 firewall

设置在网络环境之间的一种安全屏障。它由一台专用设备或若干组件和技术的组合组成。网络环境之间两个方向的所有通信流均通过此安全屏障，并且只有按照本地安全策略定义的、已授权的通信流才允许通过。

3.2.13

集线器 hub

一种在OSI参考模型(GB/T 9387.1)中第1层工作的网络设备。

注：网络集线器中没有真正的智能，它只为联网系统或资源提供物理连接点。

3.2.14

信息安全事态 information security event

被识别的一种系统、服务或网络状态的发生，表明一次可能的信息安全策略违规或某些控制措施失效，或者一种可能与安全相关但以前不为人知的情况。

注：见ISO/IEC 18044。

3.2.15

信息安全事件 information security incident

由单个或一系列有害或意外的信息安全事态所组成，极有可能危害业务运行和威胁信息安全。

注：见ISO/IEC 18044。

3.2.16

信息安全事件管理 information security incident management

响应和处理信息安全事态和事件的正规过程。

注：见ISO/IEC 18044。

3.2.17

互联网 internet

公共域内互连网络的全球系统。

3.2.18

内联网 intranet

在组织内部建立的专用网络。

3.2.19

入侵 intrusion

对网络或连接到网络的系统的未授权访问，即对信息系统进行有意或无意的未授权访问，包括针对信息系统的恶意活动或对信息系统内资源的未授权使用。

3.2.20

入侵检测 intrusion detection

检测入侵的正规过程，其一般特征为采集如下知识：异常使用模式以及已被利用的脆弱性的类型和利用方式(包括何时发生及如何发生)。

注：见ISO/IEC 18043。

3.2.21

入侵检测系统 intrusion detection system

用于识别某一入侵已被尝试、正在发生或已经发生，并可能对信息系统和网络中的入侵做出响应的技术系统。

3.2.22

入侵防护系统 intrusion prevention system

入侵检测系统的一种变体,专门设计来提供主动的响应能力。

注:见 ISO/IEC 18043。

3.2.23

抖动 jitter

因被传输的信号偏离其参考值而造成的一种线路失真形式。

3.2.24

恶意软件 malware

被专门设计用来损害或破坏系统的恶意的软件,诸如病毒或特洛伊木马。

3.2.25

多协议标签交换 multi protocol label switching

一种为了在内部网络路由选择中使用而开发的技术,由此标签被分配给单个的数据路径或数据流,并用于切换连接,处于下层且是一般路由选择机制的附加。

注:标签交换能用作一种创建隧道的方法。

3.2.26

网络行政管理 network administration

日常运营和网络过程及用户的管理。

3.2.27

网络分析仪 network analyzer

用于截取网络中信息流并对其解码的设备。

3.2.28

网络元素 network element

与网络相连的信息系统。

注:安全元素的详细描述见 GB/T 25068.2。

3.2.29

网络管理 network management

对网络进行规划、设计、实施、运行、监视和维护的过程。

3.2.30

网络监视 network monitoring

连续观察和评审在网络活动和运行中所记录数据(包括审计日志和报警)的过程以及相关分析。

3.2.31

网络安全策略 network security policy

组织为使用网络资源所制定的一组说明、规则和实践,并指出如何通过以上策略保护网络基础设施和服务。

3.2.32

端口 port

连接的端点。

注:在互联网协议的环境中,端口是 TCP 或 UDP 连接的逻辑信道端点。基于 TCP 或 UDP 的应用协议通常已分配默认端口号,如为 HTTP 协议分配端口 80。

3.2.33

隐私　privacy

每个人都享有的不公开处理的私人和家庭生活、居所和通信的权利。

注：隐私不得受到当局干涉，而在依照法律，且对于国家安全、公共安全或国家经济与社会稳定，或者对于防止动乱或犯罪、保护健康或道德，或者对于保护他人的权利和自由有必要时除外。

3.2.34

远程访问　remote access

从另一网络或从一个正在访问但未在物理上或是逻辑上永久连接到网络的终端设备来访问网络资源的过程。

3.2.35

远程用户　remote user

所在位置与正被使用的网络资源位置不同的用户。

3.2.36

路由器　router

通过基于路由协议机制和算法选择路径或路由，来建立和控制不同网络之间数据流的网络设备。其自身能基于不同的网络协议。路由信息保存在路由表内。

3.2.37

安全维　security dimension

为处理特定网络安全方面而设计的安全控制措施集。

注：安全维的详细描述见 GB/T 25068.2。

3.2.38

安全域　security domain

遵从于共同安全策略的资产和资源的集合。

3.2.39

安全网关　security gateway

网络之间或网络内子部分之间或不同安全域内的软件应用之间的连接点，旨在按照给定的安全策略保护网络。

注：安全网关的详细描述见 GB/T 25068.3。

3.2.40

安全层　security layers

表示一种由安全维保护的网络设备和设施分类的层次结构。

注：安全层的详细描述见 GB/T 25068.2。

3.2.41

安全面　security plane

表示由安全维保护的某种类型的网络活动。

注：安全面的详细描述见 GB/T 25068.2。

3.2.42

滥发　spamming

发送大量未经请求的消息，从而对接收方信息系统资源的可用性造成不利影响。

3.2.43

欺骗　spoofing

假冒成合法的资源或用户。

3.2.44

交换机　switch

利用内部交换机制来提供联网设备之间连通性的设备。

注：交换机不同于其他局域网互联设备(例如集线器)，其原因是交换机中使用的技术是在点对点的基础上建立连接。这就确保网络通信流只对有地址的网络设备可见，并使几个连接能够并存。交换技术能在OSI参考模型(GB/T 9387.1)的第2层或第3层实现。

3.2.45

隧道　tunnel

通过使用协议封装、标签交换或虚电路等技术，在现有的网络基础设施上建立的联网设备之间的数据路径。

3.2.46

虚拟专用网　virtual private network

利用物理网络的系统资源而构建的限制性使用的逻辑计算机网络。例如，使用加密技术和/或虚拟网络的隧道链接来跨越真实网络。

4　缩略语

3G	第三代移动电话系统(Third Generation mobile telephone system)
AAA	鉴别、授权和计费(Authentication,Authorization and Accounting)
ACL	访问控制列表(Access Control List)
ADSL	非对称数字用户线(Asymmetric Digital Subscriber Line)
AES	高级加密标准(Advanced Encryption Standard)
ATM	异步传输模式(Asynchronous Transfer Mode)
CDPD	蜂窝数字分组数据(Cellular Digital Packet Data)
CDMA	码分多址(Code Division Multiple Access)
CLID	呼叫线路识别(Calling Line Identifier)
CLNP	无连接网络协议(Connectionless Network Protocol)
CoS	服务类别(Class of Service)
CRM	客户关系管理(Customer Relationship Management)
DEL	直接交换线路(Direct Exchange Line)
DES	数据加密标准(Data Encryption Standard)
DMZ	非军事区(Demilitarized Zone)
DNS	域名服务(Domain Name Service)
DoS	拒绝服务(Denial of Service)
DSL	数字用户线(Digital Subscriber Line)
EDGE	增强型数据速率GSM演进技术(Enhanced Data-Rates for GSM Evolution)
EDI	电子数据交换(Electronic Data Interchange)
EGPRS	增强型通用分组无线业务(Enhanced General Packet Radio Service)
EIS	企业信息系统(Enterprise Information System)
FTP	文件传输协议(File Transfer Protocol)
GPRS	通用分组无线业务(General Packet Radio Service)
GSM	全球移动通信系统(Global System for Mobile communications)
HIDS	基于主机入侵检测系统(Host based Intrusion Detection System)

HTTP	超文本传输协议(Hypertext Transfer Protocol)
IDS	入侵检测系统(Intrusion Detection System)
IP	互联网协议(Internet Protocol)
ISP	互联网服务提供商(Internet Service Provider)
IT	信息技术(Information Technology)
LAN	局域网(Local Area Network)
MPLS	多协议标签交换(Multi-Protocol Label Switching)
MRP	制造资源计划(Manufacturing Resource Planning)
NAT	网络地址转换(Network Address Translation)
NIDS	网络入侵检测系统(Network Intrusion Detection System)
NTP	网络时间协议(Network Time Protocol)
OOB	带外数据('Out of Band')
PC	个人计算机(Personal Computer)
PDA	个人数字助理(Personal Data Assistant)
PIN	个人识别码(Personal Identification Number)
PKI	公钥基础设施(Public Key Infrastructure)
PSTN	公用电话交换网(Public Switched Telephone Network)
QoS	服务质量(Quality of Service)
RAID	独立冗余磁盘阵列(Redundant Array of Inexpensive Disks)
RAS	远程接入服务(Remote Access Service)
RTP	实时传输协议(Real-Time Transport Protocol)
SDSL	对称数字用户线(Symmetric Digital Subscriber Line)
SecOPs	安全操作规程(Security Operating Procedures)
SIM	用户识别模块(Subscriber Identity Module)
SNMP	简单网络管理协议(Simple Network Management Protocol)
SSH	安全外壳协议(Secure Shell)
TCP	传输控制协议(Transmission Control Protocol)
TDMA	时分多址(Time Division Multiple Access)
Telnet	在远程计算机上在线工作的终端仿真程序(Terminal emulation program to work on-line on a remote computer)
TETRA	地面集群无线电(TErrestial Trunked RAdio)
TKIP	临时密钥整体性协议(Temporal Key Integrity Protocol)
UDP	用户数据报协议(User Datagram Protocol)
UMTS	通用移动电信系统(Universal Mobile Telecommunications System)
UPS	不间断电源(Uninterruptible Power Supply)
USB	通用串行总线(Universal Serial Bus)
VHF	甚高频(Very High Frequency)
VoIP	IP 语音(Voice over IP)
VPN	虚拟专用网(Virtual Private Network)
WAN	广域网(Wide Area Network)
WAP	无线应用协议(Wireless Application Protocol)
WEP	有线等效隐私(Wired Equivalent Privacy)
WLAN	无线局域网(Wireless Local Area Network)
WORM	一写多读(Write Once Read Many)

5 结构

本部分采用的编排方法是：

——首先总结、识别和分析与通信相关因素的整个过程，这些因素在确立网络安全要求时宜予以考虑；

——然后针对与连接相关的安全提供潜在控制域的指示，这些连接是与外部通信网络的连接和通信网络之间的连接。在此过程中，对 ISO/IEC 13335 和 GB/T 22081—2008 可能使用的相关内容提供指示符，并且在 GB/T 25068.2～GB/T 25068.5 中详细研究的技术设计和实施的主题也被引入。

描述 3 个简单标准以帮助负责信息安全的人员识别潜在控制域。这些标准识别以下内容：

——不同网络连接类型；

——不同网络特征和相关信任关系；

——与网络连接（和经由这些连接所提供服务的使用）有关的潜在安全风险类型。

然后将这些标准组合起来的结果用于指示潜在控制域。随后，提供潜在控制域的概要描述，并指出更详细的来源。

研究的领域是：

——网络安全体系结构，包括以下范围：

- 局域网；
- 广域网；
- 无线网络；
- 无线电网络；
- 宽带网络；
- 安全网关（见 GB/T 25068.3）；
- 远程接入服务（见 GB/T 25068.4）；
- 虚拟专用网（见 GB/T 25068.5）；
- IP 融合（数据、音频和视频）；
- 保持对（组织）外部网络所提供服务的访问成为可能；
- 万维网代管体系结构；

（更多网络安全体系结构的细节见 GB/T 25068.2）。

——安全服务管理框架；

——网络安全管理；

——技术脆弱性管理；

——识别和鉴别；

——网络审计日志和监视；

——入侵检测；

——抵御恶意代码；

——公用基础设施的密码服务；

——业务持续性管理[1]。

然后研究安全控制措施的实施和运行，以及该实施的监视和评审。

1） 这包括 IT 灾难恢复计划。

6 目标

本部分的目标是提供：

——识别和分析与通信相关因素的指导，这些因素在确立网络安全要求时宜予以考虑；

——潜在控制域的指示，包括在 GB/T 25068.2～GB/T 25068.5 中详细研究的那些潜在控制域。

7 综述

7.1 背景

随着电子商务行为在全球的不断增加，大多数政府和商业组织的信息系统通过网络连接在一起。网络连接可以是组织内部的互联、组织间的互联或组织与公众的互联。

公开可用网络技术特别是互联网和相关的万维网的迅速发展，使得商务和在线公共服务的提供得以发展。其范围从仅将互联网用作全球化连接手段来提供成本较低的数据通信，到提供更复杂的 ISP 服务。这意味着从使用在电路每一端的成本相对低的本地连接点，直到使用基于万维网的应用和服务，全面的在线电子交易和服务交付系统。此外，新技术（包括数据和语音的集成），使得远程上下班风格的业务模型有更大的发展空间。这使得员工能够在大部分时间内远离总部办公，通过使用拨号接入或逐渐增多的无线局域网连接等远程设施以建立与企业网络联系和访问业务支持信息和服务，来保持与总部的联系。

因此，在这种环境带来商业利益的同时，也带来新的需要管理的安全风险。由于组织严重依赖信息的使用来进行业务活动，信息和服务的保密性、完整性、可用性、抗抵赖、可核查性、真实性和可靠性的损失能够对业务运行造成不利影响。因此，保护信息、对组织内部信息系统进行安全管理是非常重要的需求。

一个典型的联网场景的实例如图 1 所示，该场景能够在今天的很多组织机构中观察到。

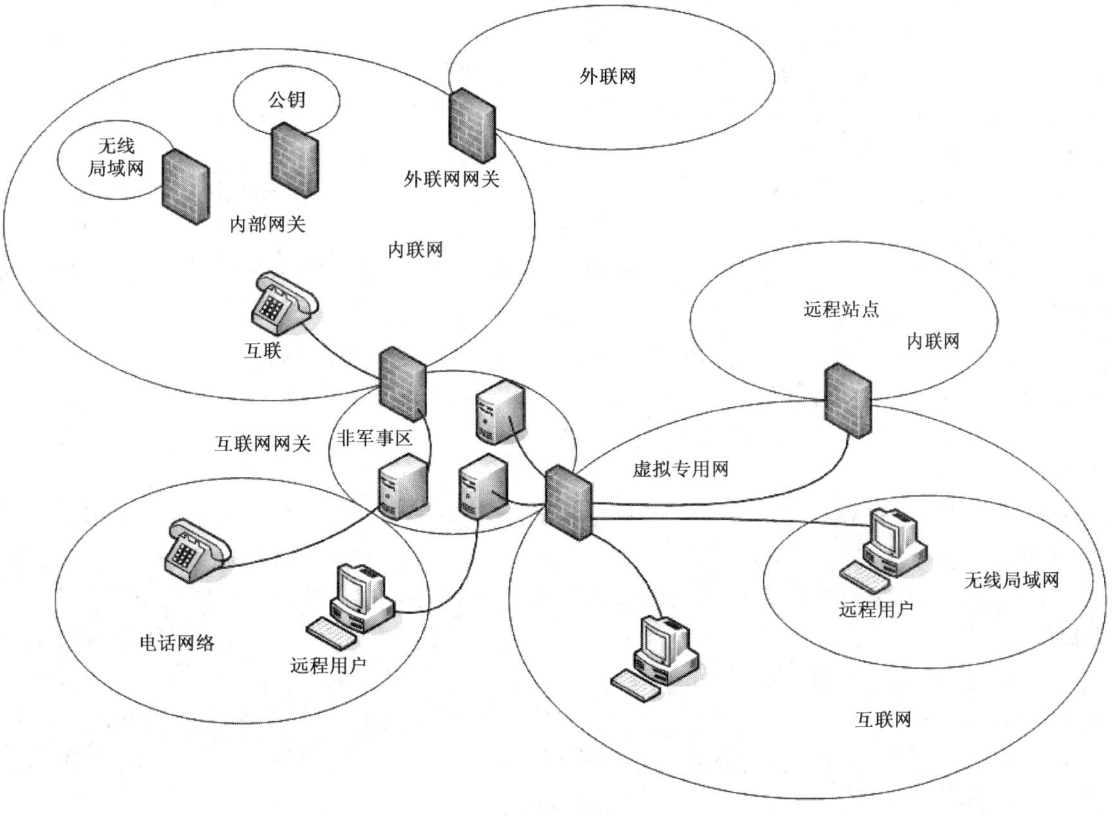

图 1 典型联网环境

内联网规范组织内部依赖和维护的网络。通常情况下，只有组织的工作人员才有该网络的直接物理接入点，并且该网络在处于该组织拥有的前提下，某种级别的物理保护可以容易地实现。在大多数情况下，对于所使用的技术和安全要求而言，内联网不是同构的；可能有些基础设施需要的保护级别比内联网自身给出的要高。此类基础设施，例如公开密钥基础设施环境的基本部分，可在内联网的专用部分中运行。另一方面，某些技术可能需要某种隔离，因为它们引入额外风险，例如无线局域网基础设施。对于这两种情况，内部安全网关可用于实施这种分割。

如今大多数组织的业务需求都需要与外部伙伴和其他组织进行通信和数据交换。与最重要的业务伙伴的连接方式是直接将内联网扩展到伙伴组织的网络；外联网这个术语被普遍用于这种扩展。由于被连接伙伴组织的信任在大多的情况下要低于组织内部的信任，所以外联网安全网关被用于应对由这些连接引入的风险。

如今，公共网络，主要是互联网，被进一步用于为合作伙伴和客户(包括公众)提供成本最优化的通信和数据交换设施，并且提供各种形式的内联网扩展。由于公共网络特别是互联网中的低信任等级，需要高级的安全网关来帮助管理相关的风险。这些安全网关包括特定的组件来处理各种形式的内联网扩展以及合作伙伴和客户连接的要求。

远程用户可通过虚拟专用网技术来连接，他们可能进一步使用如公共无线局域网热点之类的无线连接设施来接入互联网。或者，远程用户可使用电话网络来建立与远程接入服务器直接拨号连接，远程接入服务器通常位于互联网防火墙的非军事区环境内。

当一个组织决定使用 VoIP 技术来实现内部电话网络之后，通常也需要在电话网络中合理地部署安全网关。

同时，在许多方面，用于该典型联网方案中的技术带来了更多的商机和效益，例如通过降低和最优化成本，会导致环境十分复杂，且通常引入新的信息安全风险。因此，该环境下引入的风险需要被合理地评估，并且需要采取恰当的安全控制措施来降低风险。

换而言之，这些新环境所提供的业务机会宜与较新技术产生的风险保持平衡。例如从安全的角度来看，互联网有若干能引起关注的技术特点。它最初的设计是具有弹性的，未优先考虑安全，并且普遍使用的很多底层协议本来就不是安全的。互联网的一个主要优点是它是一个非常开放的系统，其最初是为响应美国政府的项目要求而在学术研究团体中开发的，能够广泛地公布结果以及免费分发软件和规范。这促进了互联网的普及和迅速发展，然而正是这种普及和开放产生了一个严重的脆弱性。在全球环境中有很多人有能力、知识和爱好来访问底层机制和协议并产生安全问题，其范围从未授权访问到全面的破坏性拒绝服务攻击。

总之，商业界和政府能否成功地利用现代网络所提供的机会，取决于在开放环境中运行的风险能否被管理和控制的程度。

7.2 总结了用于识别和分析与通信相关的因素并指明潜在控制域的建议过程，这些与通信相关的因素宜在确立网络安全要求时予以考虑。然后由后面的章条提供这一过程的更多细节。

7.2 识别过程

当考虑网络连接时，组织中其责任与这种连接相关的所有人员宜清楚其业务要求和利益。此外，他们宜知晓这种网络连接的安全风险和相关控制域。这些业务要求和利益可能会影响到在考虑网络连接、识别潜在控制域以及最终选择、设计、实施和维护安全控制措施的过程中所采取的很多决定和行动。因此，这些业务要求和利益宜在此过程中牢记。为了识别适当的、与网络相关的安全要求和控制域，宜完成以下几个任务(见 GB/T 22081—2008)：

——评审在组织的企业信息安全策略[2]中阐明的网络连接一般安全需求(见第 8 章)；

——评审与网络连接相关的网络体系结构和应用，为处理后续任务提供必要的背景(见第 9 章)；

---

2) 这一策略包括在以下方面的位置：(1)由相关法规或法律主体(包括国家政府机构)规定的、与网络连接相关的法律法规安全要求。(2)网络存储或传输的数据的类别。

——识别宜考虑的网络连接类型(见第 10 章);
——评审网络提议的特征(网络和应用体系结构上的可用信息加以辅助),以及相关的信任关系(见第 11 章);
——确定安全风险相关类型,可能辅以风险评估和管理评审结果——包括考虑对经由这种连接传输的信息以及可能以未授权方式通过这些连接进行访问的任何其他信息,进行业务操作的价值和所提供的服务[3](见第 12 章);
——识别控制域是否是适当的,符合网络连接类型、网络特征和相关信任关系以及安全风险类型、确定的,同时文件化和评审技术安全体系结构选项并同意偏好选项[4](见第 13 章);
——实施和运行安全控制措施(见第 14 章);
——持续监视和评审安全控制措施的实施[5](见第 15 章)。

宜注意的是,识别控制措施的一般建议包含在 GB/T 22081—2008 中,包括在将出版的 ISO/IEC 13335-2 中。本部分是这些标准的补充,介绍如何识别与通信网络连接相关的安全适当控制域,GB/T 25068.2～GB/T 25068.5 也如此。

图 2 说明识别和分析确立网络安全要求时考虑的与通信相关因素的整个进程,提供潜在控制域的指示。此过程的每一步都在图 2 后面的章条中加以详细描述。

在图 2 中,黑色实线表示该过程的主要路径,黑色虚线表示安全风险类型可能需要安全风险评估和管理评审的结果来帮助确定。

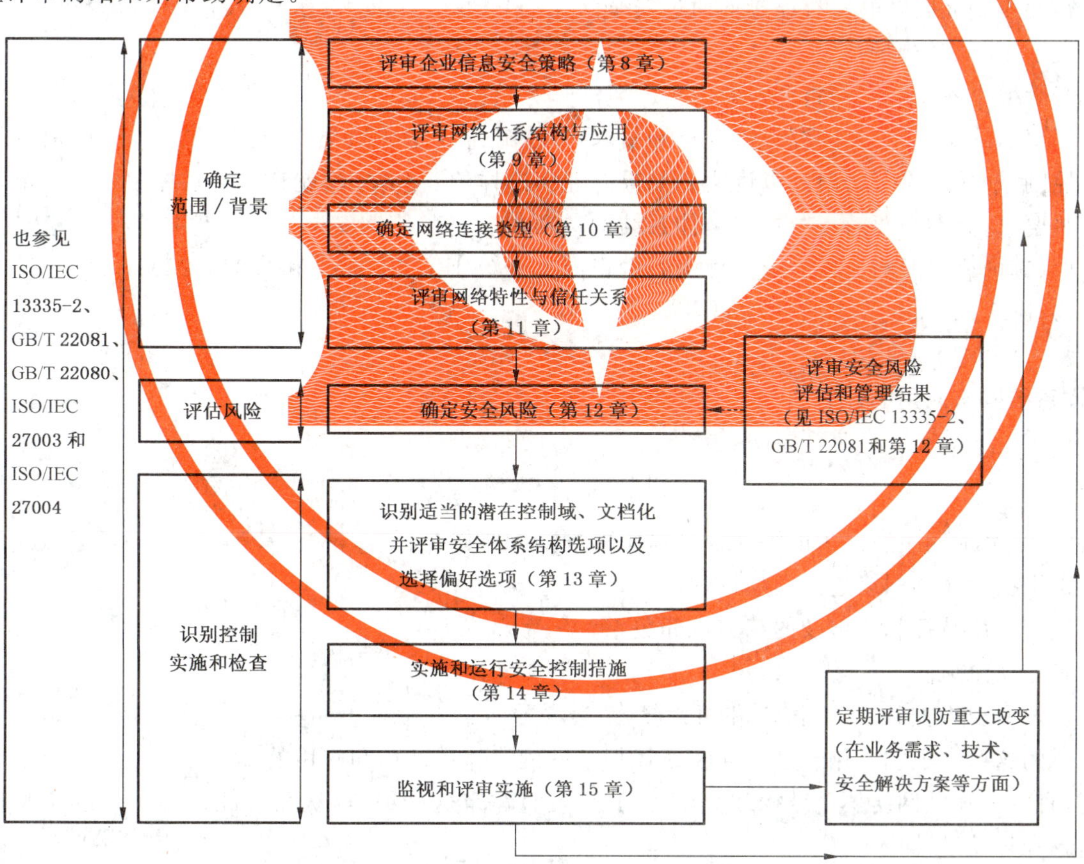

图 2 安全环境中的管理进程

3) 这将包括(1)评估潜在违背由相关立法主体(包括国家政府机构)规定的,与网络连接相关的法律法规的风险。(2)使用约定的潜在不利服务影响,确认在网络上存储或传输的数据类别。

4) 这将包括要求遵守由相关立法主体(包括国家政府机构)规定的与网络连接机关的法律法规的控制措施。

5) 这将包括监视和评审要求遵守由相关立法主体(包括国家政府机构)规定的与网络连接机关的法律法规的控制措施。

除了主要的过程路径外,在某些步骤中宜需要再次访问先前步骤的结果,以确保一致性,特别是"评审企业信息安全策略"和"评审网络体系结构与应用"这两个步骤。例如:

——在确定了安全风险的类型之后,可能需要评审企业信息安全策略,因为实际上在该策略级别无法处理的某些事情已经发生;

——识别潜在控制域时,宜考虑企业信息安全策略,例如无论风险如何,企业信息安全策略都详细地说明了某个控制措施必须跨越组织加以实施;

——在评审安全体系结构选项时,确保网络体系结构与应用的兼容性得到考虑。

8 企业信息安全策略要求的考量

一个组织的企业信息安全策略可能包括对保密性、完整性、可用性、抗抵赖、可核查性、真实性和可靠性的要求的陈述,以及在威胁类型、控制要求方面的观点,这些均与网络连接直接相关。

例如,这一策略能够陈述:

——某些类型的信息或服务的可用性是主要的关注点;

——不许可任何经由拨号接入线路的连接;

——宜使得到互联网的所有连接均通过安全网关;

——宜使用特定类型的安全网关;

——若无数字签名则计费指令无效。

适用于组织或全社团的此类陈述、观点和要求,宜在确定安全风险类型(见第 12 章)和识别为网络连接潜在控制域(见第 13 章)时加以说明。如果有任何这样的安全要求,就宜在潜在控制域的草案列表中记载这些要求,并在必要时反映在安全体系结构选项中。企业信息安全策略文件在组织信息安全方法内的定位、其内容以及与其他安全文件关系的指南见 ISO/IEC 13335-1 和 GB/T 22081—2008。其指南也见 ISO/IEC 13335-2。

9 网络体系结构与应用的评审

9.1 背景

如前所述,完成网络所要求的潜在控制措施的确认的步骤是:

——识别要使用的网络连接类型;

——识别网络特征和所涉及的相关信任关系;

——确定安全风险;

——开发所要求控制域的列表[6]和相关设计。

接下来的这些步骤宜专用于已经存在或计划了的网络体系结构和应用的环境中。

因此,宜获得相关网络体系结构和应用的细节,且宜评审这些细节,从而为此进程的后续步骤提供必要的理解和环境。

通过在尽可能早的阶段澄清这些方面,识别相关安全要求辨识标准、识别控制域和评审技术安全体系结构选项以及决定宜采用哪一个方案的进程宜变得效率更高,最终得到较可行的安全解决方案。

在早期阶段对网络和应用体系结构方面加以考虑,如果可接受的安全解决方案实际上在当前的体系结构中不能够实现,就应有时间对这些结构进行评审和可能的修改。

---

6) 包括与密码使用有关的那些控制域,诸如保密性、完整性和鉴别。

宜考虑的不同域包括：

——网络类型；

——网络协议；

——网络应用；

——实现网络的技术。

评审这些域的一些问题在后面的9.2～9.6中讨论。第10章提供如何识别网络连接类型的指南，第11章提供如何确定网络特征和相关信任关系的指南，第12章提供识别安全风险的指南(网络与应用体系结构的一般指南见GB/T 9387)。

9.2 网络类型

依据其涉及的区域，网络能分类为：

——局域网(LAN)，用于在本地互联各个系统；

——广域网(WAN)，用于互联向世界范围的各个系统。

(一些资源也将术语城域网(MAN)定义为"限制本地使用的广域网"，如在一个城市内。但是，现在同样的技术被用于广域网，因此城域网和广域网之间没有任何显著的差异。此外，就本部分而言，个人局域网(PAN)将归类为局域网。)

9.3 网络协议

不同的协议有不同的安全特征，且宜给予特殊考虑。例如：

——共享介质协议主要用于局域网，且提供各种机制来调控连接到的各个系统之间共享介质的使用。当使用共享介质时，网络中的所有信息都可以通过全互联系统物理访问；

——路由协议用于信息在广域网中不同节点间传输时定义路由。路由经过的所有系统内的信息均可被物理访问，同时路由也可人为或自动更改；

——很多承载网络都基于的多协议标签交换协议，允许一个核心承载网络被多个专用网络共享，而一个专用网络中没有任何一个成员知晓还有其他专用网络共享该核心网络。其主要应用是VPN的实施，用不同的标签来识别和分割属于不同VPN的通信流(基于MPLS的VPN不基于数据加密机制)。这使得企业用户能够将内部网络外包给服务提供商，而不必部署和管理他们自己的核心IP网络。一个关键的好处是能够集中网络服务，诸如网络上的语音和数据，使用服务质量机制来确保实时性能。

网络中使用的很多协议不提供任何安全性。例如，从网络通信流中获取密码的工具常常被攻击者利用。这使得应用系统在公共网络上发送未加密的口令有高度的脆弱性。

很多协议可用于连接不同的网络拓扑和介质，且使用有线以及无线技术。在很多情况下，上述做法对安全特征有更多的影响。

9.4 网络应用

网络上所述应用的类型宜在安全的环境中考虑。这些类型应包括：

——瘦客户端应用；

——桌面应用；

——基于终端仿真的应用；

——消息基础设施与应用；

——存储和转发或基于缓冲区的应用；

——客户端服务器应用。

下面的例子展示应用特征如何影响它们可能使用的网络环境的安全需求：

——消息应用(如加密和消息的数字签名)可提供足够的安全等级，不必在网络上实施专用的安全控制措施；

——瘦客户端为获得特定的功能需要下载移动代码。然而在这种情况下，保密性可能不是主要的问题，完整性是重要的并且网络宜为此提供适当的机制。此外，如果必须满足较高的要求，移动代码的数字签名将提供完整性和附加鉴别。这些经常在应用框架本身之内完成，因此可能没有必要在网络中提供这些服务；

——基于存储和转发或缓冲区的应用通常为进一步处理而将重要数据临时存储。如果有完整性和保密性的要求，在网络中需要有适当的控制措施以保护传输中的数据。但是，由于数据暂时存储在中间主机，这些控制措施可能还不够。因此，可能也需要应用附加控制措施和保护在中间节点上存储的数据。

9.5 网络实现技术

网络可使用各种手段来实现，采用这些手段的常见结构以网络所覆盖的地理区域为基础。

9.5.1 局域网

局域网是在一个小的地理区域内把计算机和服务器互联在一起的网络。其规模范围从几个相互连接的系统(形成一个家庭网络)到几千个相互连接的系统(如在校园网络中)。实现的典型服务包括共享打印机等资源、共享文件和应用。局域网通常也提供中央服务，如消息或日历服务。在某些情况下，局域网也用来替代其他网络的传统功能，如提供 VoIP 协议和服务来替代基于 PBX 的电话网络。小型局域网通常采用共享介质技术来实施。以太网协议是此环境中使用的标准技术，并且已经被扩展来提供较高的带宽和支持无线环境。由于共享媒体技术，特别是以太网对较大规模网络有限制，典型的广域网技术如路由协议也常用在局域网环境中。局域网是基于有线或基于无线的。

9.5.1.1 有线局域网

有线局域网一般由网络中使用联网电缆经由网络交换机或集线器连接起来的节点组成，它能提供高速数据联网能力。众所周知的有线局域网技术包括以太网(GB/T 15629.3)和令牌环形网(GB/T 15629.5)。

9.5.1.2 无线局域网

无线局域网利用高频无线电波在空中发送网络包。其灵活性在于不需要进行网络布线便可迅速建立局域网。众所周知的无线局域网技术包括 GB 15629.11—2003 实现技术和蓝牙技术。

9.5.2 广域网

广域网用于将远端与其局域网连接在一起。广域网的构建能使用服务提供商的电缆、电路，更可能的是租赁电信运营商的服务。广域网技术允许通信流进行远距离传输和路由选择，并且通常提供扩展的路由特性，选择路由将网络包发送到正确的目的地局域网。通常情况下，公共物理网络基础设施用于局域网互连，例如租用线路、卫星通信或者光纤。广域网可能是基于有线的或是基于无线的。

9.5.2.1 有线广域网

有线广域网一般由通过电信线路连接到公共或专用网络的路由设备(例如路由器)组成。众所周知的有线广域网技术包括 ATM、帧中继和 X.25 协议。

9.5.2.2 无线广域网

无线广域网通常使用无线电波在空中远距离发送网络包，其距离能达到10 km或以上。众所周知的无线广域网技术包括TDMA、CDMA、GSM和IEEE 802.16。

9.6 其他考量

在评审网络体系结构和应用时，也宜考虑现有的网络连接，包括该组织内部的、连接到组织的或组织发出的连接，以及到提出连接建议网络的连接。组织现有的连接可能会限制或阻止新的连接，例如，受到协议或者合同的限制。若存在到达该网络或从该网络发出的其他连接，就可能引入额外的脆弱性因而导致较高的风险，因此可能需要较强的和/或附加的控制措施。

10 网络连接类型的识别

组织或团体可能需要使用很多通用类型的网络连接。其中一些类型的连接能通过专用网(限制已知团体接入此网)实现，一些连接可通过公共网络(对任何组织或个人而言对其接入都是潜在可用的)实现。此外，这些类型的网络连接可用于各种服务，例如电子邮件或者电子数据交换，并且可涉及互联网、内联网或外联网设施的使用，每种连接都有不同的安全考量。每种类型的连接可能有不同的脆弱性，因而具有相关联的安全风险，其结果是最终需要不同的一组控制措施(见GB/T 22081)。

通用网络连接类型的一种分类方法如表1所示，可用其来管理业务，每类都有描述性实例。

适当考虑相关的网络体系结构和应用(见第9章)。表1中所示的一种或一种以上的类型宜以适应于正在考虑的网络连接的方式被选择。

宜注意的是，本部分中描述的通用网络连接类型，是从业务角度而不是从技术角度进行组织和分类的。这意味着两种不同类型的网络连接，有时可能使用类似的技术手段来实施，并且在某些情况下控制措施可能是类似的，但在其他情况下它们是不同的。

表 1 网络连接类型

参考字母	网络连接类型	描述性例子
A	组织中一个单独的、受控位置之内的连接	在同一受控位置(如一个受控建筑或站点)之内,同一组织的不同部分之间的互联
B	同一组织中不同地域相异部分的连接	组织内部的区域办公室之间(和/或总部站点内的区域办公室)跨越广域网的互连。在这种类型的网络连接中,大多数用户——如果不是全部的话——都能够通过网络访问可用信息系统,但不是组织内的所有用户都得到授权,访问所有应用或信息(即用户的访问只与被赋予的权限相一致)。从组织的其他部分访问的一种类型用于实现远程维护的目的。这种类型的用户和连接有可能得到更多访问权限
C	在远离组织位置工作的人员之间的连接	员工使用移动数据终端(如销售人员从客户站点验证存货可用性)或者其他远程站点工作的员工未通过由组织维护的网络而建立到组织的计算系统的远程连接点工作。在这种类型网络连接中,用户具有本地系统用户的权限
D	一个封闭团体内不同组织之间的连接,例如由于契约或其他具有法律约束的情形,或者具有相似业务利益,如银行或保险	有业务需要的两个或多个组织的互连,以使跨组织的电子交易(例如银行界的电子资金转账)便捷。这种类型网络连接与上面的"B"类型类似,不同点在于互连的站点属于两个或两个以上的组织,并且该连接并未打算对每一个参与组织所使用的全部应用都提供访问
E	与其他组织的连接	可访问其他组织所有的远程数据库(如通过服务提供商)。在这种类型的网络连接中,所有用户,包括正连接组织的用户,都由正访问信息所属的外部组织单独预先授权。然而,尽管所有用户都已预先授权,但有可能未屏蔽除了其支付所提供服务的能力外的潜在用户。同时,也能够访问存储或处理组织信息的组织系统,这些组织信息可提供给组织外部用户。在此情形下,外部用户将是可知并得到授权的。一种其他组织的访问可用于实现远程维护的目的。这种类型的用户和连接可能得到更高的访问权限
F	与普通公共域的连接	访问能由组织的用户向公共访问数据库、Web 站点和/或电子邮件设施(如通过互联网)发起,发起访问的目的包括检索信息或从/向未被组织专门预先授权的人员和/或站点发送信息。在这种类型连接中,该组织的用户可为了组织(甚至可能是私人)目的来使用这一设施。然而这样的组织几乎没有——如果有的话——对所传输信息的控制。访问可由外部用户向组织的设施发起(如通过互联网)。在这种类型的网络连接中,单独外部用户的访问未获得组织的专门预先授权
G	IP 环境至公共电话网的连接	访问可由 IP 网络中的电话向 PSTN 发起。这种连接是不受控的,因为呼叫可在世界上的任何位置接收

11 网络特征与相关信任关系的评审

11.1 网络特征

宜评审现有或建议的网络的特征。这对于识别网络是以下哪一种尤为重要：

——公用网：任何人均可访问的网络；

——专用网：如由自己拥有或租用线路构成的网络，因此认为它比公共网更安全。

了解网络所传输数据的类型也很重要，例如：

——数据网络：主要传输数据和使用数据协议的网络；

——语音网络：针对电话但也能用于数据的网络；

——包括数据、语音甚至视频的网络。

其他信息也是相关的，诸如：

——该网络是否是一个分组网络或交换网络；

——它是否支持 QoS，如在 MPLS 网络中。

（QoS 关注一致的性能。网络服务宜被交付以提供可用的最低性能级别。例如，如果带宽不足，那么语音服务将断断续续或中止。QoS 是指网络系统将某种服务维持在它所需要的最低性能级别或以上的能力）。

此外，也宜确立连接是永久的或是在需要之时才建立。

11.2 信任关系

一旦识别出现有的或提议的网络特征，且至少已确定该网络是公共的或专用的(见 11.1)，然后宜识别相关的信任关系。

首先，与网络连接相关的可应用的信任环境，宜使用以下简表加以识别：

——低信任环境级别，诸如具有未知团体用户的网络；

——中信任环境级别，诸如具有已知团体用户且在封闭业务团体(不止一个组织)的网络；

——高信任环境级别，诸如只有组织内已知团体用户的网络。

其次，为了建立信任关系，相关信任环境(从低级、中级到高级)宜与可应用的网络特征(公共或专用)和所涉及的网络连接类型(从“A”到“G”)相关。这能够按类似表 2 所示来实现。

表 2　信任关系的识别

网络连接类型 (见第 10 章)		信任环境		
		低级别	中级别	高级别
网络特征	公共	F G	D E	B C
	专用	E	D E	A B C

表 2 中宜确定每个相关信任关系的参考类别。所有可能的类别在表 3 中描述。

表 3 信任关系参考

信任关系类别	描 述
低级别 / 公共	低级别信任,使用公共网络
中级别 / 公共	中级别信任,使用公共网络
高级别 / 公共	高级别信任,使用公共网络
低级别 / 专用	低级别信任,使用专用网络
中级别 / 专用	中级别信任,使用专用网络
高级别 / 专用	高级别信任,使用专用网络

当利用第 12 章来确定安全风险类型和识别潜在控制域时,宜使用这些参考。

这项任务必需时能通过网络体系结构和应用上的可用信息加以辅助(相关内容通过使用第 9 章获得)。

12 信息安全风险的识别

正如前面所反映的,现今多数组织依赖于使用信息系统和网络来支持其业务运营。此外,在许多情况下,对于在每个组织位置的信息系统与组织内外其他站点(包括与普通公用网)之间的网络连接的使用,均有明确的业务要求。当建立与另一个网络的连接时,宜相当小心以确保组织未受到(来自利用脆弱性的潜在威胁)额外风险。这些风险可能来自连接本身或来自网络连接的另一端。

其中一些风险可能与确保遵守相关法律法规相关(对于隐私和数据保护的立法宜予以特别关注。对于收集、处理和传输个人数据,即与特定个人或人群相关的数据,若干国家具有对其加以控制的法律。根据各个国家的法律,此类控制措施可能强制通过网络收集、处理和传播个人信息,甚至可能的人员限制其将数据传输到其他某些国家的能力,造成了额外重要的安全关注。可能受到此类法律控制的不那么明显的数据实例是一些硬件和 IP 地址)。

本章考虑的风险类型涉及对未授权访问信息、未经授权发送信息、引入恶意代码、拒绝接收或原发、拒绝服务连接,以及信息和服务不可用的关注。因此,组织可能面对的安全风险类型与以下几方面的损失相关:

——(在网络和在与网络相连的系统中)信息和代码的保密性;

——(在网络和在与网络相连的系统中)信息和代码的完整性;

——信息和网络服务(以及与网络相连的系统)的可用性;

——网络交易(委托)的抗抵赖;

——网络交易的可核查性;

——信息(包括网络用户和管理员)的真实性;

——(在网络和在与网络相连的系统中)信息和代码的可靠性;

——控制未授权使用和利用网络资源的能力,包括在组织策略(如为了个人利益而出售带宽或使用带宽)和有关法律法规的责任(如存储儿童色情描写)的内容中。

并非所有的安全风险类型都适用于每个位置或每个组织。然而,为了能够识别潜在控制域(和最终的选择、设计、实施和维护控制措施),宜识别相关的安全风险类型。

网络安全的概念模型如图 3 所示,它表明安全风险类型可能发生在何处。

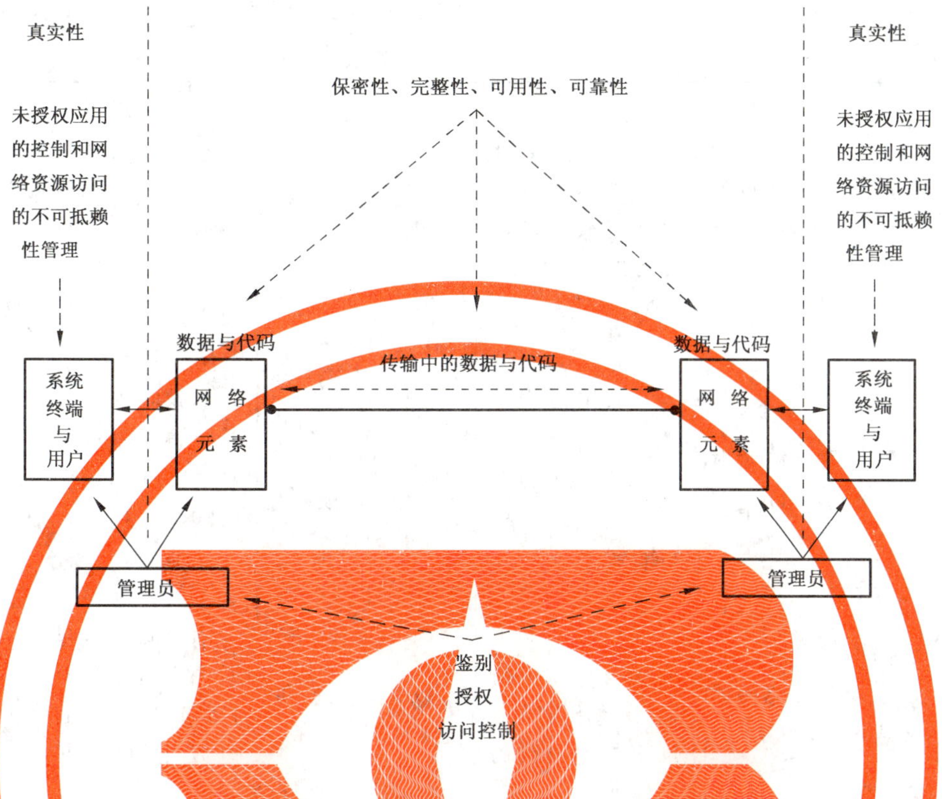

图 3 网络安全风险域的概念模型

宜收集上面提到的对于涉及安全风险类型的业务运营有意义的信息，同时预先考虑信息涉及的敏感性或价值（表示为对业务的潜在不利影响）和相关潜在威胁和脆弱性。与此相关的是，如果对组织的业务运营可能有不止微小的负面影响，那么就宜参考表 5 中的矩阵。

应强调的是，在完成此任务时，宜使用针对网络连接进行的安全风险评估和管理评审[7]的结果。这些结果将导致把重点放在：这种评审已经进行到何种详细程度；与上面列出的安全风险类型相关的、对业务的潜在不利影响以及威胁类型、脆弱性和关注的风险。

在安全风险评估和管理评审期间，在考虑网络脆弱性时，可能需要分别考虑若干网络层面。表 4 列出了能在每个网络层面利用的脆弱性类型。

表 4 潜在脆弱性类型

网络层面	潜在网络安全的脆弱性类型				
	中断	拦截	修改	入侵	诱骗
网络用户	用户可能承受损失或服务中断	用户交易和/或网络活动可能被修改或破坏	用户细节和用户数据可能被修改或破坏	用户可能被冒充以获得对设施的未授权访问	用户可能被冒充以进行欺诈性交易

7) 安全网络评估和管理方法的指南在 GB/T 22081 中给出，并包含在将发布的 ISO/IEC 13335-2 中。

表 4（续）

网络层面	潜在网络安全的脆弱性类型				
	中断	拦截	修改	入侵	诱骗
网络终端系统	终端系统可能暂时或永久不可用	未授权人员可能读出终端系统上的数据或代码	数据或代码可能被修改或破坏	终端系统可能被冒充以获得对设施的未授权访问人员可能获得对系统账户的访问并利用它们发起进一步攻击	终端系统可能被冒充以进行欺诈性交易或发起进一步攻击
网络应用	应用可能暂时或永久不可用	在传输过程中被未授权人员拦截，或从服务器上读出数据或代码可能	数据或代码可能被修改或破坏	未授权人员可能获得对系统账户访问并利用它们发起进一步攻击	未授权人员可能获得对系统账户访问并利用它们发起进一步攻击
网络服务	服务可能暂时或永久不可用	在传输过程中被未授权人员拦截，或从服务器上读出数据或代码可能	数据或代码可能被修改或破坏	未授权人员可能获得对系统账户访问并利用它们发起进一步攻击	网络服务器和设备可能被冒充以获得未授权访问，拦截网络通信流，或破坏网络服务
网络基础设施	设施可能暂时或永久不可用			未授权人员可能渗透到设备	

把安全风险评估和管理评审结果作为主指南，相关信任关系参考宜使用第 11 章来确定，并沿着表 5 中矩阵的顶部来识别，该矩阵左侧为所关注的影响。有关交叉点的引用宜得到关注，它们是对潜在控制域的参考，将在第 13 章中介绍。

表 5　安全风险的类型与潜在控制域的参考

风险类型	信任关系参考					
	低级别/公共	中级别/公共	高级别/公共	低级别/专用	中级别/专用	高级别/专用
保密性损失	13.2.1[8)] 13.2.7 13.2.8 13.2.9 13.3.2 13.3.3 13.3.4	13.2.1 13.2.7 13.2.8 13.2.9 13.3.2 13.3.3 13.3.4	13.2.1 13.2.7 13.2.8 13.2.9 13.3.2 13.3.3 13.3.4	13.2.1 13.2.7 13.2.8 13.2.9 13.3.2 13.3.3 13.3.4	13.2.1 13.2.7 13.2.8 13.2.9 13.3.2 13.3.3 13.3.4	13.2.1 13.2.8 13.2.9 13.3.2 13.3.3 13.3.4 13.3.6

8）注意此表中对 13.2.1 的所有参考，该章条将以对所关注的网络场景适当的方式应用。

表 5（续）

风险类型	信任关系参考					
	低级别/公共	中级别/公共	高级别/公共	低级别/专用	中级别/专用	高级别/专用
保密性损失	13.3.5 13.3.6 13.3.7 13.4 13.5 13.6.2 13.6.3 13.6.4 13.7 13.8 13.9 13.10.2 13.10.5	13.3.5 13.3.6 13.3.7 13.4 13.5 13.6.2 13.6.3 13.6.4 13.7 13.8 13.9 13.10.2 13.10.5	13.3.6 13.3.7 13.4 13.5 13.6.2 13.6.3 13.6.4 13.6.5 13.7 13.8 13.9 13.10.2 13.10.5	13.3.5 13.3.6 13.3.7 13.4 13.5 13.6.2 13.6.3 13.6.4 13.7 13.8 13.9 13.10.2 13.10.5	13.3.5 13.3.6 13.3.7 13.4 13.5 13.6.2 13.6.3 13.6.4 13.7 13.8 13.9 13.10.2 13.10.5	13.3.7 13.4 13.5 13.6.2 13.6.3 13.6.4 13.6.5 13.7 13.8 13.9 13.10.2 13.10.5
完整性损失	13.2.1 13.2.7 13.2.8 13.2.9 13.3.2 13.3.3 13.3.4 13.3.5 13.3.6 13.3.7 13.4 13.5 13.6.2 13.6.3 13.6.4 13.7 13.8 13.9 13.10.3 13.10.5	13.2.1 13.2.7 13.2.8 13.2.9 13.3.2 13.3.3 13.3.4 13.3.5 13.3.6 13.3.7 13.4 13.5 13.6.2 13.6.3 13.6.4 13.7 13.8 13.9 13.10.3 13.10.5	13.2.1 13.2.7 13.2.8 13.2.9 13.3.2 13.3.3 13.3.4 13.3.6 13.3.7 13.4 13.5 13.6.2 13.6.3 13.6.4 13.6.5 13.7 13.8 13.9 13.10.3 13.10.5	13.2.1 13.2.7 13.2.8 13.2.9 13.3.2 13.3.3 13.3.4 13.3.5 13.3.6 13.3.7 13.4 13.5 13.6.2 13.6.3 13.6.4 13.7 13.8 13.9 13.10.3 13.10.5	13.2.1 13.2.7 13.2.8 13.2.9 13.3.2 13.3.3 13.3.4 13.3.5 13.3.6 13.3.7 13.4 13.5 13.6.2 13.6.3 13.6.4 13.7 13.8 13.9 13.10.3 13.10.5	13.2.1 13.2.8 13.2.9 13.3.2 13.3.3 13.3.4 13.3.6 13.3.7 13.4 13.5 13.6.2 13.6.3 13.6.4 13.6.5 13.7 13.8 13.9 13.10.3 13.10.5
可用性损失	13.2.1 13.2.7 13.2.8 13.2.9 13.3.2 13.3.3	13.2.1 13.2.7 13.2.8 13.2.9 13.3.2 13.3.3	13.2.1 13.2.7 13.2.8 13.2.9 13.3.2 13.3.3	13.2.1 13.2.7 13.2.8 13.2.9 13.3.2 13.3.3	13.2.1 13.2.7 13.2.8 13.2.9 13.3.2 13.3.3	13.2.1 13.2.8 13.2.9 13.3.2 13.3.3 13.3.4

表 5（续）

风险类型	信任关系参考					
	低级别/公共	中级别/公共	高级别/公共	低级别/专用	中级别/专用	高级别/专用
可用性损失	13.3.4 13.3.5 13.3.6 13.3.7 13.4 13.5 13.6.2 13.6.3 13.6.4 13.7 13.8 13.9 13.11	13.3.4 13.3.5 13.3.6 13.3.7 13.4 13.5 13.6.2 13.6.3 13.6.4 13.7 13.8 13.9 13.11	13.3.4 13.3.6 13.3.7 13.4 13.5 13.6.2 13.6.3 13.6.4 13.6.5 13.7 13.8 13.9 13.11	13.3.4 13.3.5 13.3.6 13.3.7 13.4 13.5 13.6.2 13.6.3 13.6.4 13.7 13.8 13.9 13.11	13.3.4 13.3.5 13.3.6 13.3.7 13.4 13.5 13.6.2 13.6.3 13.6.4 13.7 13.8 13.9 13.11	13.3.6 13.3.7 13.4 13.5 13.6.2 13.6.3 13.6.4 13.6.5 13.7 13.8 13.9 13.11
抗抵赖损失	13.2.1 13.2.7 13.2.8 13.3.2 13.3.3 13.3.4 13.3.5 13.3.6 13.3.7 13.4 13.5 13.6.2 13.6.3 13.6.4 13.7 13.8 13.9 13.10.4 13.10.5 13.11	13.2.1 13.2.7 13.2.8 13.3.2 13.3.3 13.3.4 13.3.5 13.3.6 13.3.7 13.4 13.5 13.6.2 13.6.3 13.6.4 13.7 13.8 13.9 13.10.4 13.10.5 13.11	13.2.1 13.2.7 13.2.8 13.3.2 13.3.3 13.3.4 13.3.6 13.3.7 13.4 13.5 13.6.2 13.6.3 13.6.4 13.6.5 13.7 13.8 13.9 13.10.4 13.10.5 13.11	13.2.1 13.2.7 13.2.8 13.3.2 13.3.3 13.3.4 13.3.5 13.3.6 13.3.7 13.4 13.5 13.6.2 13.6.3 13.6.4 13.7 13.8 13.9 13.10.4 13.10.5 13.11	13.2.1 13.2.7 13.2.8 13.3.2 13.3.3 13.3.4 13.3.5 13.3.6 13.3.7 13.4 13.5 13.6.2 13.6.3 13.6.4 13.7 13.8 13.9 13.10.4 13.10.5 13.11	13.2.1 13.2.8 13.3.2 13.3.3 13.3.4 13.3.6 13.3.7 13.4 13.5 13.6.2 13.6.3 13.6.4 13.6.5 13.7 13.8 13.9 13.10.4 13.10.5 13.11

宜注意的是，该表似乎指明用户得到的信任越多，必要的控制措施就越多。其原因有两个：

首先，有若干控制措施在 GB/T 22081（在已发布的 ISO/IEC 13335-2 中描述）中描述，因此在本部分不重复，这些控制措施将被选择来保护主机设施，包括识别、鉴别和逻辑访问控制。在低信任情形中，识别、鉴别逻辑访问控制的强度控制宜高于高信任情形。如果这一要求不能得到保证，就宜实施附加控制措施。在低信任情形中，许可（权限）的配置宜有助于确保仅对信任模型和访问要求一致的资源提供访问。

其次,获得信任的用户通常可访问更重要/关键的信息和/或功能。这能够意味着,对附加控制措施的要求,反映被访问资源的价值而不是用户的信任。

13 识别适当的潜在控制域

13.1 背景

在风险评估和管理评审结果的基础上,并辅以在第 12 章中所标识的文献,然后宜从第 13 章(当然包括 GB/T 22081)中识别和选择潜在控制域。在已发布的 ISO/IEC 13335-2 中提供相关信息。13.2 涉及各种网络安全体系结构方面和相关潜在控制域,随后是 13.3～13.11,介绍其他相关潜在控制域。13.2～13.11 介绍一个特定安全解决方案实际上可能包含若干潜在控制。

值得强调的是,无论信息系统是否有网络连接,都有若干与之相关的控制措施,这些控制措施宜通过 GB/T 22081 的使用来选择。在已发布的 ISO/IEC 13335-2 中提供相关信息。

已识别的潜在控制措施列表宜在相关网络体系结构和应用的情况中得到全面评审。然后该表宜得到必要调整,随后被用作实施所要求安全控制措施的基础(见第 14 章),然后监视和评审该实施(见第 15 章)。

13.2 网络安全体系结构

13.2.1 导言

可能的安全体系结构选项的文档化提供不同解决方案的检验手段和折衷分析的基础。这也有利于将经常出现的与技术限制及业务需求与安全需求之间的争端相关的问题的解决。

在选项文件化时,宜预先考虑企业的所有信息安全策略要求(见第 8 章)、相关网络体系结构和网络应用(见第 9 章)以及使用第 12 章和第 13 章识别的潜在控制域列表。在完成这些工作时,宜考虑现存的所有安全体系结构。一旦选项已被文件化并经过评审,作为技术体系结构设计过程的一部分,首选的安全体系结构宜得到承认并记录在《技术安全体系结构设计控制规范》文件中(该文件与“技术体系结构设计”兼容,反之亦然)。然后,可能会改变网络和应用体系结构(以确保与首选安全体系结构的兼容性)和/或潜在控制措施列表(例如,因为各方一致认为安全体系结构只能以某种特定方式在技术上实施,所以需要已识别控制措施的备选方案)。

宜注意的是,GB/T 25068.2 描述一个“参考”[9] 安全体系结构,它作为一个基点,对以下情况非常有用:

——描述一致的框架来支持规划、设计和实施网络安全;

——定义通用的、与安全相关的体系结构元素,适当应用这些元素,能提供端到端网络安全。

本部分基于“参考”安全体系结构,满足当今和不远的将来要求所需的、实际上不同的现实世界技术安全体系结构的描述在本标准中被引入,并在 GB/T 25068.3～GB/T 25068.5 中对其进一步开发。

在“参考”安全体系结构中描述的原则,适用于任何现代网络类型,无论是数据、语音和混合网络,还是无线或无线电网络,均能独立于网络技术或协议栈中的位置而应用。它涉及的安全关注相关于网络基础设施的管理、控制与使用以及服务和应用,并提供一个全面的、自上向下的、端到端方面的网络安全。“参考”安全体系结构有 3 个组件:

——安全维(也可称作“安全控制组”);

——安全层(也可称作“网络安全元素”);

——安全面(也可称作“安全领域”)。

9) 在第 2 部分上下文中所使用的“参考”一词,是指如何在非常高的级别表示技术安全体系结构的一个例子。可能还有其他例子。

安全维是处理某一方面网络安全问题的一组安全控制措施。在“参考”安全结构中标识8个这种组，且这些组扩展到应用和终端用户信息，例如：

——抗抵赖；

——数据保密性；

——数据完整性；

——可用性。

为了提供端到端的安全解决方案，安全维需要应用网络设备层次结构和设施分组，它们称为安全层，包括：

——基础设施安全层；

——服务安全层；

——应用安全层。

安全层构建在彼此之上，以提供基于网络的解决方案，即基础设施层使能服务安全层、服务安全层是应用安全层的使能器，并通过提供连续的网络安全方面来识别宜在产品和解决方案中的何处处理安全问题。

基础设施安全层包括网络传输设施以及受到为安全维而实施的机制保护的个人网络部分。属于基础设施安全层的组件实例包括单个路由器、交换机和服务器以及在单个路由器、交换机和服务器之间的通信链接。

服务安全层处理服务供应商提供给客户服务的安全。这些服务的范围从基本的传输和连通性，到服务使能器，如提供互联网访问(例如鉴别、授权和可核查性服务、动态主机配置服务和域名服务等)所必需的那些使能器，以及诸如免费电话服务、QoS、虚拟专用网等增值服务。

应用安全层关注被服务提供商客户访问的基于网络应用的安全。网络服务使这些应用能够工作，且包括基本文件传输(例如FTP)和Web浏览应用、基本应用(如目录帮助、基于网络的语音消息和电子邮件)以及高端应用(如客户关系管理，电子/移动商务，基于网络的培训、视频协作等)。

安全面是被安全维实施的机制保护的某种网络活动类型。“参考”安全体系结构定义3个安全面来表示发生在网络上的受保护活动类型。安全面包括：

——管理面；

——控制面；

——终端用户面。

这些安全面解决与网络管理活动、网络控制和信令活动以及终端用户活动各自相关的特定安全需求。网络宜按以下方式设计：一个安全面上的事态尽可能与其他安全面适当分隔。

以下章条介绍各种网络领域中实际上不同的现实世界技术安全体系结构。

这里强调的是，任何项目的技术安全体系结构，宜全部文件化并得到赞同，直至最终确定实施的控制措施列表。

13.2.2 局域网

13.2.2.1 背景

在受物理保护区域内，例如仅在组织自己的建筑物内使用局域网时，可能存在的风险只要求有基本技术控制措施。然而，在较大环境中使用局域网时，也包括使用无线技术时(见13.2.4)，仅有物理保护不太可能保证任何安全等级。此外，在局域网内最常使用的介质共享技术确实允许从任何使用共享介质的系统来访问所有的网络通信流。

由于桌面是一个用户界面，所以它是一个易受攻击的区域。如果桌面没有锁定，那么用户就有可能在局域网上安装未授权软件。企业网络之内使用的服务器系统，无论是暴露给互联网还是暴露给与互联网无直接连接的内部服务器,这表示一个潜在的主要安全风险。虽然多数IT部门声称,他们在补丁可用时会尽快应用补丁,但是这一风险必须严肃对待。因为即使是一些大型组织也未能按时为所有服务器打上补丁,因而导致内部网络通信流被蠕虫破坏。

13.2.2.2 安全风险

在有线局域网中,安全风险将在物理连接到网络的节点上出现。总体而言,与局域网相关的关键安全风险包括:

——未经授权访问和改变个人桌面计算机、服务器和其他与局域网连接的设备;
——未打补丁的服务器;
——弱口令;
——硬件窃取;
——电源供应故障;
——通过电子邮件和网络访问导入的恶意代码;
——未备份本地硬盘;
——硬件故障,如硬盘;
——到局域网(膝上型计算机)的未授权连接;
——未授权访问集线器和补丁贮存柜;
——集线器和交换机的管理端口的默认口令;
——低物理安全。

13.2.2.3 控制措施

保持局域网空间安全要求局域网组件和连接设备均得到保护。因此,保护局域网环境的控制措施能够包括:

——物理和环境方面:
- 使用钢缆系统以防止中央处理器、显示器和键盘被窃;
- 使用装置上的挂锁,来防止内部等部件被偷;
- 使用临近装置,来防止在站点进行未经授权的移动;
- 确保局域网集线器和路由器都保存在安全通信房间中物理安全的机柜内;
- 为关键设备提供具有自动关机功能的UPS,如果用户不想丢失正在进行中的工作,也给用户的个人计算机提供UPS。

——硬件和软件方面:
- 用专用IP地址来配置装置;
- 强口令策略;
- 要求在每个工作站登录,至少用一个用户ID/口令对;
- 安装抗病毒软件,并定期自动更新;
- 实施安全注册表设置;
- 禁用软盘驱动器、CD-ROM驱动器和USB端口;
- 为实现冗余而使用镜像服务器驱动器(或实施RAID);
- 卸载不必要的软件。

——运营方面:
- 记录软件和安全设置,以备将来配置新工作站时使用;
- 预定计划定期下载和安装操作系统补丁;
- 创建和维护当前的紧急修复磁盘,并保存在受控位置;

- 实施日志功能以记录维护问题和滥用工作站问题;
- 将所有工作站组件文件(文件/手册/磁盘)归档,以备服务技术人员使用;
- 确保备份制度;
- 确保所有集线器和交换机的默认口令被更改;
- 设置适当的网络管理协议口令/团体字符串;
- 如果审计日志可用,适当加以配置,并实施监视审计日志的过程;
- 安排固件更新的定期安装;
- 记载设备设置以备将来配置设备时使用;制作路由器配置文件的备份副本,并保存在安全的位置;
- 测试与局域网连接的所有设备的脆弱性。

13.2.3 广域网

13.2.3.1 背景

常规的广域网原本是使用从服务商租用的在固定位置之间的连接来创建的,而服务提供商除了确保这些连接可操作之外,只具有与此类连接相关的最少管理活动。然而,广域网技术进步导致管理责任转交给服务提供商身上,其好处是组织不必部署和管理自己的网络。这意味着责任在服务提供商身上以确保其网络管理设施是安全的。此外,由于广域网主要用于为长距离的网络通信流选择路由,所以路由选择功能宜得到很好保护确保可靠性的功能,亦即网络通信流不会发送到错误的目的局域网。因此,穿过广域网的通信流容易被拥有广域网基础设施访问权限的人员拦截。由于广域网基础设施比局域网更容易访问,宜小心使用以确保在广域网中传输的敏感信息被加密。宜与服务提供商签订合同,以证明组织所要求的安全等级。

13.2.3.2 安全风险

有线广域网不但具有与有线局域网(见13.2.2)相同的主要安全风险,它还具有更多的安全风险,其原因是在广域网中网络通信流暴露得更多,这意味着控制,包括访问控制在内,它得到适当安排以确保有线广域网不能被轻易地攻破而造成广泛的破坏。同样地,无线广域网不但具有与无线局域网(见13.2.2)相同的主要安全风险,它还更容易受到破坏,因为用于传输网络包的系统有拥塞的可能性,总体而言,与广域网相关的关键风险包括:

——入侵,此时信息被暴露或数据完整性不能得到保证;

——DoS攻击,此时资源对授权用户不可用;

——个人在家使用的第三方连接和拨号接入互联网账号,能够容易地绕过在网络和服务级别实施的任何控制措施,使得企业网络暴露给电子邮件产生的蠕虫、特洛伊木马病毒和各种病毒;

——延迟期延长,这将影响IP服务的语言;

——网络上的抖动,这将影响语音质量(主要是由于使用铜缆来提供服务而造成);

——设备故障;

——电缆故障;

——未安装补丁的设备;

——传输站断电,它影响其他许多部分;

——服务提供商的网络管理设施。

13.2.3.3 控制

要求保护广域网的关键安全控制措施,包括:

——将Telnet和FTP之类内在不安全的协议替换为SSH和SCP之类安全协议;

——给管理链接加密;

——使用适当的设备报警 SNMP 报告来实施安全鉴别，以访问广域网设备；
——保护每个站点的广域网物理设备，如使用具有接触警告的上锁机柜；
——使用 UPS 以确保电源供应不受到破坏；
——使用多种路由的双连接站点；
——主动轮询广域网设备；
——识别未授权设备的网络设备映射；
——为管理设施安装补丁；
——加密覆盖敏感数据；
——从服务提供商获得服务保证，如延时和抖动的服务保证；
——对访问广域网的设备实施审计和计费；
——使用防火墙以丢弃进入网络的任何意外的通信流；
——确保 MPLS 结构和地址是隐藏的；
——分配不能在互联网上选择路由的 IP 地址；
——使用网络地址转换，它隐藏内部 IP 地址，但允许具有能选择路由地址的设备从互联网发出请求；
——使用抗病毒软件来防止恶意代码，如木马、病毒和蠕虫从网络内打开安全漏洞；
——使用 IDS 来识别可疑通信流；
——确保网络管理系统在逻辑上是安全的；
——确保网络管理位置在物理上是安全的；
——确保设备均有备份；
——对网络管理人员进行可靠性检查。

13.2.4 无线网络

13.2.4.1 背景

无线网络被指定为覆盖地理上的小型区域且使用无线电波或红外线之类非基于连线的通信手段的网络。通常情况下，无线网用于实施与局域网相同的连通性，因此也称作无线局域网。它所使用的主要技术在 GB 15629.11—2003 和蓝牙技术中被标准化。宜强调的是，无线网络是由不同类别的无线电网络构成的，如 GSM、3G 和 VHF，这些网络利用天线进行传输(见 13.2.5)。

无线局域网具有有线局域网的所有脆弱性，加上一些与无线链接特征相关的特定脆弱性。已经开发了一些特定技术(多数技术是基于加密的)来处理这些附加脆弱性，由于这些技术(如 WEP)的较早版本具有结构性弱点，因此未满足关于保密性要求的期望。

13.2.4.2 安全风险

与使用无线局域网相关的关键安全风险包括：
——窃听；
——未授权访问；
——干扰和拥塞；
——配置错误；
——安全接入模式被默认为关闭；
——有缺陷的 WEP 或 TKIP；
——用于管理无线局域网的有缺陷的 SNMP；
——不是总能看到正在使用无线局域网的人。

13.2.4.3 控制措施

无线局域网需要的控制措施包括：

——给企业基础设施中的无线局域网配置防火墙；

——在客户和边界防火墙之间的无线局域网上实施基于IPsec的VPN；

——考虑通过在客户端设备上配置个人防火墙、入侵检测和抗病毒软件来提高每个无线局域网设备的安全性；

——传输的控制以消除对组织物理域之外的传播；

——为只读访问配置SNMP；

——带外加密管理，例如使用SSH；

——维护无线接入点的物理安全；

——所有服务器组件的加固；

——系统测试；

——考虑在企业网络与无线网络之间部署IDS。

13.2.5 无线电网络

13.2.5.1 背景

无线电网络是指使用无线电波作为连接介质以物理覆盖广大区域的网络。无线电网络的典型例子是移动电话网络，它使用如GSM或UMTS等技术并提供公开可用的语音与数据服务。

这里要强调的是，使用无线电波来覆盖小区域的网络被认为是不同类别的网络，见13.2.4。

无线电网络的例子包括：

——TETRA；

——GSM；

——3G(包括UMTS)；

——GPRS；

——CDPD；

——CDMA。

13.2.5.2 安全风险

有若干能造成应用于无线电网络的风险，一般安全威胁场景：

——窃听；

——会话劫持；

——冒充；

——应用级威胁，如欺诈；

——拒绝服务。

某些类型无线电网络情形中风险的例子，如以下段落中所示。

与GSM有关的安全风险包括以下事实：

——A5/x算法和Comp128-1偏弱；

——一般的GSM加密是关闭的；

——SIM克隆是一种现实情况。

与3G有关的安全风险包括以下事实：

——手机易于受到电子攻击，包括恶意代码的插入，例如病毒；

——因为手机经常一直开机,所以受到攻击的机率偏高;
——服务可能会受到窃听;
——无线电网络可能拥塞;
——有可能插入虚假基站;
——网关可能受到未授权访问;
——服务可能受到攻击和经由互联网的未授权访问;
——有可能引入垃圾邮件;
——管理系统可能会受到经由 RAS 的未授权访问;
——由于工程支持设备(包括膝上型计算机)的丢失或被盗,而导致服务被攻击。

UMTS 是全球 3G 移动技术系列中的关键成员,它提供大容量和较强的宽带能力来支持较多的语音和数据客户。它使用 5 MHz 信道承载宽度来交付极高的数据速率并增大容量;提供无线电资源的最佳时间,特别是对于已被授予大量、连续频谱块的操作者而言(其范围通常从 2×10 MHz～2×20 MHz),以降低部署 3G 网络的成本。

通过增强 GSM 网络功能得到的 GPRS,是迈向第三代移动网络的至关重要的第一步。GPRS 是在 GSM 网上传输数据的规范,它允许包交换通信流和电路交换通信流,同时在 GSM 的基础设施中存在。GPRS 使用多达 8 个 9.05 kb 或 13.4 kb 的 TDMA 时间段,其全部带宽是 72.4 kb 或 107.2 kb。GPRS 同时支持 TCP/IP 和 X.25 通信。开启 EDGE 的 GPRS 网络能够可以实现 EGPRS 一增强搬的 GPRS,它将每个时间段的带宽增加到 60 kb。GPRS 开启一个"永远打开"的互联网连接,这是一个潜在的安全问题。GPRS 网络提供商一般试图通过提供在 GPRS 网络与互联网之间的防火墙来提升该链接的安全性,但因应将其配置为允许有效服务工作而可能被第三方利用。

CDPD 是一个支持无线接入互联网和蜂窝电话网络上其他公共包交换网络的规范。CDPD 支持 TCP/IP 和 CLNP。CDPD 使用具有 40 比特密钥的 RC4 流加密。CDPD 在 IS-732 标准中定义。该算法并不健壮,能被穷举攻击解密。

CDMA(一种扩频形式),是一种已使用多年的数字通信技术系列。广谱技术的核心原则是使用类噪声载波,它具有的带宽比数据传输速率相同的简单点对点通信所要求的带宽要宽得多。数字编码技术允许 CDMA 防止有意或无意的窃听。CDMA 技术把声音分割成在广谱频率上传输的几个小比特。对话(或数据)中的每个小比特通过只有 CDMA 手机和基站才知道的数字编码来识别。这意味着实际上没有任何其他设备能接收此呼叫。由于任何呼叫都有数以百万计的代码组合可用,所以它抵御窃听。

13.2.5.3 安全控制措施

有若干技术安全控制措施来管理已识别威胁对无线电网络的风险,包括以下方向:
——安全鉴别;
——使用有效算法加密;
——受保护的基站点;
——防火墙;
——恶意代码(病毒、木马等)防护;
——反垃圾邮件。

13.2.6 宽带网

13.2.6.1 背景

宽带网是一组允许单个用户高速接入一个互联网存在点的技术。目前,有 4 种主要技术:
——3G;

——电缆；
——卫星；
——DSL。

DSL有两种主要类型，分别是非对称的DSL(ADSL)和对称的DSL(SDSL)。ADSL从用户端上传的速度要比下载的速度慢(是下载速度的$\frac{1}{4}$到一半)，而SDSL的上传和下载的速度相同。这两种类型的下载速度范围通常在128 kbps至2 Mbps～8 Mbps之间，依赖于产品。电缆和卫星技术也有相似类型的产品。

采用宽带技术的主要原因是，它们是高速的，总是使用比常规通信技术更廉价的技术。所有技术都允许接入到互联网，因此仅将互联网跨越到用户的处所。使用互联网作为通用承载允许至其他站点的链接被快速、便宜地构建，可能对安全的链接部署VPN。

13.2.6.2 安全风险

宽带仅是一个在用户与互联网之间"永远打开"的高速链接。这些特点使得颠覆宽带连接系统成为黑客一个有价值的命题，并直接导致下列风险：
——泄露、修改或删除信息，作为未授权远程访问的成果；
——恶意代码的传播；
——上传/下载和执行未授权代码；
——身份盗窃；
——错误配置客户端系统；
——软件脆弱性的引入；
——网络拥塞；
——DoS。

13.2.6.3 安全控制措施

有若干技术安全控制措施来管理已识别威胁对宽带通信的风险，包括：
——小型办公室/家庭办公室(SOHO)防火墙；
——反恶意代码(包括病毒)软件；
——IDS，包括IPS；
——VPN；
——软件更新/打补丁。

13.2.7 安全网关

13.2.7.1 背景

按照文件化的安全网关服务访问策略，适宜的安全网关布置，宜保护组织的内部系统，并安全地管理和控制通过它的通信流(见13.2.7.3)。

13.2.7.2 安全风险

黑客每天都用更先进的手段来尝试攻破业务网络，而网关是其兴趣的中心。在未授权方面的尝试可以是恶意的，如导致DoS攻击，它们可能是滥用资源或能够获得有价值的信息。网关需要保护组织，免受来自外界(如来自互联网或第三方网络)的此类入侵。内容未得到监控而流出组织，可导致法律问题和知识产权的潜在损失。此外，随着越来越多的组织正在连接到互联网上以满足其组织要求。他们面临的需求是控制对不当或有异议的Web站点的访问。如果没有这种控制，组织就会因用非生产性

Web浏览而面临生产力损失、责任暴露和带宽分配不当的风险。如果这些威胁未得到处理,就会有以下风险:与外界的连接不可用、数据损坏或有价值的企业资产遭受未授权泄露。未经适当授权就把数据放在网站上或传输,也可能招致法律的惩罚,如内幕交易。

13.2.7.3 安全控制措施

安全网关宜:

——分隔逻辑网络;

——对于逻辑网络之间流经信息提供限制和分析功能;

——被组织用作对控制访问组织网络的手段;

——提供可控可管的网络单一接入点;

——强化组织对网络连接的安全策略;

——提供日志的单一记录点。

宜为每个安全网关都开发一个单独的服务访问(安全)策略文件,并实施其内容以确保只允许得到授权的通信流通过。该文件宜包含网关所要求的规则集来管理和配置网关。宜按照通信协议和其他细节来分别定义许可的连接。因此,为了确保只有合法用户和合法通信流获得通信连接访问权,该策略宜规定并详细记录适用于流入和流出安全网关之通信流的约束和规则,以及各种管理和配置参数。所有安全网关宜充分利用可用的身份识别和鉴别、逻辑访问控制和审计设施。此外,他们宜定期检验。安全网关是否有未授权的软件和/或数据,如果发现此类软件或数据,宜按照组织和/或团体的信息安全事件管理方案(见ISO/IEC 18044)生成事件报告。

值得强调的是,与网络的连接仅在所选择的安全网关经检验符合组织和/或团体的要求,且此类连接所造成的风险能够被安全地管理之后,才宜发生。宜确保不可能绕过安全网关。

防火墙是一个良好的安全网关例子。防火墙通常宜达到与所评估风险一致的、适当的保证级别,它使用标准防火墙规则集,通常开始时,拒绝内部网络与外部网络之间所有访问,并添加显示规则仅满足所要求的通信路径。

有关安全网关的更多细节见GB/T 25068.3(以及GB/T 22081—2008和ISO/IEC 13335-2)。

宜注意的是,虽然个人防火墙(一种特殊的防火墙类型)的网络安全方面,未在GB/T 25068.3中讨论,但也宜考虑。与受到专用防火墙保护的很多中心站点不同,远程系统可能无法保证支持这些设备的开销和专业技能。可能代之以使用个人防火墙来控制流入(有时是流出)远程计算机的通信流。防火墙规则(策略)的常规管理可能由中心站点的人员远程执行,以减轻对远程系统用户技术理解的要求。然而,如果不可能做到这一点,那么就宜小心以确保有效的配置,如果远程站点的工作人员不是IT专业人士就更应如此。一些个人防火墙也能限制到授权程序(甚至图书馆)的网络传输能力,限制恶意软件传播的能力。

13.2.8 远程访问服务

13.2.8.1 背景

RAS的目标是允许数据远程站点与中心服务之间交换。为此有各种解决方案,包括:

——经由互联网通信;

——拨号接入IP服务。

经由互联网的通信越来越多地使用ISP提供的ADSL链接来提供中心站点到远程站点的高带宽和远程站点到中心站点的较低带宽。除了敏感性最低的数据外,一些形式的VPN(见13.2.9)宜被用来为交换的数据流提供安全。

拨号接入IP服务允许远程站点(通常是单个用户)拨号接入中心的调制解调器组。鉴别之后,打开远程站点与中心服务之间的连接。除非应用实施安全协议,否则这种模式的通信通常以明文方式进行。RAS访问可能使用ISDN或模拟线路实施。用户都拨号接入到具有某个鉴别等级的中心点。RAS访问仅提供明文数据的传输。

13.2.8.2 安全风险

存在若干可能与RAS有关的安全风险,包括:

——未经授权而访问组织的系统、服务和信息(包括通过窃听),从而导致信息和/或服务的泄露,未授权变更或破坏;

——将恶意代码引入到组织的系统、服务和信息,使其被篡改、不可用和遭到破坏;

——针对组织服务的DoS攻击。

13.2.8.3 安全控制措施

远程接入要求中心服务保护自身免受未授权访问。同样的,期望远程系统本身具有免受若干安全威胁的保护的能力。可能要求的控制措施包括:

——防火墙(包括个人防火墙);

——路由器ACL;

——互联网访问链接的加密;

——呼叫线路标志;

——强鉴别;

——抗病毒软件;

——审计管理。

有关远程接入服务安全的更多细节见GB/T 25068.4。

13.2.9 虚拟专用网

13.2.9.1 背景

VPN是一种通过使用现有网络设施而实施的专用网络。从用户的角度来看,VPN的表现类似专用网络,它提供类似的功能和服务。VPN可用于各种情形,诸如:

——移动或非现场员工实现对组织的远程访问;

——将组织不同位置链接在一起,包括冗余链接以实现回退基础设施;

——为其他组织/业务伙伴建立到组织网络的连接。

换而言之,VPN允许两个计算机或网络通过不安全的介质(例如互联网)进行安全的通信。传统上,这种通信一直是使用具有链接加密器的租用线路来执行,所以费用很高。然而,随着高速互联网链接和在每一端的适当终止设备的出现,站点之间可靠而安全的通信能通过使用VPN来建立。

13.2.9.2 安全风险

在不安全网络上通信的关键安全风险包括:敏感信息可能被未授权方访问,从而导致信息受到未授权的泄露和/或修改。除了通信与局域网和广域网相关的风险外(见13.2.2.2和13.2.3.2),与VPN相关的一般风险包括:

——不安全的实施,通过:

- 未测试的或有缺陷的加密套件;
- 能够容易猜中的弱共享秘密;
- 不良网络拓扑结构;

• 远程客户端安全的不确定性；
• 用户鉴别的不确定性；

——下层服务提供商安全的不确定性；
——低劣的性能或服务可用性；
——不符合某些国家中有关加密技术使用的法律法规要求。

13.2.9.3 安全控制

在VPN中，密码技术一般用于网络和/或应用协议中以实现安全功能和服务，尤其是当其上构建VPN的网络是公共网络(例如互联网)时。在大多数的实现中，参与者之间的通信链路都被加密以确保保密性，而鉴别协议用于验证连接到VPN系统的身份。通常，被加密的信息是通过一个连接到组织网关的安全“隧道”来传输并保持信息的保密性和完整性。然后由网关来识别远程用户并且让用户只访问那些被授权接收的信息。

因此，VPN是一种基于协议隧道的机制——将一个完整的协议(客户端协议)作为一个简单的比特流来处理，并将其封装到另一个协议(承载协议)内。通常，VPN协议为客户端协议提供安全性(保密性和完整性)。在考虑VPN的使用时，宜得到处理的体系结构方面包含：

——端点安全；
——终止点安全；
——恶意软件保护；
——鉴别；
——入侵探测；
——安全网关(包括防火墙)；
——网络设计；
——其他连通性；
——隧道分离；
——审查日志和网络监控；
——技术脆弱性管理。

关于VPN的更多细节，包括这些体系结构的每一方面，见GB/T 25068.5。

13.2.10 IP融合(数据、音频、视频)

13.2.10.1 背景

由于语音和数据融合日益普及，其安全问题宜被认识和处理。尽管目前的拨号服务实现要求安全控制措施来防止话费欺诈和语音邮件以及其他安全违规，这些系统并未集成到企业数据网络内，未受到IP数据网络相同的风险。随着语音和数据的融合，需要实现安全控制措施来降低被攻击的风险。

VoIP应用通常包括驻留在开放的或市售的硬件上的专用软件和操作系统。服务器的数量取决于供应商的实现以及实际的部署。这些组件经由以太网之上的IP进行通信，并经由交换机和/或路由器彼此互连。

13.2.10.2 安全风险

主要的风险领域能够与针对供应商特定的软件脆弱性进行的基于IP的攻击、硬件和托管VoIP应用的操作系统平台相关。与VoIP组件相关的风险包括对基于网络的设备和应用的攻击，可能被VoIP组件解决方案的设计或实施中的脆弱性激活或促进。考虑的风险领域包括：

——QoS，没有全面的QoS就没有质量的损失，或者由于包丢失而导致的呼叫中断，以及穿越网络的传播延迟；
——用DoS攻击或路由表的变更而导致的服务不可用；

——完整性和可用性可能受到病毒的影响,病毒可能会设法通过不安全的 VoIP 系统进入网络,从而可能导致服务降低甚至造成服务损失,还可能传播到网络中的服务器,从而导致数据存贮受损;
——客户端个人计算机上的软电话是一个重大风险,它们能够成为病毒和入侵的进入点;
——VoIP 服务器和 VoIP 管理系统若没有防火墙的保护将存在风险;
——由于防火墙上的多个端口被打开以支持 VoIP,可能导致数据网络安全的降级。一次 VoIP 会话有很多相关的协议和端口号。H. 323 使用很多协议来发送信号,H. 323 和 SIP 都使用 RTP。其结果是 H. 323 会话可能使用多达 11 个不同的端口;
——欺诈是拨号服务的一个关键问题,如果安全未得到处理,那么 VoIP 只能增加到风险之列。黑客能够通过欺骗、重放攻击及连接劫持来获得对 VoIP 服务的未授权访问。话费欺诈或未授权呼叫用户付费特服号码也会导致重大损失;
——保密性违规可能由通信拦截所致,诸如中间人攻击,在员工和其他人员访问网络时,是有可能在网络内发生的;
——窃听语音呼叫;
——由于 IP 电话要求有电源才能运行,所以电话网络在电源失效的情况下不能是可操作;
——由于使用通用组件,如局域网,所以语音和数据服务均有较大的失效风险。

13.2.10.3 安全控制措施

有若干安全控制措施技术来管理针对 IP 融合网络的已识别威胁的风险,包括:
——QoS 设施在融合网络中应该应用,否则语音质量可能受损。网络服务交付以及其他可能的情况下,IP 链接宜通过光纤被交付到站点以确保抖动(它影响语音质量)最小;
——所有 VoIP 服务器宜配置恶意软件防护;
——PC 支持的软件电话宜安装个人防火墙,且病毒检查软件宜频繁更新;
——VoIP 服务器和 VoIP 管理系统宜被保护于防火墙之后,以防护它们免遭攻击;
——设计者宜确保在防火墙上只开启最少的端口来支持 VoIP 服务;
——为了对付话费欺诈和反欺骗,需要实施反重放控制措施来防止连接劫持;
——对管理服务器的所有访问宜被鉴别;
——语音和数据服务宜在可能的情况下被分隔;
——对于服务器支持的 VoIP 服务宜考虑 IDS;
——当敏感信息要在 VoIP 网络上讨论时,宜考虑数据路径加密;
——IP 电话宜由 UPS 支持的以太网集线器供电;
——可能需要提供常规语音服务,它有独立的电源供其在紧急情况下使用。

13.2.11 使得对(组织)外部网络所提供服务的访问成为可能

13.2.11.1 背景

对组织开放电子邮件和互联网服务以满足合法业务要求会带来各种威胁,这些威胁能够用于利用脆弱的系统,除非这些服务的设计和运行良好,否则它们会给组织带来相当大的风险。例如,尽管滥发垃圾邮件者在接近工作人员方面有屏障,但垃圾邮件仍然给企业及其员工们造成很大问题。由于滥发垃圾邮件者试图收集员工名字,大多数企业将需要部署反垃圾邮件技术,并教育用户保护其电子邮件。此外,用户需要被保护,以免在访问互联网时将恶意软件,如木马带回到组织。这种恶意软件将导致信息系统和组织声誉受到代价高昂的损失。要始终牢记的关键点是:互联网是不可信的。

13.2.11.2 安全风险

开启对组织外部网络所提供服务的访问的关键风险领域和在互联网及电子邮件服务中能够被利用的脆弱性包括：

——潜在导入破坏性恶意软件，如木马；
——接收压倒性的垃圾邮件；
——丢失组织信息；
——破坏信息完整性或者丢失信息；
——DoS攻击；
——未授权使用互联网和电子邮件服务，包括不遵从组织策略(例如为了自身利益而使用服务)以及不遵从法律法规(例如发送恐吓电子邮件)。

13.2.11.3 安全控制

管理互联网/电子邮件解决方案中已识别威胁之风险的技术安全控制措施，包括：

——使用防火墙且其保证级别与被评估风险相当，并且防火墙规则集包括：
  • 默认“否认一切”策略；
  • 只流出Web(例如http/https)；
  • 双向电子邮件。
——在路由器上使用访问控制表(ACL)和网络地址转换(NAT)来限定和隐藏IP地址结构。
——启动反欺骗来防止外部攻击。反欺骗控制采取的形式为：不接受来自外部(例如来自互联网)却声称源自组织内部的消息，反之亦然。
——启动Web和电子邮件代理作为工作站用户与互联网之间的中介，使得企业能够确保安全、常规管理控制和缓存服务。安全通过以下几种方式强制执行：针对“黑”名单和“白”名单(对于互联网访问)来比较所请求的URL，扫描已知模式的数据，在内部地址与外部地址之间进行转换，创建请求和请求者的审计日志以及拥有基于代理的抗病毒设施。
——在Web和电子邮件代理上的抗病毒控制措施。典型控制措施包括隔离可疑文件的设施(例如根据内容类型)，针对“黑”名单筛选所请求URL或电子邮件地址(宜注意的是，不能认为黑名单是十分安全的，特别是在此类名单是从他处获得时，可能有误判的危险。)有关抗病毒控制措施的更多信息见13.9。
——电子邮件服务器上的反中继转信和反向DNS查找。反中继转信控制措施检测传入的电子邮件是否来自正确的发送组织，若不是，则该电子邮件被载入日志(或被隔离)。并且电子邮件服务器不采取进一步动作。
——启用报警和SNMP陷阱。SNMP能够用于联网设施的远程控制，还可以用作发送消息(或“陷阱”)的设备来通知此设备处条件的监控台。
——网络审计日志载入和监控(见13.7)。
——设定带外数据(OOB)，它与对数据使用不同网络的实践和管理有关，用来确保攻击者不能可连接到其目标设备。
——确保用于访问互联网服务的客户端软件(例如Web浏览器)中的脆弱性通过使用适当的脆弱性和补丁管理过程而被适当的穿过。

13.2.12 万维网托管体系结构

13.2.12.1 背景

万维网托管服务由许多网络服务提供商以规范服务的形式来提供，它经常包括用于处理持久性数据的数据库设施以及作为基本应用的运行时环境。尽管实施和提供 Web 托管服务所需的大部分组件超出本部分的范围(如 Web 服务器或数据库软件),但是关于整个服务自身的一些考量在这里被文件化,因为许多人把 Web 托管看作是网络提供的一个完整部分。

万维网托管站点会面临各种各样的风险,特别是它们被连接到互联网的时候,例如一些著名的组织可能处于边缘团体的攻击之下。因此,重要的是,所有潜在的威胁被识别,然后是可能被威胁利用的所有脆弱性被关闭。这些最好通过结构设计无脆弱性来加以实现。通过按照所提供的指南来处理这些问题,就应有可能设计一个安全、可靠且被破坏风险低的 Web 站点。

13.2.12.2 安全风险

关键风险领域包括以下所示几个方向:

——攻击者对具有单个边界保护漏洞的应用和数据进行访问;

——暴露基础结构组件的脆弱性;

——多重单点故障;

——因硬件故障而丢失服务;

——没有取得维护服务的能力;

——公共用户对数据存储范围的无意讨论;

——被上传到系统内的恶意软件;

——使用交换功能的 Web 站点漏洞;

——没有进行备份而不影响 Web 站点性能的能力;

——未授权泄露 IP 编址规划从而使得对 Web 站点的攻击更便利;

——对管理站与 Web 站点之间的连接加以利用;

——未被发现的攻击;

——跟踪设备之间入侵的困难性;

——没有恢复数据的能力;

——没有满足服务等级协议要求的能力;

——没有维持服务持续性的能力;

——未授权使用 Web 服务,包括违反组织策略(例如为自身的利益而使用服务器)和不遵从法律法规(例如保存侵犯版权的资料或保存儿童色情资料)。

13.2.12.3 安全控制措施

管理来自 Web 站点已识别威胁之风险的技术安全控制措施,包括:

——提供分区和深度安全来限制成功攻击影响;

——规范不同的防火墙类型以反击可能的防火墙脆弱性(有关防火墙的更多信息见 13.2.7 和 GB/T 25068.3);

——弹性:宜检查设计是否有潜在的单点故障并宜将其消除;

——预防设备故障容错转移/负载共享;

——在 24×7 的环境中高可用性的集群是必要的;

——限制对 Web 站点内访问的代理服务和开启高等级日志载入;

——上传时的抗病毒控制,用来阻止恶意软件进入(更多有关检测和阻止恶意代码控制措施的信息见 13.9);

——通常在 Web 站点设计中使用的第 2 层交换。除非是业务相关的要求,诸如负载共享,否则不宜使用第 3 层交换。此外,同一物理转换不宜在防火墙的任何一侧使用。测试点宜包含在交换机设计中;

——按功能分隔的虚拟局域网(VLAN),使得入侵监测系统(IDS)更容易被调整,因为任何 VLAN 上都有一个简化的协议集。此外,备份 VLAN 的实施将允许备份在一天中的任何时段执行,而不会危害站点的性能;

——IP 编址规划将公共地址的数量限定到最少,并将 IP 编址规划保持在“最严格的保密”状态,因为有关它的知识可以用于在 Web 网站上展开攻击;

——在管理链接通过公共网络彼此连接时,它们宜被加密(更多有关远程接入的信息见 GB/T 25068.4)。这至少包括在控制台端口连接上的报警/简单网络管理协议(SNMP)陷阱;

——来自每个设备的所有事务和事态日志都被复制到审计服务器,然后被复制到备份介质,诸如 CD(更多有关网络审计日志载入和监控的信息见 13.7);

——实施时间同步服务,因为这是分析未授权访问和能够通过日志文件跟踪其踪迹的关键。这要对所有日志文件和服务器被同步到加/减 1 s 或更低(网络时间协议(NTP)与此有关,更多信息见 GB/T 22081 和 10.6);

——集中式化备份服务,选择它的原因是它更可能被按需执行;

——由于在很多情况下,Web 站点需要每天 24 h 运行,这要求能承受此环境的高质量硬件。Web 站点的服务器基础设施宜被规定为支持“24×7”运行。支撑操作系统宜被固化,并且所有服务器和其他设备也宜经历安全测试以确保所有设备均被完全固化;

——实施健壮的应用软件,其代码的结构已得到检查,它在逻辑上是正确的,并使用许可的鉴别软件。

也宜注意的是,在设计 Web 站点时,业务持续性管理问题经常未被充分考虑。全部业务持续性管理活动宜与 Web 站点联系起来进行(更多有关业务持续性管理参考的信息见 13.11)。

13.3 安全服务管理框架

13.3.1 管理活动

对于任何网络,一个关键的安全要求是它受到安全服务管理活动支持,这些活动将发起并控制安全的实施和运行。这些活动宜发生以确保组织或团体的所有信息系统的安全。关于网络连接,管理活动宜包括:

——定义所有与网络安全有关的责任,并指定担负全面责任的安全管理者;

——网络安全策略文件化,并附文件化技术安全体系结构;

——文件化安全操作(SecOP);

——进行安全合规检查,包括安全测试,以确保安全被维持在所要求的等级;

——在外部组织或人员许可连接之前,文件化连接遵从的安全条件;

——文件化网络服务用户的安全条件;

——文件化安全事件管理方案;

——文件化并测试业务持续性/灾难恢复计划。

宜注意,本章以 GB/T 22081 和 ISO/IEC 13335-2 中描述的内容为基础。本部分只进一步描述上述主题中对网络使用尤其重要的那些主题。因此,更多的信息(例如有关网络安全策略和安全操作规程的内容)和这里未进一步提及的主题,读者宜查阅 GB/T 22081 和 ISO/IEC 13335-2。

13.3.2 网络安全策略

明显地接受和支持组织的网络安全策略(在 GB/T 22081 中所提到的)是管理的责任。这一网络安全策略宜来自于组织的信息安全策略,并与其相一致。此策略宜能得到实施,容易被组织中得到授权的成员使用,并包含有关以下方面的清晰陈述:

——组织对可接受网络用法的立场；
——安全使用特定网络资源、服务和应用的明确规则；
——不遵从安全规则的结果；
——组织对网络滥用的态度；
——策略及所有特定安全规则的基本原理。

（在某种情况下，如果这些清晰的陈述更方便和/或它们对员工更清晰，它们可能与信息安全策略相结合。）

网络安全策略的内容通常宜包括安全风险评估和管理评审结果的概要（它提供在控制措施方面花费理由），包括选中的、与评估风险相当的所有安全控制措施的细节（见第12章）。

13.3.3 安全操作规程

为支持网络安全策略，应开发和维护SecOP文件，适当覆盖每个网络连接。它们宜包含与安全相关的日常操作规程的细节，以及负责其使用和管理的人员。

13.3.4 安全合规检查

对于所有的网络连接，安全合规检查按照综合核查表进行，该核查表按照如下几个方面中规定的控制措施进行构造：
——网络安全策略；
——相关SecOP；
——技术安全体系结构；
——安全网关服务访问（安全）策略；
——业务持续性规划；
——连接的相关安全条件。

这种检查宜发生在任何网络连接的有效操作和主要的新发布之前（与重要的业务或网络有关变更相关），否则每年进行一次。

这种检测宜包括进行针对认可标准的安全测试，测试时使用安全测试策略及预先生成的相关计划，该计划精确地规划要进行何种测试、使用什么、何时何处进行。通常它宜包含脆弱点扫描与渗透测试的组合。在任何此类测试开始之前，宜检查测试计划以确保测试将以完全符合相关法律的方式进行。在执行这种检查时，不应忘记，网络不可能仅限定于一个国家之内——它可能分布于具有不同法律的不同国家。该测试结束后，其报告宜指出所遇到脆弱性的细节和要求的修正及其优先级。

13.3.5 连接的安全条件

除非连接的安全条件适当并且实际上被认可，否则，组织实际上要接受与其域外的网络另一端连接的相关风险。此类风险可能与隐私/数据保护相关，即连接可能被用于交换位于一端或两端并受到国家法律保护的个人数据，而网络连接的另一端（在组织的域之外）位于另一个国家，且其法律可能是不同的。

例如，组织A可能要求组织B在能够经由网络连接而与其系统相连接之前，B宜保持并展示其系统涉及此连接的特定安全性等级。通过这种方式，能够向A保证B正在以一个可接受的方式管理其风险。在此情况下，A宜生成连接安全条件文件，该文件详述B端提供的控制措施。这些控制措施宜由B实施，随后是该组织签署对将保持的效果和安全的绑定声明。A将保留委托权或对B进行合规检查。

在有些情况下，一个团体中的各个组织彼此认可一个“连接安全条件”文件，该文件记录所有各方的义务和责任，包括相互的合规检查。

13.3.6 网络服务用户的文档化安全条件

宜给已得到远程工作授权的用户颁发“网络服务用户安全条件”文件。该文件宜描述用户对硬件、软件、与网络有关数据以及安全的责任。

13.3.7 事件管理

在有网络连接之处(和没有网络连接相反),信息安全事件较有可能发生,并对结果有较严重的不利影响。此外,特别是对于到其他组织的网络连接,可能有与事件有关联的重大法律意义。

因此,具有网络连接的组织宜适当安排良好的文件化的并被实施的信息安全事件管理方案和相关的基础设施,它们能够在事件被识别时快速响应,将其影响最小化并吸取教训以试图防止此类事件再次发生。这个方案宜能够处理信息安全事态(系统、服务或网络的一种可识别状态的发生,它可能是对信息安全策略的违反或防护措施的失效,或是和安全关联的一个先前未知的状态)和信息安全事件(单个的或一系列有害或意外的信息安全事态,它们具有损害业务运作和威胁信息安全的极大可能性)。

更多有关信息安全事件管理的细节见 ISO/IEC 18044。

13.4 网络安全管理

13.4.1 导言

所有网络的管理都宜以安全的方式来承担,并且确实为全面的网络安全管理提供支持。这宜通过适当考虑可用的不同网络协议及相关安全服务来完成。

为促进这一点,组织宜考虑若干控制措施,其中大多控制措施能够使用 GB/T 22081 和 ISO/IEC 13335-2 加以识别。此外,无论是虚拟的还是物理的远程诊断端口,宜得到保护免遭未授权访问。

13.4.2 网络的各个方面

网络的各个方面可分类如下:

网络用户——网络的使用和/或管理的人员。其用户的范围从经由互联网、拨号或无线连接来访问远程资源的个人,到使用连接到局域网的工作站或个人计算机的个人。连接到局域网的用户也能经由可能在其局域网和其他网络之间存在内部网络连接与远程资源相连接。此类底层连接可能对用户是透明的;

终端系统——连接到网络上的计算机、工作站和移动装置(例如智能电话和 PDA),它们包括用于访问联网设施的装置(例如客户端系统)和用于提供服务的装置(例如服务器和主控计算机系统)。此分类包括硬件、操作系统软件和所有本地应用软件,包括用于访问网络的软件。

网络应用——在联网服务器或主机系统上运行的应用软件,经由计算机网络连接来访问,它提供例如:

——金融交易服务;

——企业软件服务(例如 CRM、EIS 和 MRP 等);

——基于 Web 的服务;

——在线数据库服务;

——在线存储设施。

网络服务——由网络提供的服务,通常在构成网络基础设施一部分的终端主机或服务器系统的软件中实现。例如:

——连通性;

——电子邮件；

——文件传送；

——目录服务。

网络服务可能：

——由组织拥有并运作；

——由组织拥有但由外部机构按合同运作；

——从外部机构租借；

——专门从外部提供商购买；

——以上情形的组合。

网络基础设施——底层硬件和软件设施，例如：

——安装场所；

——布线；

——无线设施；

——网络设备（例如路由器、交换机、调制解调器等）。

如第12章所述，网络安全的这些方面宜被模型化为网络分面。这些分面实际上构建在彼此之上以形成网络安全管理框架，如图4所示。

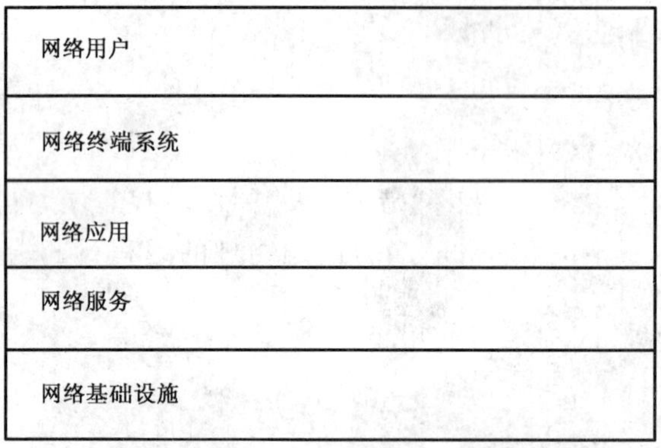

图4　网络安全管理框架的分面

由于有些系统在所有实际网络场景中履行多个角色，所以难免产生一些重叠。然而，功能的这些概念层面宜辅助所要求评估的系统过程，来确定在任何特定网络场景中出现的安全风险。概念安全框架中的每一层面宜被单个管理，并且所有层面均被共同管理，从而确保安全网络的所有目标均得到满足。

13.4.3　角色与责任

与网络安全管理相关，宜得到激励的角色和责任如下（宜注意的是，这些角色可按照组织的规模进行组合）。

高级管理：

——规定组织的安全目标；

——创立、批准、发布和利用组织的安全策略、规程和规则；

——创立、批准、发布和利用组织可接受的使用策略；

——确保安全和可接受的使用策略得到强制执行。

网络管理：

——制定详细的网络安全策略；

——实施网络安全策略；

——实施可接受的使用策略；
——管理与外部利益相关者/外部服务提供商的接口，以确保其符合内部和外部网络安全策略。

网络安全团队：
——获得、开发、测试、检查和维护安全组件与工具；
——维护安全工具和组件以紧密跟踪威胁的演进(例如更新病毒特征码文件)；
——根据变化的业务需要，更新与安全有关的配置(例如访问控制列表)。

网络管理员：
——安装、更新、使用和保护网络安全服务与组件；
——执行必要的日常任务以应用实施中的安全策略所要求的安全规范、规则和参数；
——采取适当措施来保证网络安全组件的保护(例如备份、监视网络活动、响应安全事件或报警等)。

网络用户：
——交流其安全要求；
——遵守企业安全策略；
——遵守企业可接受的网络资源使用策略；
——报告网络安全事件；
——提供对网络安全效力的反馈。

审计员(内部的和/或外部的)：
——评审和审计(例如定期测试网络安全的效力)；
——检查系统与网络安全策略的符合性；
——检查和测试操作安全规则与当前业务要求和法律限制的符合性(例如网络访问的许可列表)。

13.4.4 网络监视

网络监视是网络安全管理中非常重要的一部分。它将在13.7中处理。

13.4.5 网络安全评估

网络安全是一个动态概念。安全人员宜始终跟上该领域的发展，并确保任何网络都能够使用供应商提供的最新安全补丁和更正来连续工作。宜定期采取步骤按照已确定的基准来审计现有安全控制措施，包括使用安全测试—脆弱性扫描等。安全宜成为评估新的网络技术时的主要考量。

13.5 技术脆弱性管理

网络环境，与其他复杂系统一样，不可能没有错误。技术脆弱性经常出现在网络中被频繁使用的组件中并为其而发布。利用这些技术脆弱性能够对网络安全造成严重影响，这些影响常常在可用性和保密性方面观察到。因此技术脆弱性管理宜覆盖网络中的所有组件，并且宜包括：
——及时获得有关技术脆弱性的信息；
——评估网络对这些脆弱性的暴露程度；
——规定适当的控制措施来处理相关的风险；
——所规定控制措施的实施和验证。

技术脆弱点管理的必要条件宜是可使用所有网络组件的当前完整目录，提供必要的技术信息，例如设备类型、供应商、硬件版本号、固件或软件，以及组织信息，例如负责的常规管理人员。

如果组织已经配置完整的技术脆弱性管理程序，那么将网络组件的技术脆弱性管理集成到整体任务中宜成为推荐的解决方案(更多有关技术脆弱性管理的信息，包括实施指南，见GB/T 22081)。

13.6 身份标识与鉴别

13.6.1 背景

重要的是确保通过对经由授权人员(无论是组织内还是组织外的)的连接进行的访问加以限制来保护网络服务及相关信息的安全。对这些要求并未排除使用网络连接,因此使用网络连接的适当细节宜通过使用 GB/T 22081 来获得。ISO/IEC 13335-2 也提供了相关细节。

与使用网络连接相关的 4 个控制域,与此类连接直接相关的信息系统,见 13.6.2~13.6.5。

13.6.2 远程登录

远程登录,无论是来自远离组织工作的授权人员,来自远程维护工程师,还是来自其他组织的人员,可通过拨号接入到组织、互联网连接、来自其他组织的专线或者通过经由互联网的共享访问来完成。这些连接由内部系统或使用公共网络的合作伙伴按需建立。每种远程登录类型宜有与连接类型性质相称的附加控制措施。控制措施的例子是:

——不允许从远程接入账户直接访问系统和网络软件,除非是在已经提供了附加鉴别(见 13.6.3)和可能的端到端加密之处;

——保护与电子邮件软件和由组织人员在组织办公室外使用的、存储在个人计算机或膝上型计算机上的目录数据相关的信息,免授权访问。

13.6.3 鉴别增强

使用用户 ID/口令对是鉴别用户的一种简单方式,但是它们能够被泄露或猜测。还有其他更安全的方式来鉴别用户,特别是远程用户。在未授权人员极有可能获得对被保护的和重要系统访问权时,宜要求鉴别增强。这可能是,例如,因为该访问可能是使用公共网络发起的,或者访问的系统可能在组织的直接控制之外(例如通过膝上型计算机)。

在要求网络连接、鉴别增强(例如按照合同)或者由风险证明网络连接鉴别增强正当之处,组织宜考虑通过实施相关控制措施来增强人员鉴别过程。

举几个简单的例子:

——主叫线路识别(CLID),可把该项技术当作源自电话号码被接收设备看到。尽管 CLID 作为呼叫方所声称的 ID 有些价值,但它对欺骗是开放的且不宜用作被证明的 ID 不需进一步鉴别。在站点之间(特别在点 ISDN 上)通过备份链路时,CLID 经常被用作快速识别符;

——经由调制解调器的链接。这种链接在不使用时断开,且仅在呼叫方身份验证后才连接。

举几个在远程接入情景中更加复杂但非常重要的例子:

——使用其他身份识别手段来支持用户鉴别,例如远程验证令牌和智能卡(例如通过附属于个人计算机的阅读器),手持一次性口令密钥生成设备和基于生物识别的设施;

——确保令牌或卡只能与授权用户的已鉴别账户(最好是用户的个人计算机和位置/接入点)以及,例如,任何相关的个人识别号码(PIN)或生物特征档案,一起作用。

通常,称其为健壮的、双因子鉴别。如果使用令牌,就要求用户知道一个 PIN,具有令牌的 PIN 能产生唯一的鉴别值。至于智能卡,能够将其看作是自动使用令牌访问。为了使卡能够被“打开”,用户在将卡插入智能卡阅读器后,宜提供此卡的 PIN。然后,每当中央或远程系统要求鉴别时,可使用嵌入在智能卡中的密钥,直接“调用”智能卡来给数据“签名”(提供鉴别)。

13.6.4 远程系统身份标识

正如 13.6.3 中所隐含的,相关鉴别宜通过对进行外部访问的系统(以及位置/接入点)加以验证来增强。

应当承认，不同的网络体系结构能够提供不同的身份识别能力。因此，组织可通过选择适当的网络体系结构来实现增强的鉴别。所选择网络体系结构的所有安全控制能力宜加以考虑。

13.6.5 安全单点登录

在涉及网络连接之外，用户可能遇到多重身份识别和鉴别检查。在这种情形下，用户可能被诱导采用不安全的做法，如写下口令或重新使用相同的鉴别数据。安全的单点登录能够通过减少用户需记忆的口令数来降低此类行为的风险。除降低风险外，也可提高用户工作效率和减少与口令重置相关的帮助平台工作量。

然而，宜注意的是，安全单点登录系统出现故障的后果可能很严重，因为不是一个而是多个系统和应用将处于危险之中，并暴露于漏洞之下(有时称其开放术语为“王国的钥匙”风险)。

因此，可能需要比一般要更强大的身份识别和鉴别机制，并且从安全单点登录体制中去除对高权限(系统级)功能的身份识别和鉴别是可取的。

13.7 网络审计日志的载入和监视

非常重要的是，要通过审计日志载入和持续监视，并对安全事态及事件进行快速检测、调查和报告，并作出响应，来确保网络安全的有效性。没有这种活动，就不可能保证网络安全控制措施一直保持有效以及对业务运行有相关不利影响的安全事件不会发生。

充足的错误条件和有效事态的审计日志信息，宜被记录，从而能够对可疑的和真实的事件进行彻底评审。然而，由于认识到记录大量与审计相关的信息使得分析难以管理，且能够影响性能，所以必须注意在过去的时间里实际上都记录了些什么。对于网络连接，宜维护包括以下事态类型的审计日志：

——附带日期和次数的远程登录失败的尝试；

——失败的再次鉴别(或令牌使用)事态；

——安全网关通信流违规；

——远程尝试访问审计日志；

——具有安全意义的系统管理警报/警告(例如IP地址复制、载体电路中断)。

在联网环境中，审计日志宜从若干资源得到，如路由器、防火墙、IDS中并发送到中央审计服务器进行合并和彻底分析。宜对所有审计日志进行实时和离线检查。在实时检查时，日志可能在屏幕上滚动显示，并用于对潜在攻击预警。离线分析是必要的，因为它允许进行趋势分析来确定概述。首先，攻击的最初迹象可能是在防火墙日志中存在大量的“滴”，指明针对潜在的目标的探究活动。IDS系统也可能针对攻击特征码实时检测它。因此要强调的是，在选择正确的审计日志分析工具时宜格外注意，以便提供快速的、集中的且容易理解的输出。

按照组织需求，审计踪迹宜在线保持一段时间，同时所有的审计踪迹按照确保完整性和可用性的方式，例如使用如CD的WORM介质进行备份和存档。此外，对于那些希望通过网络连接来攻击系统的人来说，审计日志包含敏感信息或使用信息，拥有审计日志可能会在发生争议时提供通过网络传输的证据，所以它在确保完整性和抗抵赖的环境中是非常有必要的。因此所有审计日志宜得到适当保护，包括存档CD在指定日期被销毁。按照组织要求和国家法律审计踪迹宜被安全地保留一段时间，同样重要的是，对于所有的审计踪迹和相关服务器时间同步问题应被妥善处理，例如使用NTP，特别是对于辩论和起诉时可能要用到的审计踪迹。

正在进行的监视宜包括以下范围：

——来自防火墙、路由器、服务器等的审计日志；

——来自审计日志等的警报/警告，将其预配置为通知来自防火墙、路由器、服务器等的某些事态类型；

——IDS的输出；

——网络安全扫描活动产生的结果；

——由用户和支持人员报告的事态及事件信息。

(还有安全合规性评审的结果)。

事态可能转化成一个安全事件但已被阻止，例如，“失败”的登录，或者实际上已导致事件发生但现在已被检测到，例如识别出用户进行了未授权的数据库变更。

需要强调的是，网络监视应以完全符合相关的国家和国际法律法规的方式来进行。这包括数据保护法律和调查法规(按照法律在对其进行任何监视之前所有用户都必须被通知到)。用一般术语表述为，监视宜负责任的进行，而不是，例如用于评审具有非常有限的隐私法律的国家中员工的行为。很明显，所采取的行动宜与组织的安全和隐私策略相一致，且具有相关责任的适当规程应得到适当安排。如果审计日志证据将用于刑事或民事起诉，网络审计日志载入和监视也宜以辩论上安全的方式进行。

多数网络审计日志载入和监视控制能够通过使用 GB/T 22081 所要求的、与网络连接和相关信息系统有关的和 ISO/IEC 13335-2 来确定。

13.8 入侵检测

由于网络连接的增加，入侵者更容易：

——找到多种方式来渗透到组织或团体的信息系统和网络；

——伪装其初始接入点；

——通过网络和目标的内部信息系统来访问。

此外，入侵者正在变得更加老练，而且更先进的攻击方法及工具很容易在互联网或公开的文献中得到。事实上，这些工具中大部分都是自动的，能够非常有效，并易于使用——包括被经验有限的人员使用。

对于大多数组织，阻止所有潜在的渗透在经济上是不可能的。因此，可能会发生入侵。与这些渗透中的大多数相关的风险，宜通过实施良好的身份标识和鉴别、访问控制和计费及审计控制、在经过证明的情况下加上入侵检测能力来处理。这种能力提供一些手段来检测入侵、实时识别入侵并发出适当警报。使得能够在本地收集入侵信息、随后进行合并和分析，以及分析组织正常信息系统的行为模式/使用模式。

在很多情况下，可清楚的发现一些未授权的或是有害的事态正在发生。它可能是由于显然未知的原因而导致的轻微的服务降格，或者它可能是不正常的、意外的访问次数，或者它可能是拒绝特定服务。在多数情况下，重要的是要尽快知道入侵的原因、严重程度及范围。

宜注意的是，与 13.7 中隐含的审计日记分析工具和方法以及 GB/T 22081 和 ISO/IEC 13335-2 中相关章条相比，这种能力更高级。更有效的入侵检测能力使用特别的后处理器，处理器被设计为使用规则来自动分析审计踪迹中记录的以往活动和其他日志来预测入侵，并针对恶意行为或非典型正常使用行为的已知模式来分析审计踪迹。

因此，IDS 是一种用于检测进入网络的入侵的系统。有两种类型的 IDS：

——基于网络的入侵检测系统(NIDS)；

——基于主机的入侵检测系统(HIDS)。

NIDS 监视网络中的包并试图通过将攻击模式与已知攻击模式数据库相匹配来发现入侵者。一个典型的例子是寻找到目标机器上很多不同端口的大量 TCP 连接请求(SYN)，因而发现是否有人正在尝试 TCP 端口扫描。网络入侵检测系统通过混杂地观察所有网络通信流来嗅探网络通信流。

HIDS 监视主机(服务器)上的活动，它通过监视安全事态日志或检查对系统的更改，诸如更改关键系统文件或系统注册表来实现这种监视。有两种类型的 HIDS：

——系统完整性检查器，它监视由入侵者作出的对系统文件和系统注册表的更改；

——日志文件监视器(它监视系统日志文件)。操作系统生成有关关键安全问题的安全事态，诸如用户获得系统级/管理员级的特权。

在某些情况下对检测到的入侵响应能在IDS中自动执行。

更多关于入侵检测的细节见ISO/IEC 18043。

13.9 恶意代码的抵御

用户宜意识到恶意代码,包括病毒,可能会通过网络连接而引入其环境。恶意代码能够导致计算机执行未授权的功能(例如在给定日期和时间用消息攻击给定目标),或者是,一旦它复制了用于尝试发现其他易受攻击主机的重要资源,就真正销毁它们(如删除文件)。在未造成损害之前恶意代码可能未被检测到,除非实施适当的控制。恶意代码可能造成安全控制的漏洞(例如捕获和泄漏口令),非故意泄露信息,非故意更改信息、破坏信息和/或未授权使用系统资源。

有些形式的恶意代码使用特殊的扫描软件来检测和移除。扫描器可用于防火墙、文件服务器、邮件服务器和针对某种类型恶意代码的工作站。此外,为了能够检测新的恶意代码,非常重要的是要确保该扫描软件总是保持最新,最好是每日更新。然而,用户和管理员宜意识到不能依赖扫描程序来检测所有的恶意代码(甚至是所有特定类型的恶意代码),因为新形式的恶意代码正不断产生。通常情况下,要求其他形式的控制来增强由扫描程序提供的(在扫描程序存在之处)保护。

总之,反恶意代码软件的工作是扫描数据和程序来识别与病毒、蠕虫及木马(有时被统称为"恶意软件")相关的可疑模式。所扫描的模式库被称作特征码,并且宜被定期更新,或者在新的特征码对于高风险恶意软件警报可用时更新。在远程接入的情况下,抗病毒软件宜在远程系统上运行,也宜在中心系统的服务器上,特别是在窗口和电子邮件服务器上运行。

具有网络连接的系统的用户和管理员宜意识到,当与外部各方通过外部链接交易时,存在着比一般风险更大的与恶意软件相关的风险。宜开发用户和管理员指南来概述规程和做法,以降低引入恶意代码的可能性。

用户和管理员宜特别小心地来配置与网络连接相关的系统和应用,关闭此环境中不必要的功能(例如,PC应用可以配置为宏被默认为关闭,或在执行宏之前要求用户确认)。

更多有关恶意代码保护的细节见GB/T 22081和ISO/IEC 13335-2。

13.10 公共基础设施中基于密码的服务

13.10.1 导言

随着电子形式取代其基于纸张的对应物,对安全性和增强隐私的需求日益增加。互联网的出现和企业网络扩展为包括来自组织外部的客户和提供商的访问,加快了对基于加密技术解决方案的需求,以支持鉴别和VPN,以及确保保密性。

13.10.2 网络上的数据保密性

在保持保密性的重要环境中,宜考虑使用加密控制措施给流经网络连接的信息加密。使用加密控制的决定宜考虑有关的政府法律法规、对密钥管理的要求以及用于所涉及网络连接类型和所要求保护等级的加密机制的适当性。

加密机制措施在ISO/IEC 18033中被标准化。块加密是一种常用的加密技术,使用块加密进行加密保护的方式,称作操作模式,在ISO/IEC 10116中标准化。

13.10.3 网络上的数据完整性

在保持完整性重要的环境中,宜考虑使用数字签名和/或消息完整性控制措施来保护流经网络连接的信息。数字签名控制措施能提供与消息鉴别控制措施类似的保护,但也有允许它们启动抗抵赖规程的特性(见13.10.4)。使用数字签名或消息完整性控制措施的决定宜考虑到相关的政府法律法规、相关的公钥基础设施、对密钥管理的要求、用于所涉及的网络连接类型和所要求的保护等级的下层机制的适用性、以及与用于数字签名协议的密钥(被证实在何处相关的)相关的可靠且可信的用户或实体的注册。

消息完整性控制措施,被称作消息鉴别码(或MAC),在ISO/IEC 9797中被标准化。数字签名技术在ISO/IEC 9796和ISO/IEC 14888中被标准化。

13.10.4 抗抵赖

要求确保能够提供实质性证据,证明信息由网络承载过,宜考虑的此类控制措施如下:

——提供提交确认的通信协议;

——要求提供原发方地址或标识符并检查此信息存在与否的应用协议;

——检查发送方和接收方地址格式中语法的有效性及与相关目录中信息的一致性的网关;

——确认来自网络的交付,并允许确定信息顺序的协议。

重要的是信息的传输或接收,在有争议时能够得到证明,进一步保证宜通过使用标准数字签名方法来提供。信息的发送方,在要求源证据时,宜使用数字签名把信息封装到普通标准。在要求交付证据时,发送方宜请求使用数字签名封装的答复。

更多有关抗抵赖的信息见ISO/IEC 14516和ISO/IEC 13888。

13.10.5 密钥管理

13.10.5.1 概述

作为对所有其他密码服务的基本服务,密钥管理确保所有必需的加密密钥在其完整的生命周期内得到管理,并以安全的方式被使用。

但是在仅有几个连接的非常小的环境中,使用组织的手工规程(例如手工交换对称密钥)就能实现密钥管理。在较大的环境中需要预定义和自动的规程,并且在多数情况下使用公钥/私钥加密技术将带来好处。

公钥/私钥加密技术确实解决对称加密技术的一个主要问题。对称的技术要求相同的密钥在通信双方出现(也被称作共享秘密技术),因此意味着对称加密密钥的传送。由于对称加密密钥本身必须是保密的,为交换密钥就需要一个已经建立起来的安全数据信道。公钥/私钥加密技术通过提供两个密钥并要求其中只有一个被传送到另一个通信实体,来解决这个问题。因为这个密钥不是保密的(被称作公钥)所以它能够通过公共通信信道传送。来被传送的另一个密钥必须被保密处理(被称作私钥)。

然而,某些问题仍然存在,主要是:

——公钥的可信传输,或者如何准确地获得另一通信实体的公钥;

——私钥的适当保护。

公钥的传输必须确保接收实体得到发送实体确定发送的公钥。换言之,该传输需要是可信的,否则,窥视公钥传输的潜在攻击者,可能把一个未识别的密钥调换成另一个(有时称之为“中间人攻击”)。

有数个技术可用于检查被传送的公钥的真实性。最显而易见的方式是检查发送和接收的公钥是否相同。该检查通常通过以交互方式比较发送和接收的密钥的散列值(在这种情形中经常被称为“指纹”)来完成。因此密钥的发送和接收实体可能使用单独的信道(例如电话线),重要的是这种信道容许适当鉴别发送和接收实体(例如,如果接收实体能够通过识别发送方的话音来鉴别他/她)。

然而这种双向的公钥交换方式仅在涉及少量通信实体的情况下才可行,不能按比例增加。这个问题能够通过引入基础设施来提供每个实体的公钥并证明所提供公钥的真实性加以解决。此类基础设施,通常称为PKI,由各种组件组成。新实体的加入由注册机构注册,该机构的主要任务是验证实体的适当身份。然后认证机构基于此注册,能够证实的公钥,并且通常提供目录服务使得被证实的公钥(通常被称为“证书”)对所有被指定使用系统的实体是可用的,在技术上,一个证书包括一组良好定义的实体属性(例子是用户实体的名字和电子邮件地址)和实体公钥,并且此信息的真实性由认证机构对此信息的数字签名来保证。

对于使用由 PKI 提供和管理的公钥的所有加密服务,由于其安全依赖于这些密钥的真实性,所以 PKI 具有非常高的安全要求。例如,若攻击者对认证机构进行访问,他/她可能会颁发使冒充实体成为可能的证书。

由于功能性原因,大多数 PKI 需要被附加到网络上,因此要特别注意适当的网络安全控制,以使其能够满足 PKI 的高安全性要求。在很多情况下这些安全控制包括为核心 PKI 组件建立专用网络,并且通过适当的安全网关或防火墙保护此网络。

关于私钥的适当保护,这种保护对于安全性也是至关重要的,因为如果攻击者访问实体的私钥,他/她就有冒充该实体的可能。通常,依赖于具体组织、环境或应用的安全要求,若干解决方案已经可用。

最简单的解决方案是保护私钥,其方式是以对称加密形式将它保存在实体的系统上,稍好一点的方式是将它保存在可移动介质上。然后该实体通常键入一个口令(它构造对称加密密钥)来为私钥解锁,并把它提供给服务和应用进一步的使用。此解决方案具有的显著优点,是其完全基于软件的,因此能在大多数环境中相对容易地实施。然而,从安全的角度看,它存在主要缺点,因为保护:

——依赖于所选择口令的质量;

——依赖于实体所使用的系统的完整性。若一个攻击者获得此系统的控制权,他/她可在处理加密函数期间复制以未加密的形式存储在内存中的私有密钥,或者他/她可通过获得实体的口令和加密形式的公钥,得到相同的结果。

基于智能卡的解决方案可用于克服这些缺点。它们为私钥访问提供双因素鉴别(通常拥有智能卡且知道口令或 PIN 以将其解锁)。其结构确定保证私钥决不会离开智能卡,这意味着所有要求私钥核心加密计算在智能卡本身上处理。作为一个显著的优点,这种解决方案,即使是在被实体使用的系统的完整性受到损害时也保护私钥。基于智能卡的解决方案,其主要缺点是需要分配和整合与特定智能卡相关的实体及其系统硬件。虽然该领域有技术标准可用,但这通常是一个相当复杂和成本密集的过程。

要强调的是,本章只提供密钥管理主题的简要概述。有关该主题和 PKI 之类的相关主题或有关身份管理主题的更多信息,宜参照其他文件和标准,诸如:

——GB/T 17901:密钥管理;

——GB/T 16264.8:目录　公钥和属性证书框架;

——ISO 11166-2:银行业务　借助非对称算法的密钥管理;

——ISO IS 11568:银行业务　密钥管理零售;

——ISO IS 11649:银行业务　多中心密钥管理;

——ISO IS 13492:零售密钥管理数据元素;

——ISO IS 21118:银行公钥基础设施。

13.10.5.2 安全性考量

在密钥管理环境中,特别是在使用或实施 PKI 服务时,要进行若干安全性考量。

这些考量包括的主题有:

——范围和用法:PKI 的预期用法对实际安全具有重大影响。例如,使用已颁发的证书确实主要影响 PKI 的安全要求;

——策略:所提供的 PKI 服务及其目的、PKI 中所实施的保护的等级,以及交互过程需要在认证策略(CP)和认证业务规则声明(CPS)中适当文件化;

——实施问题:组织可选择在内部实施 PKI(“内委 PKI”)或可能决定只购买 PKI 服务(“外包

PKI”),或者可以选择实现两者的结合(例如只购买核心认证服务,但在本地实施其他服务,如漫游目录);

——特定功能要求,例如对于漫游用户:很多功能要求需要制定特定安全控制措施。一个例子是如何为漫游用户提供私有密钥及访问证书的保护;因此解决方案之一是使用智能卡(见下面);

——智能卡使用:智能卡可用于满足较高的安全要求(例如 13.10.5.1 提到的)或解决漫游用户环境中的问题。但是,使用智能卡确实要求有很多的进一步的考量,如智能卡的生命周期过程、智能卡的物理分配和处理、故障恢复过程(例如当用户忘记他/她的智能卡时)、所使用的读卡器的硬件与客户端系统上的适当整合软件的安全问题;

——操作问题,例如根认证机构的在线/离线操作:特定的操作措施能够用来满足特定的安全要求。例如,在不使用根认证机构的服务时让其处于离线状态,并结合适当的物理保护,这种方法可用于为系统最敏感部分提供较高级别的保护。

13.11 业务持续性管理

重要的是,一旦灾难性事件发生,就绪的控制措施通过在适当时间框架内,提供恢复被中断业务每一部分的能力来确保进行中的业务功能。因此,组织宜适当安排业务持续性管理计划,其过程涵盖所有业务持续性阶段——建立业务恢复优先级、时间安排和要求(由业务影响分析评审支持)、业务持续性策略的构想、业务持续性计划的产生、业务持续性计划的测试,确保所有员工的业务持续性意识,持续的业务持续性计划的维护以及降低风险。只有遵循所有阶段,才能确保:

——所要求的业务优先级和时间安排符合业务需求;

——被识别的推荐业务持续性策略选项与优先级和时间安排相当;

——正确且必要的计划与设施得到适当安排,并被测试,包括信息、业务流程、信息系统和服务、语音和数据通信、人员和物理设施。

对业务持续性管理的指南作为一个整体,包括适当业务持续性策略和相关计划的制订及随后的测试,能够从 GB/T 22081 和 ISO/IEC 13335-2 中得到。

从联网的角度看,网络连接的维护、有足够能力的替代性连接的实现、有害事态发生后连接的恢复,都必须得到处理。这些方面和要求宜基于随时间推移连接对业务功能重要性和损害发生时所产生的不利业务影响。损害发生时连通性能够给组织提供很多优势,同时,根据灵活性和利用创造性方法的能力,它们也能够表示脆弱点和“单点故障”,这些可能对组织有重大的破坏性影响。

14 安全控制措施的实施和运行

一旦技术安全体系结构安全控制措施被识别、文档化和达成协议,就宜实施网络安全控制措施。在允许联网操作开始之前,其实施宜被评审、测试,且任何已识别的安全缺陷宜得到处理(见第 15 章)。然后,一旦安全已被“签核”,宜开始有效操作。随着时间的推移,如果发生了显著变化,就宜进行进一步的实施评审(见第 15 章)。

15 对实施的监视和评审

如第 14 章所述,宜评审首个实施是否符合下面文件中指定的文档化的技术安全体系结构和所要求的安全控制措施:

——技术安全体系结构;

——网络安全策略;

——相关安全操作规程(SecOP);

——安全网关服务访问(安全)策略;

——业务持续性计划;

——连接的相关安全条件。

符合性评审宜在有效操作之前完成。当所有的缺陷都已经由高级管理人员识别、修复、并签核时评审才完成。后有效操作、持续监视和评审活动也宜进行,尤其要在与业务需求、技术、安全解决方案等相关重大变化相关的主要新版本颁布之前进行,否则每年进行一次。

要强调的是,这宜包括针对认可标准进行的安全性测试,使用安全测试策略及预先制订的相关计划,这些计划严密地规划,要进行哪些测试、使用什么、何地、何时进行。通常这宜包括一个脆弱性扫描和渗透测试的组合。在任何此类测试开始之前,宜检查测试以确保该测试将以一种完全符合相关法律法规的方式进行。当进行这项检查时,不应忘记网络可能不只是限定于一个国家之内——它可能会分布在具有不同法律的国家中。测试之后,其报告宜指出所遇到的脆弱性的详情以及所要求的修正,以及处于什么优先级,其附录证实所有给定的修正已被应用。此类报告宜由高级管理人员签核。

参 考 文 献

[1] ISO/IEC TR 14516:2002,Information technology—Security techniques—Guidelines for the use and management of Trusted Third Party services

[2] ISO/IEC 13888(all parts),IT security techniques—Non-repudiation

[3] ISO/IEC 7498-1:1994,Information technology—Open Systems Interconnection—Basic Reference Model:The Basic Model

[4] GB/T 9387.2—1995 信息处理系统 开放系统互连 基本参考模型 第2部分:安全体系结构(ISO 7498-2:1989,IDT)

[5] GB/T 9387.3—2008 信息技术 开放系统互连 基本参考模型 第3部分:命名与编址(ISO/IEC 7498-3:1997,IDT)

[6] GB/T 9387.4—1996 信息处理系统 开放系统互连 基本参考模型 第4部分:管理框架(ISO/IEC 7498-4:1989,IDT)

[7] ISO/IEC 27005,Information technology—Information security risk management

[8] GB/T 22080—2008 信息技术 安全技术 信息安全管理体系 要求(ISO/IEC 27001:2005,IDT)

[9] ITU-T X.810|ISO/IEC 10181-1:1996,Information technology—Open Systems Interconnection—Security frameworks for open systems:Overview

[10] IETF Site Security Handbook(RFC 2196),September 1997

[11] IETF IP Security Document Roadmap(RFC 2411),November 1998

[12] IETF Security Architecture for the Internet Protocol(RFC 2401),November 1998

[13] IETF Address Allocation for Private Internets(RFC 1918),February 1996

[14] IETF SNMP Security Protocols(RFC 1352),July 1992

[15] IETF Internet Security Glossary(RFC 2828),May 2000

http://www.ietf.org/rfc/rfc2828.txt

[16] NIST Special Publications 800 series on Computer Security,including:

—NIST Special Publication 800-10: Keeping Your Site Comfortably Secure: An Introduction to Firewalls

ICS 35.040
L 80

中华人民共和国国家标准

GB/T 25068.2—2012/ISO/IEC 18028-2:2006

信息技术 安全技术 IT网络安全 第2部分:网络安全体系结构

Information technology—Security techniques—IT network security—Part 2:Network security architecture

(ISO/IEC 18028-2:2006,IDT)

2012-06-29 发布 2012-10-01 实施

中华人民共和国国家质量监督检验检疫总局
中国国家标准化管理委员会 发布

前　言

GB/T 25068《信息技术　安全技术　IT网络安全》分为以下5个部分：

——第1部分：网络安全管理；

——第2部分：网络安全体系结构；

——第3部分：使用安全网关的网间通信安全保护；

——第4部分：远程接入的安全保护；

——第5部分：使用虚拟专用网的跨网通信安全保护。

本部分为GB/T 25068的第2部分。

本部分按照GB/T 1.1—2009给出的规则起草。

本部分使用翻译法等同采用国际标准ISO/IEC 18028-2:2006《信息技术　安全技术　IT网络安全　第2部分：网络安全体系结构》。

根据国情和GB/T 1.1的规定，做了如下一些编辑性修改：

——原文CCITT X.800中的内容已在本部分引用的国家标准GB/T 9387.2—1995中体现，故本部分不再引用X.800。

——在原文正文里使用的缩略语没有全部反映在第4章中，本部分在其中做了增补，增加的缩略语在其页边切口用单竖线"|"指示。

——为避免干扰章节编号，第5章中几个问题的数字编号改为字母编号。

——由于我国尚未有隐私和数据保护的相关法律法规，故在6.8中删掉"依据国家隐私和数据保护的法律法规"。

请注意本文件的某些内容可能涉及专利。本文件的发布机构不承担识别这些专利的责任。

本部分由全国信息安全标准化技术委员会(TC 260)提出并归口。

本部分起草单位：黑龙江省电子信息产品监督检验院、中国电子技术标准化研究所。

本部分主要起草人：黄俊强、王希忠、方舟、马遥、王大萌、张清江、宋超臣、段志鸣、树彬、上官晓丽、许玉娜、王运福。

引　言

通信和信息技术业界一直在寻找经济有效的全面安全解决方案。安全的网络应受到保护，免遭恶意和无意的攻击，并且应满足业务对信息和服务的保密性、完整性、可用性、抗抵赖、可核查性、真实性和可靠性的要求。保护网络安全对于适当维护计费或使用信息的准确性也是必要的。产品的安全保护能力对于全网的安全（包括应用和服务）是至关重要的。然而，当更多的产品被组合起来以提供整体解决方案，互操作性将决定这种解决方案的成功与否。安全不一定只是对每种产品或服务的单线关注，而必须以促进全面的端到端安全解决方案中各种安全能力交织的方式来开发。因此，GB/T 25068 的目的是为 IT 网络的管理、操作和使用及其互连等安全方面提供详细指南。组织中负责一般 IT 安全和特定 IT 网络安全的人员应能够调整 GB/T 25068 中的材料以满足他们的特定要求。GB/T 25068 的主要目标如下：

——GB/T 25068.1 定义和描述网络安全的相关概念，并提供网络安全管理指南——包括考虑如何识别和分析与通信相关的因素以确立网络安全要求，还介绍可能的控制领域和特定的技术领域（相关内容在 GB/T 25068 的后续部分中涉及）；

——GB/T 25068.2 定义一个标准的安全体系结构，它描述一个支持规划、设计和实施网络安全的一致框架；

——GB/T 25068.3 定义使用安全网关保护网络间信息流安全的技术；

——GB/T 25068.4 定义保护远程接入安全的技术；

——GB/T 25068.5 定义对使用虚拟专用网（VPN）建立的网络间连接进行安全保护的技术。

GB/T 25068.1 与涉及拥有、操作或使用网络的所有人员相关。除了对信息安全（IS）和/或网络安全及网络操作负有特定责任的、或对组织的全面安全规划和安全策略开发负有责任的管理者和管理员外，还包括高级管理者和其他非技术性管理者或用户。

GB/T 25068.2 与涉及规划、设计和实施网络安全体系结构方面的所有人员（例如 IT 网络管理者、管理员、工程师和 IT 网络安全主管）相关。

GB/T 25068.3 与涉及详细规划、设计和实施安全网关的所有人员（例如 IT 网络管理者、管理员、工程师和 IT 网络安全主管）相关。

GB/T 25068.4 与涉及详细规划、设计和实施远程接入安全的所有人员（例如 IT 网络管理者、管理员、工程师和 IT 网络安全主管）相关。

GB/T 25068.5 与涉及详细规划、设计和实施 VPN 安全的所有人员（例如 IT 网络管理者、管理员、工程师和 IT 网络安全主管）相关。

信息技术　安全技术　IT 网络安全 第 2 部分:网络安全体系结构

1　范围

GB/T 25068 的本部分规定了用于提供端到端网络安全的网络安全体系结构。

本部分适用于体系结构能应用于关注端到端安全且独立于网络下层技术的各种类型的网络。其目的是作为开发详细的端到端网络安全建议的基础。

2　规范性引用文件

下列文件对于本文件的应用是必不可少的。凡是注日期的引用文件,仅注日期的版本适用于本文件。凡是不注日期的引用文件,其最新版本(包括所有的修改单)适用于本文件。

GB/T 9387.2—1995　信息处理系统　开放系统互连　基本参考模型　第 2 部分:安全体系结构(ISO 7498-2:1989,IDT)。

3　术语和定义

GB/T 9387.2—1995 中界定的下列术语和定义适用于本文件。

3.1

访问控制　access control

防止未授权使用资源,包括防止以未授权方式使用某一资源。

3.2

数据原发鉴别　data origin authentication

确认接收到的数据的来源是所声称的。

3.3

对等实体鉴别　peer-entity authentication

确认某一关联中的对等实体是所声称的实体。

3.4

可用性　availability

已授权实体一旦需要就可访问和使用的特性。

3.5

保密性　confidentiality

使信息不泄漏给未授权的个人、实体或过程或不使信息为其利用的特性。

3.6

数据完整性　data integrity

数据未经未授权方式修改或破坏的特性。

3.7

原发证据抗抵赖 non-repudiation with proof of origin

为数据接收方提供数据源证据的安全服务。

注1：这将防范发送方否认发送数据或其内容的任何企图。

注2：改编自GB/T 9387.2—1995。

3.8

交付证据抗抵赖 non-repudiation with proof of delivery

为数据发送方提供数据交付证据的安全服务。

注1：这将防范接收方否认接收数据或其内容的任何后续企图。

注2：改编自GB/T 9387.2—1995。

3.9

隐私 privacy

每个人都享有的控制或影响与其相关的什么信息可被收集和存储以及这些信息可被何人或对何人泄露的权利。

4 缩略语

ASP	应用服务提供商(Application Service Provider)
ATM	异步传输模式(Asynchronous Transfer Mode)
DHCP	动态主机配置协议(Dynamic Host Configuration Protocol)
DNS	域名系统(Domain Name System)
DS-3	DS3数字信号(Digital Signal Level 3)
Ipsec	IP安全协议(IP Security Protocol)
MD5	消息摘要第5版(Message Digest Version 5)
Megaco/H.248	媒体网关控制协议(Media Gateway Control Protocol)
MPLS	多协议标签交换(Multi-protocol Label Switching)
OAM&P	操作、管理、维护和配置(Operations Administration Maintenance and Provisioning)
OSI	开放系统互连(Open Systems Interconnection)
POP	邮局协议(Post Office Protocol)
PSTN	公用电话交换网(Public Switched Telephone Network)
PVC	永久虚电路(Permanent Virtual Circuit)
QoS	服务质量(Quality of Service)
SHA-1	安全散列算法(Secure Hash Algorithm)
SIP	会话发起协议(Session Initiation Protocol)
SMTP	简单邮件传输协议(Simple Mail Transfer Protocol)
SNMP	简单网络管理协议(Simple Network Management Protocol)
SONET	同步光纤网络(Synchronous Optical Network)
SS7	信令系统7(Signalling System #7)
SSL	安全套接层(加密和鉴别协议)(Secure Socket Layer (encryption and authentication protocol))
TLS	传输层安全(加密和鉴别协议)(Transport Layer Security(encryption and authentication protocol))

VLAN　　虚拟局域网(Virtual Local Area Network)

5 网络安全参考体系结构

该参考体系结构被创建来应对服务提供商、企业、客户的全球安全挑战，适用于无线、光纤和有线的语音、数据和聚合网络。在本部分的内容中"参考"一词与"体系结构"一词结合，用于表达以下含义：该规范提供一个高层次安全体系结构实例，可以此体系结构为基础，来为不同网络设计更详细的安全解决方案。对网络基础设施、服务和应用而言，该参考体系结构处理其管理、控制和使用的安全关注点。该参考体系结构提供全面的、自顶向下的、端到端的网络安全视图并且能应用于网络元素、服务和应用，以预测、检测和改正安全脆弱性。

该参考体系结构将一组复杂的、与端到端网络安全相关的特性按照逻辑划分到单独的体系结构组件中。这种划分支持端到端安全的系统化方法，此类方法可用于规划新的安全解决方案和评估现有网络的安全。

该参考体系结构处理的是覆盖以下至关重要的问题的网络安全需求：

a) 何种信息需要得到保护？

b) 什么是安全风险？需要何种保护来管理这些风险？

c) 哪些不同类型的网络活动需要得到保护？

d) 哪些不同类型的网络设备及设施分组需要得到保护？

宜进行风险评估以区分保护要求的优先次序并帮助确立安全体系结构的适当安全措施。

这些问题由体系结构的3个组件(安全维、安全面和安全层)来处理。

这个多面参考体系结构描述的原则能够应用于独立于网络技术或者协议栈中位置的各种网络。

后面章节针对主要安全威胁来详细描述体系结构元素及其功能。

6 安全维

通常在风险管理过程中识别适当的安全措施以管理或减轻评估风险。安全维引入一组用于实施特定网络安全方面的安全措施。安全维的概念并不局限于网络，在应用或终端用户信息的环境中也可使用。此外，安全维适用于服务提供商或向客户提供安全服务的企业。安全维包括：(1)访问控制；(2)鉴别；(3)抗抵赖；(4)数据保密性；(5)通信流安全；(6)数据完整性；(7)可用性；(8)隐私。

适当设计和实现的安全维支持为特定网络规定的安全策略，使得安全管理容易设置规则。

6.1 访问控制安全维

访问控制安全维提供对使用网络资源的授权。访问控制确保只允许得到授权的人员或设备访问网络元素、存储的信息、信息流、服务和应用。例如，基于角色的访问控制(RBAC)提供不同的访问级别以保证人员和设备只能对已授权的网络元素、存储的信息和信息流进行访问并在其上执行操作。

6.2 鉴别安全维

鉴别安全维的作用是确认通信实体的身份或其他授权属性。当鉴别被参与通信的实体的授权或访问控制(如人员、设备、服务或应用)使用时，它确保所声称身份的有效性和提供实体未企图冒充或未授权重放以前通信的保证。使用基于用户身份标识和口令对、双因子鉴别(如令牌)、生物统计特征技术的鉴别方法被广泛使用。

6.3 抗抵赖安全维

抗抵赖安全维提供技术手段，通过使各种与网络相关行动的证据(例如责任、意图或承诺的证据、数据原发证据、所有权证据、资源使用证据)可用，来防止个人或实体否认已执行与数据相关的特定动作。它有助于确保证据的可用性，这些证据能作为某种已发生的事态或动作的技术证据呈现给第三方。然而，需注意的是通过技术方法提供的抗抵赖不会导致必要的法律结论。经常使用密码学的方法来提供抗抵赖。

6.4 数据保密性安全维

数据保密性安全维保护数据免遭未授权的泄漏。加密是一种经常用于确保数据保密性的方法。访问控制列表和文件权限是有助于保持数据保密性的方法。

6.5 通信流安全维

通信流安全维确保信息只在授权端点之间流动(信息在这些端点之间流动时不会被转向或拦截)。通信流安全维的安全机制不能抵御修改/损坏；这是数据完整性的功能。MPLS 隧道、VLAN 和 VPN 是能提供通信流安全的技术实例。

6.6 数据完整性安全维

数据完整性安全维确保数据的正确性或准确性(亦即数据只能被授权的过程或授权的人或设备的动作处理)。数据得到保护免遭未授权的修改、删除、创建和复制，且提供这些未授权活动的指示。散列消息鉴别码方法(如 MD5、SHA-1)常用于确保数据的完整性。

6.7 可用性安全维

可用性安全维确保未因对网络元素、存储的信息、信息流、服务和应用的授权访问影响网络而拒绝这些事态。灾难恢复解决方案也包含在此范畴中。

6.8 隐私安全维

隐私安全维对可能源自网络活动观察的任何信息(通信方的身份或任何数据——包括包头——属于此方承载的任何活动)提供保护。这些信息的实例包括用户已访问的万维网站点、用户的地理位置、服务提供商网络中的 IP 地址和设备的 DNS 名称。网络地址转换(NAT)和应用代理是能用于隐私保护技术的实例。隐私安全维也宜对个人信息的收集、处理和传播提供适当的保护结构和控制措施。

7 安全层

为了提供端到端安全解决方案，第 6 章中描述的安全维必须应用于网络设备和设施分组的层次结构，称作安全层。这个参考体系结构定义 3 个安全层，即基础设施安全层、服务安全层和应用安全层，它们相互依赖以提供基于网络的解决方案。

各个安全层是用于安全网络解决方案的一组使能器：基础设施安全层使能服务安全层、服务安全层使能应用安全层。该参考体系结构处理每一层都有不同的安全脆弱性的事实并提供以最适合特定安全层的方式来对抗潜在威胁的灵活性。是否较高级别必须假定较低级别安全已起到想要的作用或者是否它们宜包含检测失效的过程，其决定权留给实施。

宜注意的是安全层(前面已定义)有着与 OSI 层不同的含义。

安全层通过提供网络安全的连续视角来识别安全必须被置于产品和解决方案中的何处。例如,首先为基础设施安全层处理安全脆弱性,然后为服务安全层,最后为应用安全层处理安全脆弱性。安全维识别需要在每个安全层中处理的域。图 1 描述每个安全维的机制如何应用于安全层,以降低每层中存在的脆弱性,从而缓解安全攻击。

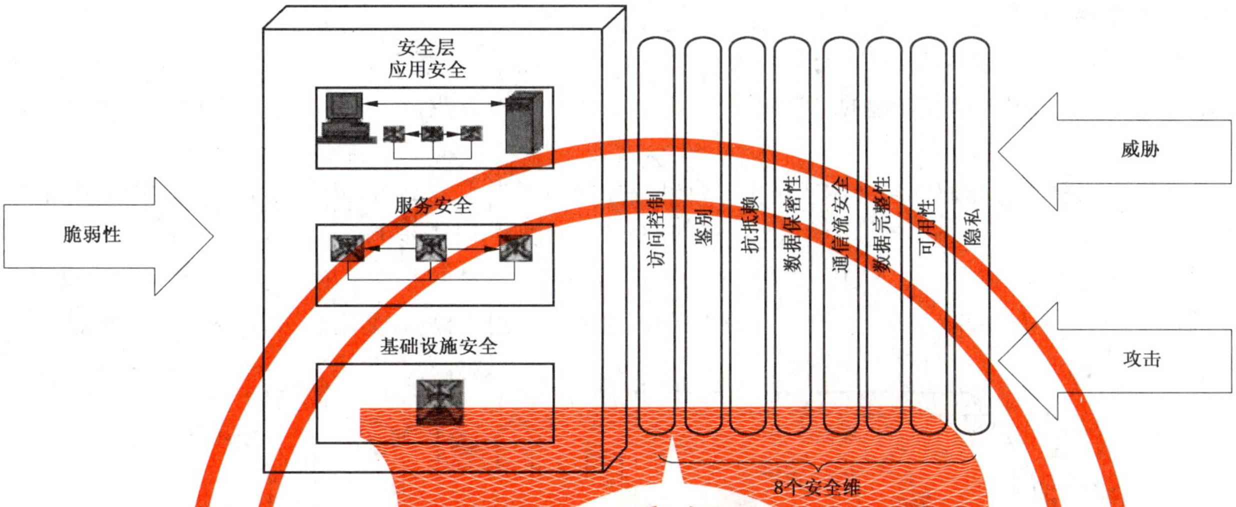

图 1 对安全层应用安全维

7.1 基础设施安全层

基础设施安全层由通过安全维实施的机制所保护的网络传输设施和单个的网络元素组成。基础设施安全层代表网络、网络服务及应用的基本构建块。属于基础设施安全层的组件实例有单个路由器、交换机和服务器以及单个路由器、交换机和服务器之间的通信链路。

7.2 服务安全层

服务安全层处理服务提供商提供给客户的服务的安全。这些服务的范围从基本传输和连通性直到提供互联网访问(如鉴别、授权和计费服务、动态主机配置服务、域名服务等)所必需的服务使能器以及免费电话服务、QoS、VPN、定位服务、即时消息等增值服务。服务安全层用于保护服务提供商及其客户,这两者均为潜在的安全威胁目标。例如,攻击者可能试图否认服务提供商提供服务的能力,或者他们可能试图中断服务提供商(如企业)对某个客户的服务。

7.3 应用安全层

应用安全层关注被服务提供商的客户访问的、基于网络的应用的安全。这些应用被网络服务使用且包括基本的文件传输(如 FTP)和万维网浏览应用、目录、基于网络的语音消息和电子邮件之类的基本应用以及客户关系管理、电子/移动商务、基于网络的培训、视频协同之类的高端应用。基于网络的应用可由第三方应用服务提供商(ASP)、也起到 ASP 作用的服务提供商或由在自己的(或租用的)数据中心运营它们的企业来提供。在这一层中有 4 个潜在的安全攻击目标:应用用户、应用提供商、由第三方集成者提供的中间件(如万维网代管服务)以及服务提供商。

8 安全面

安全面是由为安全维实施的机制所保护的某种类型的网络活动。这一参考体系结构定义3个安全面来表示网络中发生的三种受到保护的活动。这些安全面包括:(1)管理安全面;(2)控制安全面;(3)终端用户安全面。这些安全面相应地处理与网络管理活动、网络控制或信令活动和终端用户活动相关的特定安全需求。

网络系统宜用这样一种方式设计:一个安全面上的事态被尽可能多地保存并与其他安全面适当隔离。例如,由终端用户请求发起的终端用户安全面上的DNS查询洪泛,不宜把允许管理员改正问题的管理安全面中的OAM&P界面排除在外。

图2说明包含安全面的参考体系结构。每种描述网络活动的类型都有其自身特定的安全需求。安全面的概念允许与那些活动相关的特定安全关注和独立处理它们的能力之间有差异。例如,考虑由服务安全层处理的VoIP服务。VoIP服务管理(如配置用户)的安全保护必须独立于服务控制(如SIP之类的协议)的安全保护,也必须独立于正在由服务传输的终端用户数据(如用户语音)的安全保护。

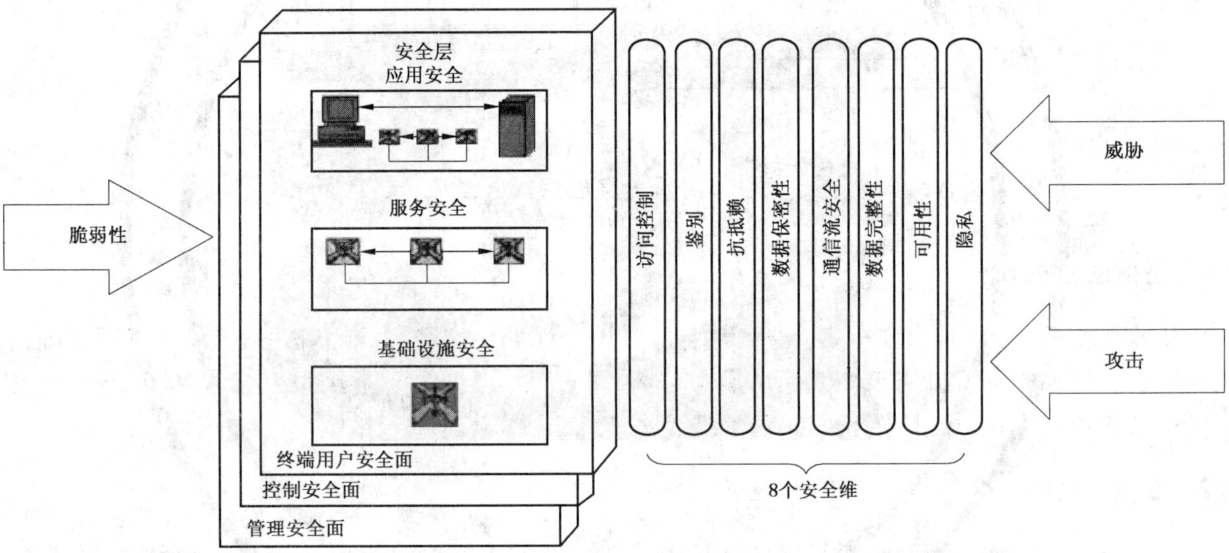

图2 安全面反映不同类型的网络活动

8.1 管理安全面

管理安全面涉及网络元素、传输设施、后台系统(运行支持系统、业务支持系统、客户服务系统等等)和数据中心的OAM&P功能的保护。管理安全面支持故障、容量、管理、配置和安全(FCAPS)功能。宜注意的是,就服务提供商的用户通信流而言,承载这些活动通信流的网络可以是带内或带外的。

8.2 控制安全面

控制安全面从事于使能穿越网络高效交付信息、服务和应用的活动保护。它通常包含机器对机器的信息通信,以允许机器(如交换机或路由器)确定如何最好地选择路由或交换穿越下层传输网络的通信流。这种类型信息有时被称作控制或信令信息。就服务提供商的用户通信流而言,承载这些类型消息的网络可是带内或带外的。例如,IP网络系统在带内承载其控制信息,而PSTN在一个分离的带外信令网络(SS7网络)中承载其控制信息。这种类型通信流的实例包括路由协议、DNS、SIP、SS7和

Megaco/H.248 等。

8.3 终端用户安全面

终端用户安全面处理客户访问和使用服务提供商网络的安全。这个平面也涉及实际终端用户数据流的保护。终端用户可使用只提供连通性的网络，他们可使用它来提供 VPN 之类的增值服务，或者可使用它来访问基于网络的应用。

9 安全威胁

这一参考体系结构定义一个规划和一套原则以描述端到端安全解决方案的安全结构。为防止有意威胁以及偶然威胁，该体系结构识别需要被处理的安全问题。下列威胁在 GB/T 9387.2—1995 中描述：

a) 信息和/或其他资源的破坏；

b) 信息的损坏或修改；

c) 信息和/或其他资源的窃取、移动或丢失；

d) 信息泄漏；

e) 服务中断。

每个安全层与每个安全面的交集表示一个安全维应用于对抗威胁的安全视图。表 1 提供一个安全维至安全威胁的映射。该映射对每个安全视图相同。

表格的行与列的交集所形成单元中的字母“Y”表示特定安全威胁被相应的安全维对抗。

表 1 安全维至安全威胁的映射

安全维	安全威胁				
	信息或其他资源的破坏	信息的损坏或修改	信息和其他资源的窃取、移动或丢失	信息泄漏	服务中断
访问控制	Y	Y	Y	Y	
鉴别			Y	Y	
抗抵赖	Y	Y	Y	Y	Y
数据保密性			Y	Y	
通信流安全			Y	Y	
数据完整性	Y	Y			
可用性	Y				Y
隐私				Y	

图 3 说明具有所示体系结构元素的参考体系结构并指出前面描述的安全威胁。此图描述用每个安全层的每个安全面上的安全维来保护网络的概念以提供全面的安全解决方案。宜注意的是，根据一个给定网络的安全要求，可能不必让所有的体系结构元素（即具有一整套安全维、安全层和安全面）都得到实施。

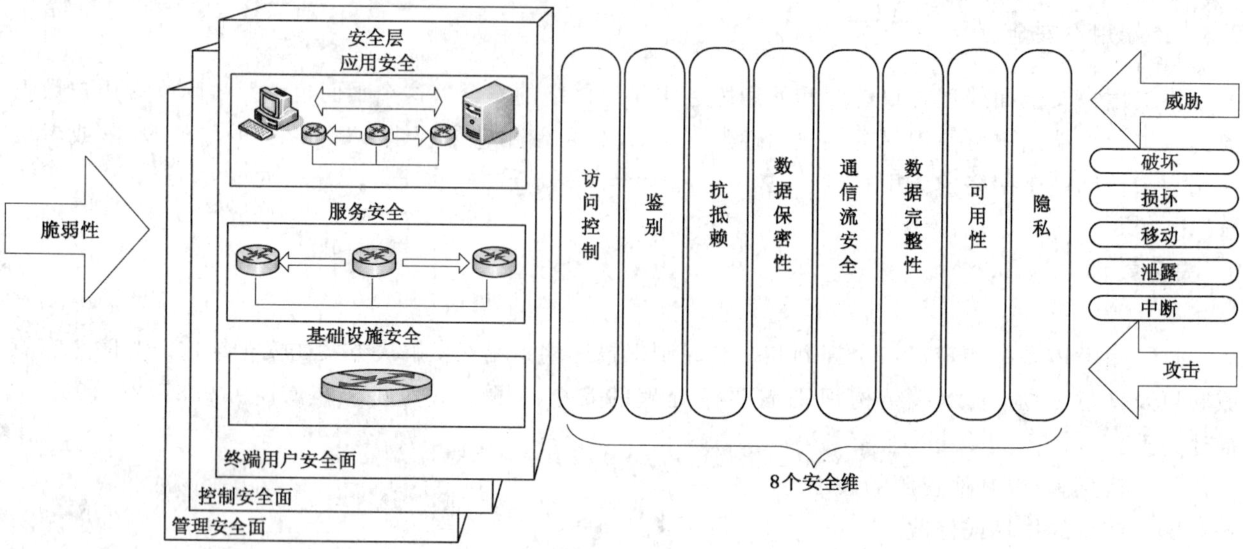

图 3 端到端网络安全参考体系结构

10 对安全维应用于安全层所实现目标的描述

该参考体系结构能应用于图 4 中所描述的安全项目的所有方面和阶段。如图 4 所示，安全项目除技术外还包括策略和规程，并且贯穿其生命期过程的 3 个阶段：(1)定义和规划阶段；(2)实施阶段；(3)维护阶段。该参考体系结构连同 ISO/IEC 13335 的指南能跨越安全项目的所有 3 个阶段，应用于安全策略和规程以及技术。

网络体系结构、策略定义、事件响应和恢复规划基于业务要求而确定。在此过程中，该参考体系结构能够通过在定义和规划阶段考虑每个安全层和安全面上的安全维，来指导全面安全策略定义、事件响应和恢复计划及技术体系结构的开发。随着策略和规程的推行和技术的部署，该参考体系结构也能用作安全评估的基础，用以检验安全项目的实施如何处理安全维、安全层和安全面。一旦安全项目被部署，就必须得到维护以使其在不断变化的安全环境中保持更新。该参考体系结构能通过确保对安全项目的修改处理每个安全层和安全面上的每个安全维，从而帮助管理安全策略和规程、事件响应和恢复规划及技术体系结构。

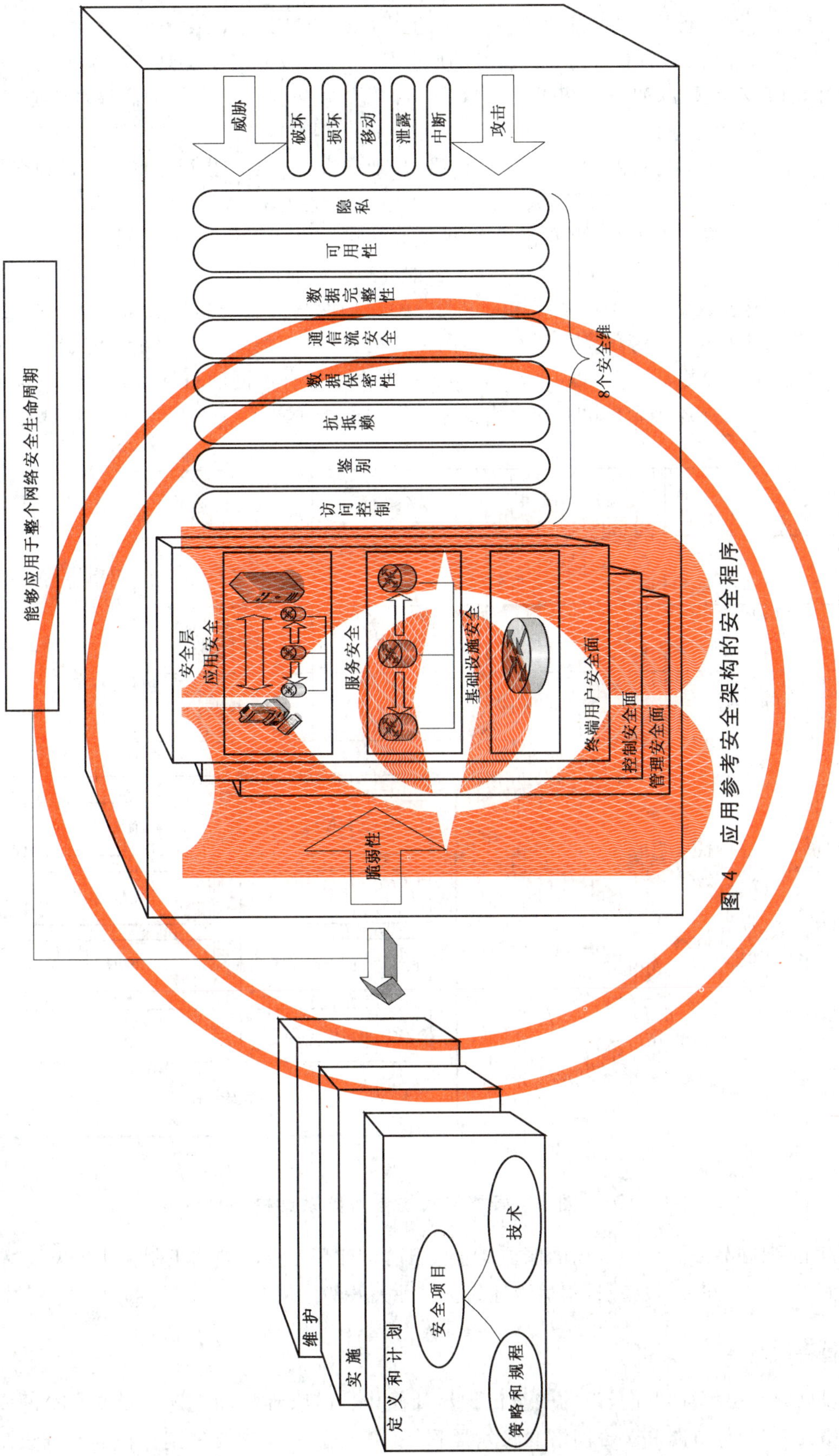

图 4 应用参考安全架构的安全程序

此外，该参考体系结构能够应用于任一级协议栈上的任一种网络。例如，在驻留于协议栈第3层的IP网络中，基础设施安全层是指单个的路由器、路由器(如SONET、ATM PVC等)之间的点对点通信链路以及用于提供IP网络所要求的支持服务的服务器平台。服务安全层是指基本IP服务本身(如互联网连通性)、IP支持服务(如AAA、DNS、DHCP等)以及服务提供商提供的高级增值服务(如VoIP、QoS、VPN等)。最后，应用安全层是指经由IP网络访问的用户应用(如电子邮件等)安全。

同样，对于驻留于协议栈第2层的ATM网络，基础设施安全层是指单个的交换机和交换机之间的点对点通信链路(承载设施，例如DS3数字信号)。服务安全层是指ATM服务提供的不同的传输种类(固定比特率、可变比特率(实时)、可变比特率(非实时)、可用比特率和未指定比特率)。最后，应用安全层是指终端用户正使用ATM网络访问的应用，例如视频会议应用。

图5以表格形式示出该参考体系结构并说明一种保护网络的系统途径。从此图中能发现，安全层与安全面的交叉点表示一个考虑到8个安全维的独特视图。9个模块都与应用于特定安全面的特定安全层的8个安全维相结合。宜注意的是，不同模块的安全维可有不同的目标，因此，可包含不同的安全措施集。表格形式为描述每个模块的安全维目标提供一种便利方式。

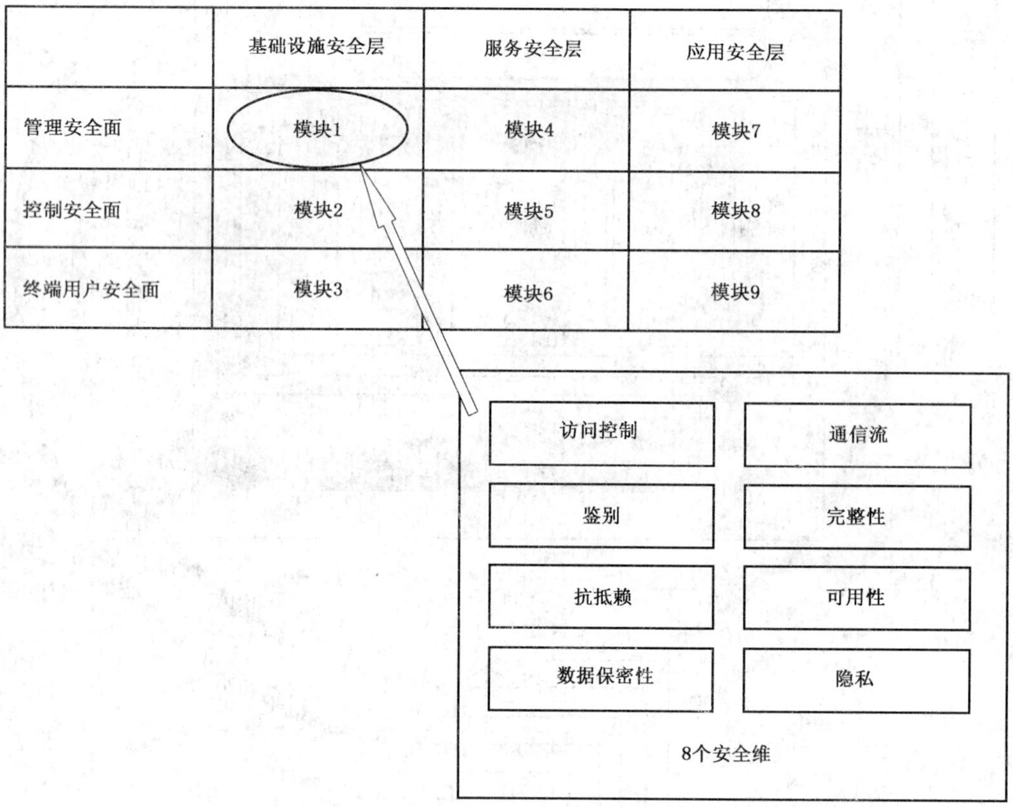

图5　表格形式的参考体系结构

宜注意的是，在后面表格中使用的保护概念包含着创建用于检测控制机制在哪里失效的机制，且确保为动作而报告事态和/或设备/过程适当地纠正这种失效的任何后果。

10.1　基础设施安全层

基础设施安全层的管理安全面的安全保护涉及操作、管理、维护和配置(OAM&P)的安全保护以及单个网络元素、通信链路和包含网络的服务器平台的配置。一个需要得到保护的基础设施管理的实例是由网络操作人员配置的单个路由器或交换机。表2描述将安全维应用于基础设施安全层的管理安全面的目标。

表 2 将安全维应用于基础设施安全层的管理安全面

模块 1:基础设施安全层的管理安全面	
安全维	安全目标
访问控制	确保只允许授权人员或设备在网络设备或通信链路上执行或试图执行常规管理或管理活动(如 SNMP 管理设备的情形)。这适用于经由端口的设备直接管理和设备的远程管理
鉴别	验证在网络设备或通信链路上执行常规管理或管理活动的人员或设备的身份。可要求鉴别技术作为访问控制的一部分
抗抵赖	提供一个识别在网络设备或通信链路上执行每个常规管理或管理活动的人员或设备及其所执行动作的记录。此记录能用作常规管理或管理活动原发者的证据
数据保密性	保护网络设备或通信链路配置信息免受未授权访问或查看。这适用于驻留在网络设备或通信链路中的配置信息、正被传输到网络设备或通信链路的配置信息以及离线存储的备份配置信息。 保护常规管理鉴别信息(如管理员身份标识和口令)免受未授权访问或查看。 用于处理访问控制的技术可有助于提供数据保密性
通信流安全	在远程管理网络设备或通信链路的情形中,确保管理信息只在远程管理站与正被管理的设备或通信链路之间流动。当管理信息在这些端点之间流动时它不会被转向或拦截。 同样类型的考量适用于常规管理鉴别信息(如管理员身份标识和口令)
数据完整性	保护网络设备和通信链路的配置信息免受未授权修改。此保护适用于驻留在网络设备或通信链路中的配置信息及正在传输或存储于离线系统中的配置信息。 同样类型的考量适用于常规管理鉴别信息(如管理员身份标识和口令)
可用性	确保由授权人员或设备管理网络设备或通信链路的能力不能被否认。这包括抵御拒绝服务(DoS)攻击之类的主动攻击以及抵御对常规管理鉴别信息(如管理员身份标识和口令)进行修改或删除之类的被动攻击
隐私	确保能用于识别网络设备或通信链路的信息对未授权人员或设备是不可用的。此类信息的实例包括网络设备 IP 地址或 DNS 域名。例如,能识别给攻击者提供目标信息的网络设备。 确保通过网络来收集、处理和传播个人信息以便符合当地数据保护的法律法规

基础设施安全层的控制安全面的安全保护包括驻留于网络元素和包含网络的服务器平台中的控制或信令信息的安全保护以及网络元素和服务器平台的控制或信令信息的接收和传输的安全保护。例如,驻留于网络交换机上的交换表需要得到保护而免遭篡改或未授权泄漏。在另一个实例中,路由器需要得到保护以免接收和传播伪造的路由更新或响应源自欺骗路由器的伪造路由请求。表 3 描述将安全维应用于基础设施安全层的控制安全面的目标。

表 3 将安全维应用于基础设施安全层的控制安全面

模块 2:基础设施安全层的控制安全面	
安全维	安全目标
访问控制	确保只允许授权人员或设备访问或试图访问驻留于网络设备(如路由表)中或离线存储的控制信息。 确保网络设备将仅从授权网络设备接收控制信息消息(如路由更新)
鉴别	验证观察或修改驻留于网络设备中控制信息的人员或设备的身份。 验证经网络发送控制信息的设备的身份。 可要求鉴别技术作为访问控制的一部分

表 3（续）

模块 2:基础设施安全层的控制安全面	
安全维	安全目标
抗抵赖	提供一个识别每个观察过或修改过网络设备中控制信息的人员或设备及其所执行动作的记录。此记录能用作访问或修改控制信息的证据。 提供一个识别发起发送给网络设备的控制消息的设备及其所执行动作的记录。此记录能用作设备发起控制消息的证据
数据保密性	保护驻留于网络设备中或离线存储的控制信息免受未授权访问或查看。用于处理访问控制的技术可有助于为驻留于网络设备中的控制信息提供数据保密性。 保护预定送往网络设备的控制信息在穿越网络传输时免受未授权访问或查看
通信流安全	确保正穿越网络传输的控制信息(如路由更新)只在控制信息源与其期望目的地之间流动。当控制信息在这些端点之间流动时它不会被转向或拦截
数据完整性	保护驻留于网络设备中、正穿越网络传输或离线存储的控制信息免受未授权修改
可用性	确保网络设备总是可用于从授权源接收控制信息。这包括抵御拒绝服务(DoS)攻击之类的故意攻击和偶然发生事件(如路由翻动)
隐私	确保能用于识别网络设备或通信链路的信息对未授权人员或设备是不可用的。此类信息的实例包括网络设备 IP 地址或 DNS 域名。例如,能识别给攻击者提供目标信息的网络设备或通信链路。确保通过网络来收集、处理和传播个人信息以便符合当地数据保护的法律法规

基础设施安全层的终端用户安全面的安全保护包括驻留于网络元素中或通过网络正穿越通信链路传输的用户数据和语音的安全保护。在这里驻留于服务器平台上的用户数据的安全保护涉及传输于网络元素中或穿越通信链路传输的用户数据免受非法拦截的安全保护。表 4 描述将安全维应用于基础设施安全层的终端用户安全面的目标。

表 4　将安全维应用于基础设施安全层的终端用户安全面

模块 3:基础设施安全层的终端用户安全面	
安全维	安全目标
访问控制	确保只允许授权人员或设备访问或试图访问在网络元素或通信链路中传输的或驻留在离线存储设备上的终端用户数据
鉴别	验证试图访问在网络元素或通信链路中传输的或驻留在离线存储设备上的终端用户数据的人员或设备的身份。 可要求鉴别技术作为访问控制的一部分
抗抵赖	提供一个识别访问在网络元素或通信链路中传输的或驻留在离线设备上的终端用户数据的每个人员或设备及其所执行动作的记录。 此记录能用作访问终端用户数据的证据
数据保密性	保护在网络元素或通信链路中传输的或驻留在离线存储设备上的终端用户数据免受未授权访问或查看。用于处理访问控制的技术可有助于为终端用户数据提供数据保密性
通信流安全	确保在超越授权访问情形下,在网络元素或通信链路中传输的终端用户数据在这些端点之间流动时不会被转向或拦截(如合法窃听)
数据完整性	保护在网络元素或通信链路中传输的或驻留于离线存储设备上的终端用户数据免受未授权修改

表 4(续)

模块 3:基础设施安全层的终端用户安全面	
安全维	安全目标
可用性	确保授权人员(包括终端用户)或设备访问驻留于设备上的终端用户数据不能被拒绝。这包括抵御拒绝服务(DoS)攻击之类的主动攻击以及抵御对鉴别信息(如用户身份标识和口令、管理员身份标识和口令)进行修改或删除之类的被动攻击
隐私	确保网络元素不向未授权人员或设备提供关于终端用户网络活动的信息(如用户的地理位置、访问的万维网站点等)。确保通过网络来收集、处理和传播个人信息以便符合当地数据保护的法律法规

10.2 服务安全层

为满足客户要求而使服务可相互依赖,这个事实使服务安全层的安全保护变得复杂化。例如,为了提供 VoIP 服务,服务提供商必须首先提供基础 IP 服务以及必要的 AAA、DHCP、DNS 之类的使能服务。为满足客户对 VoIP 服务的 QoS 和安全的要求,服务提供商可能也需要部署一个 VPN 服务。因此,基于如下考量的服务必须分解成复合的服务来处理其整体安全。

服务安全层的管理安全面的安全保护涉及到网络服务的 OAM&P 功能和配置的安全保护。需要安全保护管理的服务的一个实例是网络操作人员配置特定终端用户中的授权用户的服务。表 5 描述将安全维应用于服务安全层的管理安全面的目标。

表 5 将安全维应用于服务安全层的管理安全面

模式 4:服务安全层的管理安全面	
安全维	安全目标
访问控制	确保只允许授权人员或设备执行或试图执行网络服务的常规管理或管理活动(如配置该服务的用户)
鉴别	验证试图执行网络服务的常规管理或管理活动的人员或设备的身份。可要求鉴别技术作为访问控制的一部分
抗抵赖	提供一个识别执行网络服务的常规管理或管理活动的人员或设备及其所执行动作的记录。此记录能用作所指示的人员或设备执行了常规管理或管理活动的证据
数据保密性	保护网络服务的配置和管理信息(如可下载的 VPN 服务 IPsec 客户端设置)免受未授权访问或查看。这适用于驻留在网络设备中、正穿越网络传输或离线存储的管理和配置信息。 保护网络服务的常规管理或管理信息(如用户身份标识和口令、管理员身份标识和口令)免受未授权访问或查看
通信流安全	在网络服务远程管理的情形中,确保常规管理或管理信息仅在远程管理站与正作为网络服务一部分被管理的设备之间流动。当常规管理和管理信息在这些端点之间流动时它不会被转向或拦截。 同样类型的考量适用于网络服务鉴别信息(如用户身份标识和口令、管理员身份标识和口令)
数据完整性	保护网络服务的常规管理和管理信息免受未授权修改。此保护适用于驻留在网络设备中、正穿越网络传输或存储于离线系统上的常规管理和管理信息。 同样类型的考量适用于网络服务鉴别信息(如用户身份标识和口令、管理员身份标识和口令)

表 5（续）

模式 4:服务安全层的管理安全面	
安全维	安全目标
可用性	确保由授权人员或设备管理网络服务的能力不能被否认。这包括抵御拒绝服务(DoS)攻击之类的主动攻击以及抵御对网络服务常规管理鉴别信息(如管理员身份标识和口令)进行修改或删除之类的被动攻击
隐私	确保能用于识别网络服务常规管理或管理系统的信息对未授权人员或设备是不可用的。此类信息的实例包括系统 IP 地址或 DNS 域名。例如，能识别给攻击者提供目标信息的网络服务常规管理系统。确保通过网络来收集、处理和传播个人信息以便符合当地数据保护的法律法规

服务安全层的控制安全面的安全保护包括网络服务使用的控制或信令信息的安全保护。例如，在这里处理用于发起和保持 VoIP 会话的 SIP 协议的安全保护问题。表 6 描述将安全维应用于服务安全层的控制安全面的目标。

表 6　将安全维应用于服务安全层的控制安全面

模式 5:服务安全层的控制安全面	
安全维	安全目标
访问控制	在接受网络设备为网络服务接收的控制信息之前确保该信息来自授权源(如 VoIP 会话发起消息来源于授权用户或设备)。例如，抵御未授权设备欺骗 VoIP 会话发起消息
鉴别	验证发送到参与网络服务的网络设备的网络服务控制信息源的身份。可要求鉴别技术作为访问控制的一部分
抗抵赖	提供一个识别发起由参与网络服务的网络设备接收的网络服务控制消息的人员或设备及其所执行动作的记录。此记录能用作人员或设备发起网络服务控制消息的证据
数据保密性	保护驻留于网络设备中、正穿越网络传输或离线存储的网络服务控制信息(如 IPsec 会话数据库)免受未授权访问或查看。用于处理访问控制的技术可有助于为驻留于网络设备中的网络服务控制信息提供数据保密性
通信流安全	确保正穿越网络传输的网络服务控制信息(如 IPsec 密钥协商消息)只在控制信息源与其期望目的地之间流动。当网络服务控制信息在这些端点之间流动时它不会被转向或拦截
数据完整性	保护驻留于网络设备中、正穿越网络传输或离线存储的网络服务控制信息免受未授权修改
可用性	确保参与网络服务的网络设备总是可用于从授权源接收控制信息。这包括抵御拒绝服务(DoS)攻击之类的主动攻击
隐私	确保能用于识别参与网络服务的网络设备或通信链路的信息对未授权人员或设备是不可用的。此类信息的实例包括网络设备 IP 地址或 DNS 域名。例如，能识别给攻击者提供目标信息的网络设备或通信链路。确保通过网络来收集、处理和传播个人信息以便符合当地数据保护的法律法规

服务安全层的终端用户安全面的安全保护包括使用网络服务的用户数据和语音的安全保护。例如，在 VoIP 服务中必须保护用户会话的保密性。同样，DNS 服务必须确保服务用户的保密性。表 7 描述将安全维应用于服务安全层的终端用户安全面的目标。

表 7　将安全维应用于服务安全层的终端用户安全面

模式 6:服务安全层的终端用户安全面	
安全维	安全目标
访问控制	确保只允许授权用户和设备访问或试图访问和使用网络服务
鉴别	验证试图访问和使用网络服务的用户或设备的身份。可要求鉴别技术作为访问控制的一部分
抗抵赖	提供一个识别访问和使用网络服务的每个用户和设备及其所执行动作的记录。此记录能用作终端用户或设备访问和使用网络服务的证据
数据保密性	保护网络服务正在传输、处理或存储的终端用户数据免受未授权访问或查看。用于处理访问控制的技术可有助于为终端用户数据提供数据保密性
通信流安全	确保在超越授权访问情形下,网络服务正在传输、处理或存储的终端用户数据在这些端点之间流动时不会被转向或拦截(如合法窃听)
数据完整性	确保网络服务正在传输、处理或存储的终端用户数据免受未授权修改
可用性	保证授权终端用户或设备访问网络服务不能被否认。这包括抵御拒绝服务(DoS)攻击之类的主动攻击以及抵御对终端用户鉴别信息(如用户身份标识和口令)进行修改或删除之类的被动攻击
隐私	确保网络服务不提供关于终端用户服务的使用信息(如对于 VoIP 服务或被叫用户)给未授权人员或设备。确保通过网络来收集、处理和传播个人信息以便符合当地数据保护的法律法规

10.3　应用安全层

应用安全层的管理安全面的安全保护涉及基于网络应用的 OAM&P 功能和配置的安全保护。对于电子邮件应用来说,需要保护的管理动作的一个实例是用户邮箱的配置和常规管理。表 8 描述将安全维应用于应用安全层的管理安全面的目标。

表 8　将安全维应用于应用安全层的管理安全面

模式 7:应用安全层的管理安全面	
安全维	安全目标
访问控制	确保只允许授权人员或设备执行或试图执行基于网络应用的常规管理或管理活动(如为电子邮件应用管理用户邮箱)
鉴别	验证试图执行基于网络应用的常规管理或管理活动的人员或设备的身份。可要求鉴别技术作为访问控制的一部分
抗抵赖	提供一个识别执行基于网络应用的每个常规管理或管理活动的人员或设备及其所执行动作的记录。此记录能用作常规管理或管理活动与执行它的人员或设备的指示一起执行的证据
数据保密性	保护在创建和执行基于网络的应用程序过程中所使用的所有文件(如源文件、目标文件、可执行文件、临时文件等)和应用配置文件免受未授权访问或查看。这适用于驻留在网络设备中、正穿越网络传输或离线存储的应用文件。 保护基于网络应用的常规管理或管理信息(如用户身份标识和口令、管理员身份标识和口令)免受未授权访问或查看
通信流安全	在远程管理或操纵基于网络应用的情形中,确保常规管理或管理信息只在远程管理站与组成基于网络应用的设备之间流动。当常规管理或管理信息在这些端点之间流动时它不会被转向或拦截。 同样类型的考量适用于基于网络应用的常规管理或管理信息(如用户身份标识和口令、管理员身份标识和口令)

表 8（续）

模式 7:应用安全层的管理安全面	
安全维	安全目标
数据完整性	保护在创建和执行基于网络的应用程序过程中所使用的所有文件(如源文件、目标文件、可执行文件、临时文件等)和应用配置文件免受未授权修改。此保护也适用于驻留在网络设备中、正穿越网络传输或存储在离线系统中的应用文件。 同样类型的考量适用于基于网络应用的常规管理或管理信息(如用户身份标识和口令、管理员身份标识和口令)
可用性	确保由授权人员或设备管理或操纵基于网络应用的能力不能被否认。这包括抵御拒绝服务(DoS)攻击之类的主动攻击以及抵御对基于网络应用的常规管理鉴别信息(如管理员身份标识和口令)进行修改或删除之类的被动攻击
隐私	确保能用于识别基于网络应用的常规管理或管理系统的信息对未授权人员或设备是不可用的。此类信息的实例包括系统 IP 地址或 DNS 域名。例如,能识别给攻击者提供目标信息的基于网络应用的常规管理系统。确保通过网络来收集、处理和传播个人信息以便符合当地数据保护的法律法规

应用安全层的控制安全面的安全保护包括基于网络应用使用的控制或信令信息的安全保护。这种信息通常会引发执行响应接收信息动作的应用程序。例如,在这里处理用于控制电子邮件交付的 SMTP 和 POP 协议的安全保护问题。表 9 描述将安全维应用于应用安全层的控制安全面的目标。

表 9　将安全维应用于应用安全层的控制安全面

模式 8:应用安全层的控制安全面	
安全维	安全目标
访问控制	在接受参与基于网络应用的网络设备接收的应用控制信息之前确保该信息来自授权源(如请求电子邮件传输的 SMTP 消息)。例如,抵御未授权设备欺骗 SMTP 客户
鉴别	验证发送到参与基于网络应用的网络设备的应用控制信息源的身份。可要求鉴别技术作为访问控制的一部分
抗抵赖	提供一个识别发起由参与基于网络应用的网络设备接收的应用控制消息的人员或设备及其所执行动作的记录。此记录能用作人员或设备发起应用控制消息的证据
数据保密性	保护驻留于网络设备中、正穿越网络传输或离线存储的应用控制信息(如 SSL 或 TLS 会话数据库)免受未授权访问或查看。用于处理访问控制的技术可有助于为驻留于网络设备中基于网络应用的控制信息提供数据保密性
通信流安全	确保正穿越网络传输的应用控制信息只在控制信息源与其期望目的地之间流动。当基于网络应用的控制信息在这些端点之间流动时它不会被转向或拦截
数据完整性	保护驻留于网络设备中、正穿越网络传输或离线存储的基于网络应用的控制信息免受未授权修改和删除
可用性	确保参与基于网络应用的网络设备总是可用于从授权源接收控制信息。这包括抵御拒绝服务(DoS)攻击之类的主动攻击
隐私	确保能用于识别参与基于网络应用的网络设备或通信链路的信息对未授权人员或设备是不可用的。此类信息的实例包括网络设备 IP 地址或 DNS 域名。例如,能识别给攻击者提供目标信息的网络设备或通信链路。确保通过网络来收集、处理和传播个人信息以便符合当地数据保护的法律法规

应用安全层的终端用户安全面的安全保护包括提供给基于网络应用的用户数据的安全保护。例如,电子商务应用必须保护用户信用卡号的保密性。表10描述将安全维应用于应用安全层的终端用户安全面的目标。

表10 将安全维应用于应用安全层的终端用户安全面

模式9:应用安全层的终端用户安全面	
安全维	安全目标
访问控制	确保只允许授权用户和设备访问或试图访问和使用基于网络的应用
鉴别	验证试图访问和使用基于网络的应用的用户或设备的身份。可要求鉴别技术作为访问控制的一部分
抗抵赖	提供一个识别访问和使用基于网络的应用的每个用户或设备及其所执行动作的记录。此记录能用作终端用户或设备访问和使用应用的证据
数据保密性	保护基于网络的应用正在传输、处理或存储的终端用户数据免受未授权访问或查看。 当它从用户流到基于网络的应用时,同样类型的考量适用于用户数据。 用于处理访问控制的技术可有助于为终端用户数据提供数据保密性
通信流安全	确保在超越授权访问情形下,基于网络的应用正在传输、处理或存储的终端用户数据在这些端点之间流动时不会被转向或拦截。 当它从用户流到基于网络的应用时,同样类型的考量适用于用户数据
数据完整性	保护基于网络的应用正在传输、处理或存储的终端用户数据免受未授权修改。当它从用户流到基于网络的应用时,同样类型的考量适用于用户数据
可用性	确保授权终端用户或设备访问基于网络的应用不能被否认。这包括抵御拒绝服务(DoS)攻击之类的主动攻击以及抵御对终端用户鉴别信息(如用户身份标识和口令)进行修改或删除之类的被动攻击
隐私	确保基于网络的应用不提供关于终端用户服务的使用信息(如访问的万维网站点)给未授权人员或设备。例如,只将这种信息泄漏给有调查许可的执法人员。确保通过网络来收集、处理和传播个人信息以便符合当地数据保护的法律法规

参 考 文 献

[1] GB/T 25068.1—2012 信息技术 安全技术 IT网络安全 第1部分:网络安全管理

[2] GB/T 25068.3—2010 信息技术 安全技术 IT网络安全 第3部分:使用安全网关的网间通信安全保护

[3] GB/T 25068.4—2010 信息技术 安全技术 IT网络安全 第4部分:远程接入的安全保护